"十三五"国家重点出版物出版规划项目
矿山医学系列丛书

矿山创伤基础医学

BASIC MEDICINE OF MINE TRAUMA

"十三五"国家重点出版物出版规划项目
矿山医学系列丛书

矿山创伤基础医学

BASIC MEDICINE OF MINE TRAUMA

丛书主编　袁聚祥
分册主编　张宇新　门秀丽
分册副主编　吴　静　章广玲　赵利军
分册编委　（按姓名汉语拼音排序）
　　　　　孔小燕（华北理工大学基础医学院）
　　　　　李宏杰（华北理工大学基础医学院）
　　　　　刘丽华（华北理工大学基础医学院）
　　　　　门秀丽（华北理工大学基础医学院）
　　　　　王梅梅（华北理工大学基础医学院）
　　　　　吴　静（华北理工大学基础医学院）
　　　　　熊亚南（华北理工大学基础医学院）
　　　　　章广玲（华北理工大学基础医学院）
　　　　　张宇新（华北理工大学基础医学院）
　　　　　赵利军（华北理工大学基础医学院）

北京大学医学出版社

KUANGSHAN CHUANGSHANG JICHU YIXUE

图书在版编目（CIP）数据

矿山创伤基础医学. 第一册 / 张宇新, 门秀丽主编.
—北京：北京大学医学出版社, 2021.7
（矿山医学系列丛书 / 袁聚祥主编）
ISBN 978-7-5659-2458-3

Ⅰ. ①矿… Ⅱ. ①张… ②门… Ⅲ. ①矿山救护 Ⅳ. ① TD77

中国版本图书馆 CIP 数据核字（2021）第 139698 号

矿山创伤基础医学

主　　编：张宇新　门秀丽
出版发行：北京大学医学出版社
地　　址：（100191）北京市海淀区学院路38号　北京大学医学部院内
电　　话：发行部 010-82802230；图书邮购 010-82802495
网　　址：http://www.pumpress.com.cn
E-mail：booksale@bjmu.edu.cn
印　　刷：北京金康利印刷有限公司
经　　销：新华书店
策划编辑：许立　陈奋
责任编辑：袁朝阳　　**责任校对**：靳新强　　**责任印制**：李啸
开　　本：889 mm × 1194 mm　1/16　印张：15.25　字数：410 千字
版　　次：2021年10月第1版　2021年10月第1次印刷
书　　号：ISBN 978-7-5659-2458-3
定　　价：150.00 元

版权所有，违者必究

（凡属质量问题请与本社发行部联系退换）

矿山医学系列丛书
编审委员会

主 任 委 员 袁聚祥

副主任委员 高俊玲　张宇新　白俊清　张　柳
　　　　　　 徐应军　冯福民

委　　　员（按姓名汉语拼音排序）
　　　　　　 程　光　范雪云　关维俊　李建民
　　　　　　 李琪佳　李树峰　李小明　门秀丽
　　　　　　 庞淑兰　曲银娥　唐咏梅　王海涛
　　　　　　 武建辉　姚　林　姚三巧　苑　杰
　　　　　　 张艳淑　郑素琴

丛书主编简介

袁聚祥，曾任华北煤炭医学院院长，华北理工大学校长、党委副书记。现任华北理工大学公共卫生学院教授，华北理工大学和中国医科大学博士生导师。享受国务院政府特殊津贴专家，原煤炭部部级专业技术拔尖人才，河北省省管优秀专家，匈牙利佩奇大学名誉教授。任中华预防医学会煤炭系统分会主任委员，中国煤炭教育协会副理事长，河北省健康管理学会副主任委员。

长期从事公共卫生与预防医学领域科学研究、人才培养和社会服务工作。已培养硕士研究生 156 名，博士研究生 12 名。发表论文 170 篇，其中被 SCI 收录 36 篇。主编国家规划教材 3 部，出版专著 5 部，承担国家级项目、行业项目和地方项目 20 余项，获得各级科技进步奖 10 余项。

主要研究方向为职业流行病学，包括对煤矿工人健康危害严重的职业病和工作有关疾病的防治工作。首次提出了尘肺流行病学的概念，创建了尘肺流行病学学科，培养了第一批尘肺流行病学专业硕士研究生。在此基础上，针对行业和地方的需要，对钢铁、煤炭和石油行业的职业病和工作有关疾病进行了职业流行病学研究，出版了我国第一部煤矿职业流行病学专著，为我国煤炭等行业制定职业病防治策略，预防职业病的发生，延缓职业病患者的病情，保护工人健康提供了可靠的科学依据和一手资料。

分册主编简介

张宇新，男，1966年12月出生，汉族，山东济南人；医学博士，教授，硕士生导师，现任华北理工大学基础医学院院长，河北省解剖学会理事、河北省神经科学学会理事、《华北理工大学学报医学版》主编，河北省慢性疾病基础医学重点实验室负责人。近年发表论文30余篇，主编、参编教材5部。

门秀丽，女，1968年7月出生，汉族，河北唐山人；医学博士，教授，硕士生导师，省级教学名师，病理生理学系主任，河北省生理科学会理事，《医学研究杂志》《世界华人消化杂志》审稿专家，主持完成国家自然科学基金项目2项。获得省部级科研及教学成果奖3项，近年发表论文40余篇，副主编、参编教材5部。

丛 书 序

从中华人民共和国成立后组建的中国煤炭工业部，到现在的国家矿山安全监察局，都充分体现了党中央国务院一直以来对矿山安全生产、矿工职业病防治和矿山创伤救治的高度重视。1963年在原有的开滦高级护士学校、阜新卫生学校、唐山卫生学校基础上合并成立了本科类的唐山煤矿医学院，并于1984年更名为华北煤炭医学院，这是专门服务于煤炭行业的高等医学院校。随着国家体制改革的进行——中国煤炭工业部的撤销以及原国家安全生产监督管理总局的建立，华北煤炭医学院也实行了省部共建，以地方管理为主的模式，隶属河北省。2010年5月，经教育部批准，华北煤炭医学院与河北理工大学合并组建了河北联合大学，并于2015年2月更名为华北理工大学。不管体制如何变化，我们始终担负着矿工职业病防治和矿山创伤救治的培训和科研任务。为此，原国家安全生产监督管理总局与河北省人民政府专门签署了省部共建协议书，明确了省部共建人才培养、科学研究、智力支撑和服务行业的协议内容。

50多年来，华北理工大学在矿工职业病防治和矿山创伤救治教学、科研方面取得了世界领先且具有中国特色的成绩，为煤矿的安全生产做出了巨大的贡献，曾经出版过《煤矿创伤学》《实用矿山医疗救护》《瓦斯爆炸伤害学》《脑外伤新概念》《煤工尘肺病理图谱》《煤矿职业危害预防控制指南》等专著，都是针对我国作为煤炭生产和消费大国、矿山安全和健康形势严峻的特点而编著的。

为了适应我国职业卫生与安全工作的需要，提高我国职业卫生与安全水平，创造生产安全、对矿工健康有利的环境，创建我国职业卫生与安全的医学防治体系，普及科学知识，在北京大学医学出版社领导的支持下，华北理工大学组织多个专业的医学专家和学者编写了这套"矿山医学系列丛书"，并成功申请到国家出版基金的资助。

本丛书共分3卷14册：第一卷为"矿山基础医学"，包括《矿山创伤基础医学》《矿山尘肺基础医学》《矿山职业病基础医学》和《煤工尘肺病理学》；第二卷为"矿山临床医学"，包括《矿山创伤应急救援与医疗技术》《实用矿山创伤医疗救治》《实用瓦斯爆炸伤害救治》《矿山创伤心理救援》《矿山救援与自救互救》；第三卷为"矿山公共卫生学"，包括《矿山职业流行病学》《矿山化学中毒》《矿山企业健康教育与健康促进》《矿山职业病危害预防与控制》《矿工营养健康指南》。

为了编写好本套丛书，我们专门成立了丛书编审委员会，在统一风格的基础上，各司其职，创新性地完成编写任务。另外，我们还邀请原国家安全生产监督管理总局副局长杨元元、原中国煤炭工业协会副会长赵岸青等担任顾问；邀请程爱国、李世波教授等知名专家审稿，以保证丛书质量，在此一并表示衷心感谢！

  此套丛书系国内首创，虽然已针对丛书的理论体系、章节内容、涵盖范围进行了多次讨论，广泛征求各位专家的意见，但由于作者的水平有限，仍感不能完全充分满足国家职业卫生与安全形势发展的需要，有不当之处，敬请斧正！

2020 年 10 月于唐山

前 言

矿山的生产作业多在井下，工作环境极其复杂，涉及坑道的支撑与加固、防水与排水、通风系统、供电照明、各种粗重施工工具操作使用、爆破、运输等，加之矿井下地质结构、压力、湿度、温度、通风条件的特殊性，在井下非自然的有限空间内作业，一旦出现安全事故，较之地面作业更易造成严重的人员伤亡。矿山创伤的伤情特点有别于其他常见的创伤类型，具有"三多三高"，即多发伤多、复合伤多、合并症多，发生率高、致残率高、死亡率高的特点，严重影响矿山从业人员的生命安全。

党中央、国务院十分重视矿山安全生产，要求各级党委和政府从各个环节采取切实有效的措施降低矿难事故发生率，并加强应急救援体系建设。应急救援体系建设的重要内容之一，是建设一支具有较高综合素质、具备良好体能和应变能力、熟练掌握矿山医学相关知识和救治技术的专业化医务人员队伍。而建设高水平的医疗应急救援队伍，离不开矿山医学专业知识的学习培训。尽管现有大量的医学专业书籍可供参考，但多涉及的是普通常见创伤救治相关内容，针对矿山创伤伤情特点的专业性参考书并不多见，这显然已不适应新时代矿山医疗队伍专业化建设和应急救援体系建设的需要。

《矿山创伤基础医学》的写作团队由华北理工大学（原华北煤炭医学院）基础医学院的专家学者组成。写作团队成员长期从事矿山创伤基础医学教学与研究工作，并积累了丰富的研究成果和写作经验；在内容上，针对矿山创伤的常见病因和发病经过、发病机制与机体的变化，根据伤员体内所经历的复杂病理生理过程，提出防治原则；在写作过程中，本着科学严谨的态度，精心选编，细细推敲，字斟句酌，精益求精，力求使本书能够反映矿山创伤基础医学的现代理论和最新研究成果，以期为从事矿山创伤救治工作的广大医务人员提供一本具有先进性、科学性、知识性、可读性、实用性的参考书，提高矿山创伤救治水平和救治成功率，并为我国新时代矿山医疗队伍专业化建设做出应有的贡献。

最后，衷心感谢北京大学医学出版社为本书的撰写和出版所做的卓有成效的工作。

主编
2021 年 4 月

目 录

第一章　矿山创伤概述 ··· 1

第一节　矿山创伤的常见病因 ·· 1
一、直接致伤因素 ·· 1
二、间接致伤因素 ·· 2

第二节　矿山创伤的伤情特点 ·· 2
一、常以多发伤和复合伤形式出现 ·· 2
二、伤势严重，多伴有创伤失血性休克 ·· 3
三、开放性损伤较多，伤口污染严重 ··· 3
四、合并症严重 ··· 3
五、发生率高 ·· 3

第三节　矿山创伤的发病学特点 ·· 3
一、矿山创伤后常见的基本病理过程 ··· 3
二、因果转化 ·· 4
三、损伤与抗损伤反应 ·· 5
四、局部与整体 ··· 6

第二章　创伤与水、电解质代谢紊乱 ··· 7

第一节　水钠代谢紊乱 ··· 7
一、正常水钠代谢 ·· 7
二、水钠代谢的调节 ··· 9
三、水钠代谢紊乱的分类 ·· 10

第二节　脱水 ··· 10
脱水 ··· 10

第三节　水肿 ··· 15
一、水肿发生的机制 ·· 15
二、水肿的表现特征 ·· 18
三、水肿对机体的影响 ··· 19
四、肺水肿 ··· 19

五、脑水肿 20

第四节　挤压综合征与高钾血症 23
　　一、正常钾代谢 23
　　二、挤压综合征与高钾血症 23

第五节　复食综合征与低磷、低镁、低钾血症 25
　　一、低磷血症 25
　　二、低镁血症 26
　　三、低钾血症 27

第三章　创伤后的酸碱平衡紊乱 32

第一节　酸碱物质的来源及平衡调节 32
　　一、酸和碱的概念 32
　　二、体液酸碱物质的来源 33
　　三、酸碱平衡的调节 33

第二节　酸碱平衡紊乱的分类及常用检测指标 36
　　一、酸碱平衡紊乱的分类 36
　　二、常用酸碱指标及意义 37

第三节　单纯型酸碱平衡紊乱 39
　　一、代谢性酸中毒 39
　　二、呼吸性酸中毒 42
　　三、代谢性碱中毒 44
　　四、呼吸性碱中毒 47

第四节　混合型酸碱平衡紊乱 49
　　一、双重型酸碱失衡 49
　　二、三重型混合型酸碱平衡紊乱 50

第五节　酸碱平衡紊乱的判定 50
　　一、看pH，判断酸碱平衡紊乱的性质 51
　　二、看病史，判断酸碱平衡紊乱的类型 51
　　三、看代偿调节规律，判断单纯型或混合型酸碱平衡紊乱 51
　　四、看AG值，判断是否存在三重型酸碱平衡紊乱 52

第四章　矿山创伤与缺氧 54

第一节　概述 54

一、常用的血氧指标 …………………………………………………………………… 54
　　二、缺氧的类型 …………………………………………………………………………… 55
第二节　矿山创伤与缺氧 …………………………………………………………………… 56
　　一、瓦斯、煤尘爆炸 ……………………………………………………………………… 56
　　二、火灾 …………………………………………………………………………………… 57
　　三、煤与瓦斯突出 ………………………………………………………………………… 57
　　四、透水 …………………………………………………………………………………… 57
　　五、顶板冒落与冲击地压 ………………………………………………………………… 58
第三节　低张性缺氧 ………………………………………………………………………… 58
　　一、原因 …………………………………………………………………………………… 58
　　二、血氧变化的特点及缺氧的机制 ……………………………………………………… 59
　　三、呼吸系统的变化 ……………………………………………………………………… 59
　　四、循环系统的变化 ……………………………………………………………………… 60
　　五、血液系统的变化 ……………………………………………………………………… 62
　　六、中枢神经系统的变化 ………………………………………………………………… 62
　　七、消化系统与物质代谢的变化 ………………………………………………………… 63
　　八、组织细胞的变化 ……………………………………………………………………… 63
　　九、低张性缺氧代偿反应的分子机制 …………………………………………………… 64
第四节　血液性缺氧 ………………………………………………………………………… 66
　　一、原因 …………………………………………………………………………………… 66
　　二、血氧变化的特点及缺氧的机制 ……………………………………………………… 67
　　三、机体的代偿性反应与损伤性变化 …………………………………………………… 67
第五节　循环性缺氧 ………………………………………………………………………… 67
　　一、原因 …………………………………………………………………………………… 67
　　二、血氧变化的特点及缺氧的机制 ……………………………………………………… 68
第六节　组织性缺氧 ………………………………………………………………………… 68
　　一、原因 …………………………………………………………………………………… 68
　　二、血氧变化的特点及缺氧的机制 ……………………………………………………… 69
　　三、机体的代偿性反应与损伤性变化 …………………………………………………… 69
第七节　缺氧与疾病 ………………………………………………………………………… 70
　　一、急性高原病 …………………………………………………………………………… 70
　　二、慢性高原病 …………………………………………………………………………… 71
　　三、影响机体缺氧耐受性的因素 ………………………………………………………… 72
第八节　缺氧治疗的病理生理基础 ………………………………………………………… 72

一、去除病因 … 72
二、氧疗 … 72
三、氧中毒 … 73

第五章　矿山创伤与体温异常 … 76

第一节　体温及其调节 … 76
一、体温概况 … 76
二、机体的产热与散热 … 77
三、体温调节机制 … 78

第二节　矿难与体温过低（冻僵） … 80
一、病因与分类 … 80
二、临床表现与诊断 … 80
三、治疗原则 … 81

第三节　工矿冷伤 … 82
一、致伤原因与分类 … 82
二、冻结性冷伤（或称冻伤） … 83
三、非冻结性冷伤 … 85

第四节　发热 … 86
一、病因和发病机制 … 86
二、发热的时相及热代谢特点 … 88
三、发热机体代谢与功能的变化 … 89
四、发热的生物学意义 … 90
五、发热的处理原则 … 90

第六章　创伤性休克 … 93

第一节　主要病因 … 93
第二节　病理生理学变化 … 94
一、微循环变化 … 94
二、血液流变学变化 … 96
三、组织细胞的变化 … 97

第三节　基本发病机制 … 99
一、神经机制 … 99
二、体液机制 … 99

三、细胞机制 ··· 100
　　四、炎症机制 ··· 101
　　五、氧化应激机制 ··· 102

第四节　主要器官功能、代谢变化 ··· **103**
　　一、中枢神经系统功能的改变 ·· 103
　　二、心脏功能的改变 ·· 103
　　三、肾功能的改变 ··· 103
　　四、肺功能的改变 ··· 104
　　五、肝和胃肠功能的改变 ·· 104
　　六、多器官功能衰竭 ·· 105

第五节　基本防治原则 ·· **105**
　　一、病因学防治 ··· 105
　　二、发病学治疗 ··· 105

第七章　创伤后弥散性血管内凝血 ·· 108

第一节　概述 ·· **108**
　　一、主要病因 ·· 108
　　二、常见诱因 ·· 109

第二节　主要发病机制 ·· **110**
　　一、凝血系统强烈激活 ··· 111
　　二、抗凝系统功能抑制 ··· 112
　　三、继发性纤溶激活及亢进 ··· 113
　　四、细胞因子的作用 ·· 113

第三节　主要临床表现 ·· **114**
　　一、出血 ··· 115
　　二、器官功能障碍 ·· 116
　　三、休克 ··· 117
　　四、微血管病性溶血性贫血 ··· 117

第四节　分期与分型 ··· **118**
　　一、分期 ··· 118
　　二、分型 ··· 120

第五节　病理生理学防治基础 ··· **121**
　　一、防治原发性疾病 ·· 121

二、生命支持治疗措施 ……………………………………………………………………… 121
三、对症治疗 ………………………………………………………………………………… 121

第八章 创伤与缺血再灌注损伤 …………………………………………………… 123

第一节 概述 ……………………………………………………………………………… 123
第二节 基本发生机制 …………………………………………………………………… 124
一、自由基的作用 …………………………………………………………………………… 124
二、钙超载 …………………………………………………………………………………… 126
三、白细胞的作用 …………………………………………………………………………… 127
四、无复流现象 ……………………………………………………………………………… 128

第三节 病理生理学防治基础 …………………………………………………………… 129
一、尽早恢复血流 …………………………………………………………………………… 129
二、控制再灌注条件 ………………………………………………………………………… 129
三、改善缺血组织的代谢 …………………………………………………………………… 129
四、抗氧化和清除自由基 …………………………………………………………………… 129
五、抑制炎症反应 …………………………………………………………………………… 129
六、缺血预适应和缺血后适应 ……………………………………………………………… 130

第四节 展望 ……………………………………………………………………………… 130

第九章 矿山创伤与急性呼吸窘迫综合征 ………………………………………… 133

第一节 概述 ……………………………………………………………………………… 133
一、急性呼吸窘迫综合征 …………………………………………………………………… 133
二、常见病因 ………………………………………………………………………………… 134

第二节 发病机制 ………………………………………………………………………… 135
一、缺血-再灌注损伤 ……………………………………………………………………… 135
二、感染与内毒素损伤 ……………………………………………………………………… 135
三、炎症失控性损伤 ………………………………………………………………………… 136
四、肺泡表面活性物质减少 ………………………………………………………………… 136

第三节 病理改变 ………………………………………………………………………… 137
一、病理解剖学改变 ………………………………………………………………………… 137
二、病理生理学改变 ………………………………………………………………………… 137

第四节 分期和临床表现 ………………………………………………………………… 138
第五节 防治原则 ………………………………………………………………………… 138

一、积极治疗原发病，对症治疗 ... 138
　　二、改善通气和组织供氧，迅速有效地纠正低氧血症 ... 139
　　三、控制感染 ... 139
　　四、ARDS药物治疗的新进展 ... 140

第十章　创伤感染 ... 142

第一节　创伤感染的特点 ... 142
　　一、病原体的来源及入侵途径 ... 143
　　二、创伤感染的特点 ... 144

第二节　创伤感染的常见病原体 ... 145
　　一、创伤化脓性感染细菌 ... 145
　　二、创伤厌氧性感染细菌 ... 148
　　三、创伤肠源性感染细菌 ... 150
　　四、创伤感染常见真菌 ... 151
　　五、创伤感染常见病毒 ... 152

第三节　创伤感染的影响因素 ... 155
　　一、细菌的毒力 ... 155
　　二、细菌的侵入数量 ... 157
　　三、受伤部位 ... 157
　　四、机体的防御能力 ... 158
　　五、医疗救治措施的影响 ... 160

第四节　创伤感染的常见类型 ... 160
　　一、外科部位感染 ... 160
　　二、健康护理相关感染 ... 160

第五节　创伤感染的预防 ... 161
　　一、伤员感染预防措施 ... 161
　　二、医源性感染的预防措施 ... 161

第十一章　肠屏障功能的损伤与保护 ... 165

第一节　肠道组织结构的特点与屏障功能 ... 165
　　一、肠黏膜机械屏障 ... 165
　　二、肠道化学屏障 ... 168
　　三、肠道免疫屏障 ... 169

四、肠道生物屏障 …………………………………………………………………………… 171
　　五、肠黏膜的血液循环及其对肠道黏膜屏障的影响 …………………………………… 173
　　六、肠道屏障功能的调节因素 …………………………………………………………… 174
第二节　肠屏障功能障碍 ……………………………………………………………………… 175
　　一、烧伤、创伤与肠屏障功能障碍 ……………………………………………………… 175
　　二、长期饥饿状态下肠道屏障功能变化 ………………………………………………… 177
第三节　肠源性内毒素血症 …………………………………………………………………… 177
　　一、肠道通透性增加 ……………………………………………………………………… 178
　　二、细菌移位与肠源性感染 ……………………………………………………………… 178
　　三、肠源性内毒素血症 …………………………………………………………………… 179
　　四、全身炎症反应综合征和多器官功能衰竭 …………………………………………… 179
第四节　肠黏膜的保护 ………………………………………………………………………… 180
　　一、修复、保护肠上皮细胞功能 ………………………………………………………… 180
　　二、恢复、维持肠道微生态平衡 ………………………………………………………… 180

第十二章　饥饿对机体的影响 …………………………………………………………… 183

第一节　概述 …………………………………………………………………………………… 183
第二节　体内能源物质的储备与消耗 ………………………………………………………… 184
　　一、体内能源物质的储备与代谢 ………………………………………………………… 184
　　二、各器官的代谢方式 …………………………………………………………………… 185
　　三、体内能源物质的消耗 ………………………………………………………………… 185
第三节　饥饿对机体的影响 …………………………………………………………………… 186
　　一、神经-内分泌的变化 …………………………………………………………………… 186
　　二、消化系统的变化 ……………………………………………………………………… 187
　　三、免疫系统的变化 ……………………………………………………………………… 187
　　四、呼吸系统的变化 ……………………………………………………………………… 187
　　五、心血管系统的变化 …………………………………………………………………… 188
　　六、泌尿系统的变化 ……………………………………………………………………… 188
　　七、体液平衡的变化 ……………………………………………………………………… 188
　　八、饥饿性酮症 …………………………………………………………………………… 189
第四节　饥饿的结局与自救 …………………………………………………………………… 190
　　一、死亡 …………………………………………………………………………………… 190
　　二、饥饿的自救 …………………………………………………………………………… 190

第五节　获救后的恢复 … **191**
一、能量补充 … 191
二、纠正水、电解质平衡紊乱 … 191
三、控制感染 … 191

第六节　复食综合征 … **192**
一、低磷血症 … 192
二、低钾血症 … 193
三、低镁血症 … 194
四、维生素B_1缺乏 … 194
五、循环充血 … 195
六、高糖血症 … 195
七、复食综合征的防治关键 … 195

第七节　禁食对机体的益处 … **195**
一、概述 … 196
二、禁食引起有益作用的机制 … 196

第十三章　多器官功能障碍综合征 … 202

第一节　病因和发病经过 … **202**
一、病因 … 203
二、病程 … 203
三、临床特征 … 203

第二节　多器官功能障碍的发病机制 … **205**
一、全身炎症反应失控 … 205
二、肠源性内毒素血症 … 206
三、缺血-再灌注损伤 … 208
四、血管内皮损伤与微循环灌注障碍 … 208
五、细胞凋亡 … 209
六、能量代谢障碍 … 209

第三节　多器官衰竭时机体的变化 … **209**
一、呼吸功能障碍 … 209
二、肾功能障碍 … 210
三、肝功能障碍 … 210
四、胃肠道功能障碍 … 211

五、心功能障碍 ……………………………………………………………… 211
　　六、免疫功能障碍 ……………………………………………………………… 212
　　七、凝血功能障碍 ……………………………………………………………… 212
　　八、中枢神经系统功能障碍 …………………………………………………… 212
　　九、肾上腺功能障碍 …………………………………………………………… 213

第四节　多器官功能障碍的防治原则 ……………………………………………… **214**
　　一、防治原发病 ………………………………………………………………… 214
　　二、维持水、电解质和酸碱平衡 ……………………………………………… 214
　　三、预防缺血-再灌注损伤 …………………………………………………… 214
　　四、保护重要脏器的功能 ……………………………………………………… 214
　　五、良好的代谢支持 …………………………………………………………… 214
　　六、免疫治疗 …………………………………………………………………… 214
　　七、连续性血液净化 …………………………………………………………… 215

中英文专业词汇对照索引 …………………………………………………… **217**

第一章

矿山创伤概述

矿山包括煤矿、金属矿、非金属矿、建材矿和化学矿等。我国有丰富的煤炭资源，同时也严重依赖煤炭能源，而煤炭采掘比其他矿藏采掘面临更多安全风险，因此煤矿创伤居工业外伤之首位，最令人关注。矿山的生产多是井下作业，工作环境极其复杂，涉及坑道的支撑与加固、地下的防水与排水、通风系统、照明和供电（包括高压电）、各种粗重工具的操作、爆破、运输与通讯等。在井下非自然的有限空间内作业，如不按规程操作或麻痹大意，较之地面作业更易造成伤亡[1]。

第一节 矿山创伤的常见病因

一、直接致伤因素

1. 围岩坍塌 煤层周围的岩石统称围岩。结构复杂的煤层由于地质条件和地压的作用，可使工作面或坑道上方顶板、两侧墙体以及工作面煤石出现破碎、坍塌，称为冒顶（顶部）片帮（侧壁）。坠落的煤石可能撞击、砸压人体，甚至将其埋没。大块煤石砸压可造成颅脑伤、胸腹腔脏器损伤等，常致命；伤及肢体者易发生多发骨关节伤。头面部被压埋者可导致窒息；肢体被压埋不得解脱者易发生骨筋膜室综合征，导致截肢、急性肾衰竭甚至死亡。大面积围岩坍塌可堵塞巷道，造成通风、供电失灵，引起缺氧、窒息或有害气体中毒；长期被困井下会引起脱水、饥饿、体温过低等。

2. 工具和支架 自重较大的坑木、金属支架、风镐、电钻等砸压、撞击，引起创伤。

3. 机械设备 运转中或发生故障的挖掘、运输等机械绞轧、挤压，可引起四肢多发开放伤，甚至造成双下肢自戳伤等。

4. 矿车 矿车是井下主要运输工具。行驶中的矿车撞、轧，相向行驶的矿车或矿车与巷道侧壁撞挤，可引起严重挤压伤，可致胸腹部损伤、骨盆损伤、四肢骨折等同时发生。

5. 坠落 在采掘垂直或急倾斜煤层（与水平面成角大于45°）时，矿工不慎由高处坠落或自倾斜的溜煤道中滑落，引起摔伤。多数为足踝部先着地，造成典型的足踝 - 下肢 - 脊柱 - 颅脑连锁损伤。坠落点越高，造成的损伤部位也越多，伤势也越严重。若头颅或胸腔直接着地或撞击于突出物上，多造成严重后果或立即死亡。

6．爆炸 用雷管、炸药爆破时，气浪的直接冲击和被飞起的破碎煤石等击中，引起内脏损伤及出血，以及头、面、颈等部位广泛损伤。瓦斯或煤尘爆炸多引起重大灾害事故。瓦斯是井下有害气体的总称，在煤的生产过程中产生并在开采时释放出来。井下有害气体的80%以上是沼气（甲烷，CH_4），此外还含有硫化氢、二氧化碳、氮气和水蒸气。沼气无臭无味、无色、易燃易爆，在空气中浓度达到5%时遇明火即爆炸。煤尘指煤炭开采、运输、储存和加工过程中产生的飞逸到大气的固体颗粒，具有很强的爆炸性，在空气中浓度达到45～2 000 g/m³时遇明火即爆炸。煤尘与沼气共存可增加爆炸的可能性和危险性，沼气浓度达3.5%，煤尘浓度达6.1 g/m³时遇明火即爆炸。瓦斯、煤尘爆炸引起的损伤包括高压气流引起的冲击伤、高温导致的烧伤、一氧化碳引起的窒息和中毒、硫化氢中毒、氮氧化物中毒、缺氧以及其他外力造成的复合性损伤。

7．电击 井下运输使用110 V驱动的电机车，其架线裸露且多低矮；采掘机械的电源为380 V，直接接触人体后均可造成电击。

8．烧伤 矿灯内残留的强碱溶液外漏可致局部化学烧伤；瓦斯或煤尘爆炸、火灾可造成体表和呼吸道烧伤。

9．透水 地表水和地下水通过裂隙、断层、塌陷区等各种通道无控制地涌入矿井工作面并向低处奔流，除了可造成溺水外，夹有煤石等物的水流冲击人体也可造成创伤。浸泡也可造成体温过低（冻僵）。

以上多种因素可单独作用致伤，也可数种因素同时作用造成复合伤。

二、间接致伤因素

1．工作环境差 通风、照明不佳，持续强烈噪声，淋头水大，工作面过高或过低等不良工作条件均会影响劳动技能的发挥和劳动者的心理状态。

2．矿工自身因素 劳动前培训不正规，缺乏井下工作的基本知识和技能，对井下环境有恐惧感，一旦遇到紧急情况不知所措，慌乱中致伤。

3．生物钟紊乱 井下工作为三班制，各种影响人体生物钟调节机制的因素亦可产生使矿工不能集中精力工作的不良结果，如处理不当将有可能增加矿工受伤的概率。

第二节　矿山创伤的伤情特点

矿山创伤具有"三高三多"的特点，即发生率高、致残率高、死亡率高；多发伤多、复合伤多、合并症多，具体如下[2]。

一、常以多发伤和复合伤形式出现

多发伤指在同一种致伤因素作用下，人体同时或相继遭受两个以上的解剖部位或脏器的严重损伤，且其中至少有一处损伤可危及生命。矿车挤撞伤、煤石冒顶砸伤常引起多发伤，如以颅脑为主的多发伤包括颅骨骨折、脑挫伤、颌面部创伤等；以胸腹部为主的多发伤包括肝脾破裂内出血、肋骨骨折、血气胸、肺挫伤、膈破裂、心包挫伤等；以骨盆为主的多发伤包括骨盆粉碎性骨折、股骨

第一章 矿山创伤概述

上段骨折、尿道破裂、膀胱破裂、乙状结肠和回肠破裂等。而复合伤指由两种或两种以上不同性质致伤因素引起的复合损伤，且有一处危及生命。如爆炸引起烧冲复合伤，以烧伤为主，冲击伤可包括骨折、内脏损伤，也可能合并一氧化碳中毒，以及爆炸冲击波引起重物撞击挤压所致撕裂伤、挤压伤和创面污染。

二、伤势严重，多伴有创伤失血性休克

创伤失血性休克指机体遭受严重创伤后，由于大量失血、失液，有效循环血量降低，微循环血液灌注量减少，使组织和器官发生缺血缺氧、功能紊乱及细胞代谢障碍的一种常见的全身性病理生理过程和临床综合征。

三、开放性损伤较多，伤口污染严重

轻微损伤、不太严重的单纯外伤或烧伤，多只发生外源性感染；而在严重创伤、烧伤时，既可发生外源性感染，又可发生内源性感染，特别是肠源性感染。

四、合并症严重

缺血-再灌注损伤与炎症失控性损伤是各种合并症共同的发病机制。而各种合并症的发生又进一步加重了机体的内环境紊乱。

五、发生率高

煤矿工业造成创伤的发生率高于其他行业。

第三节 矿山创伤的发病学特点

一、矿山创伤后常见的基本病理过程

基本病理过程是在多种疾病中出现的共同的、成套的功能、代谢和结构的异常变化。病理过程不是疾病，但与疾病密不可分。不同疾病可出现相同的病理过程，而一种疾病可同时或先后出现多种病理过程。病理生理学中常见的基本病理过程均可见于矿山创伤中。

1. 水钠代谢紊乱 大面积创伤、烧伤时皮肤创面大量渗液，短时间内引起等渗性脱水；如不予治疗，患者的皮肤和呼吸道不感蒸发不断失水后可转变为高渗性脱水；如大量饮水或输入糖水而不补充电解质可转变为低渗性脱水。此外，长期被困井下致水分摄入不足，创伤后高热或过度使用渗透性利尿剂也可引起高渗性脱水。颅脑外伤、创伤等刺激抗利尿激素分泌过多，或肾损伤、急性肾衰竭等肾排水功能不良，均可导致水潴留，可引起水中毒。长期被困井下，饥饿会引起营养不良性水肿；局部炎症引起局部炎性水肿；创伤后内脏并发症如心功能不全、肝功能不全和急性肾衰竭可

引起全身性水肿的发生。

2．钾代谢紊乱　长期饥饿或术后禁食导致钾摄入不足，大面积创伤、烧伤渗液与急性肾衰竭多尿期所致钾丢失过多，碱中毒使钾向细胞内转移，均可导致低钾血症。创伤后急性肾衰少尿与无尿期肾排钾减少，创伤性休克后大量输入库存血或治疗严重感染输注大剂量青霉素钾盐引起钾摄入过多，挤压综合征、大面积皮肤与肌肉挫伤、烧伤、酸中毒、休克导致的组织严重缺氧使钾从细胞内外移，均可导致高钾血症。

3．酸碱平衡紊乱　创伤后高热、感染、休克、抽搐、缺氧等导致体内酸性物质产生过多，创伤后急、慢性肾衰竭致酸性物质排泄障碍，创伤后肠瘘、胆瘘、胰瘘等消化液丢失导致 HCO_3^- 丢失过多等，均可引起代谢性酸中毒。创伤后幽门梗阻伴持续呕吐，创伤后应激性溃疡大量使用碱性药物治疗，可引起代谢性碱中毒。颅脑损伤、肋骨骨折、血气胸、呼吸道吸入性损伤、急性呼吸窘迫综合征导致呼吸功能减弱，可引起呼吸性酸中毒。创伤后感染、高热、刺激呼吸中枢等引起过度通气，可导致呼吸性碱中毒。多发伤和复合伤员还可见混合型酸碱平衡紊乱。

4．缺氧　围岩坍塌导致通风不良，爆炸、火灾消耗井下氧气，引起大气性（乏氧性）缺氧。爆炸、火灾所致吸入性损伤引起严重声门或喉水肿阻塞气道，爆炸冲击伤引起的肺泡破裂，吸入性损伤中的氮氧化物、醛类等引起的肺水肿，均引起呼吸性缺氧。大气性缺氧与呼吸性缺氧均属于低张性缺氧。爆炸与燃烧释放大量一氧化碳引起一氧化碳中毒，产生大量二氧化氮水解生成亚硝酸导致高铁血红蛋白血症，创伤大出血所致贫血，均引起血液性缺氧。创伤失血性休克、感染性休克、胸部创伤所致心包填塞，均致全身性循环障碍；围岩坍塌、爆炸所致人体部分肢体被掩埋、挤压，造成局部循环障碍。全身或局部循环障碍引起循环性缺氧。爆炸或火灾产生的氰化物、砷化物或硫化物中毒，长期被困所致维生素缺乏，细菌毒素、严重缺氧等损伤线粒体功能，均引起组织性缺氧。

5．发热　创伤后感染，大面积烧伤、严重创伤所致组织细胞坏死均引起发热。

6．应激　前述各种致伤因素及病原微生物等外环境因素，水电解质代谢紊乱、酸碱平衡紊乱、休克等内环境因素，焦虑、恐惧等社会心理因素均可导致应激。

7．休克　与创伤关系最密切的是失血性休克和脓毒血症引起的感染性休克。

8．弥散性血管内凝血　大面积烧伤、严重挤压伤、骨折、创伤后严重感染、脑与胰腺等部位的损伤与手术可激活凝血系统，进而导致弥散性血管内凝血。

9．缺血-再灌注损伤　创伤性休克后的组织灌流恢复、心肺复苏、断肢再植等有时可引起缺血-再灌注损伤。

10．创伤后感染　指创伤后伤口/创面因微生物污染所致的后续感染或伤后机体抵抗力下降所致的内源性/外源性感染。尽管已有成熟的消毒灭菌技术和种类繁多的抗生素，但感染仍是创伤后危害健康乃至生命的常见因素。

二、因果转化

在各种自稳调节的控制下，正常机体各器官系统的机功和代谢活动互相依赖，互相制约，体现了极为完善的协调关系。在疾病发生发展的过程中体内出现的一系列变化，并不都是原始病因直接作用的结果，而是由于机体的自稳调节紊乱出现的连锁反应。在原始病因的作用下，机体某一器官系统的一个部分受到损害而发生功能代谢紊乱，自稳态不能维持时，就有可能通过连锁反应而引起本器官系统其他部分或者其他器官系统功能代谢的变化，这就是疾病中的因果转化[3]，即原始病因使机体某一部分发生损害后，这种损害又可以作为发病学原因而引起另一些变化，而后者又可以作为新的发病学原因而引起新的变化。如此，原因和结果交替不已，使疾病不断发展。有时候疾病一旦发生后原始病因已经不再起作用，但疾病按照机体内部变化的因果交替规律继续发展，如创伤和烧伤，这时在治疗上针对原始病因的意义十分有限。因此，在治疗上不仅要注意病因，更重要的是要抓住发病过程中的主要环节，给予适当措施以阻止疾病的发展。例如，煤石砸压致肢体骨折，血管破裂导致大出血，大出血使心输出量减少和动脉血压下降，血压下降可反射性地使交感神经兴奋，皮肤和腹腔内脏的小动脉、微动脉等强烈收缩，这种血管收缩虽可引起外周组织缺氧，但却可减少出血，在一定时间内又可维持动脉血压于一定水平，故有利于心、脑的动脉血液供应。然而，外周组织（主要是皮肤和腹腔内脏）长期持续的缺血缺氧将导致微循环障碍，以致大量血液淤积在毛细血管和微静脉内，其结果是回心血量锐减、心输出量进一步减少和动脉血压进一步降低，组织缺氧就更严重。于是就有更多的血液淤积在循环系统中，回心血量更加减少。可见，组织缺血缺氧、毛细血管和微静脉内大量血液的淤积、回心血量减少、动脉血压降低等几个环节互为因果，循环不已。而每一次因果循环都能使病情更加恶化，故这种循环称为恶性循环。实际上，严重外伤时机体内的因果转化情况还要复杂得多，上面所述仅仅是一个简要的轮廓而已。

认识疾病发展过程中的因果转化以及疾病发展在某些情况下可能出现的恶性循环，对于正确治疗疾病和防止疾病的恶化具有重要意义。在因果转化规律的推动下，机体通过对原始病因及发病学原因的代偿反应和接受了适当的治疗，病情不断减轻，最后可恢复健康。例如上述血容量损失时，机体交感 - 肾上腺髓质系统的兴奋引起心率加快、心肌收缩力增强及血管收缩使心输出量增加，血压得以维持。如能及时采取有效的止血措施和输血、输液，就可以阻断连锁反应的发展，从而防止病情恶化。如果恶性循环已经出现，则可通过输血补液、正确使用血管活性药物、纠正酸中毒等措施来中断恶性循环，使病情向着有利于机体康复的方向发展。这种循环为良性循环。

随着因果转化的不断向前推移，一些疾病可以表现出比较明显的阶段性[4]。例如，在上述严重外伤引起出血性休克的过程中，机体可经历休克早期（微循环缺血性缺氧期）、休克进展期（微循环淤血性缺氧期）和休克晚期（微循环衰竭期）三期；严重大面积烧伤患者往往要经历休克、感染、肾功能不全等几个阶段。具体分析疾病各阶段中的因果转化和可能出现的恶性循环，显然是正确诊疗疾病的重要基础。

三、损伤与抗损伤反应

分析许多疾病中因果转化的连锁反应，可以看出其中两类变化：其一是原始病因引起的以及在后续连锁反应中继发出现的损伤性变化，其二是对抗这些损伤的各种反应，包括各种生理性防御适应性反应和代偿作用[3]。损伤和抗损伤反应之间相互依存又相互斗争的复杂关系是推动很多疾病不断发展演变、推动因果连锁反应不断向前推移的基本动力。例如煤石砸压致肢体骨折、血管破裂大出血中，组织破坏、骨折、血管破裂、出血、缺氧等属于损伤性变化。而动脉血压的初步下降所致的反射性交感神经兴奋以及随后发生的血管收缩，由于可减少出血并在一定时间内有助于维持动脉血压于一定水平，从而有利于心、脑的动脉血液供应，故属抗损伤反应。此外，同时发生的心率加快、心收缩力加强可以增加心输出量，也属抗损伤反应。如果损伤较轻，则通过上述抗损伤反应和适当的及时治疗，机体便可恢复健康；如损伤严重，抗损伤反应不足以抗衡损伤性变化，又无适当的治疗，则患者可因创伤性或失血性休克而死亡。可见，损伤和抗损伤反应之间的力量对比往往影响着疾病的发展方向和转归。应当注意的是，有些变化既有抗损伤意义又有损伤作用，而且随着条件的改变和时间的推移，原来以抗损伤为主的变化可以转化为损伤性变化。例如，上述创伤时的血管收缩有抗损伤意义，但血管收缩同时也有使外周组织缺氧的损伤作用，而持续的组织缺血缺氧，将导致微循环障碍而使回心血量锐减，这就说明原来有抗损伤意义的血管收缩，此时已转化成为对机体有严重损伤作用的变化[3]。在临床实践中，原则上应当尽可能支持和保持抗损伤性反应而排除或减轻损伤性变化，但当抗损伤性反应转化为损伤性变化时，就应当排除或减轻这种变化。目前，休克治疗中适当用血管扩张剂来改善组织的动脉血液灌流，以减轻或消除组织缺氧，并获得较好效果，其理论基础就在于此。

机体针对不同损伤所发生的抗损伤反应往往各有特点。例如，煤石砸压继发细菌感染时，机体的局部反应往往是渗出和增生，全身反应则可有发热、白细胞数目增加等。然而，不同的损伤也可引起某些共同的反应。例如，各种强烈因素如创伤、烧伤、出血、中毒、感染、休克、过冷等，都能引起机体的应激反应，即通过下丘脑-腺垂体引起肾上腺皮质激素大量分泌，从而使机体的防御适应能力在短期内有所增强。这是常见于各种急性危重疾病的一种非特异性抗损伤反应，有利于机体适应各种强烈因素的刺激。

四、局部与整体

任何疾病都有局部表现和全身反应。局部病变可通过神经和体液途径影响整体，而机体的全身功能状态也可通过神经和体液途径影响局部病变的发展。如烧伤的局部表现为皮肤损伤，轻度烧伤一般只有局部皮肤的变质、坏死，伴有水肿、渗出和疼痛，无明显的全身反应；而中度以上烧伤，除了创面局部的坏死、渗出，还可引起血容量减少、能量不足和负氮平衡、贫血、免疫功能减低等全身反应，甚至出现休克、脓毒症、肺部感染和急性呼吸窘迫综合征、急性肾衰竭、应激性溃疡和胃扩张等并发症。对于轻度烧伤的治疗，主要是处理创面和防止局部感染；对中度以上烧伤，需要局部治疗和全身治疗并重，全身治疗包括防治低血容量性休克和全身性感染、营养支持、防治器官并发症等[5]。因此，医务工作者应善于识别局部和整体病变之间的主从关系，抓住主要矛盾，使患者得以有效治疗。

（吴　静　门秀丽　张宇新）

参考文献

[1] 王正国．创伤学基础与临床．武汉：湖北科学技术出版社，2007：1421-1429．

[2] 王正国．灾难和事故的创伤救治．北京：人民卫生出版社，2005：28-46．

[3] 唐朝枢，刘志跃．病理生理学．3版．北京：北京大学医学出版社，2013：1-12．

[4] 王迪浔，金惠铭．人体病理生理学．3版．北京：人民卫生出版社，2008：3-5．

[5] 裘法祖．外科学．4版．北京：人民卫生出版社，1995：204-215．

第二章

创伤与水、电解质代谢紊乱

水是人体组织细胞的主要组成成分，水与溶解于其中的电解质等构成了人体的体液（body fluid）。机体的新陈代谢在体液环境中进行，体液的容量、分布、渗透压、pH、电解质含量和比例的相对恒定及电中性是维持正常生命活动的基本条件。因此，机体必须通过各组织器官的共同作用以确保水和电解质代谢的平衡[1]。

第一节 水钠代谢紊乱

一、正常水钠代谢

（一）体液的容量

正常成人男性体液的总量约占体重的60%，但是体液的总量会因年龄、体内脂肪组织含量的不同而有一定的变化。例如，新生儿体液总量约占体重的80%，而老年人的体液量则仅占体重的40%~50%，相对较少的体液总量使老年人更容易发生脱水。脂肪组织的含水量为10%~30%，少于肌肉组织（含水量可达75%~80%），因此，体液的总量随脂肪组织的增加而减少，雌激素促进皮下脂肪组织的沉积以形成女性的体格特征，这使成熟女性相对于男性有较多的脂肪组织及较少的体液总量，显然，性别也是影响体液总量的一个因素。

（二）体液的分布

人体体液主要分布在两个不同的区域：细胞内液（intracellular fluid，ICF）和细胞外液（extracellular fluid，ECF）。

1. **细胞内液** 分布在细胞内的液体，约占体重的40%。细胞内液是体内最大的含水区域，包含了2/3的体液总量。

2. **细胞外液** 体液总量的1/3存在于细胞外空间，约占体重的20%，这部分体液称为细胞外液。细胞外液又可以分为组织间液（包括淋巴液）、血浆和跨细胞液。构成体内细胞外环境的所有液体组成组织间液，约占体重的15%；血浆约占体重的5%；除此以外，细胞外液还包括一些腔隙（如颅腔、胸膜腔、腹膜腔、关节囊及消化道等）中的液体，称为第三间隙液。第三间隙液借助血管内皮与血浆分开，借助上皮组织与组织间液分开，需要上皮细胞耗能完成一定的化学反应，然后分泌出来，因此又把这部分体液称为跨细胞液。

细胞存在于细胞外液中，细胞外液包含了维持细胞正常功能的离子和营养物质，因此，19世纪法国生理学家 Claude Bernard 将细胞外液称为机体的内环境（internal environment）。内环境的相对稳定是维持正常生命活动的必要条件，机体的器官、组织发挥各自的作用以维持内环境的相对稳定，这种稳定状态的维持称之为稳态（homeostasis）。

（三）体液的成分

细胞内液和细胞外液在组成成分上有很大的不同。细胞内液中主要的阳离子是 K^+，其次是 Mg^{2+}，细胞内液中的阴离子主要是 HPO_4^- 和蛋白质，相对于细胞外液来说，细胞内液中只含有少量的 Na^+ 和 Cl^-。细胞外液中含有大量的 Na^+、Cl^- 和 HCO_3^-，而 K^+、Ca^{2+}、Mg^{2+} 和 HPO_4^{2-} 的含量较少。尽管细胞内液电解质总量多于细胞外液，但由于细胞内有较多的电解质离子固定于各种细胞结构上而并不游离于细胞液中，故最终使细胞内外液总的渗透压正好相等。而且，无论是细胞内液还是细胞外液，阳离子所带正电荷的总数与阴离子所带负电荷的总数相等，体液呈电中性。

（四）体液的渗透压

溶液的渗透压取决于溶质的分子或离子的数目，体液内起渗透作用的溶质主要是电解质，血浆和组织间液的渗透压90%～95%来源于单价离子 Na^+、Cl^- 和 HCO_3^-，剩余的5%～10%由其他离子和葡萄糖、氨基酸、尿素以及蛋白质等构成。血浆蛋白质产生的渗透压极小，仅占血浆总渗透压的1/200，与血浆晶体渗透压相比微不足道，但由于其不能自由通透毛细血管壁，因此对于维持血管内外液体的交换和血容量具有十分重要的意义。通常血浆渗透压在280～310 mmol/L，在此范围里称等渗，低于此范围称低渗，高于此范围称高渗。

维持细胞内液渗透压的主要离子是 K^+ 和 HPO_4^{2-}，细胞内液渗透压与细胞外液基本相等。

（五）水的生理功能和水平衡

水是人体中含量最多的物质，具有多种生理功能。水可以调节体温、发挥润滑作用、参与体内的生物化学反应、促进物质代谢，而且体内的水有相当一部分以结合水的形式存在，这部分水与多糖、磷脂和蛋白质等结合，对组织器官发挥正常的生理功能具有重要作用。

为维持正常的生命活动，正常人每天的水摄入量与排出量必须保持动态平衡。一般情况下，24小时水摄入量在2000～2500 ml，绝大多数是经口进入体内，包括饮水、其他饮料和食物中的水分，总量在1700～2200 ml；其余的水由体内细胞氧化代谢产生，每24小时约300 ml。机体排出水分通过尿、不感蒸发（insensible evaporation）、显性发汗（sensible perspiration）和粪便四种途径。排尿量24小时一般在1000～1500 ml；大约有850 ml 的水是经过皮肤和肺蒸发而排出体外，这一过程称为不感蒸发，通过此途径丧失的水分可随气温、体力活动、体温等因素的变化而有较大的波动；此外，每天还有大约100 ml 水分通过粪便排出体外。

（六）钠的生理功能和钠平衡

在机体中，钠具有十分重要的生理功能。Na^+ 是细胞外液中主要的阳离子，对维持细胞外液渗透压、细胞的正常功能具有重要的作用。在神经、肌肉组织中，Na^+ 顺浓度梯度跨膜流动参与了动作电位的形成；在肾近曲小管中，Na^+ 和 H^+ 通过管腔膜上的 Na^+-H^+ 交换体进行转运，参与机体酸碱平衡的调节；通过管腔膜上的 Na^+-葡萄糖同向转运体和 Na^+-氨基酸同向转运体，介导肾小管对葡萄糖和氨基酸的重吸收。在肾髓质，Na^+ 参与外髓至内髓部渗透浓度梯度的形成和尿液浓缩机制。正常情况下，成人体内钠总量约为50 mmol/kg 体重，10% 左右分布在细胞内，约50% 存在于细胞外液，

正常细胞内液 Na^+ 浓度约为 10 mmol/L，而血清 Na^+ 浓度为 130～150 mmol/L。正常成人每天摄入 100～200 mmol 钠，主要来自食盐，几乎全部由小肠吸收。肾是体内钠代谢平衡调节的主要器官，每日排出的钠约 90% 经肾随尿排出。为了保持机体钠代谢的平衡，肾可调整钠的排出量，摄入少，肾排出少；摄入多，肾排出也多。除肾排出外，有少量钠经粪便排出，每天仅 5～10 mmol。此外，每升汗液中含有 30～50 mmol 钠，大量发汗也会导致机体 Na^+ 丢失。

二、水钠代谢的调节

水、钠代谢的调节主要包括神经调节和激素反馈调节两个方面[1]。

（一）渴感的作用

机体体液总量取决于水的摄入与排除之间的平衡，因此，渴感对于调节体液总量来说具有十分重要的作用。细胞外液渗透压升高、血容量减少、血压显著降低均能刺激第三脑室前腹侧面以及下丘脑视前区前侧即口渴中枢的神经细胞，从而引起口渴的感觉，导致主动饮水；相反，细胞外液渗透压下降，渴感被抑制。

（二）抗利尿激素

抗利尿激素（antidiuretic hormone，ADH），也被称为精氨酸血管升压素（arginine vasopressin，AVP），产生于下丘脑的视上核和室旁核，沿着下丘脑发出的神经纤维运输至神经垂体储存，细胞外液的渗透压只要上升 2%，即可刺激位于视上核近端的前下丘脑部的渗透压感受器，从而刺激 ADH 分泌并释放进入循环系统。肾远曲小管和集合管的上皮细胞是 ADH 的靶细胞。ADH 与肾小管上皮细胞基侧膜上的 V_2 受体结合，激活腺苷酸环化酶/环磷酸腺苷和蛋白激酶 A 系统，触发含 AQP_2 的胞质囊泡转位到上皮细胞管腔侧的顶端膜上，从而形成水通道。由此，远曲小管和集合管上皮细胞对水的通透性明显提高，肾小管对水分的重吸收显著增多。

（三）醛固酮

醛固酮（aldosterone，ALD）是人体内作用最强的盐皮质激素，在调节机体水、电解质代谢及高血压、心力衰竭乃至肝和肾纤维化的发病机制中发挥重要作用。醛固酮由肾上腺皮质球状带细胞产生。血管紧张素 Ⅱ（angiotensin Ⅱ，Ang Ⅱ）是体内刺激醛固酮合成的主要因素。细胞外液量减少，肾动脉压降低，反射性地刺激交感神经系统。交感神经兴奋或血浆钠浓度降低均可刺激位于入球动脉血管壁上的球旁细胞，引起肾素分泌。肾素进入血液循环并作用于血管紧张素原，使其转变为血管紧张素 Ⅰ，后者又在肺血管内皮组织中的转化酶作用下转变为血管紧张素 Ⅱ，血管紧张素 Ⅱ 一方面引起血管收缩，另一方面刺激肾上腺皮质球状带细胞分泌醛固酮。醛固酮直接作用于肾小管上皮细胞，增加肾对 Na^+、水的重吸收，并促进肾排 H^+、排 K^+。

（四）利钠多肽家族

随着哺乳动物心房中心房利钠因子（atrial natriuretic factor，ANF）的发现和后续研究，为人们理解体液容量和血压的调节开辟了道路。ANF 后来被证明是一种多肽，故也被称为心房利钠多肽（atrial natriuretic polypeptide，ANP），主要存在于哺乳动物体内，也包括人的心房肌细胞的细胞质中[2]。ANP 已被分离提纯，并且已能人工合成，其氨基酸序列也已确定。从动物心房肌获得的这类多肽称为心钠素（cardionatrin）或心房肽（atriopeptin），而从人类心房肌所得者称为人心房利钠多肽（human atrial natriuretic polypeptide，hANP），而 ANP 则是它们的通称。

动物实验证明，急性的血容量增加可使 ANP 释放入血，从而引起强大的利钠和利尿作用。血容量增加可能是通过增高右心房压力、牵张心房肌而使 ANP 释放的；反之，限制钠、水摄入或减少静脉回心血量则能减少 ANP 的释放。

已经发现，在一些动物的动脉、肾、肾上腺皮质球状带等有 ANP 的特异受体，ANP 通过这些受体作用于细胞膜上的鸟苷酸环化酶，以细胞内的环鸟苷酸（cGMP）作为第二信使而发挥其效应。

ANP 对水、电解质代谢有如下的重要影响。

1．强大的利钠、利尿作用　其机制在于抑制肾髓质集合管对 Na^+ 的重吸收。ANP 也可能通过改变肾内血流分布、增加肾小球滤过率而发挥利钠、利尿的作用。

2．拮抗肾素-醛固酮系统的作用　实验证明，ANP 能抑制体外培养的肾上腺皮质球状带细胞合成和分泌醛固酮；体内试验证明 ANP 能使血浆肾素活性下降，也有人认为 ANP 可能直接抑制近球细胞分泌肾素。

3．ANP 能显著减轻失水或失血后血浆中 ADH 水平增高的程度　ANP 及其与肾素-醛固酮系统以及 ADH 之间的相互作用，对于精密调节水、电解质平衡起着重要作用。ANP 还有舒张血管、降低血压的作用。

根据其释放、对远隔器官的作用及其在肝、肾、肺等器官中降解等特点，ANP 已被公认为一种新的激素，因而心脏不仅是泵血器官，同时也是内分泌器官，这是内分泌学的一个突破。

三、水钠代谢紊乱的分类

水钠代谢紊乱按照体液量的变化可以分为低容量状态（脱水）和高容量状态（水肿）。低容量状态是指体液从细胞外液的丢失速度和量超过机体摄入，导致细胞外液量减少、有效血容量不足，从而引起的一组临床综合征。低容量状态又可以根据血浆渗透压的高低分为高渗性失水（血浆渗透压＞310 mmol/L）、等渗性失水（血浆渗透压介于 280～310 mmol/L）和低渗性失水（血浆渗透压＜280 mmol/L）[1]。高容量状态是指液体进入体内过多或肾排尿量减少，以致体液在体内积聚过多而出现的一组临床综合征，由于体液积聚，细胞外液常呈低渗低钠状态，水进入细胞内，引起细胞肿胀，导致细胞代谢紊乱。水、钠代谢紊乱常同时或先后发生，关系密切，通常一起讨论。水钠代谢紊乱有各种分类方法，为了便于理解，以下根据临床上通常采用的方法分为脱水（包括失钠）和水中毒进行讨论。

第二节　脱　水

在矿难事故中，常常发生因为饮水缺乏而引起的脱水，故本节重点讨论矿难中可能发生的各种脱水情况。

脱水

（一）高渗性脱水

高渗性脱水（hypertonic dehydration）以失水多于失钠、血清钠浓度＞150 mmol/L、血浆渗透压＞310 mOsm/L 为主要特征。矿难中摄水不足、水源断绝是高渗性脱水的主要原因。

1．原因和机制

（1）单纯失水：①经肺失水：任何原因引起的过度通气都可使呼吸道黏膜的不感蒸发加强以致

大量失水；②经皮肤失水：在发热或甲状腺功能亢进时，通过皮肤的不感蒸发每日可失水数升；③经肾失水：中枢性尿崩症时因 ADH 产生和释放不足，肾性尿崩症时因肾远曲小管和集合管对 ADH 的反应缺乏，故肾可排出大量水分。失水发生在肾单位的最远侧部分，在此部分以前，大部分钠离子已被重吸收。因此，患者可排出 10～15 L 的稀释尿而其中只含几个毫摩尔（mmol）的钠。

单纯失水时，机体的总钠含量可以正常。

（2）失水大于失钠：即低渗液的丧失，见于①胃肠道失液：呕吐和腹泻时可能丧失含钠量低的消化液，如部分腹泻患者的粪便钠浓度在 60 mmol/L 以下。②大量出汗：汗为低渗液；大汗时每小时可丢失水分 800 ml 左右。③经肾丧失低渗尿：如反复静脉内输注甘露醇、尿素、高渗葡萄糖等时，可因肾小管液渗透压增高而引起渗透性利尿，排水多于排钠。

在这些情况下，机体既失水，又失钠，但失水不成比例地多于失钠。

（3）饮水不足：上述情形下，渴感正常的人在可以得到水喝和能够喝水的情况下，很少引起高渗性脱水，因为在水分丧失的早期，血浆渗透压稍有增高时，便可刺激口渴中枢。在喝水后，血浆渗透压即可恢复。因此，只有下述情况才会发生明显的高渗性脱水：①水源断绝：矿难发生后，因被困井下、坑道而长时间不能获得饮水；②不能或不会饮水：矿难事故中，因颅脑外伤或缺氧发生昏迷而不能主动饮水等；③渴感障碍：颅脑外伤使下丘脑口渴中枢受损。在有些并不引起失语症的大脑皮质脑血管意外的老年患者，也可发生渴感障碍。

在临床实践中，高渗性脱水的原因常是综合性的，如婴幼儿腹泻时高渗性脱水的原因除了丢失肠液、入水不足外，还有发热出汗、呼吸增快等因素引起的失水过多。

2．对机体的影响

（1）因失水多于失钠，细胞外液渗透压增高，刺激口渴中枢（渴感障碍者除外），促使患者找水喝。

（2）除尿崩症患者外，细胞外液渗透压增高刺激下丘脑渗透压感受器而使 ADH 释放增多，从而使肾重吸收水增多，尿量减少而比重增高。

（3）细胞外液渗透压增高，可使渗透压相对较低的细胞内液中的水向细胞外转移。

以上三点都能使细胞外液得到水分补充，使渗透压倾向于回降（图 2-1）。可见，高渗性脱水时细胞内、外液都有所减少，但因细胞外液可能从几方面得到补充，故细胞外液和血容量的减少不如低渗性脱水时明显，发生休克者也较少。

（4）早期或轻症患者，由于血容量减少不明显，醛固酮分泌不增多，故尿中仍有钠排出，其浓

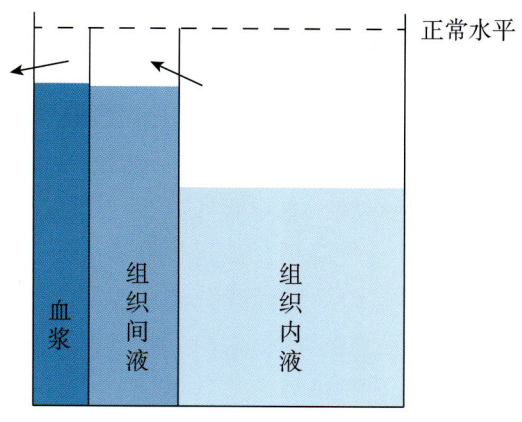

图 2-1　高渗性脱水时体液分布改变

度还可因水重吸收增多而增高；在晚期和重症病例，可因血容量减少、醛固酮分泌增多而致尿钠含量减少。

（5）细胞外液渗透压增高使脑细胞脱水时，可引起一系列中枢神经系统功能障碍的症状，包括嗜睡、肌肉抽搐、昏迷，甚至死亡。脑体积因脱水而显著缩小时，颅骨与脑皮质之间的血管张力增大，因而可导致静脉破裂而出现局部脑内出血和蛛网膜下腔出血。

（6）脱水严重的病例，尤其是小儿，由于从皮肤蒸发的水分减少，散热受到影响，因而可以发生脱水热。

根据脱水程度可将高渗性脱水分为轻度、中度和重度三级[3]。①轻度：失水量相当于体重的2%～5%，患者黏膜干燥，汗少，皮肤弹性减低，口渴，尿量少，尿渗透压通常 > 600 mmol/L，尿比重 > 1.020（肾浓缩功能障碍者如尿崩症患者等除外），可出现酸中毒，但不发生休克；婴幼儿患者啼哭无泪，前囟凹陷，眼球张力低下。②中度：失水量相当于体重的5%～10%。临床表现有严重口渴，恶心，腋窝和腹股沟干燥，皮肤弹性缺乏，血液浓缩，心动过速，体位性低血压，中心静脉压下降，表情淡漠，肾功能低下，少尿，血浆肌酐和尿素氮水平增高，血清钾浓度可在正常范围的上限或稍高，尿渗透压通常大于800 mmol/L，尿比重 > 1.025（肾浓缩功能障碍者如尿崩症患者等除外），发生酸中毒。③重度：失水量相当于体重的10%～15%。患者经常发生休克，临床主要表现有少尿或无尿，血压下降，脉搏快而弱。肾功能受损害，血浆肌酐和尿素氮上升；血清[K^+]升高。代谢性酸中毒通常严重。脱水程度超过此界限时，很少人能够耐受，常可导致死亡。

3．防治原则 首先应对失水量进行评估。高渗性脱水时可按血钠浓度计算，常用如下方法：失水量（L）=[实测血清钠（mmol/L）- 正常血清钠（mmol/L）]/ 正常血清钠（mmol/L）× 体重（kg）× 0.6，公式中正常血清钠可用 140 mmol/L 计算。液体应给予5%葡萄糖溶液。高钠血症严重者可静脉内注射2.5%或3%葡萄糖溶液。应当注意，高渗性脱水时血钠浓度高，但患者仍有钠丢失，故还应补充一定量的含钠溶液，以免发生细胞外液低渗。

（二）低渗性脱水

低渗性脱水（hypotonic dehydration）以失钠多于失水、血清钠浓度 < 130 mmol/L、血浆渗透压 < 280 mOsm/L 为主要特征。

1．原因和机制

（1）丧失大量体液而只补充水分：这是最常见的原因。大多是因呕吐、腹泻，部分是因胃、肠吸引术丢失体液而只补充水分或输注葡萄糖溶液。

（2）大汗后只补充水分：汗虽为低渗液，但大量出汗也可伴有明显的钠丢失（每小时可丢失30～40 mmol的钠），若只补充水分则可造成细胞外液低渗。

（3）大面积烧伤：烧伤面积大，大量体液丢失而只补充水时，可发生低渗性脱水。

（4）肾性失钠：可见于以下情况：①水肿患者长期连续使用排钠性利尿剂（如氯噻嗪类、速尿及利尿酸等）时，由于肾单位稀释段对钠的重吸收被抑制，故钠从尿中大量丢失。如再限制钠盐摄入，则钠的缺乏更为明显。②急性肾衰竭多尿时期，主要是肾小管液中尿素等溶质浓度增高，故可通过渗透性利尿作用使肾小管上皮细胞对钠、水重吸收减少。③在所谓"失盐性肾炎"的患者，由于受损的肾小管上皮细胞对醛固酮的反应性降低，故远侧肾小管（近年有人认为是集合管）细胞对钠重吸收障碍。④Addison病时，主要是因为醛固酮分泌减少，故肾小管对钠重吸收减少。对上述这些经肾失钠的患者，如果只补充水分而忽略了补钠盐，就可能引起低渗性脱水[4]。

由此可见，低渗性脱水的发生，往往与措施不当（失钠后只补水而不补充钠）有关。这一点应当引起充分注意。但是，也必须指出，即使没有这些不适当的措施，大量体液丢失本身也可使有些患者发生低渗性脱水。这是因为大量体液丢失所致的细胞外液容量显著减少，可通过对容量感受器的刺激而引起ADH分泌增多，结果是肾重吸收水分增加，因而引起细胞外液低渗（低渗性脱水）。

2．对机体的影响　在细胞外液容量尚未减少时，由于细胞外液渗透压降低，ADH分泌减少，故肾小管上皮细胞对水重吸收减少而导致肾排出的水分增多。因此，早期患者可排出较多的低渗尿。水分排出的增多一方面可使细胞外液容量进一步减缩，因而可使患者倾向于发生休克；另一方面可使细胞外液渗透压得到一定程度的恢复，因而又具有一定的代偿意义。如果细胞外液的渗透压仍然得不到恢复，则细胞外液可向渗透压相对较高的细胞内转移，故细胞内液并无丢失而细胞外液量则显著减少，患者易发生休克，这是本型脱水的主要特点。此外，由于血钠浓度低，致密斑（位于远曲小管起始部）的钠负荷减轻，故肾素-血管紧张素-醛固酮系统的活性增强，醛固酮分泌增多，因而可使肾小管上皮细胞对钠的重吸收增强，尿中Na^+或Cl^-排出减少。肾素-血管紧张素-醛固酮系统活性增强也与细胞外液特别是有效循环血量减少，以致肾入球小动脉压力降低、牵张感受器被兴奋，从而使肾素释放增多有关（图2-2）。

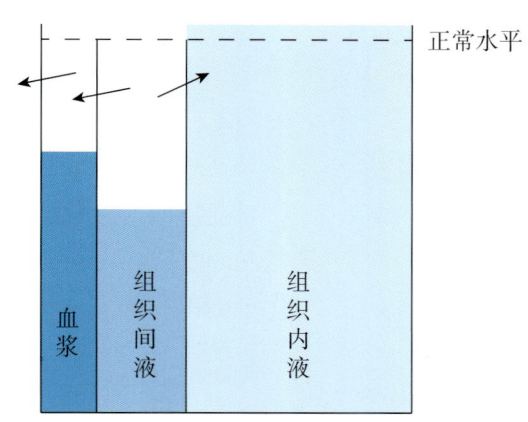

图 2-2　低渗性脱水时体液分布改变

当脱水进一步发展，以致细胞外液容量严重不足时，又可因容量感受器受刺激而使ADH分泌增多，从而使肾重吸收水分增多，其结果是一方面在一定程度上维持细胞外液容量，使之不致过分减少；另一方面则又可使细胞外液渗透压降低，从而促使水分向细胞内转移。

在临床上，伴随着休克倾向的出现，患者往往有静脉塌陷、动脉血压降低、脉搏细速、四肢厥冷、尿量减少、氮质血症等表现。由于细胞外液特别是细胞间液显著减少，因而患者皮肤弹性丧失，眼窝和婴儿囟门内陷。

根据缺钠程度和临床症状，也可将低渗性脱水分为三度：①轻度：相当于成人每公斤体重缺失氯化钠0.5 g。患者常感疲乏、头晕，直立时可发生晕倒（晕厥），尿中氯化钠很少或缺如。②中度：每公斤体重缺失氯化钠0.5～0.75 g。此时患者可有厌食、恶心呕吐、视物模糊、收缩压轻度降低、起立时昏倒、心率加快、脉搏细弱、皮肤弹性减弱、面容消瘦等表现。③重度：每公斤体重缺失氯化钠0.75～1.25 g，患者可有表情淡漠、木僵等神经症状。最后发生昏迷，并有严重休克。

3．防治原则　除去除原因（如停用利尿药）、防治原发疾病之外，一般应用等渗氯化钠溶液及时补足血管内容量即可达到治疗目的。如已发生休克，要及时积极抢救。低渗性失水可按血细胞比容计算失水量：失水量（L）＝[（实测血细胞比容－正常血细胞比容）/正常血细胞比容]×现体重（kg）×0.2，正常血细胞比容为男性0.48，女性0.42。

（三）等渗性脱水

水与钠按其在正常血浆中的浓度成比例丢失时，可引起等渗性脱水（isotonic dehydration）。即使是不按比例丢失，但脱水后经过机体调节，血钠浓度仍维持在 130～145 mmol/L，渗透压仍保持在 280～310 mOsm/L 者，亦属等渗性脱水。

1．原因及机制　在矿难事故中，由于原发性损伤导致的严重肠梗阻、腹膜炎、出血坏死性胰腺炎、挤压综合征等，体液大量急剧积聚在胸、腹腔及皮下组织，且短期内不能重吸收回血液循环，出现血容量不足；另外，矿井火灾、瓦斯或煤尘爆炸导致烧伤，经皮肤创面大量丢失体液，也可以引起等渗性脱水；矿难引起的创伤性失血也是等渗性脱水的重要原因。

2．对机体的影响　细胞外液容量减少而渗透压在正常范围，故细胞内外液之间维持了水的平衡，细胞内液容量无明显变化。血容量减少又可通过醛固酮和 ADH 的增多而使肾对钠、水的重吸收增加，因而细胞外液得到一定的补充，同时尿钠含量减少，尿比重增高。如血容量减少迅速而严重，患者也可发生休克（图 2-3）。

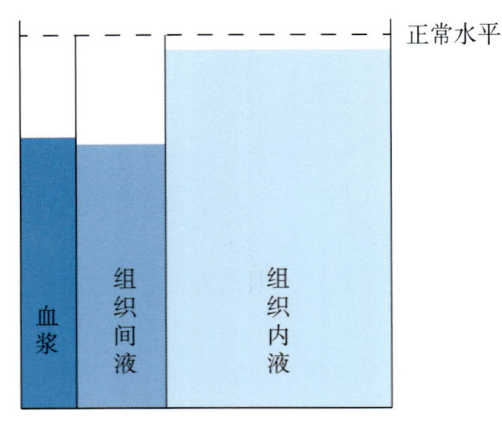

图 2-3　等渗性脱水时体液分布改变

如不予及时处理，则可通过不感蒸发继续丧失水分而转变为高渗性脱水；如只补充水分而不补钠盐，又可转变为低渗性脱水（三种类型脱水的比较见表 2-1）。

表 2-1　三种类型脱水的比较

	高渗性脱水	低渗性脱水	等渗性脱水
发病原因	水摄入不足或丧失过多	体液丧失而单纯补水	水和钠等比例丧失而未予补充
发病原理	细胞外液高渗，细胞内液丧失为主	细胞外液低渗，细胞外液丧失为主	细胞外液等渗，以后高渗，细胞内外液均有丧失
主要表现和影响	口渴、尿少、脑细胞脱水	脱水体征、休克、脑细胞水肿	口渴、尿少、脱水体征、休克
化验	血钠＞150 mmol/L	血钠＜130 mmol/L	血钠 130～150 mmol/L
治疗	补充水分为主	补充生理盐水或 3% 氯化钠溶液	补充偏低渗的氯化钠溶液

3．防治原则　防治原发病，输注渗透压偏低的氯化钠溶液，其渗透压以等渗溶液渗透压的 1/2～2/3 为宜。

第三节 水 肿

过多的液体在组织间隙或体腔中积聚，称为水肿（edema）。此定义把水肿局限于局部或全身血管外的细胞外液（指组织间液）容量的增多。其实，细胞内液的过多积聚，有时也称细胞水肿，如细胞中毒性脑水肿。后者未为上述定义所包括，许多水肿可不伴有细胞内液量的明显变化。水肿按分布范围可分全身水肿（anasarca）和局部水肿（local edema）；也可按发生部位命名，如脑水肿、肺水肿、皮下水肿等。

正常体腔内只有少量液体，当体腔内液过多积聚时，称为积水（hydrops），如心包积水、胸腔积水（胸水）、腹水（腹腔积水）、脑室积水、阴囊积水等。水肿常按其原因而命名，如肾性水肿、肝性水肿、心性水肿、营养性水肿、静脉阻塞性水肿、淋巴水肿、炎症性水肿等。可见水肿并非独立疾病，而是疾病时的一种重要病理过程或体征。本节主要从矿难引致的水肿特点，重点讨论肺水肿和脑水肿。

一、水肿发生的机制

各类水肿的原因和发生机制虽不全一致，但基本因素不外两大类。

（一）全身水分进出平衡失调——钠水滞留

细胞外液量增多是因钠水摄入超过排出以致滞留。钠水能自由弥散或滤过毛细血管壁，故当钠水滞留引起血管内液增多时，必然引起血管外的细胞外液增多。增多的组织间液不能及时移走，积聚到一定程度就出现水肿。若事先已有组织间液积聚，则钠水滞留会加重水肿的发展。钠水滞留的基本机制是球 - 管失平衡（glomerulo-tubular imbalance）而导致肾排钠和排水的减少。正常人能摄入比较大量的钠（如每天 20 g 食盐）而不致发生钠滞留和水肿。但若排钠功能不足，则通常摄钠量就足以造成钠水滞留。平常由肾小管滤过的钠水总量中，只有 0.5%～1% 被排出，而有 99%～99.5% 被肾小管重吸收，其中 60%～70% 由近曲小管重吸收，这里钠的重吸收属主动过程即需能转运；钠水在远曲小管及集合管的重吸收，则主要受刺激所控制。这些调节因素保证了球 - 管平衡。如果肾小球滤过率下降不伴有相应的重吸收减少，肾排钠水就要减少；如果肾小球滤过量正常，而肾小管重吸收增多，肾排钠水量也会减少；如果肾小管球滤过率下降而肾小管重吸收增多，则肾排钠水就更加减少。这三种情况均可引起球 - 管失平衡（图 2-4），导致钠水滞留和细胞外液量增多。

球 - 管失平衡导致肾排钠水减少的原因，有原发和继发两类。

1. 原发性肾排钠水量减少 肾原发疾病使肾小球滤过总量下降，而肾小管的重吸收没有相应减少，故引起肾排钠水量减少。这是急性肾小球肾炎时发生水肿的基本机制。

2. 继发性肾排钠水量减少

（1）肾小球滤过钠水减少：任何原因使有效循环血量减少时，分布到肾的血流量就相应减少，加上动脉血压的相应降低导致颈动脉窦和主动脉弓压力感受器的牵张度减弱，反射地使肾血管收缩，肾血流则更为减少。后者还能激活肾素 - 血管紧张素系统，血管紧张素 Ⅱ 浓度增加又可引起入球小动脉收缩，使肾小球血流量进一步减少。所有这些因素都导致肾小球滤过率下降。

（2）肾小管重吸收钠水增多：不同节段肾小管吸收钠水增多的机制不尽相同。

1）近曲小管重吸收钠水增多：当有效循环血量减少时，可引起近曲小管重吸收钠水增多，导致肾排钠水量减少。其机制有两种解释：①利钠激素分泌减少（详见下文）；②肾内物理因素的作用。

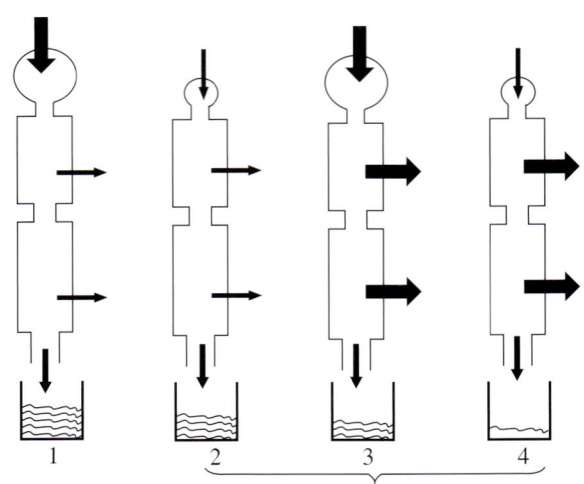

图 2-4 球—管失衡基本形式示意图

后者是指肾小球滤过分数（filtration fraction，FF）的增加。滤过分数＝肾小球滤过率/肾血浆流量。正常约有 20% 的肾血流量由肾小球滤过。当充血性心力衰竭或肾病综合征等使有效循环血量减少从而引起肾血流量减少时，往往由于出球小动脉的收缩比入球小动脉的收缩更为明显，因而肾小球滤过率的下降也就不如肾血流量下降明显，流入肾小管周围毛细血管的血液中，血浆蛋白的浓度也就相对增高，而管周毛细血管的流体静压则下降，这两个因素都促进近曲小管对钠水的重吸收。

2）远曲小管和集合管重吸收钠水增多：肾小管这两段的重吸收钠水功能，主要受下述肾外激素的调控：①醛固酮增多：有效循环血量减少常引起醛固酮增多。因为有效循环血量减少使肾小动脉灌注压和肾小球滤过率下降，结果入球小动脉牵张感受器的牵张度减弱，致密斑也因到达的钠量减少而受刺激，从而激活肾素-血管紧张素系统，使血管紧张素Ⅱ和Ⅲ增多，后两者刺激肾上腺皮质球状带，使之分泌较多的醛固酮，故血中醛固酮浓度增高。此外，肝功能严重损害可致醛固酮灭活减少，也是引起血浆醛固酮增多的附加因素。醛固酮增多与水肿形成的关系并不恒定，多数进行性钠水滞留的患者，血浆醛固酮浓度往往增高；而处于平稳状态的水肿患者，则血浆醛固酮可在正常范围内。一些事实表明，单独醛固酮增多不一定导致持久滞钠和水肿。连续每天使用醛固酮使细胞外容量扩大时，开始时排钠减少，但几天后排钠回升到对照水平。此现象被称为"钠逃逸"或"醛固酮逃逸"。其本质仍未清楚，有人认为是第三因子（第一因子是肾小球滤过率，第二因子是醛固酮）的作用。可能在细胞外液容量扩大到一定程度后，第三因子分泌增多，近曲小管重吸收钠就减少，直至与醛固酮的作用相平衡为止。目前不少学者认为第三因子就是利钠激素（详见下文）。②抗利尿激素：在全身水肿形成中，抗利尿激素（ADH）增多的滞水作用也有一定意义。有效循环血量或心排血量下降，使左心房壁和胸腔大血管壁的容量感受器所感受的刺激减弱；加上有效循环血量下降激活了肾素-血管紧张素系统，以致血管紧张素Ⅱ生成增多，均可导致下丘脑-神经垂体分泌和释放 ADH 增多。此外，有些水肿（肝有损害）时，ADH 增多部分地与肝灭活减少有关。一些事实表明，ADH 可参与某些全身水肿的机制，但可能不是钠水滞留所必需。把实验性腹水狗的神经垂体破坏，虽能造成尿崩症，但不能削弱钠滞留和腹水；事先破坏狗的神经垂体，然后造成下腔静脉（肝上方）狭窄，仍产生钠滞留和腹水。③利钠激素或心房肽分泌减少：有些学者主张当血容量或有效循环血量下降时，可引起利钠激素（natriuretic hormone）减少（相反则增多）。此激素有抑制近曲小管重吸收钠的作用，故称利钠激素，并认为此即第三因子。另一些学者则对其存有怀疑。但近年来一些报道不仅承认其存在，而且认为它是一种低分子物质，至少部分地作用于近曲小管，并且认为上述"醛固酮逃逸"可能是利钠激素增多所致。因而利钠激素分泌减少就有利于醛固酮发挥滞钠作用和水肿的发生。一些学者已从大鼠及人体心房组织提取纯化了心房肽（atriopeptin）或心房利钠多肽（atrial natriuretic polypeptide，ANP），后者给大鼠静脉内注射能引起迅速而强烈的排钠利尿作用。近期资料表明，细胞外液容量变化能影响心房肌组织释放肽，后者到达靶器官与特异受体结合，可能通过cGMP而发挥利钠、利尿和扩血管作用，并能抑制醛固酮和ADH的释放。因此可以理解，心房肽的减少也可导致钠水潴留而促成水肿的发生。至于心房肽是否就是上述的利钠激素，以及它们与水肿形成的关系，有进一步研究的价值。

(二) 血管内外液体交换失衡导致组织间液增多

组织间液生成和回收的平衡，受血管内外诸因素的调控。这些因素之一的失常或两个以上同时或先后失常，就可使血管内外液体交换失衡，引起组织间液生成过多或回收过少，或两者兼有，其结果都可使组织间液过多积聚而形成水肿。这些基本因素如下。

1. 毛细血管有效流体静压增高　毛细血管内的流体静压大于组织间液的流体静压，前者减去后者的值就是有效流体静压。因而毛细血管流体静压增高，可导致有效滤过压增高（有效滤过压等于有效流体静压减去有效胶体渗透压），它有利于毛细血管血浆的滤出而不利于组织间液的回收。全身或局部的静脉压升高，是有效流体静压增高的主要成因。静脉压升高可逆向转递到微静脉和毛细血管静脉端，使后者的流体静压增高，有效流体静压便随之增高。

局部静脉压增高的常见原因是血栓阻塞静脉腔、肿瘤或瘢痕压迫静脉壁等；全身体循环静脉压增高的常见原因是右心衰竭；而肺静脉压增高的常见原因则是左心衰竭。

2. 有效胶体渗透压下降　血浆和组织间液中都含有能产生渗透作用的物质，故血管内外都有渗透压，渗透压有晶体渗透压与胶体渗透压之分，前者产自晶体物质尤其是电解质；后者主要产自蛋白质。由于晶体物质能自由通过毛细血管壁，故对血管内外液体交换影响不大。在血管内外液体交换中，限制血浆液体由毛细血管向外滤出的主要力量是有效胶体渗透压，它是血浆胶体渗透压减去组织间液体渗透压的差值。

血浆胶体渗透压主要取决于血浆蛋白尤其是白蛋白的浓度，白蛋白比球蛋白有较大的渗透压，每克可形成 0.73 kPa（5.5 mmHg）的胶体渗透压，而每克球蛋白则仅形成 0.19 kPa（1.4 mmHg）的胶体渗透压。据以往统计，人体血浆胶体渗透压约为 3.33 kPa（25 mmHg），而后来 Cuyton 所用的数据则按 3.72 kPa（28 mmHg）计算。因组织间液的蛋白质含量很少，其胶体渗透压仅约 0.67 kPa（5 mmHg），故有效胶体渗透压约为 3.72 − 0.67 = 3.05 kPa（28 − 5 = 23 mmHg）。这既是对抗血浆液体毛细血管滤出的主要力量，也是促进组织间液向毛细血管回收的力量。因而有效胶体渗透压下降将导致毛细血管动脉端滤出增多和静脉端回收减少，有利于液体在组织间隙积聚。以下三种基本情况可引起有效胶体渗透压下降。

（1）血浆蛋白浓度降低：当血浆蛋白尤其是白蛋白浓度下降时，因血浆胶体渗透压相应下降，有效胶体渗透压也随之下降，严重时可引起水肿。引起水肿的血浆白蛋白临界浓度，有人认为大约是 2.0 g%。但一般难以确定，因往往不是单因素引起水肿。据报道，有的人即使血浆白蛋白浓度降至 0.5 g%，也不出现水肿。血浆蛋白浓度下降的主要原因是：①蛋白质丢失：肾病综合征时大量蛋白质从尿中丢失；蛋白质丢失性肠病时蛋白丢失于肠腔中而随粪便排出。②合成障碍：见于肝实质严重损害（如肝硬化）或营养不良。③大量钠水潴留或输入大量非胶体溶液时使蛋白稀释。

（2）微血管壁通透性增高：正常毛细血管只容许微量血浆蛋白滤出，平均不超过5%，其他微血管则完全不容许蛋白滤过，因而毛细血管内外胶体渗透压梯度很大。但当微血管壁通透性增高时，血浆蛋白不仅可随液体从毛细血管壁滤出，也可从其他微血管尤其是微静脉壁滤出，其结果是毛细血管静脉端和微静脉内的胶体渗透压下降，而组织间液的胶体渗透压则上升，使有效胶体渗透压下降。此时如淋巴回流不足以阻止组织间液积聚，就出现水肿。渗出性炎症时，炎症区的微血管壁通透性增高最典型，故其水肿液所含蛋白质浓度较高，可达（3～6 g）%。

（3）组织间液中蛋白积聚：正常组织间液只含少量蛋白质，平均为（0.4～0.6 g）%，但各器官组织有较大差别。这些蛋白质通常由淋巴携带经淋巴管排入体静脉，故不致在组织间隙中积聚，而且当淋巴加速时这种运输还不能加强。因而蛋白质在组织间液中积聚的原因，主要是微血管滤出增多并超过淋巴引流速度，以及淋巴回流受阻（详见下文）。

3．淋巴回流受阻 平常淋巴管畅通，不仅能把滤出略多于回收而剩余的液体及所含小量蛋白质，输送回到血液循环中，而且在组织间液生成增多时，还能代偿性加强回流，把增多的组织间液排流出去，以防止液体在组织间隙中过多积聚，故可将其视为一种重要的抗水肿因素。但是，在某些病理情况下，当淋巴干道存在阻塞，使淋巴回流受阻或不能代偿性加强回流时，含蛋白质的淋巴液就可在组织间隙中积聚而形成淋巴水肿（lymphedema）。发生这种水肿时，非蛋白液体可由毛细血管回收，但蛋白质却可滞积，浓度可过 3～5 g/dl。

二、水肿的表现特征

1．水肿液的性状 水肿液来自血浆液体成分，含有蛋白质、无机盐、葡萄糖、肌酐、尿素、氨基酸及其他可溶性物质。但蛋白质量及比例，则视水肿的原因而异，主要取决于微血管通透性是否增高及增高程度。通透性越高，蛋白质渗出越多，含量就越多，故水肿液的比重也越大；相反，当通透性不高时，则蛋白质含量较低（常＜2 g%），水肿液比重也较低。临床上习惯把比重低于1.015的水肿液称漏出液（transudate），比重高于1.018的称渗出液（exudate），后者即指炎症性渗出液。但也有例外，淋巴水肿时虽微血管通透性不增高，水肿液比重可不低于渗出液，原因已如上述。

2．水肿器官和组织的特点 水肿器官的体积增大，重量也增加，包膜被牵引而紧张发亮。此外，在组织学上水肿部的间质纤维可被分隔而稀疏。

3．体重变化 全身水肿时，体重能敏感地反映细胞外液容量的变化。因而动态检测体重的增减，是观察水肿消长的最有价值指标，它比观察皮肤凹陷体征更敏感。

4．皮下水肿的皮肤特征 皮下水肿是全身或躯体局部水肿的重要体征。当皮下组织有过多体液积聚时。皮肤肿胀，皱纹变浅，平滑而松软。临床上为验证有无水肿，常用手指按压内踝或胫前区皮肤，观察解压后有无留下凹陷，如留下压痕，表明已有显性水肿（frank edema），也称凹陷性水肿（pitting edema）。但此法不敏感，因显性水肿出现前已有隐性水肿（recessive edema）。为何组织间隙已有过量液体积聚，而不出现凹陷体征？这可用组织间隙中的凝胶体网状物的吸附力来解释。后者对液体有强大吸附力和膨胀性。液体被吸附呈凝胶态就不能自由移动，受到压力时也不易移动；只有当积聚的液量超过凝胶体结构的吸附力和膨胀度后，过多的液体才能呈游离状态。游离液体在组织间隙中则有高度移动性，故在有足量游离液积聚后，用手指按压该部皮肤，游离液乃从按压点向周围散开，于是出现凹陷（压痕）。解压后经数秒到1分钟左右，才流回原处而平复。

5．全身水肿的分布特点 常见的全身水肿是心性、肾性和肝性水肿，它们的分布各有特点，有助于鉴别诊断。右心衰竭时水肿先出现于低垂部，立位时以下肢尤其是足踝部最早出现且较明显，然后向上扩展；肾性水肿先出现于面部，尤以眼睑部明显，然后向下扩展；肝性水肿多以腹水最显著，躯体部不明显。这些不同分布特点主要取决于：①组织结构特点：组织致密度和伸展性在一定程度上影响水肿液积聚的早晚和程度。有些部位（如眼睑部）的皮下组织疏松，皮肤伸展性大，容易容纳水肿液积聚，在不受重力影响尤其平卧时，水肿较早在这些部位显露而易被发觉，故肾性水肿患者晨起时眼睑水肿比较明显；另一些部位（如手指、足趾尤其掌侧）因皮下组织比较致密，皮肤较厚而伸展性小，故不易容纳水肿液，因而水肿不易显露和被发觉。②重力和体位：毛细血管流体静压受重力效应的影响，故离心脏水平面向下垂直距离越远的部位，外周静脉血压及毛细血管流体静压就越高，因而立位或坐位的低垂部比平卧时的同部位存在明显的差别。例如手部静脉血压的这种差别，可达 0.49～0.98 kPa。这种重力效应在全身体循环静脉淤血时就更明显。因此，右心衰竭的水肿患者，低垂部比较容易和较早出现水肿。③局部血液动力因素：如有特定的局部因素，使某一体部或器官的毛细血管流体静压增高的程度，比重力效应更为显著，以致该部毛细血管流体静压增高明显高于低垂部，则该部水肿液的积聚，可比低垂部更早出现和更明显，因而肝性水肿时，由于肝静脉回流受阻，腹水往往比下肢水肿明显得多。

三、水肿对机体的影响

（一）水肿的有利效应

1．调节血容量效应　当血容量迅速增长时，大量液体通过及时转移到组织间隙中，可防止循环系统压力急剧上升，从而减少引起血管破裂和急性心力衰竭的危险。故可把水肿看成人体调节血容量的一种重要"安全阀"。

2．炎症性水肿的有利效应　炎症性水肿至少有下列保护效应：①水肿液能稀释毒素；②水肿液的大分子物质能吸附有害物质，阻碍其入血；③水肿液中纤维蛋白原形成纤维蛋白之后，在组织间隙中形成网状物或堵塞淋巴管腔，能阻碍细菌扩散，又有利于吞噬细胞游走；④通过渗出液可把抗体或药物运输至炎症灶。

3．水肿对某些病灶的可能有利效应　传统上认为水肿液的积聚可引起组织、细胞的营养不足。但在特定条件下，例如在缺血（因血管内血栓形成）的组织（如在冻伤时），水肿液的短时间积聚，在某种程度上起着营养液的作用，可能延缓组织坏死和有利于细胞修复。

（二）水肿的有害效应

1．水肿造成细胞组织的营养不良　水肿液大量积聚使组织间隙扩大，可致细胞与毛细血管的距离延长，增加了营养物质向细胞弥散的距离。受骨壳或坚实包膜限制的器官或组织，急速发展的重度水肿可压迫微血管，使营养血流减少；慢性水肿促进水肿区纤维化，对血管也有压迫作用，可引起水肿区细胞营养不良，以致皮肤容易发生溃疡，伤口难以修复。水肿区对感染的抵抗力下降，易合并感染。

2．水肿对器官组织功能活动的影响　水肿对器官组织功能活动的影响，视水肿发展速度及程度而定。急速发展的重度水肿，因来不及适应或代偿，故比缓慢发展的水肿引起更加严重的功能障碍。更重要的决定因素是器官组织对生命活动的重要性，例如严重肢体水肿对整个生命活动无大妨碍；但咽喉部尤其声门的水肿，则可引起气道阻塞甚至窒息致死。此外，各种器官组织发生水肿时，将引起各自特殊功能的活动紊乱或减弱。例如肠黏膜水肿引起消化吸收障碍和腹泻；脑水肿引起颅内压升高、脑疝及脑功能紊乱。

四、肺水肿

肺间质有过量液体积聚和（或）溢入肺泡腔内，称为肺水肿，无论哪一种肺水肿，其发展有一定顺序，水肿液先在组织间隙中积聚，形成间质性肺水肿（interstitial edema），然后发展为肺泡水肿（alveolar edema）。在矿难创伤导致的直接肺损伤或多器官功能衰竭综合征中常常发生急性肺水肿。

（一）临床特点

急性肺水肿常突然发生甚至呈暴发性，表现为严重呼吸困难、端坐呼吸、响亮吸气和呼气性喘鸣，听诊有水泡音，咳嗽时痰多，严重时分泌物从鼻腔或口腔流出，泡沫状痰，无色或粉红色（带血红染），痰中含大量蛋白质。

（二）原因

矿难损伤中，肺水肿的原因包括：

1. 流体静压性肺水肿 此类肺水肿是毛细血管流体静压增高所引起，故又称血液动力性肺水肿。主要见于创伤导致的急性左心功能衰竭或治疗过程中过量输液。

2. 通透性肺水肿 此类肺水肿是由肺泡上皮和（或）微血管内皮通透性增高所引起。见于矿难中伤员吸入毒气、吸入火灾烟雾；或意识不清导致的吸入性肺炎，或继发于多器官功能衰竭的成人呼吸窘迫综合征。

（三）发病机制

1. 通透性增高 主要是由于肺毛细血管内皮和（或）肺泡上皮通透性增高，故水肿液含高浓度蛋白质，甚至含纤维蛋白原。通透性增高的机制，可能是物理、化学或生物学因子直接或间接改变了上述内皮或上皮的结构，致不能通过的大分子得以通过，本来小量通过的得以较大量通过，从而改变了微血管内外胶体渗透压关系。通透性增高后，微血管内的蛋白和液体渗入间质，当积聚超过淋巴回流的增快时，就出现间质性肺水肿。继而肺泡上皮结构发生变化，蛋白质和液体渗入肺泡而出现肺泡水肿。微血管壁通透性增高可能与某些化学介质，如组胺、缓激肽、前列腺素和蛋白水解酶等的作用有关。血小板、中性粒细胞和肥大细胞释放的溶酶，也均能提高其通透性。白细胞释出的自由基也是造成内损伤的重要因素。白细胞和肥大细胞释放的组胺样物质，可使内皮细胞收缩蛋白发生收缩，导致相邻细胞间出现较大裂隙。

2. 毛细血管流体静压增高 正常肺毛细血管流体静压平均为 0.933 kPa（7 mmHg），当增至 3.33～4.00 kPa（25～30 mmHg）时，因淋巴回流代偿性增多，故仍不致出现水肿；只有当急骤上升超过此水平，才能引起间质性水肿并继而发展成为肺泡水肿。在矿难损伤中，心脏功能衰竭可以引起肺毛细血管流体静压增高，超过淋巴回流的代偿，发生肺水肿；如果毛细血管流体静压达到 6.67 kPa（50 mmHg），可以出现继发性通透性增高，加重肺水肿。

（四）治疗原则

1. 一般疗法 ①改善通气和氧的供应以改善低氧血症；②纠正酸碱平衡紊乱；③利尿或在输入高分子溶液时给予利尿药，以减轻或解除肺水肿。

2. 特殊疗法 在准确判断基础上，针对发病机制采取措施。①对抗肺毛细血管高压：针对病因解除流体静压增高。例如对心源性肺水肿患者改善心肌收缩力；对高血压引起的左心衰竭予以降压；对血容量过多的肺充血者解除肺充血（如给予外周血管舒张药使血液转移到体循环）。②对抗通透性增高：除解除病因外，选用降低通透性的药物，如抗炎或免疫抑制药（类固醇或非类固醇抗炎药物等）。

五、脑水肿

脑组织的液体含量增多引起脑容积增大，称为脑水肿。矿难中脑外伤、窒息、心脏停搏、继发性感染等均可导致脑水肿，所以也是矿难救治的重点。

(一) 分类和特点

与矿难损伤相关的脑水肿发生机制包括：

1. 血管源性脑水肿 是最常见的一类，见于脑的外伤、肿瘤、出血、梗死、脓肿、化脓性脑膜炎、铅中毒脑病及实验性脑冻伤等。血管源性脑水肿（vasogenic brain edema）的主要发病机制是毛细血管通透性增高，其主要特点是白质的细胞间隙有大量液体积聚，且富含蛋白质，灰质无此变化。灰质主要出现血管和神经元周围胶质成分的肿胀（胶质细胞水肿）。

2. 细胞中毒性脑水肿 临床多种原因引起的急性缺氧如心脏停搏、窒息、脑循环中断（缺血）等均可引起细胞中毒性脑水肿（cytotoxic brain edema），也称细胞性脑水肿。某些内源性中毒（尿毒症、糖尿病）、急性低钠血症（水中毒）、化脓性脑膜炎等也可引起这种水肿。动物实验中，局部涂擦毒毛旋花子苷（G-strophanthin），或用二硝基酚、三乙基锡（triethyl tin）或 3-乙酰吡啶（3-acetylpyridine）等代谢抑制物注射或涂擦，也可引起这种水肿。本类脑水肿的主要特点是水肿液主要分布于细胞内，包括神经细胞、神经胶质细胞和血管内皮细胞等，细胞外间隙不但不扩大，反而缩小。灰质虽有弥漫性病变分布，但主要变化见于白质。

脑水肿的临床表现视发展速度和严重程度而异，轻者无明显症状和体征，重者引起一系列功能紊乱：①颅内压增高引起的综合征：如头痛、头晕、呕吐、视神经乳头水肿，血压升高、心动过缓及意识障碍等；②局灶性脑体征：如一时性麻痹、半身轻瘫、单侧或双侧锥体性体征等；③脑疝引起的继发体征：脑扩大和颅内高压达临界点时，某些脑部因压力作用可脱位进入底池（basal cistern），出现压迫性脑疝。可表现中脑或延髓急性压迫综合征，后者可致呕吐、头晕、高血压、颈强直、角弓反张、意识丧失、呼吸间断，甚至呼吸停止。

(二) 发病机制

血管源性脑水肿的基本发病机制是微血管通透性增高[2]。正常血脑屏障只容许一些小分子溶质通过，因脑毛细血管通透性很低，基膜外周几乎被星形胶质细胞终足所包围，后者被视为血脑屏障的组成部分（第二道屏障）。故平时组织间液几乎不含蛋白，但血管源性脑水肿时的水肿液含较多蛋白质，表明微血管通透性已增高。实验观察发现水肿中心区毛细血管内皮细胞的大小吞饮泡囊增多；用铁蛋白作示踪剂，发现该颗粒出现于吞饮泡囊中，游离于胞浆和基底膜内，停留于细胞间隙和出现于水肿组织中，从而判定水肿液是经内皮细胞内和细胞之间的通道渗出并扩展的。通透性增高的机制尚不详知，可能与一些化学介质的作用有关。有人发现水肿白质中 5-羟色胺明显增多，后者经脑脊液引入脑实质，可致微血管通透性增高；近期资料表明，自由基损伤内皮细胞的可能性很大，肌内注射自由基清除剂对苯二胺（DPPD），可减轻实验性冻伤性脑水肿。

在细胞中毒性脑水肿的发展中，微血管通透性不增高。目前认为这类水肿是脑细胞摄水增多而致肿胀。前文所述的各种代谢抑制物及急性缺氧都可能使 ATP 生成减少，致依赖于 ATP 提供能量的钠泵活动衰减，Na^+ 不能向细胞外主动运转，水分乃进入细胞内以恢复平衡，故造成过量 Na^+ 和水在脑细胞内积聚。至于急性低钠血症时，则是因细胞外低渗，故水分转移到细胞内。新的资料表明，脑细胞膜含较多的多价不饱和脂肪酸，其不饱和双键易受自由基的影响而发生脂质过氧化反应，从而损伤膜结构和功能。此因素在细胞中毒性脑水肿的发病机制中可能起重要作用。自由基损伤线粒体膜，后者功能受损又导致 ATP 生成减少。

间质性脑水肿液来自脑脊液，当脑脊液生成和回流的通路受阻（如导水管被肿瘤或炎性增生所堵塞）时，则在脑室中积聚，过多积聚使室内压上升，以致脑室管膜通透性增高甚至破裂，而溢入附近间质，引起周围白质的间质性脑水肿（图 2-5）。

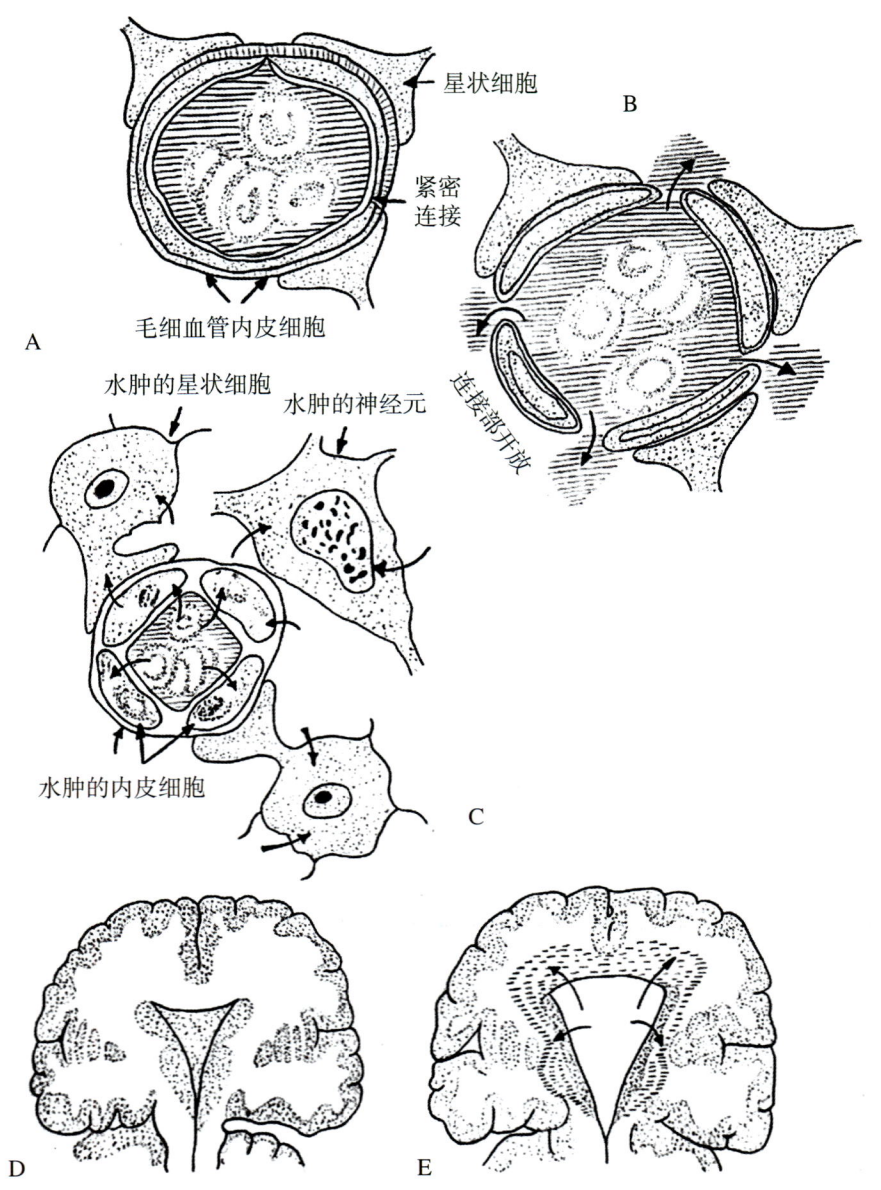

图 2-5 各类脑水肿发生机制示意图。A. 正常脑毛细血管；B. 血管源性脑水肿；C. 细胞中毒性脑水肿；D. 正常脑矢状面；E. 间质性脑水肿

（三）治疗原则

除针对病因外，主要对症治疗，原则是消肿，缩小脑容量或外科减压。

1. 糖皮质激素疗法 大剂量糖皮质激素尤其地塞米松对解除血管源性脑水肿有明显效果，对细胞中毒性脑水肿也有良好效果。其作用是抑制炎症反应、降低微血管通透性（抗渗出）、稳定细胞膜并恢复钠泵功能，改善线粒体功能，防止或减弱自由基引起的脂质过氧化反应，对炎症引起的间质性脑水肿也有效。

2. 脱水疗法 ①渗透疗法：目的是使水分由脑组织转移到血液中，引起脑容积缩小和颅内降压，可作为应急措施。被选用的药物有尿素、甘露醇和甘油等，前两者静脉输注，后者口服；②利尿疗法：目的是增加钠水排出，减少细胞外积液。

3. 外科减压疗法 该疗法是解除脑肿胀和颅内高压的急救措施，不是常规治疗，但对严重的血肿和脓肿等是较好的治疗手段。

第四节 挤压综合征与高钾血症

一、正常钾代谢

钾代谢紊乱主要是指细胞外液中钾离子浓度的异常变化，包括低钾血症（hypokalemia）和高钾血症（hyperkalemia）。关于在病理情况下细胞内钾离子浓度的改变及其对机体的影响等问题，迄今还知之不多。本节重点讨论在矿难事故中由于挤压综合征而伴随出现的高钾血症现象。

二、挤压综合征与高钾血症

挤压伤是灾害事故中的常见创伤，现代医学认为挤压综合征（crush syndrome）是指如身体肌肉丰富的部位遭受挤压伤后，出现以肌红蛋白尿、高血钾、高血磷、酸中毒和氮质血症为特点的急性肾衰竭（acute renal failure，ARF）症候群。挤压综合征时，肌肉组织的广泛破坏可以释放大量K^+、乳酸和磷酸，同时急性肾功能障碍和机体高分解状态的存在，容易引起高钾血症、代谢性酸中毒和氮质血症。血清钾浓度高于 5.5 mmol/L 称为高钾血症（hyperkalemia）。体内钾过多在理论上可引起细胞内钾含量增高。但在实际上，高钾血症极少伴有可测知的细胞内钾含量的增高。可能的原因是，只要有相对小量的钾在体内潴留，就会引起威胁生命的高钾血症，同时这也说明，细胞内容纳钾积聚的余地很小。

（一）原因和机制
在矿难事故中，细胞内钾释出过多是引发高钾血症的主要原因，可见于以下情况。

1. 酸中毒 创伤引起肌肉组织的广泛破坏可以导致乳酸、磷酸释放增加，从而出现代谢性酸中毒，酸中毒可伴有高钾血症，因为酸中毒时细胞外液的 H^+ 进入细胞，而细胞内的 K^+ 释出至细胞外。

2. 缺氧 挤压伤时肌肉组织缺血、缺氧，细胞内 ATP 生成不足，细胞膜上钠-钾泵运转发生障碍，故钠离子潴留于细胞内，细胞外液中的 K^+ 不易进入细胞。

3. 细胞和组织的损伤和破坏 ①血管内溶血：重度溶血如血型不合输血时，红细胞的破坏使大量 K^+ 进入血浆。此时如肾功能正常，则过多的钾还可随尿排出，若伴有肾功能损害，即可发生明显的高钾血症。②挤压综合征伴有肌肉组织大量损伤时，从损伤组织中可释出大量的 K^+。

4. 挤压综合征并发症所致 挤压综合征常伴有急性肾衰竭，尿量减少甚至无尿，钾排泄障碍，因而易发生威胁生命的高钾血症。

（二）对机体的影响
1. 对骨骼肌的影响 轻度高钾血症（血清钾 5.5～7 mmol/L）时，细胞外液钾浓度的增高使 $[K^+]i/[K^+]e$ 的比值减小，静息期细胞内 K^+ 外流减少，因而静息电位负值减小，与阈电位的距离减小，引起兴奋所需的阈刺激也较小，即肌肉的兴奋性增高。临床上可出现肢体感觉异常、刺痛、肌肉震颤等症状。在严重高钾血症（血清钾 7～9 mmol/L）时骨骼肌细胞的静息电位过小，因而快钠孔道失活，细胞处于去极化阻滞状态而不能被兴奋。临床上可出现肌肉软弱甚至弛缓性麻痹等症状。肌肉症状常先出现于四肢，然后向躯干发展，也可波及呼吸肌。

高钾血症对骨骼肌的影响比较次要，因为在骨骼肌完全麻痹以前，患者往往已因致命性的心律紊乱或心搏骤停而死亡。

2．对心脏的影响[1]

（1）对兴奋性的影响：与对骨骼肌的影响相似，在轻度高钾血症时，[K^+] i / [K^+] e 比值减小，静息期细胞内 K^+ 外流减少，静息电位负值减小，故心肌兴奋性增高。静息电位减小说明细胞膜处于部分去极化状态，因而在动作电位的 0 期，膜内电位上升的速度较慢，幅度较小。这是因为在部分去极化状态下，膜的快钠孔道部分失活，所以在 0 期钠的快速内流减少。当血清钾显著升高时，由于静息电位过小，心肌兴奋性也将降低甚至消失，因为这时快钠孔道大部或全部失活，心搏可因而停止。

高钾血症时携带复极化钾电流的 Ix 孔道在开放的速度与程度上都加大，故钾外流加速，复极化 3 期加速，因此动作电位时间和有效不应期均缩短。Ix 孔道开放的加速与加大，虽然也倾向于使复极化 2 期（坪）缩短，但由于细胞外液中 K^+ 浓度的增高抑制了 Ca^{2+} 在 2 期的内流，故坪实际上有所延长。心电图上相当于心室复极化的 T 波狭窄而高耸，相当于心室动作电位时间的 Q-T 间期缩短。

（2）对自律性的影响：在高钾血症时，心房传导组织、房室束 - 浦肯野纤维网的快反应自律细胞膜上的钾电导增高，故在到达最大复极电位后，细胞内钾的外流比正常时加快，而钠内流相对减慢，因而自动去极化减慢，自律性降低。

（3）对传导性的影响：如前文所述，高钾血症时动作电位 0 期膜内电位上升的速度减慢，幅度减小，因而兴奋的扩布减慢，传导性降低，故心房内、房室间或心室内均可发生传导延缓或阻滞。心电图上可见代表心房去极化的 P 波压低、增宽或消失，代表房 - 室传导的 P-R 间期延长，代表心室去极化的 R 波降低，代表心室内传导的 QRS 综合波增宽。

高钾血症时心肌传导性的降低也可引起传导缓慢和单向阻滞，同时有效不应期又缩短，因而也易形成兴奋折返并进而引起包括心室纤维颤动在内的心律失常。严重的高钾血症时可因心肌兴奋性消失或严重的传导阻滞而导致心搏骤停。

（4）对收缩性的影响：如前所述，高钾血症时细胞外液 K^+ 浓度的增高抑制了心肌复极 2 期时 Ca^{2+} 的内流，故心肌细胞内 Ca^{2+} 浓度降低，兴奋 - 收缩偶联减弱，收缩性降低。

应当注意，无论是对于骨骼肌还是对于心脏，血钾升高的速度越快，影响也越严重。

3．对内分泌和电解质、酸碱平衡的影响

（1）胰岛素和高血糖素：血浆 K^+ 浓度上升 1.0 mmol/L 以上时，便能直接刺激胰岛素释放。胰岛素的增多可促进骨骼肌细胞摄取细胞外液中的 K^+，因而在高钾血症时有代偿意义。与此同时，高钾血症还直接刺激胰高血糖素的分泌，后者与增多的胰岛素共同维持血糖的调节。

（2）儿茶酚胺：大鼠实验证明，血浆钾浓度的显著增高能使血浆肾上腺素水平升高。肾上腺素对 α 受体和 β 受体都有刺激作用。静脉内注射肾上腺素后最初 3 分钟内引起血钾浓度升高。这是肾上腺素作用于 α 受体使肝释放 K^+ 的结果。随后，由于肾上腺素刺激骨骼肌细胞的 β 受体，从而使骨骼肌加速摄取细胞外钾，故也有代偿意义。

（3）电解质和酸碱平衡：高钾血症似能减少肾产氨，从而使 H^+ 排出减少而倾向于发生代谢性酸中毒。酸中毒的另一原因是高钾血症时细胞外液 K^+ 移入细胞内，而细胞内的 H^+ 移向细胞外。高钾血症还有利钠作用，但高钾血症作用于肾单位的哪一部分而引起 Na^+ 的重吸收减少，尚不清楚。高钾血症又能直接刺激肾上腺皮质球状带，使醛固酮的分泌增多，醛固酮的增多能促进钾的排出，故有代偿意义。而且，醛固酮的增多还能抵消高钾血症的利钠作用，从而减少机体失钠。

(三）防治原则

1. 降低血钾治疗 如果心电图上除了 T 波高耸外还有其他变化，如果血清 K^+ 浓度高于 6.5 mmol/L，必须迅速采取强有力的措施来降低血钾。

（1）使钾向细胞内转移：静脉内同时注射葡萄糖和胰岛素，可使细胞外钾向细胞内转移。应用碳酸氢钠（不能与钙剂一起注射）不仅能通过提高血浆 pH，并且还能通过对 K^+ 的直接作用而促使 K^+ 进入细胞内。

（2）使钾排出体外：阳离子交换树脂聚苯乙烯磺酸钠（sodium polystyrene sulfonate）经口服或灌肠应用后，能在胃肠道内进行 Na^+-K^+ 交换而促进体钾排出。对于严重高钾血症患者，可用腹膜透析或血液透析来移除体内过多的钾。

2. 注射钙剂和钠盐 Ca^{2+} 能使阈电位上移（负值减小），使静息电位与阈电位间的距离稍微拉开，因而心肌细胞的兴奋性也倾向于有所恢复。此外，细胞外液 Ca^{2+} 浓度的增高，可使复极化 2 期钙内流增加，从而使心肌细胞内 Ca^{2+} 浓度增高，心肌收缩性增强。输入钠盐后细胞外液 Na^+ 浓度增高，心肌细胞内外电化学梯度增大，故在去极化时钠内流加快，动作电位 0 期上升速度可有所加快，幅度也有所增大，故可改善心肌的传导性。

3. 纠正其他电解质代谢紊乱。

第五节　复食综合征与低磷、低镁、低钾血症

复食综合征（refeeding syndrome，RFS）是指机体经过长期饥饿或营养不良，重新摄入营养物质导致以低磷血症为特征的电解质代谢紊乱及由此产生的一系列症状。如第二次世界大战时期，一些战俘和集中营幸存者，在摄入高糖饮食之后迅速出现水肿、呼吸困难和致死性心力衰竭。这是由于饥饿期间，胰岛素分泌减少伴随胰岛素抵抗，胰高血糖素分泌增加，细胞内糖原分解、脂肪和蛋白质分解以提供能量并参与糖异生。这一分解代谢过程导致机体磷、钾、镁和维生素等微量营养素的消耗，然而此时血清磷、钾、镁浓度可能正常。重新开始营养治疗，特别是补充大量糖类物质后血糖升高，使胰岛素分泌恢复，糖酵解-氧化磷酸化重新成为主要供能途径。胰岛素作用于机体各组织，导致钾、磷、镁转移入细胞内，形成低磷血症、低钾血症、低镁血症；糖代谢和蛋白质合成的增强还消耗维生素 B_1。RFS 的这种代谢特征，通常在营养治疗后 3～4 天内发生。20 世纪 70 年代，发现部分接受全肠外营养（total parenteral nutrition，TPN）的患者出现类似症状；随后观察到慢性营养不良病例如糖尿病高渗状态、神经性厌食、酗酒、营养不良老年患者，在营养治疗的早期阶段也可出现类似的临床表现。流行病学调查显示，住院成年患者 RFS 的发生率为 0.8%，恶性肿瘤患者为 24.5%，接受 TPN 治疗患者为 42%。矿难及地震灾害导致食物断绝，受灾人员长时间忍受饥饿，获救后在救治过程中 RFS 发生率很高[5]。RFS 引发的低钾血症在前面已经讨论，本节重点讨论 RFS 引起低磷、低镁血症的机制及防治。

一、低磷血症

低磷血症是 RFS 最突出的表现，血清无机磷浓度 < 0.8 mmol/L（2.7 mg/dl）称为低磷血症（hypophosphatemia）。

(一) 对机体的影响

低磷血症主要引起 ATP 合成不足和红细胞内 2,3-DPG 减少。轻度低磷血症患者可无临床症状，重度者可导致严重的临床后果，但是症状通常无特异性。患者可有肌无力、肌麻痹和感觉异常，虚弱、鸭态步、骨痛、佝偻病和病理性骨折；心肌和膈收缩力降低，可导致组织缺氧和急性呼吸衰竭；神经系统异常，表现为易激惹、癫痫发作、精神错乱、抽搐、昏迷甚至死亡。

(二) 防治原则

及时诊断，适当补磷。低磷血症的治疗取决于低磷血症的程度和患者是否有临床症状。无临床症状的轻度低磷血症患者，如果胃肠道功能正常，可采用口服补充磷酸盐治疗，但是口服补充磷酸盐可引起腹泻，且吸收效果不可靠。有症状的中重度低磷血症患者，应静脉补充磷酸盐，使血清磷恢复到正常水平。

二、低镁血症

血清镁浓度正常范围为 0.75～1.25 mmol/L，低于 0.75 mmol/L 为低镁血症（hypomagnesemia）。在 RFS 中，低镁血症的发生主要是由于镁从细胞外液进入细胞或骨。镁进入细胞的重新分布，还可见于代谢性酸中毒的矫正、呼吸性酸中毒的快速矫正等。

(一) 对机体的影响

1. 电解质紊乱

（1）低钾血症：有报道，40% 的低镁血症患者可发生低钾，低钾血症患者也有 60% 发生低镁血症。目前对镁缺乏导致的肾钾丢失机制已经阐明，细胞内镁降低减慢 ATP 生成，这对 Na^+-K^+-ATP 酶有负面效应，并导致细胞内钾丢失，在亨利袢升支粗段和皮质集合管，ATP 的丢失可使顶端膜钾通道数量增加，细胞内钾流出可降低进入小管的钾浓度梯度并使钾在尿中丢失。

（2）低钙血症：促使镁缺乏时发生低钙血症的因素有：①PTH 分泌降低；②对 PTH 作用的抵抗；③由于生成减少和肠钙吸收降低而引起血清 1,25-二羟维生素 D 浓度的减少；④对 1,25-二羟维生素 D 的抵抗，骨质疏松症常见。低镁状态加剧骨质疏松症的机制尚不清楚，可能是多因素事件，在骨膜和骨内膜细胞中的 H^+-K^+-ATP 酶泵是镁依赖性的，故在镁缺乏时骨细胞外液的 pH 可能降低而导致去矿化作用。此外，1,25-二羟维生素 D 的形成涉及镁依赖性羟化酶，并且血清 1,25-二羟维生素 D 浓度在镁缺乏时降低。

2. 对神经肌肉的影响 神经肌肉应激性增高是镁缺乏患者的主诉，偶尔也会出现眩晕、运动性共济失调、眼球震颤和手足徐动症样和舞蹈样运动，也可出现肌肉颤动、肌纤维自发性收缩消瘦，虚弱，或出现可逆性精神失常。

3. 对心脏及心血管系统的影响

（1）抑制心肌的能量代谢：镁是细胞内许多酶的辅因子，其涉及氧化磷酸化过程及 ATP 和磷酸肌酸（CP）的生成，镁也可以和线粒体酶结合而影响单价离子跨膜移动。

（2）抑制心肌的收缩性：镁对心肌收缩性的影响是通过改变细胞内钙水平实现的，其影响细胞内钙的机制是：①调节肌质网对钙的处理；②抑制钙通过跨膜通道进入心肌细胞；③调节第二信使系统 cAMP；④与钙竞争结合肌钙蛋白上高亲和力的位点。

（3）引起心律失常：镁缺乏患者可并发心脏节律障碍，包括室上性心律失常如房性早搏、房性心动过速、心房纤颤，也包括更为严重的心律失常如室性早搏、室性心动过速和心室颤动等。其机制除上述和 Na^+-K^+-ATP 酶有关外，还主要与镁可影响心肌细胞钾钙通道活性有关。

(4) 外周血管收缩：镁缺乏可加强血管紧张素和乙酰胆碱的缩血管效应，低镁血症在变异性心绞痛和冠脉痉挛中发挥作用。

（二）镁缺乏的并发症

低镁血症常常导致高血压、心力衰竭和急性心肌梗死。

（三）防治原则

1．补镁 可口服或静脉进行镁补充，给予镁的方法随临床表现而异，因肌内注射镁溶液引起疼痛，故多选择静脉内注入 50% 硫酸镁。伴有手足抽搐的低钙低镁血症患者疑有低镁低钙性室性心律失常时，若患者肾功能正常，应当静脉内输入 25 mmol 硫酸镁，溶于 100 ml 5% 葡萄糖液中，缓慢输入，为保持血浆镁浓度在 0.4 mmol/L 以上，可反复给予该剂量，持续 3～5 天，直至低镁血症的生化指标和临床表现恢复为止。在肾功能不全的患者应慎重给药，硫酸镁的注入应减少 50%。

2．并发症的治疗

（1）手足抽搐：手足抽搐有致命危险，一旦出现须立即进行治疗。因为低镁血症而发生手足抽搐常伴有低钙血症，故首先应静脉内注射 10% $CaCl_2$ 或 10% 葡萄糖酸钙溶液，然后静脉内给予 50% 硫酸镁。若确定无低钙血症，则无须补钙。

（2）癫痫发作：静脉内给予 50% 硫酸镁。

（3）心律失常：除静脉内给予 50% 硫酸镁外，同时还须纠正低钾血症。

三、低钾血症

血清钾浓度低于 3.5 mmol/L，称为低钾血症。正常人血清钾浓度的范围为（3.5～5.5 mmol/L）。低钾血症时，机体含钾总量不一定减少，细胞外钾向细胞内转移时，情况就是如此。但在大多数情况下，低钾血症患者也伴有体钾总量的减少——缺钾（potassium deficit）。

（一）原因和机制

1．复食综合征 RFS 是矿难救治过程中导致低钾的主要原因。RFS 是机体经过长期饥饿或营养不良，重新摄入营养物质后发生的一系列代谢异常的表现，包括严重水电解质失衡、葡萄糖耐受性下降及维生素缺乏等。矿难和地震灾害中食物断绝，人体血糖下降，胰岛素分泌下降伴随胰岛素抵抗，分解代谢多于合成代谢，导致机体磷、钾、镁和维生素等微量元素消耗，然而此时血清磷、钾、镁浓度可能正常。重新开始摄食或营养治疗，特别是补充大量含糖制剂后，血糖升高，胰岛素分泌恢复甚至分泌增加，胰岛素作用于机体各组织，导致钾、磷、镁转移入细胞内，形成低磷血症、低钾血症、低镁血症；糖代谢和蛋白质合成的增强还消耗维生素 B_1，导致维生素 B_1 缺乏。上述因素联合作用，会损伤心脏、大脑、肝、肺等细胞功能，引起重要生命器官功能衰竭，甚至致人死亡，通常在营养治疗后 3～4 天内发生。

2．钾摄入不足 在矿难事故中，食物断绝引起的钾摄入减少，或昏迷不能进食也是导致缺钾和低钾血症的重要原因。然而，如果摄入不足是唯一原因，则在一定时间内缺钾程度可因肾的保钾功能而并不十分严重。当钾摄入不足时，在 4～7 天内可将尿钾排泄量减少到 20 mmol/L 以下，在 7～10 天内则可降至 5～10 mmol/L（正常时尿钾排泄量为 38～150 mmol/L），所以血钾浓度不至于明显降低。

（二）对机体的影响

低钾血症对机体的影响，在不同的个体有很大的差别。低钾血症的临床表现也常被原发病和钠水代谢紊乱所掩盖。低钾血症的症状取决于失钾的快慢和血钾降低的程度。失钾快则症状出现快，而且也较严重；失钾慢则缺钾虽已较重，症状也不一定显著。一般来说，血清钾浓度越低，症状越严重。但有一点应当强调，在可兴奋的组织内，兴奋性不仅与血清钾降低的程度有关，而更重要的还取决于细胞内钾浓度与细胞外钾浓度之比（$[K^+]i/[K^+]e$）。比值大则兴奋性减低，比值小则兴奋性增高。

虽然细胞内的许多酶需要钾激活，但是细胞内钾浓度的轻度降低（例如从 160 mmol/L 降至 130 mmol/L）是否会明显地影响这些酶的活性，尚不清楚。

动物实验证明，缺钾时细胞内外发生离子交换，即细胞内 K^+ 逸出而细胞外 Na^+ 和 H^+ 进入细胞。缺钾比较严重时，细胞内 Na^+ 和 H^+ 的积聚可达到足以影响酶活性的程度。因此，缺钾引起的细胞功能障碍很可能是细胞内钠离子浓度和 pH 改变的结果。

低钾血症对机体的影响如下。

1．对骨骼肌的影响 主要是超极化阻滞。低钾血症时 $[K^+]i/[K^+]e$ 的比值增大，因而肌细胞静息电位负值增大。静息电位与阈电位的距离增大，细胞兴奋性于是降低，严重时甚至不能兴奋，亦即细胞处于超极化阻滞状态。临床上先是出现肌肉无力，继而可发生弛缓性麻痹。这种变化在四肢肌最为明显，严重者可发生呼吸肌麻痹，这是低钾血症患者的主要死亡原因之一。

肌肉兴奋性的这种变化，在急性低钾要比在慢性低钾时严重得多。因为在急性低钾时，细胞外钾浓度已经显著降低而细胞内钾在短时间内尚来不及较多地外逸，故细胞内外钾的浓度差明显增大，$[K^+]i/[K^+]e$ 比值显著增大。在慢性低钾时，随着时间推移，细胞内钾释出也较多，因而 $[K^+]i/[K^+]e$ 比值变化可以不大。因此，同一水平的低钾血症，在急性低钾患者可引起严重的肌肉麻痹，而在慢性低钾患者却可无明显的肌肉症状。

2．对心脏的影响

（1）对兴奋性的影响：按理论推测，细胞外液钾浓度降低时，由于细胞膜内外 K^+ 浓度差增大，细胞内 K^+ 外流应当增多，使心肌细胞静息电位负值增大而呈超极化状态。但实际上，当血清钾浓度降低特别是明显降低（如低于 3 mmol/L）时，静息电位负值反而减少，引起心肌兴奋性升高。其发生原因如下：急性低钾血症时，$[K^+]i/[K^+]e$ 比值增大，Em 与 Et 距离增大，神经和骨骼肌的兴奋性降低；而心肌则不同，这是由于细胞外液低钾时会引起心肌细胞膜对钾离子通透性降低，钾离子外流减少，Em 绝对值减小，Em 与 Et 距离缩短，故心肌兴奋性增加。

关于"细胞外液低钾会引起心肌细胞膜对钾离子通透性降低"的原因，有些教材和文献[6]认为与心肌存在"内向整流钾通道"（inwardly rectifying potassium channel，Kir）有关。内向整流钾通道具有围绕正常静息电位的非线性电导，即超极化时对 K^+ 的内流比去极化时对 K^+ 的外流具有更大的通透性。Kir 在稳定静息电位和动作电位复极化中起重要作用[11]，但仍不能很好地解释低钾血症引起的心肌反常去极化现象。

最近关于双孔钾通道（two-pore domain K^+ channel，K2P）家族成员 TWIK-1（又称 K2P1）的研究进展，较好地解释了"低钾血症引起心肌反常去极化"的机制[7]。K2P 属于背景 K^+ 通道，产生的外向渗漏性 K^+ 电流在设置静息电位中起重要作用。TWIK-1 在细胞外液低钾时会改变离子选择性，内向渗漏 Na^+ 电流，引起心肌去极化。并不是所有动物的心肌均在低钾血症时出现反常去极化，人、绵羊和犬心肌去极化，而大鼠和小鼠心肌超极化，与 K^+ 的 Nernst 方程一致。同样，TWIK-1 在人心肌表达，在大鼠和小鼠心肌不表达。而小鼠心肌细胞过表达 TWIK-1 会引起反常去极化，敲降人心肌细胞 TWIK-1 则消除反常去极化。细胞外液钾浓度降低时对钙内流的抑制作用减小，故钙内流加速而使复极化 2 期（坪期）缩短，心肌的有效不应期也随之而缩短。心肌细胞膜的钾电导降低所致的钾外流减小，又使 3 期复极的时间延长。近年有人从低钾血症患者的右心室尖部所记录的心肌细胞动作电位中也观察到 3 期复极时间的延长。3 期复极时间的延长也就说明心肌超常期延长。上述变化使整个动作电位的时间延长，因而后一次 0 期除极化波可在前一次复极化完毕之前到达。在心电图上可见反映 2 期复极的 S-T 段压低。相当于 3 期复极的 T 波压低和增宽，并可在其末期出现明显的 U 波，相当于心室动作电位时间的 Q-T 间期延长。

（2）对自律性的影响：在心房传导组织、房室束-浦肯野纤维网的快反应自律细胞，当 3 期复极末达到最大复极电位（-90 mV）后，由于膜上 I_k 通道通透性进行性衰减使细胞内钾的外流逐渐减少，而钠离子又从细胞外缓慢而不断地进入细胞（背景电流），故进入细胞的正电荷量逐渐超过逸出细胞的正电荷量，膜就逐渐去极化，当到达阈电位时就发生 0 期去极化。这就是快反应细胞的自动去极化。在低钾血症时钾电导降低，故在到达最大复极电位后，细胞内钾的外流比正常减慢而钠内流相对加速。因而这些快反应自律细胞的自动去极化加速，自律性增高。

（3）对传导性的影响：低钾血症时因心肌静息电位负值变小，去极化时钠内流速度减慢。故 0 期膜内电位上升的速度减慢，幅度减小，兴奋的扩布因而减慢，心肌传导性降低。在心电图上，可见 P-R 间期延长，说明去极化波由心房传导到心室所需的时间延长，QRS 综合波增宽，说明心室内传导性降低（图 2-6）。

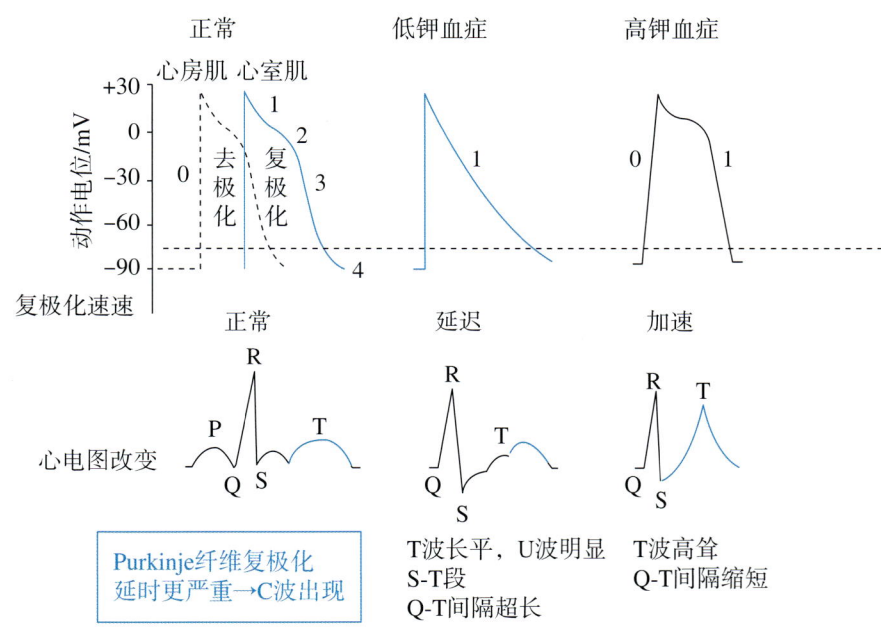

图 2-6　低钾对心肌动作电位的影响及与心电图变化的关系

由上述可见，低钾血症时由于心肌兴奋性增高、超常期延长和异位起搏点自律性增高等原因，容易发生心律失常。传导性降低所致的传导缓慢和单向传导阻滞，加上有效不应期的缩短有助于兴奋折返，因而也可引起包括心室纤维颤动在内的心律失常。

（4）对收缩性的影响：如前所述，细胞外液钾浓度降低时对钙内流的抑制作用减小，故在 2 期复极时钙内流加速，心肌细胞内 Ca^{2+} 浓度增高，兴奋-收缩偶联过程加强，心肌收缩性增强。然而，低钾血症对心肌收缩性的影响因缺钾的程度和持续时间而异：在早期或轻度低钾血症时，心肌收缩性增强；但在严重的慢性缺钾时，心肌收缩性减弱。与此相应的组织学变化是：在实验动物的心肌中可见横纹的消失、间质细胞浸润、不同程度的心肌坏死和瘢痕形成。由此也可以理解，有些严重慢性缺钾的狗，可因心力衰竭而发生肺水肿。然而在临床上，缺钾很少成为心力衰竭的原因。

3．对肾的影响

（1）尿浓缩功能障碍：在慢性低钾血症时，常出现尿浓缩的障碍。由此可以理解，慢性低钾的患者常有多尿和低比重尿的临床表现。尿浓缩功能障碍的发生机制在于：①远曲小管对ADH的反应性不足；②低钾血症时髓袢升支NaCl的重吸收不足以致髓质渗透压梯度的形成发生障碍[3]。

（2）肾血流量减少：人和动物缺钾时都可发生肾血管收缩，从而引起肾血流量减少。引起肾血管收缩的因素有：①肾内血管收缩性的前列腺素的生成不成比例地增多；②血管紧张素Ⅱ的水平增高。

（3）肾小球滤过率减少：在实验动物，肾小球滤过率的减少似与肾血流量的减少平行。在患者，严重而持续的缺钾也可使肾小球滤过率明显减少。时间久后，可导致肾的器质性损害。

（4）肾形态结构的变化：在大鼠，缺钾引起的病变主要见于髓质集合管，表现为增殖性反应，包括上皮细胞肿胀、增生和胞质内显著的颗粒形成。持久的低钾可导致间质瘢痕形成、肾小球硬化和肾小管扩张等器质性变化。在人，慢性低钾主要引起近曲小管上皮细胞的空泡形成，也可发生间质瘢痕形成、间质淋巴细胞浸润和肾小管萎缩等变化。

以上的变化中，除了显著的纤维化和肾组织的丧失以外，一般都是可复性的。

4．对胃肠的影响 钾缺乏可引起胃肠运动减弱。患者常发生恶心、呕吐和厌食，严重低钾可致难以忍受的腹胀甚至麻痹性肠梗阻[3]。

5．对代谢的影响

（1）糖代谢：血浆钾浓度的降低可抑制胰腺分泌胰岛素，因而低钾血症患者的糖原合成发生障碍，对葡萄糖的耐量不足，易发生高血糖。应当看到，这时的胰岛素分泌减少也有一定的代偿意义，因为胰岛素可通过促进细胞内糖原合成和直接刺激骨骼肌细胞膜上的Na^+-K^+-ATP酶而使细胞外钾向组织内转移。可见低钾血症时的胰岛素分泌减少，有助于防止血浆钾浓度的进一步降低。

（2）蛋白代谢：低钾可以引起负氮平衡，因为钾是蛋白合成所必需。在儿童，钾缺乏可以成为生长障碍的原因之一。

（3）水、电解质和酸碱平衡：①醛固酮分泌减少：血浆钾浓度降低能直接抑制肾上腺皮质球带合成醛固酮。血浆醛固酮水平的降低能减少肾远曲小管等对钾的排泄，因而也有一定的代偿意义。②肾产氨增加：低钾血症时可能通过细胞内酸中毒而使肾远曲小管产氨增加，氨排出的增多可使远曲小管排钾减少，因而也有代偿意义。③多尿多饮：慢性缺钾时，尿浓缩功能减退，因而排出大量低比重尿。水分的丧失引起渴感，动物实验证明低钾也能刺激渴感，从而引起多饮。④肾排氯增多：低钾时，全部肾小管特别是其远侧部分对氯的重吸收减少。⑤酸碱平衡：低钾血症患者的酸碱平衡状态与原发疾病或引起低钾血症的原因有密切关系。例如，当原发疾病为肾小管酸中毒，或引起低钾的原因为腹泻时，患者就可伴有代谢性酸中毒。当引起低钾的原因是长时间应用高效能利尿药如速尿、利尿酸时，患者就有代谢性碱中毒。但是，缺钾和低钾血症本身却往往倾向于引起代谢性碱中毒。这是因为，第一，低钾血症时，远曲小管内K^+-Na^+交换减少，故H^+-Na^+交换增多，因而排H^+增多；而且，如前所述，低钾血症时肾远曲小管产氨和排氨增多，氨又可与H^+增多结合成NH_4^+而排出。第二，低钾血症时（原因为细胞外钾向细胞内转移者除外），细胞内K^+向细胞外释出，细胞外的H^+进入细胞，从而使细胞外液H^+浓度降低。第三，如前所述，低钾时肾排氯增多，而机体缺氯可引起代谢性碱中毒[8]。可见在一个具体的低钾血症患者，酸碱平衡的状态是由原发疾病、低钾原因和低钾血症本身的影响来共同决定的。

（三）防治原则

1．补钾 如果低钾血症较重（血清钾低于2.5～3.0 mmol/L）或出现明显的临床症状（如心律失常或肌肉瘫痪等），则应及时补钾，分次补钾，边治疗边观察。补钾最好口服，每天以 40～120 mmol 为宜。只有当情况危急，低钾即将引起威胁生命的并发症时，或者因恶心、呕吐等使患者不能口服时才应静脉内补钾。而且，只有当每日尿量在 500 ml 以上才容许静脉内补钾。输入液的钾浓度不得超过 40 mmol/L，每小时滴入量以 10～20 mmol 为宜，每天滴入量不宜超过 120 mmol。静脉内补钾时要定时测定血钾浓度，必要时做心电监护。

细胞内缺钾恢复较慢，有时需补钾 4～6 天后细胞内外的钾才能达到平衡，有的严重的慢性缺钾患者需补钾 10～15 日以上，因此，治疗缺钾切勿操之过急。

如低钾血症伴有代谢性碱中毒或酸碱状态无明显变化，宜用 KCl。KCl 对各种原因引起的低钾血症实际上也都适用，因为低钾血症本身就可以引起缺氯。如低钾血症伴有酸中毒，则可用 $KHCO_3$ 或柠檬酸钾，以同时纠正低钾血症和酸中毒。

2．纠正水和其他电解质代谢紊乱 引起低钾血症的原因中，有不少可以同时引起水和其他电解质如钠、镁等的丧失，因此应当及时检查，一经发现就必须积极处理。如前所述，如果低钾血症是由缺镁引起，如不补镁，单纯补钾则是无效的。

（孔小燕）

参考文献

[1] 唐朝枢，刘志跃．病理生理学．3 版．北京：北京大学医学出版社，2013．
[2] 王迪浔，金惠铭．人体病理生理学．3 版．北京：人民卫生出版社，2008：250-251．
[3] 安翠红，张小平，程爱国．全饥饿状态以及复食后对大鼠脑损伤的影响．医学信息，2014：13．
[4] 于学忠，王仲．协和急诊医学．北京：科学出版社，2011：152-153．
[5] 陈灏珠，丁训杰．实用内科学第 11 版．人民卫生出版社，2002：902-926．
[6] Sejersted O M, Sjogaard G. Dynamics and consequences of potassium shifts in skeletal muscle and heart during exercise [J]. Physiol Rev, 2000, 80 (4): 1411-1481.
[7] Dhamoon A S, Jalife J. The inward rectifier current (IK1) controls cardiac excitability and is involved in arrhythmogenesis [J]. Heart Rhythm, 2005, 2 (3): 316-324.

第三章

创伤后的酸碱平衡紊乱

机体的内环境必须具有适宜的酸碱度才能维持正常的代谢和生理活动,体液酸碱度的相对稳定是维持内环境稳定的重要组成部分之一。正常情况下,尽管机体每天都要摄入一些酸性或碱性物质,体内代谢每时每刻都在产生一些酸性或碱性物质,但体液的酸碱度仍然能够相对恒定,表现为动脉血的pH维持在7.35～7.45这一狭窄范围内,平均值是7.40。这一相对的动态稳定性是靠各种缓冲系统以及肺和肾的调节活动来实现的。这种在生理情况下,机体通过调节,维持体液酸碱度的相对稳定性,称为酸碱平衡(acid-base balance)。

但是,有许多病因可以引起酸碱平衡调节机制障碍,造成体内酸性或碱性物质堆积或不足,导致体液内环境酸碱稳态破坏,这种状态称为酸碱平衡紊乱(acid-base disturbance)。

酸碱平衡紊乱在矿山灾难事故和矿山创伤中十分常见,可以由食物和水源断绝、呼吸道和肺损伤、休克、肾损伤等疾病或病理过程所引起[1]。酸碱失衡一旦发生,可使病情变得更加复杂和严重,甚至威胁患者生命。随着对酸碱平衡理论认识的不断深化以及自动化血气分析仪的广泛使用,酸碱平衡的判断已成为临床日常诊疗的基本手段,及时发现和正确处理酸碱平衡紊乱常常是治疗成败的关键。

本章以细胞外液的酸碱平衡为基础,在阐述正常机体酸碱调节机制后,叙述各种类型酸碱平衡紊乱的常见原因和机制、机体的代偿功能以及对机体的影响,为临床防治提供理论依据。

第一节 酸碱物质的来源及平衡调节

一、酸和碱的概念

在化学反应中,凡能释放H^+的物质称为酸,如H_2CO_3、HCl、$H_2PO_4^-$、NH_4^+等;凡能接受H^+的物质称为碱,如HCO_3^-、Cl^-、SO_4^{2-}、NH_3等。

酸释放H^+的同时,必然有一种碱的形成,称为共轭碱;碱接受H^+的同时,必然有一种酸的形成,因此,酸总是与相应的碱形成一个共轭体系。如:

$$H_2CO_3 \rightleftharpoons H^+ + HCO_3^-$$
$$H_2PO_4^- \rightleftharpoons H^+ + HPO_4^{2-}$$
$$NH_4^+ \rightleftharpoons H^+ + NH_3$$
$$HPr \rightleftharpoons H^+ + Pr^-$$

蛋白质（Pr^-）在体液中与 H^+ 结合生成蛋白酸（HPr），而且结合较牢固，因此蛋白质也是一种碱。

二、体液酸碱物质的来源

人体内的酸性和碱性物质可以来自体内的细胞分解代谢，也可以从体外摄入。酸性物质主要通过体内代谢产生，碱性物质主要来自食物。在普通膳食条件下，正常人体内酸性物质的生成量远远超过碱性物质。

（一）酸的来源

体内酸可分为挥发酸和固定酸。

1. 挥发酸的来源 糖、脂肪和蛋白质氧化分解的终产物 CO_2 与 H_2O 在碳酸酐酶作用下，结合生成 H_2CO_3。H_2CO_3 可释放出 H^+，也可形成 CO_2 气体经肺排出体外，因此被称为挥发酸。碳酸酐酶存在于红细胞、肾小管上皮、肺泡上皮和胃黏膜细胞。正常成人在安静状态下，每天生成 CO_2 300～400 L，如全部生成 H_2CO_3 可释放出 15 mol H^+，成为体内酸性物质的最主要来源。运动和代谢率增加时，CO_2 生成量明显增加。通常将肺对 CO_2 呼出量的调节称为酸碱平衡的呼吸性调节。

2. 固定酸的来源 固定酸是指经肾随尿液排出，不能经肺呼出的酸性物质。蛋白质分解代谢产生的硫酸、磷酸和尿酸，这是固定酸的主要来源；此外糖酵解产生的甘油酸、丙酮酸和乳酸，以及脂肪分解代谢产生的 β-羟丁酸、乙酰乙酸均属于固定酸。正常成人每日由固定酸释放出的 H^+ 为 50～100 mmol。

此外，机体有时还会摄入一些酸性食物，包括服用酸性药物，如氯化铵、水杨酸等，成为体内酸性物质的另一来源，但量相对较少。

固定酸可经肾进行调节，称为酸碱的肾性调节。

（二）碱的来源

碱性物质主要来源于体内生成和食物，尤其是蔬菜瓜果中含的有机酸盐，例如柠檬酸盐、苹果酸盐、草酸盐等，可与 H^+ 反应生成柠檬酸、苹果酸和草酸，在体内经三羧酸循环生成 CO_2 与 H_2O，而其所含的钠钾离子可以和 HCO_3^- 生成碱性盐。此外，体内代谢过程中也可产生碱性物质，如氨基酸脱氨基生成的氨，但通过肝代谢成尿素后，对体液酸碱度影响不大。在正常情况下，人体碱的生成量与酸相比要少得多。

三、酸碱平衡的调节

尽管机体不断生成和摄取酸碱物质，但血液的 pH 却不发生明显变化，这是由于机体对酸碱负荷具有强大的缓冲能力和有效的调节功能，通过体液中的缓冲系统以及肺和肾对酸碱平衡的调节来维持酸碱环境的稳定。

（一）血液缓冲调节

体液的缓冲系统是由弱酸及其共轭碱构成的缓冲对所组成的，主要有以下五对：碳酸氢盐缓冲对、磷酸盐缓冲对、蛋白质缓冲对和血红蛋白及氧合血红蛋白缓冲对，见表3-1。

当H^+过多时反应向左移动，使H^+浓度不至于发生大幅度增高，同时缓冲碱的浓度降低；当H^+减少时反应向右移动，使H^+浓度得到部分恢复，同时缓冲碱的浓度增加。全血中各缓冲体系的含量与分布见表3-2。

表3-1 全血的五种缓冲系统

缓冲酸（弱酸）　缓冲碱（共轭碱）

$H_2CO_3 \rightleftharpoons HCO_3^- + H^+$

$H_2PO_4^- \rightleftharpoons HPO_4^{2-} + H^+$

$HPr \rightleftharpoons Pr^- + H^+$

$HHb \rightleftharpoons Hb^- + H^+$

$HHbO_2 \rightleftharpoons HbO_2^- + H^+$

表3-2 全血中各缓冲体系的含量与分布

缓冲体系	占全血缓冲系统百分比（%）
血浆HCO_3^-	35
红细胞HCO_3^-	18
HbO_2及Hb	35
磷酸盐	5
血浆蛋白	7

此外，在其些特殊情况下，其他组织也可发挥一定的缓冲作用，如在慢性代谢性酸中毒时，骨骼也可发挥一定的缓冲作用。

碳酸氢盐缓冲系统是体液中最主要的缓冲系统，存在于血浆及红细胞内。在细胞外液由$NaHCO_3/H_2CO_3$构成，在细胞内液由$KHCO_3/H_2CO_3$构成。其作用特点是：

1．只能缓冲碱和固定酸，不能缓冲挥发酸。

2．**缓冲能力强**　是细胞外液含量最多的缓冲系统，缓冲固定酸的能力占全血缓冲总量的53%。

3．**开放性缓冲**　通过肺和肾对H_2CO_3和HCO_3^-的调节使缓冲物质易于补充或排出，缓冲潜力大。

4．**决定血液pH高低的主要缓冲系统**　对血浆pH主要取决于血浆HCO_3^-与H_2CO_3的浓度比。

血红蛋白缓冲系存在于红细胞内，在缓冲挥发酸的过程中发挥重要作用；磷酸盐缓冲系存在于细胞内、外液中，主要在细胞内液发挥缓冲作用；蛋白质缓冲系存在于血浆及细胞内液中，缓冲作用较小。

总之，挥发酸主要靠非碳酸氢盐缓冲系，尤其是血红蛋白缓冲系来进行缓冲；固定酸和碱能够被所有缓冲系统所缓冲，其中碳酸氢盐缓冲系最为重要。

（二）肺在酸碱平衡中的调节作用

肺在酸碱平衡中的调节作用是通过调节CO_2的排出量来调节血浆中H_2CO_3浓度，以维持pH相对恒定。肺的这种调节发生迅速，数分钟内即可达高峰。

肺的这种调节受延髓呼吸中枢的控制，呼吸中枢接受来自中枢化学感受器和外周化学感受器的刺激。中枢化学感受器对脑脊液H^+的浓度变化非常敏感，当动脉血$PaCO_2$升高时，由于CO_2是脂溶性物质,可以迅速透过血脑屏障,增加脑脊液 H^+ 的含量,兴奋呼吸中枢使肺泡通气量增加。$PaCO_2$ 的正常值为 40 mmHg,若增加到 60 mmHg 时,肺泡通气量可以增加 10 倍,导致 CO_2 的排出量显著增加,从而降低血液中 H_2CO_3 浓度和 $PaCO_2$,实现反馈调节。但如果 $PaCO_2$ 进一步增加到 80 mmHg 以上时,反而抑制呼吸中枢,称为 CO_2 麻醉。

呼吸中枢也可接受外周化学感受器的刺激而兴奋。当 PaO_2 降低、pH 降低或 $PaCO_2$ 升高时,通过外周化学感受器反射性兴奋呼吸中枢,增加 CO_2 排出量。但 PaO_2 过低对呼吸中枢的直接效应是抑制效应,而且血液中的 H^+ 不易通过血脑屏障,pH 的变化也较不敏感,所以 $PaCO_2$ 升高或 pH 降低时,主要是通过延髓中枢化学感受器的作用。

(三) 肾在酸碱平衡中的调节作用

由于机体在代谢过程中产生的酸性物质远远大于碱性物质,需要不断消耗体内的碱性物质来中和,因此如果不及时排出多余的 H^+ 并补充碱性物质,会造成血液 pH 的剧烈变化。肾通过泌 H^+、泌 NH_4^+ 和重吸收 HCO_3^- 起到排酸保碱的作用,从而调节血浆中 HCO_3^- 浓度,维持细胞外液 pH 相对稳定。普通饮食条件下,尿液 pH 在 6.0 左右,随体内酸碱水平变化,尿液 pH 可降至 4.4 或升至 8.2,足见肾调节酸碱能力之强大。肾的调节作用通过以下三个途径。

1. 近曲小管泌 H^+ 和重吸收 $NaHCO_3$ 近曲小管上皮细胞内 CO_2 和 H_2O 在碳酸酐酶催化下生成 H_2CO_3,H_2CO_3 部分解离成 H^+ 和 HCO_3^-。从肾小球滤过的 Na^+ 经肾小管细胞管腔膜 Na^+-H^+ 载体蛋白进入细胞内,再经基膜 Na^+-K^+-ATP 酶转运入血,而细胞内 H^+ 经同一载体进入管腔。进入肾小管腔的 H^+ 与滤过的 HCO_3^- 结合成 H_2CO_3,并迅速分解为 H_2O 和 CO_2,水随尿排出,CO_2 又弥散回肾小管上皮细胞。重吸收的 Na^+ 与肾小管上皮细胞内的 HCO_3^- 结合生成 $NaHCO_3$,由基侧膜的 Na^+-HCO_3^- 载体回流入血。

通过近端肾小管的 Na^+-H^+ 交换使原尿中 90% $NaHCO_3$ 重吸收。

2. 远曲小管泌 H^+ 和重吸收 $NaHCO_3$ 在远曲小管和集合管的闰细胞内,CO_2 和 H_2O 生成 H_2CO_3,并解离成 H^+ 和 HCO_3^-,H^+ 被管腔膜 H^+-ATP 酶分泌入管腔,当 H^+ 到集合管管腔后,可将原尿中的碱性 HPO_4^{2-} 转化为酸性 $H_2PO_4^-$,使尿液酸化。同时在基侧膜以 HCO_3^- 与 Cl^- 交换的方式重吸收 HCO_3^-。

3. NH_4^+ 的排泌 近端小管上皮细胞是 NH_4^+ 生成的主要场所。在肾小管上皮细胞内,谷氨酰胺在谷氨酰胺酶催化下产生 NH_3 和 HCO_3^-,NH_3 为脂溶性,生成后弥散入肾小管腔,与肾小管上皮细胞分泌的 H^+ 结合成 NH_4^+,NH_4^+ 为水溶性,不易通过细胞膜返回细胞内,以氯化铵形式随尿液排出体外,而上皮细胞内生成的 HCO_3^- 与重吸收的 Na^+ 由基侧膜的 Na^+-HCO_3^- 载体回流入血。

酸中毒严重时,集合管也可分泌 NH_3 进入原尿,与 H^+ 结合生成 NH_4^+,随尿液排出体外。

综上所述,肾小管上皮细胞在不断分泌 H^+ 的同时,将肾小球滤过的 $NaHCO_3$ 重吸收入血,防止细胞外液 $NaHCO_3$ 的丢失。如仍不足以维持细胞外液 $NaHCO_3$ 浓度,则通过磷酸盐的酸化和泌 NH_4^+ 生成新的 $NaHCO_3$,以补充机体的消耗,从而维持血液 HCO_3^- 浓度的相对恒定。如果体内 HCO_3^- 含量过高,肾可减少 $NaHCO_3$ 的生成和重吸收,使血浆 $NaHCO_3$ 浓度降低。但血液 pH 降低、血 K^+ 降低、血 Cl^- 降低、有效循环血量降低、醛固酮升高及碳酸酐酶活性增强时,肾小管泌 H^+ 和重吸收 HCO_3^- 增多。

(四) 组织细胞的调节作用

组织细胞内液也是机体酸碱平衡的缓冲池,细胞的缓冲作用首先是通过细胞内外的离子交换来进行的,红细胞、肌细胞和骨组织均可发挥此作用。酸中毒时,细胞外 [H^+] 升高,弥散入细胞内,同时细胞内的 K^+ 移至细胞外维持电中性,碱中毒时相反,因此酸中毒往往伴有高血钾,而碱中毒时可伴有低血钾。红细胞内外 Cl^--HCO_3^- 交换是呼吸性酸碱平衡紊乱时的重要调节机制,但会影响血浆

中 Cl^- 的浓度。

通过细胞内外离子交换，减轻细胞外的酸碱度变化并引起继发性离子紊乱，同时将细胞外的酸碱度变化转移至细胞内。然后细胞内缓冲系统（如血红蛋白缓冲系统、氧合血红蛋白缓冲系统、磷酸盐缓冲系统和蛋白质缓冲系统）对进入细胞内的 H^+ 进行缓冲，其缓冲作用需要 3～4 小时才能显现出来。

此外，肝细胞通过合成尿素清除 NH_3，进行机体的酸碱平衡调节。在慢性酸中毒时骨盐也参与缓冲，钙盐分解可引起骨质疏松。

综上所述，体液缓冲系统、细胞调节以及肺和肾及共同维持体液酸碱度的相对稳定性，它们在作用时间及程度上又各具特点，相互配合与补充，以保持 $NaHCO_3/H_2CO_3$ 的浓度比为 20∶1。血液缓冲系统的反应最为迅速，一旦有酸性或碱性物质入血，缓冲物质就立即与其反应，将强酸或强碱中和转变成弱酸或弱碱，同时缓冲系统自身被消耗，故缓冲作用不易持久。肺的调节效能大，调节亦很迅速，但仅对 CO_2 有调节作用，不能缓冲固定酸。细胞内液的缓冲作用强于细胞外液，在 2～4 小时开始发挥调节作用，通过细胞内外离子的转移来维持酸碱平衡，但常可引起血浆离子浓度的改变。肾的调节作用比较缓慢，常在酸碱平衡紊乱发生后数小时开始发挥作用，3～5 天达高峰，但持续时间较久，特别是固定酸的排出和 HCO_3^- 含量的恢复最终要靠肾来完成。

第二节　酸碱平衡紊乱的分类及常用检测指标

一、酸碱平衡紊乱的分类

酸碱平衡紊乱有多种分类方法。

（一）根据血液 pH

可以将酸碱平衡紊乱分为两大类：pH 低于 7.35 称为酸中毒（acidosis）；pH 高于 7.45 称为碱中毒（alkalosis）。

（二）根据原发性变化

血液 pH 的高低取决于血浆 HCO_3^-/H_2CO_3 的浓度比。血浆 HCO_3^- 含量主要受代谢性因素的影响，由于 HCO_3^- 浓度原发性降低或升高引起的酸碱平衡紊乱称为代谢性酸碱平衡紊乱；而 H_2CO_3 含量主要受呼吸性因素的影响，由于 H_2CO_3 浓度原发性降低或增高引起的酸碱平衡紊乱称为呼吸性酸碱平衡紊乱。

（三）根据代偿情况

在单纯型酸中毒或碱中毒时，由于机体的调节，虽然体内酸性或碱性物质的含量已经发生改变，但血液 pH 尚在正常范围之内时，称为代偿性酸或碱中毒。如果血液 pH 高于或低于正常范围时，则称为失代偿性酸或碱中毒。

（四）根据酸碱丢失的情况

在临床工作中，有的患者体内只存在一种酸碱失衡，称为单纯型酸碱平衡紊乱；有些时候，在同一患者体内还可以有两种或两种以上的酸碱平衡紊乱同时存在，称为混合型酸碱平衡紊乱。

二、常用酸碱指标及意义

在临床工作中，判断患者是否发生了酸碱平衡紊乱以及发生了哪种酸碱平衡紊乱，最基本的实验室检查是动脉血气的测定。动脉血标本可提供组织酸碱平衡状态的可靠指标，且可评价肺部气体交换。用于酸碱平衡状态检测的血标本应抗凝，并放置于厌氧条件尽快检测，如果不能马上检测应放置于 4℃环境。如果使用液体肝素，应吸入到注射器中少量，保证注射器的内壁都被肝素覆盖，并排出多余的肝素。有些专门取血气标本的注射器是用冻干肝素预处理包装的，则不必再用液体肝素进行处理。

仔细处理血标本对获得好的结果非常重要。标本中哪怕有很少的气泡也应排出，因为血标本中混有空气将影响血气参数的测定。在排出多余气泡后，应立即去除注射器的针头，将注射器密封盖住以封闭血标本。应在两手之间反复滚动及倒转注射器使血标本与抗凝剂混匀，然后迅速放置在冰上，可使血气测定值在 1～2 小时内十分稳定，未冷却的血标本最好在 20 分钟之内检测。

常用的酸碱指标如下。

（一）血液 pH

血液 pH 是反映血液酸碱度的指标，即血浆中 H^+ 浓度的负对数，可以用 Henderson-Hasselbalch 方程式来计算：$pH = pKa + \lg [HCO_3^-] / [H_2CO_3]$。

其中 pKa 是 37℃时 H_2CO_3 解离常数的负对数，正常值为 6.1；$[HCO_3^-]$ 主要由肾调节，表示代谢性因素，正常平均值是 24 mmol/L；$[H_2CO_3]$ 由肺来控制，表示呼吸性因素，正常平均值是 1.2 mmol/L，二者的比值在正常时为 20:1。将这些数值代入方程式，得到 $pH = 6.1 + \lg 20/1 = 6.1 + 1.3 = 7.4$。

从 Henderson-Hasselbalch 方程可以看出，血浆 pH 取决于血浆中 $[HCO_3^-] / [H_2CO_3]$。即使 $[HCO_3^-]$ 和 $[H_2CO_3]$ 都已经超出正常范围，只要二者的比值是 20:1，就可以保持 pH 在正常范围。

正常人动脉血 pH 7.35～7.45，平均为 7.4。pH > 7.45 为碱血症，提示失代偿性碱中毒；pH < 7.35 提示酸血症，提示失代偿性酸中毒。pH 在正常范围内，可见于三种情况：①没有发生酸碱平衡紊乱；②代偿性酸碱平衡紊乱：酸碱平衡紊乱发生后，通过机体调节使 $[HCO_3^-] / [H_2CO_3]$ 维持或接近 20:1，pH 也可以在正常范围；③同时存在严重程度相当的酸中毒和碱中毒，对 pH 的影响相互抵消，pH 也可以正常。

由此可见，pH 的变化虽然是判断酸碱平衡紊乱的重要指标，但它并不能区分酸碱平衡紊乱的性质是代谢性还是呼吸性，因此进一步测定 $[HCO_3^-]$ 和 $[H_2CO_3]$ 是非常必要的。

（二）动脉血二氧化碳分压（$PaCO_2$）

$PaCO_2$ 是反映呼吸性因素的指标，系指动脉血中以物理状态溶解的 CO_2 分子所产生的张力。由于 CO_2 通过呼吸膜弥散快，$PaCO_2$ 相当于肺泡气 CO_2 分压（P_ACO_2），可反映肺泡通气量情况。$PaCO_2$ 与肺泡通气量成反比：通气不足，$PaCO_2$ 升高；通气过度，$PaCO_2$ 降低。所以 $PaCO_2$ 是反映呼吸性因素的指标，其正常值为 33～46 mmHg，平均为 40 mmHg。通过血气分析结果中的 $PaCO_2$ 可以计算出血浆 $[H_2CO_3] = PaCO_2 \times CO_2$ 的溶解系数 $= 40 \times 0.03 = 1.2$ mmol/L。

原发性 $PaCO_2$ 增多表示通气不足，有 CO_2 潴留，见于呼吸性酸中毒；原发性 $PaCO_2$ 降低表示肺通气过度，见于呼吸性碱中毒。在代谢性酸碱中毒时，由于机体的代偿调节，$PaCO_2$ 可发生继发性降低或升高。

（三）反映代谢性因素的指标

在血液中存在如下反应 $CO_2 + H_2O \rightleftharpoons H_2CO_3 \rightleftharpoons H^+ + HCO_3^-$，从反应式可知，$CO_2$ 的改

变可影响血浆中 HCO_3^- 的实际含量。据此将反映代谢性因素的指标分为两类。

1. 排除呼吸因素影响的代谢指标 此类指标是全血在标准条件下，即血液温度在 38℃，血红蛋白氧饱和度为 100%，用 $PaCO_2$ 为 40 mmHg 的气体平衡后测定的。由于标准化后 HCO_3^- 不受呼吸因素影响，因此仅反映酸碱平衡中代谢性因素。

（1）标准碳酸氢盐（standard bicarbonate，SB）：是在标准条件下测得的血浆 HCO_3^- 含量。其正常值为 22～27 mmol/L，平均为 24 mmol/L。SB 在代谢性酸中毒时降低，在代谢性碱中毒时升高。但在慢性呼吸性酸中毒或慢性呼吸性碱中毒时，由于肾的代偿作用，也可继发性升高或降低。

（2）缓冲碱（buffer base，BB）：是指在标准条件下，血液中一切具有缓冲作用的阴离子的总量。包括血浆和 RBC 中的 HCO_3^-、Hb^-、Pr^-、HPO_4^{2-} 等，正常范围为 45～52 mmol/L，平均为 48 mmol/L。代谢性酸中毒时，BB 减少；代谢性碱中毒时，BB 增加。当慢性呼吸性酸碱平衡紊乱时，由于肾的代偿调节，BB 可出现继发性升高或降低。

（3）碱剩余（base excess，BE）：是指在标准条件下，用酸或碱滴定全血标本至 pH 7.40 时所需的酸或碱量（mmol/L）。若用酸滴定时，说明被测血液碱过剩，BE 以正值表示；若需用碱滴定时，说明被测血液碱缺失，BE 以负值表示。全血 BE 正常值范围为 0±3 mmol/L。BE 正值增大，说明缓冲碱增多，见于代谢性碱中毒时，或经肾代偿的呼吸性酸中毒；BE 负值增大，说明缓冲碱减少，见于代谢性酸中毒时，或经肾代偿的呼吸性碱中毒。

2. 受呼吸因素影响的代谢指标——实际碳酸氢盐（actual bicarbonate，AB） 是指隔绝空气的血液标本，在实际血氧饱和度和 $PaCO_2$ 条件下测得的血浆 HCO_3^- 浓度，因而受呼吸和代谢两方面因素的影响，正常人 AB=SB。

AB 受代谢和呼吸两方面因素影响。AB 与 SB 都降低表明有代谢性酸中毒；两者都升高表明有代谢性碱中毒；在呼吸性酸碱平衡紊乱时，两者可不相等，AB 与 SB 的差值反映了呼吸因素对酸碱平衡的影响：若 AB＞SB 提示有 CO_2 潴留，见于呼吸性酸中毒（属于原发改变）或代偿后的代谢性碱中毒（属于继发改变）；若 AB＜SB 提示有 CO_2 排出过多，见于呼吸性碱中毒（属于原发改变）或代偿后的代谢性酸中毒（属于继发改变）。

（四）阴离子间隙

阴离子间隙（anion gap，AG）是反映固定酸含量的指标，系指血浆中未测定阴离子量（undetermined anion，UA）与未测定阳离子量（undetermined cation，UC）的差值。Na^+ 占血浆阳离子总量的 90%，称为可测定阳离子，其他阳离子就是未测定阳离子；HCO_3^- 和 Cl^- 占血浆阴离子总量的 85%，称为可测定阴离子，其他阴离子就是未测定阴离子。由于血浆中阳离子与阴离子总量相等，从而维持电荷平衡（图3-1），所以血浆阴阳离子平衡可表示为：$Na^+ + UC = HCO_3^- + Cl^- + UA$，那么，$AG = UA - UC = [Na^+] - ([Cl^-] + [HCO_3^-]) = 140 - (104 + 24) = 12$。因此 AG 正常值为 12±2 mmol/L。

AG 在临床上常被用来作为反映血浆中固定酸含量的指标，主要由 HPO_4^{2-}、SO_4^{2-} 和有机酸根组成，也受 Pr^- 的影响。AG 增高可帮助区分代谢性酸中毒的类型和诊断混合型酸碱平衡紊乱，目前多以 AG＞16 mmol/L 作为判断是否发生 AG 增高型代谢性酸中毒的界限，常见于固定酸增多的情况，如磷酸盐和硫酸盐潴留、乳酸堆积、酮体过多及水杨酸中毒、甲醇中毒等。AG 增高还可见于与代谢性酸中毒无关的情况下，如脱水、使用大量含钠盐的药物和骨髓瘤患者释出本周蛋白过多的情况下。

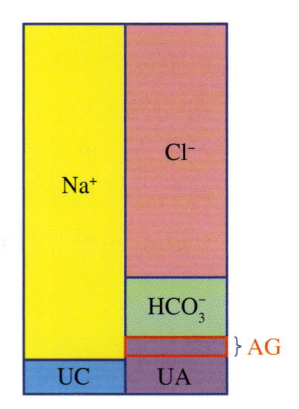

图 3-1 血浆阴离子间隙图解

AG 降低在诊断酸碱平衡紊乱方面意义不大，仅见于未测量阳离子增多或未测量阴离子减少，如低蛋白血症。

在上述各项指标中，反映血浆酸碱平衡紊乱的性质和程度的指标是 pH，反映血浆 H_2CO_3 含量的指标是 $PaCO_2$。SB 和 AB 虽各有特点，但都是反映血浆 HCO_3^- 含量的变化，BB 和 BE 的高低反映的是血液缓冲碱的总量。在临床工作中并不是每个患者都需要测定全部指标，因血浆的酸碱度取决于血浆 $NaHCO_3/H_2CO_3$ 的浓度比，故有选择地测定反映血浆 pH、H_2CO_3 及 HCO_3^- 变化的相应指标，就可以分析和判断酸碱平衡紊乱的原因和类型。

第三节 单纯型酸碱平衡紊乱

尽管机体对酸碱负荷有强大的缓冲能力和有效的调节功能，但在病理情况下许多因素可以引起体液酸碱度稳定性的破坏，发生酸碱平衡紊乱。血液 pH 的高低取决于血浆 $NaHCO_3/H_2CO_3$ 的浓度比。根据其变化可以将酸碱平衡紊乱分为两大类，pH 降低称为酸中毒，亦称酸血症；pH 升高称为碱中毒，亦称碱血症。血浆 HCO_3^- 含量主要受代谢性因素的影响，由于 HCO_3^- 浓度原发性降低或增高引起的酸碱平衡紊乱，称为代谢性酸中毒或代谢性碱中毒。而 H_2CO_3 含量主要受呼吸性因素的影响，由于 H_2CO_3 浓度原发性增高或降低引起的酸碱平衡紊乱，称为呼吸性酸中毒或呼吸性碱中毒。另外，在单纯型酸中毒或碱中毒时，由于机体的调节，虽然体内酸性或碱性物质的含量已经发生改变，但是血液 pH 尚在正常范围之内，称为代偿性酸或碱中毒。如果血液 pH 高于或低于正常范围，则称为失代偿性酸或碱中毒，这可以反映机体酸碱平衡紊乱的严重程度。

在临床工作中，患者不但可以有单纯型酸碱平衡紊乱，在同一患者体内还可以有两种或两种以上的酸碱平衡紊乱同时存在，称为混合型酸碱平衡紊乱。

一、代谢性酸中毒

代谢性酸中毒（metabolic acidosis）是指细胞外液 H^+ 增加和（或）HCO_3^- 丢失而引起的以血浆 HCO_3^- 浓度原发性减少、pH 呈降低趋势为特征的酸碱平衡紊乱。它是临床上最常见的酸碱失衡。

（一）原因和机制

1. 严重肾衰竭排酸障碍 急性和慢性肾衰竭晚期，肾小球滤过率降低到正常值的 20%～25% 以下，机体在代谢过程中生成的 HPO_4^{2-}、SO_4^{2-} 等不能充分由尿中排出，使血中固定酸增加。矿山创伤和烧伤多合并休克，休克发展过程中可累及多脏器功能障碍甚至衰竭，肾是最易受损的器官之一[2-3]。从早期肾血流减少引起的功能性急性肾衰竭，到肾小管缺血性坏死引起的器质性急性肾衰竭，均有代谢性酸中毒的临床表现。

2. 组织缺氧引起的乳酸酸中毒（lactic acidosis） 是指因血液中乳酸含量增加引起的代谢性酸中毒。各种原因引起的组织低灌注或缺氧时，例如矿难时引起的失血性休克、创伤性休克、心搏骤停、低氧血症、一氧化碳中毒等，都可使糖酵解增强导致乳酸大量增加；此外，肝功能障碍对乳酸转化利用障碍也会导致乳酸酸中毒。

3. 饥饿引起的酮症酸中毒（ketoacidosis） 因血液中酮体含量增加引起的代谢性酸中毒。酮体是脂肪的中间代谢产物，包括乙酰乙酸、β-羟丁酸和丙酮，前两种是酸性物质。酮症酸中毒多发生于糖尿病、严重饥饿及酒精中毒时。糖尿病患者由于胰岛素不足，对葡萄糖利用减少，脂肪分解加速，产生大量酮体，当超出外周组织的氧化能力及肾排出能力时可引起酮症酸中毒。矿难发生后，由于长时间饥饿，当体内糖原消耗后，大量动员脂肪供能，也可出现酮症酸中毒。

4. HCO_3^-直接丢失过多 胰液、肠液和胆汁中碳酸氢盐的含量均高于血浆，严重腹泻、小肠及胆道瘘、肠吸引术等均可引起HCO_3^-大量丢失。瓦斯爆炸可导致大面积烧伤，大量血浆渗出也伴有HCO_3^-丢失。

5. 高钾血症 各种原因引起的细胞外液K^+浓度增加时，K^+与细胞内H^+交换，引起细胞外液H^+浓度增加，导致代谢性酸中毒。创伤合并休克时，由于缺血缺氧使ATP生成明显减少，细胞膜上的钠泵运转失灵，导致K^+泵入细胞内减少，引起高钾血症。挤压综合征患者由于肌肉组织大量坏死，K^+大量释放到细胞外，也可引起高钾血症。

（二）分类

根据AG值的变化可分为AG增高型代谢性酸中毒和AG正常型代谢性酸中毒。

1. AG增高型代谢性酸中毒 其特点是AG增高，血氯正常。这类酸中毒是指除了含氯以外的任何固定酸的血浆浓度增大时的代谢性酸中毒，如乳酸酸中毒、酮症酸中毒、磷酸和硫酸排泄障碍在体内蓄积和水杨酸中毒等。固定酸的H^+被HCO_3^-缓冲，其酸根增高引起AG值增大，而血Cl^-值正常，故又称为正常血氯性代谢性酸中毒。

2. AG正常型代谢性酸中毒 其特点是AG正常，血氯增高。当HCO_3^-浓度降低，而同时伴有Cl^-浓度代偿性增高时，则呈AG正常型或高血氯性代谢性酸中毒。常见于消化道直接丢失HCO_3^-、轻中度肾衰竭泌H^+减少、肾小管酸中毒、碳酸酐酶抑制剂的大量应用、高钾血症及稀释性酸中毒。

（三）机体的代偿调节

体液的缓冲系统、细胞内外离子交换以及肺和肾的调节是维持酸碱平衡的重要机制，也是发生酸碱平衡紊乱后机体进行代偿的重要环节。代谢性酸中毒时，机体的代偿调节主要表现如下。

1. 血浆的缓冲作用 代谢性酸中毒时，血浆中增多的H^+可立即被血浆缓冲系统所缓冲，血浆HCO_3^-及缓冲碱被消耗，反映酸碱平衡的代谢指标AB、SB、BB均降低，BE负值增大。

2. 细胞内外离子交换及细胞内缓冲细胞内缓冲 多在酸中毒2～4 h后发生，通过细胞内外离子交换降低血液的H^+浓度。细胞外液中增多的H^+向细胞内转移，被细胞内缓冲碱所缓冲；而细胞内K^+向细胞外转移，以维持细胞内外电平衡，故酸中毒易引起高血钾。

3. 肺的代偿调节作用 血液中H^+浓度增加或pH降低可通过刺激颈动脉体和主动脉体化学感受器兴奋呼吸中枢，增加呼吸的深度和频率，明显增加肺泡通气量。代谢性酸中毒时，当pH由7.4降至7.0时，肺泡通气量由正常的4 L/min增加至30 L/min以上。呼吸加深加快是代谢性酸中毒的主要临床表现，其代偿意义是使血液中H_2CO_3浓度继发性降低，维持$[HCO_3^-]/[H_2CO_3]$比值接近20∶1，使血液pH趋向正常。肺的代偿反应非常迅速，一般在酸中毒10 min内可使肺通气量明显增加，30 min后即达代偿，12～24 h达代偿高峰，代偿最大极限是$PaCO_2$可降至10 mmHg。

4. 肾的代偿调节作用 除肾功能异常引起的代谢性酸中毒外，其他原因引起的代谢性酸中毒，肾通过排酸保碱能力加强来发挥代偿功能。在代谢性酸中毒时，肾小管上皮细胞中碳酸酐酶和谷氨酰胺酶活性增高，促进肾小管泌H^+、泌NH_4^+和重吸收HCO_3^-；使HCO_3^-在细胞外液中的浓度有所恢复。管腔内H^+浓度越高，NH_4^+的生成与排出越快，产生HCO_3^-越多。通过以上反应，肾加速酸性物质的排泄和碱性物质的补充。由于从尿中排出的H^+增多，尿液呈酸性。但肾的代偿作用较慢，一般在酸中毒持续数小时后开始，3～5天内发挥最大效应，并且代偿的容量不大。

（四）血气分析参数

通过上述各种代偿调节，若能使HCO_3^-/H_2CO_3的浓度比接近20∶1，血液pH可在正常范围内，称为代偿性代谢性酸中毒；如经机体的代偿调节，血浆 HCO_3^-/H_2CO_3 的浓度比仍降低，血浆 pH 下降，称为失代偿性代谢性酸中毒。

由于 HCO_3^- 原发性减少，所以 SB 降低，AB 降低，BB 降低，BE 负值加大；通过呼吸代偿，H_2CO_3 继发性减少，引起 $PaCO_2$ 降低，AB ＜ SB。

（五）对机体的影响

代谢性酸中毒对机体的影响主要是引起心血管系统和中枢神经系统的功能障碍。

1. 对心血管系统的影响　严重的代谢性酸中毒能产生致死性室性心律失常、心肌收缩力降低及血管对儿茶酚胺的反应性降低。

（1）室性心律失常：代谢性酸中毒时出现的室性心律失常与血钾升高密切相关，高血钾的发生除了与酸中毒时细胞外液 H^+ 进入细胞内与 K^+ 交换，使 K^+ 逸出之外，还与酸中毒时肾小管上皮细胞泌 H^+ 增加，而排 K^+ 有关。重度高血钾时，由于严重传导阻滞和心肌兴奋性消失，可引起致死性心律失常和心脏停搏。

（2）心肌收缩力降低：酸中毒引起心肌收缩力降低的机制可能是由于 H^+ 增多，可减少心肌 Ca^{2+} 内流，影响肌质网 Ca^{2+} 释放，竞争性抑制 Ca^{2+} 与肌钙蛋白结合，影响心肌兴奋收缩 - 偶联过程，使心肌收缩力减弱。

酸中毒还可引起肾上腺髓质释放肾上腺素，从而发挥其对心脏的正性肌力作用。但由于严重酸中毒又可阻断肾上腺素对心脏的作用，而引起心肌收缩力减弱和心肌弛缓，心输出量减少。一般而言，pH 降至 7.2 时，上述两种相反的作用几乎相等，心肌收缩力变化不大；pH 小于 7.2 时，则因肾上腺素的作用被阻断而使心肌收缩力减弱；心输出量减少。

（3）血管系统对儿茶酚胺的反应性降低：H^+ 增多时，可降低心肌和外周血管对儿茶酚胺的反应性，导致外周血管扩张，血压可轻度降低。尤其是毛细血管前括约肌最为明显，使血管容量不断扩大，回心血量减少，血压下降。因此在治疗休克时，首先要纠正酸中毒，才能减轻血流动力学障碍，否则会导致休克加重。

2. 对中枢神经系统的影响　代谢性酸中毒时，对中枢神经系统的主要影响是抑制作用，表现为疲乏、肌肉软弱无力、反应迟钝、精神萎靡不振，甚至意识障碍、嗜睡、昏迷，最后可因呼吸中枢和血管运动中枢麻痹而死亡。其发生与下列因素有关。

（1）神经细胞能量代谢障碍：H^+ 增多抑制生物氧化酶类的活性，使氧化磷酸化过程减弱，ATP 生成减少，脑组织能量供应不足。

（2）抑制性神经递质 γ- 氨基丁酸增多：酸中毒使脑内谷氨酸脱羧酶活性增高，γ- 氨基丁酸转氨酶活性降低，使 γ- 氨基丁酸生成增多，在中枢神经系统大量蓄积，引起抑制效应。

3. 对钾代谢的影响　一般来讲，酸中毒与高钾血症互为因果关系。酸中毒时细胞外液 H^+ 增加，并通过细胞内外 H^+-K^+ 交换向细胞内转移，引起血钾升高；同时，酸中毒时肾排 H^+ 增多，排 K^+ 减少，导致钾在体内潴留，也会引起高血钾。

但也有酸中毒与低血钾并存的情况，如肾小管酸中毒因肾泌 K^+ 较多，可出现低钾血症；又如严重腹泻导致的酸中毒时，既有 HCO_3^- 随肠液大量丢失，也有 K^+ 随肠液大量丢失，故出现低钾血症。

4. 对骨骼系统的影响　慢性肾衰竭伴代谢性酸中毒时，由于不断从骨骼释放钙盐来缓冲 H^+，造成骨质脱钙。小儿可影响骨骼发育，延缓生长，甚至发生佝偻病和纤维性骨炎；成人可发生骨质疏松、骨软化症，容易骨折。

（六）防治原则

1. 原发病预防和治疗原发病　去除引起代谢性酸中毒的病因是治疗的基本原则和主要措施。针对不同病因采取相应的治疗措施，如糖尿病酮症酸中毒应以胰岛素治疗为主；细菌性腹泻引起的酸中毒应及时应用抗菌药物治疗肠炎；急慢性肾衰竭引起的酸中毒应改善肾功能等。

2．碱性药物的应用　对严重的代谢性酸中毒患者可给予一定量的碱性药物对症治疗。碳酸氢钠因直接补充血浆缓冲碱，作用迅速，为临床治疗所常用。补碱的剂量和方法应根据酸中毒的严重程度区别对待，一般主张在血气监护下分次补碱，按照每负 1 个 BE 值，每千克体重补 $NaHCO_3$ 0.3 mmol，剂量宜小不宜大。一般轻度代谢性酸中毒 HCO_3^- > 16 mmol/L 时，也可以少补，甚至不补，因为肾有排酸保碱的能力；约有 50% 的酸，要靠非碳酸氢盐缓冲系统来调节。

其他碱性药物，如乳酸钠等也是常用来治疗代谢性酸中毒的药物，作用较为缓慢，需通过肝可转化为 HCO_3^-，但肝功能不良或乳酸酸中毒时不能使用。

3．防治低血钾和低血钙　纠正酸中毒的同时，还应注意同时纠正水、电解质紊乱，如纠正低血钾和低血钙。如严重腹泻造成的酸中毒时由于细胞内 K^+ 外流，往往掩盖了低血钾，补碱纠正酸中毒后，K^+ 又返回细胞内，可明显地出现低血钾。酸中毒时游离钙增多，酸中毒纠正后，钙以结合钙的形式存在，游离钙明显减少，可引起手足抽搐，因为 Ca^{2+} 与血浆蛋白在碱性条件下可生成结合钙，使游离钙减少，而在酸性条件下，结合钙又可离解为 Ca^{2+} 与血浆蛋白，使游离钙增多。

二、呼吸性酸中毒

呼吸性酸中毒（respiratory acidosis）是指 CO_2 排出障碍或吸入过多引起的以血浆 H_2CO_3 浓度原发性升高、pH 呈降低趋势为特征的酸碱平衡紊乱。

（一）原因和机制

引起血浆 $PaCO_2$ 原发性升高导致呼吸性酸中毒的原因不外乎以下两个方面。

1．CO_2 排出减少　各种原因导致的通气障碍，使 CO_2 排出受阻是引起呼吸性酸中毒的常见原因。肺通气是靠多个环节来保障的，任何一个环节发生障碍都会导致肺通气不足，主要见于以下情况。

（1）呼吸中枢抑制：见于颅脑损伤、脑炎、脑血管意外，呼吸中枢抑制剂（吗啡、巴比妥类）及麻醉剂用量过大或酒精中毒等。煤矿创伤可因直接机械性损伤或爆炸所致间接性损伤造成呼吸中枢抑制，使肺泡通气量减少，常引起急性 CO_2 潴留。

（2）呼吸肌麻痹：见于脊髓高位损伤、急性脊髓灰质炎、脊神经根炎、有机磷中毒、重症肌无力、重度低钾血症或家族性周期性麻痹等。因呼吸动力不足而导致肺泡扩张受限，CO_2 排出减少。

（3）呼吸道阻塞：见于喉头痉挛或水肿、溺水、异物阻塞气管、瓦斯爆炸造成气道烧伤等，因呼吸道严重阻塞常引起急性 CO_2 潴留[4]。而慢性支气管炎、支气管哮喘等阻塞性肺部疾患则是慢性呼吸性酸中毒的常见原因。

（4）胸廓病变：见于胸部创伤、严重气胸、大量的胸腔积液和胸廓畸形等。因胸廓活动受限而影响肺通气功能。

（5）肺部疾患：如急性呼吸窘迫综合征、心源性急性肺水肿、重度肺气肿、肺部广泛性炎症或肺组织广泛纤维化等，均可因通气障碍而发生呼吸性酸中毒。

（6）呼吸机使用不当：通气量过小引起 CO_2 潴留。

2．CO_2 吸入过多　在通气不良的环境中，例如矿井塌陷、瓦斯爆炸等意外事故，因空气中 CO_2 增多，使机体吸入过多 CO_2。

（二）分类

呼吸性酸中毒按病程分为两类。

1. 急性呼吸性酸中毒 指 $PaCO_2$ 急剧升高未达到 24 h。常见于急性气道阻塞、急性心源性肺水肿、中枢或呼吸肌麻痹引起的呼吸骤停及急性呼吸窘迫综合征等。

2. 慢性呼吸性酸中毒 指 CO_2 高浓度潴留超过 24 h 以上。见于气道及肺部慢性炎症引起 COPD、肺组织广泛纤维化或肺不张时。

（三）机体的代偿调节

当体内 H_2CO_3 增多时，由于血浆碳酸氢盐缓冲系统不能缓冲挥发酸，血浆其他缓冲碱含量较低，缓冲 H_2CO_3 的能力极为有限。而且呼吸性酸中毒发生的最主要环节是肺通气功能障碍，故呼吸系统难以发挥代偿作用，因而主要靠血液及细胞内非碳酸氢盐缓冲系统和肾代偿。

1. 急性呼吸性酸中毒 主要靠细胞内外离子交换和细胞内缓冲系统代偿急性呼吸性酸中毒，由于肾的代偿十分缓慢，难以发挥作用，因此细胞内外离子交换和细胞内缓冲是急性呼吸性酸中毒时的主要代偿方式。当血浆 CO_2 不断升高时，在血浆中和红细胞内进行如下代偿反应。

（1）CO_2 在血浆中转变成 HCO_3^-：血浆中 CO_2 和 H_2O 生成 H_2CO_3，解离出 H^+ 和 HCO_3^-，HCO_3^- 留在血浆中，使血浆 HCO_3^- 浓度升高，具有一定的代偿作用，而 H^+ 与细胞内 K^+ 交换，进入细胞内的 H^+ 可被蛋白质阴离子缓冲，K^+ 外移使血 K^+ 浓度升高。

（2）CO_2 弥散入红细胞：潴留的 CO_2 可迅速弥散入红细胞，在碳酸酐酶作用下 CO_2 和 H_2O 生成 H_2CO_3，再进一步解离成 H^+ 和 HCO_3^-，H^+ 被 Hb^- 所缓冲，HCO_3^- 与血浆中 Cl^- 交换释放入血，使血浆 HCO_3^- 升高，血 Cl^- 降低。

但这种离子交换和缓冲十分有限，往往 $PaCO_2$ 每升高 10 mmHg（1.3 kPa），血浆 HCO_3^- 仅增加 0.7~1 mmol/L，不足以维持 $[HCO_3^-]/[H_2CO_3]$ 的正常比值，所以急性呼吸性酸中毒时 pH 往往低于正常值，呈失代偿状态。

2. 肾排酸保碱增强 是慢性呼吸性酸中毒的主要代偿方式。由于肾对酸碱平衡的调节较为缓慢，在急性呼吸性酸中毒时往往来不及发挥代偿作用，故肾的代偿是慢性呼吸性酸中毒的主要代偿方式。$PaCO_2$ 升高和 H^+ 浓度增加可刺激肾小管上皮细胞的碳酸酐酶和谷氨酰胺酶活性，表现为泌 H^+、泌 NH_4^+ 和重吸收 HCO_3^- 增加，H^+ 随尿排出，血浆 HCO_3^- 浓度代偿性增加。

这种作用的充分发挥常需 3~5 天才能完成，因此急性呼吸性酸中毒来不及代偿，而在慢性呼吸性酸中毒时，由于肾的保碱作用较强大，而且随 $PaCO_2$ 升高，HCO_3^- 也呈比例增高，大致 $PaCO_2$ 每升高 10 mmHg（1.3 kPa），血浆 HCO_3^- 浓度增高 3.5~4.0 mmol/L，能使 $[HCO_3^-]/[H_2CO_3]$ 比值接近 20∶1，因而在轻度和中度慢性呼吸性酸中毒时有可能代偿。

（四）血气分析参数

急性呼吸性酸中毒时，因 CO_2 急剧潴留，肾尚来不及发挥代偿作用，故 $[HCO_3^-]/[H_2CO_3]$ 比值减少，血 pH 降低，为失代偿性呼吸性酸中毒。

慢性呼吸性酸中毒时，虽然亦有 CO_2 大量潴留，但由于肾发挥强大的代偿作用，使血浆 $[HCO_3^-]$ 与 $[H_2CO_3]$ 均增高，两者比值可维持在 20∶1 或接近 20∶1，血 pH 正常或略降低，为代偿性或失代偿性呼吸性酸中毒。

呼吸性酸中毒的原发性改变为 $PaCO_2$ 升高，AB > SB；通过机体尤其是肾的代偿，HCO_3^- 可代偿性升高，表现为 SB 升高，AB 升高，BB 升高，BE 正值增大。

（五）对机体的影响

呼吸性酸中毒对心血管系统的影响与代谢性酸中毒相似，也会出现心律失常、心肌收缩力降低和外周血管扩张。

对中枢神经系统的影响，尤其是急性 CO_2 潴留引起的中枢神经系统功能紊乱往往比代谢性酸中毒更为明显。临床常见头痛、不安、焦虑等症状，甚至出现精神错乱、嗜睡、昏迷，被称为"CO_2麻醉"，这是因为：

1．中枢酸中毒更明显 CO_2为脂溶性，急性呼吸性酸中毒时，血液中积聚的大量CO_2可迅速通过血脑屏障，使脑内H_2CO_3含量明显升高。而HCO_3^-为水溶性，血浆中HCO_3^-通过血脑屏障极为缓慢，脑脊液内HCO_3^-含量代偿性升高需要较长时间。因此，急性呼吸性酸中毒时，脑脊液pH的降低较血液pH降低更为明显，中枢神经系统功能紊乱在呼吸性酸中毒时较代谢性酸中毒时更为显著。

2．脑血管扩张 CO_2潴留可使脑血管明显扩张，脑血流量增加，引起颅内压和脑脊液压增加，常引起持续性头痛，尤以夜间和晨起严重。眼底血管扩张扭曲，严重时出现视乳头水肿。

3．缺氧 CO_2潴留往往伴有明显的缺氧，除了进一步扩张脑血管，还可引起ATP生成减少，造成脑水肿和脑细胞受损。

上述三个方面可共同导致中枢神经系统的损伤。

（六）防治原则

1．病因学治疗 治疗引起呼吸性酸中毒的原发病，尽快改善肺泡通气功能是防治呼吸性酸中毒的根本措施。例如排除呼吸道梗阻使之通畅或解痉；使用呼吸中枢兴奋药或人工呼吸器；对慢性阻塞性肺疾患采用控制感染、强心、解痉和祛痰等措施。

2．发病学治疗 发病学治疗原则是改善通气功能，使$PaCO_2$逐步下降，但对肾代偿后代谢因素也增高的患者，切忌过急地使用人工呼吸器使$PaCO_2$迅速下降到正常，因肾对HCO_3^-升高的代偿功能还来不及做出反应，结果又会出现代谢性碱中毒，使病情复杂化。更应避免过度人工通气，使$PaCO_2$降低到更危险的严重呼吸性碱中毒的情况。

3．使用碱性药物 对pH降低较为明显的呼吸性酸中毒患者可适当给予碱性药物。但呼吸性酸中毒患者使用碱性药物应比代谢性酸中毒患者更为慎重。因为呼吸性酸中毒时，由于有肾保碱的代偿作用，HCO_3^-本来已经很高，特别是通气尚未改善前，错误地使用碱性药物，也可引起代谢性碱中毒，并使呼吸性酸中毒病情加重，使高碳酸血症更进一步加重。

三、代谢性碱中毒

代谢性碱中毒（metabolic alkalosis）是指细胞外液碱增多或H^+丢失而引起的以血浆HCO_3^-浓度原发性增加、pH呈上升趋势为特征的酸碱平衡紊乱类型。

（一）原因和机制

凡是使H^+丢失或HCO_3^-进入细胞外液增多的因素，都可引起血浆HCO_3^-浓度原发性增加。正常情况下，当血浆HCO_3^-浓度超过26 mmol/L时，肾可减少HCO_3^-的重吸收，使血浆HCO_3^-浓度恢复正常，具有纠正代谢性碱中毒的能力。但某些因素，如有效循环血量不足、缺氯等，可造成肾对HCO_3^-的调节功能障碍，使血浆HCO_3^-浓度保持在高水平，维持代谢性碱中毒存在。

1．H^+丢失过多 血浆HCO_3^-原发性增加主要见于H^+丢失。由于丢失的H^+主要来自细胞内H_2CO_3解离生成，因此每丢失1 mol的H^+，必然同时生成1 mol的HCO_3^-，HCO_3^-返流血液增加造成代谢性碱中毒。H^+大量丢失有以下两个途径。

（1）经胃丢失大量H^+：见于频繁呕吐以及胃液引流时，富含HCl的胃液大量丢失。正常情况下，胃黏膜壁细胞富含碳酸酐酶，能将H_2CO_3解离为HCO_3^-与H^+，H^+与来自血浆的Cl^-形成HCl分泌到胃腔中，而HCO_3^-则返回血液，造成血浆中HCO_3^-一过性增高，称为"餐后碱潮"，直到酸性食糜进入十二指肠后，在H^+刺激下，十二指肠肠上皮细胞与胰腺分泌的大量HCO_3^-与H^+中和。

病理情况下，大量胃液丢失引起的代谢性碱中毒，机制如下：①胃液中 H^+ 丢失，使来自胃壁、肠液和胰腺的 HCO_3^- 得不到 H^+ 中和而被吸收入血，造成血浆 HCO_3^- 浓度升高；②胃液中 Cl^- 丢失可引起低氯性碱中毒；③胃液中 K^+ 丢失可引起低钾性碱中毒；④胃液大量丢失引起有效循环血量减少，可通过继发性醛固酮增多引起代谢性碱中毒。

（2）经肾丢失大量 H^+：见于应用利尿剂和肾上腺皮质激素增多等。①应用利尿剂：肾小管上皮细胞也富含碳酸酐酶，使用髓袢利尿剂（呋塞米）或噻嗪类利尿剂时，抑制了髓袢升支对 Cl^-、Na^+ 和 H_2O 的重吸收，到达远曲小管的尿液流量增加，NaCl 含量升高，促进远曲小管和集合管细胞泌 H^+、泌 K^+ 增加，以加强对 Na^+ 的重吸收，Cl^- 以氯化铵形式随尿排出。另外，由于肾小管远端流速增加，冲洗作用使小管内 H^+ 浓度急剧降低，促进 H^+ 的排泌。H^+ 经肾大量丢失使 HCO_3^- 被大量重吸收，以及因丧失大量含 Cl^- 的细胞外液形成低氯性碱中毒。②肾上腺皮质激素增多：肾上腺皮质增生或肿瘤可引起原发性肾上腺皮质激素分泌增多；各种原因引起的有效循环血量减少、创伤等刺激可通过激活肾素 - 血管紧张素 - 醛固酮系统，引起继发性醛固酮分泌增多。醛固酮可通过刺激集合管泌氢细胞的 H^+-ATP 酶（氢泵），促进 H^+ 排泌；也可通过保 Na^+ 排 K^+ 促进 H^+ 排泌，而造成低钾性碱中毒。

2. HCO_3^- 负荷增加　常为医源性。治疗溃疡病或代谢性酸中毒时，口服或输入过量 $NaHCO_3$ 可引起代谢性碱中毒；矿山创伤多伴有大量失血，治疗时大量输入含柠檬酸盐抗凝的库存血时，这些有机酸盐在体内氧化可产生 HCO_3^-，1 L 库存血中所含的柠檬酸盐约可产生 30 mmol HCO_3^-；矿难时，水源断绝造成被困人员的脱水，由于只丢失 NaCl 和水，可造成浓缩型碱中毒。但应指出，肾具有较强的排泄 $NaHCO_3$ 的能力，正常人每天摄入 1000 mmol 的 $NaHCO_3$，两周后血浆内 HCO_3^- 浓度只是较轻微上升；只有当肾功能受损后，服用大量碱性药物时才会发生代谢性碱中毒。

3. H^+ 向细胞内移动　低钾血症时，因细胞外液 K^+ 降低，引起细胞内 K^+ 外移，同时细胞外液 H^+ 移入细胞，造成细胞外碱中毒和细胞内酸中毒。同时，因肾小管上皮细胞缺钾，使 K^+-Na^+ 交换减少，代之以 H^+-Na^+ 交换增强，H^+ 排出增多，HCO_3^- 重吸收增多，造成缺钾性碱中毒。一般来讲碱中毒时尿液呈碱性，但低钾引起的碱中毒时，由于肾泌 H^+ 增多，尿液呈酸性，称为反常性酸性尿。

此外，肝衰竭时，血氨过高、尿素合成障碍也常导致代谢性碱中毒。

（二）分类

根据给予生理盐水治疗后代谢性碱中毒能否得以纠正，分为盐水反应性碱中毒（saline-responsive alkalosis）和盐水抵抗性碱中毒（saline-resistant alkalosis）。

1. 盐水反应性碱中毒　主要见于呕吐、胃液引流及应用利尿剂时，由于伴随细胞外液减少、有效循环血量不足，也常有低钾和低氯存在，影响肾排泄 HCO_3^-，使碱中毒得以维持。故给予等张或半张生理盐水来扩充细胞外液和补充 Cl^-，能促进过多的 HCO_3^- 经肾排出而起到治疗作用。

2. 盐水抵抗性碱中毒　常见于全身性水肿、原发性醛固酮增多症、严重低血钾及 Cushing 综合征等，维持因素是盐皮质激素的直接作用和低血钾，因此这类患者单纯补充生理盐水治疗无效。

（三）机体的代偿调节

1. 血液的缓冲及细胞内外离子交换　代谢性碱中毒时，H^+ 浓度降低，OH^- 浓度升高，OH^- 可被缓冲系统中弱酸（H_2CO_3、$HHbO_2$、HHb、HPr、$H_2PO_4^-$）所缓冲，使 HCO_3^- 及非 HCO_3^- 浓度下降。但在大多数缓冲对的组成成分中，碱性成分远多于酸性成分（$[HCO_3^-]$ / $[H_2CO_3]$ = 20:1），故缓冲酸性物质的能力远强于缓冲碱性物质，所以血液对碱中毒的缓冲能力较弱。同时细胞内外离子交换，细胞内 H^+ 逸出中和碱，而细胞外液 K^+ 进入细胞内，从而产生低钾血症。

2. 肺的代偿调节　代谢性碱中毒时，由于 H^+ 浓度降低，呼吸中枢受抑制，呼吸变浅变慢，使通气量减少，$PaCO_2$ 或血浆 H_2CO_3 继发性升高，以维持 $[HCO_3^-]/[H_2CO_3]$ 的比值接近正常，使 pH 有所降低。呼吸的代偿反应较快，往往数分钟即可出现，12~24 小时后即可达代偿高峰。但这种代偿亦是有限度的，很少能达到完全的代偿，因为呼吸抑制所致的 $PaCO_2$ 升高和 PaO_2 下降均能刺激呼吸中枢，减少代偿作用。因而即使严重的代谢性碱中毒时，$PaCO_2$ 也极少能超过 55 mmHg，即 $PaCO_2$ 继发性上升的代偿极限是 55 mmHg。

3. 肾的代偿调节 肾的代偿作用发挥较晚，血浆 H^+ 减少和 pH 升高使肾小管上皮的碳酸酐酶和谷氨酰胺酶活性受到抑制，故泌 H^+ 和泌 NH_4^+ 减少，HCO_3^- 重吸收减少，使血浆 HCO_3^- 浓度有所下降。由于泌 H^+ 和泌 NH_4^+ 减少，HCO_3^- 排出增多，一般代谢性碱中毒尿液呈碱性，但在低钾性碱中毒时，因肾小管上皮细胞缺钾，使 K^+-Na^+ 交换减少，H^+-Na^+ 交换增强，尿液中 H^+ 增多，尿呈酸性，称为反常性酸性尿。肾在代谢性碱中毒时对 HCO_3^- 排出增多的最大代偿时限往往要 3~5 天，故在急性代谢性碱中毒代偿中不起主要作用。

（四）血气分析参数

通过上述各种代偿调节，若能使 HCO_3^-/H_2CO_3 的浓度比接近 20:1，血液 pH 可在正常范围内，称为代偿性代谢性碱中毒；如经机体的代偿调节，血浆 $NaHCO_3/H_2CO_3$ 的浓度比仍降低，血浆 pH 下降，称为失代偿性代谢性碱中毒。

酸碱指标的原发性变化是 HCO_3^- 原发性增多，使 SB 升高，AB 升高，BB 升高，BE 正值增大；继发性变化是 H_2CO_3 继发性增加，使 $PaCO_2$ 升高，AB > SB。

（五）对机体的影响

轻度代谢性碱中毒患者通常无症状，或出现与碱中毒无直接关系的表现，如因细胞外液量减少而引起的无力、肌痉挛、直立性眩晕；因低钾血症引起的多尿、口渴等。但严重的代谢性碱中毒则可出现许多功能代谢变化。

1. 中枢神经系统功能改变 严重代谢性碱中毒患者常有烦躁不安、精神错乱、谵妄、意识障碍等中枢神经系统兴奋的症状。其发生机制可能如下。

（1）γ-氨基丁酸含量降低：血浆 pH 升高时，脑内 γ-氨基丁酸转氨酶活性增高而谷氨酸脱羧酶活性降低，使 γ-氨基丁酸分解增强而生成减少，γ-氨基丁酸含量降低，对中枢神经系统的抑制作用减弱。

（2）脑组织缺氧：血浆 pH 升高使血红蛋白氧离曲线左移，血红蛋白与氧的亲和力增高，不易将结合的氧释出，造成组织供氧不足，而脑组织对缺氧特别敏感，也是造成中枢神经系统功能紊乱的机制之一。

2. 血红蛋白氧离曲线左移 血液 pH 升高可使血红蛋白与 O_2 的亲和力增强，以致相同氧分压下血氧饱和度虽可以增加，但由于血红蛋白氧离曲线左移，血红蛋白不易将结合的 O_2 释出，从而造成组织供氧不足，加重中枢神经系统和肌肉等方面的症状。

3. 神经肌肉的应激性增高 严重的急性碱中毒时，可出现腱反射亢进、面部和肢体肌肉的抽动、手足搐搦和惊厥等症状。一般认为其发生机制是由于 pH 升高引起的血浆中游离钙（Ca^{2+}）浓度降低所致。如患者伴有低钾血症，可出现肌肉软弱无力、麻痹等症状，可暂不出现抽搐，但低钾血症纠正后，抽搐症状即可发生。

4. 低钾血症 代谢性碱中毒时常伴有低钾血症。这是由于碱中毒时，细胞外 H^+ 浓度降低，细胞内 H^+ 逸出而细胞外 K^+ 向细胞内移动；同时，由于肾小管上皮细胞排 H^+ 减少，故 H^+-Na^+ 交换减弱而 K^+-Na^+ 交换增强，使排 K^+ 增多导致低钾血症。低钾血症除可引起神经肌肉症状外，严重时还可以引起心律失常。

（六）防治原则

纠正代谢性碱中毒的根本途径是促使血浆中过多的 HCO_3^- 从尿中排出。但是，即使是肾功能正常的患者也不易完全代偿。因此代谢性碱中毒的治疗方针应该是在进行原发病治疗的同时，去除代谢性碱中毒的维持因素。

1. 盐水反应性碱中毒 对盐水反应性碱中毒患者，只要口服或静脉注射等张或半张的盐水即可恢复血浆 HCO_3^- 浓度。机制是：①由于细胞外液容量扩充，可消除"浓缩性碱中毒"成分的作用，并消除低血容量所致的继发性醛固酮增多；②生理盐水含 Cl^- 量高于血浆，通过扩充血容量和补充 Cl^- 使过多的 HCO_3^- 从肾排泄，达到治疗代谢性碱中毒的目的；③由于远端肾单位小管液中 Cl^- 含量增加，则使皮质集合管分泌 HCO_3^- 增强。

2. 盐水抵抗性碱中毒 对全身性水肿患者，应尽量少用髓袢利尿剂或噻嗪类利尿剂，以预防发生碱中毒。碳酸酐酶抑制剂乙酰唑胺可抑制肾小管上皮细胞内的碳酸酐酶活性，因而排泌 H^+ 和重吸收 HCO_3^- 减少，增加 Na^+ 和 HCO_3^- 的排出，结果既达到治疗碱中毒的目的又可减轻水肿。

肾上腺皮质激素过多引起的碱中毒，需用抗醛固酮药物和补 K^+ 去除代谢性碱中毒的维持因素。

四、呼吸性碱中毒

呼吸性碱中毒（respiratory alkalosis）是指肺通气过度引起的血浆 H_2CO_3 原发性减少、pH 呈升高趋势为特征的酸碱平衡紊乱类型。

（一）原因和机制

肺通气过度是各种因素引起呼吸性碱中毒的基本发生机制，原因如下。

1. 低氧血症和肺疾患 在高原地区及通风不良的矿井坑道，由于吸入气中 PO_2 降低或某些患有心肺疾病、胸廓病变引起外呼吸功能障碍的患者，均有 PaO_2 降低，刺激颈动脉体和主动脉体的化学感受器，反射性引起呼吸深快，CO_2 排出增多。许多肺疾患如肺炎、肺水肿、肺梗死、间质性肺疾病等引起的过度通气，还与刺激肺牵张感受器及肺毛细血管旁感受器有关。

2. 呼吸中枢受到直接刺激 精神性通气过度见于癔病发作时过度通气、小儿哭闹、中枢神经系统疾病（如脑血管障碍、脑炎、脑外伤及脑肿瘤等），均可刺激呼吸中枢引起过度通气。某些药物如水杨酸、氨可直接兴奋呼吸中枢，致通气增强。

3. 机体代谢旺盛 见于高热、甲状腺功能亢进及革兰氏阴性菌败血症患者，由于血温高和机体分解代谢亢进，引起呼吸中枢兴奋，通气过度，使 $PaCO_2$ 降低。

4. 人工呼吸机使用不当 常见通气量过大而引起严重呼吸性碱中毒。

（二）分类

呼吸性碱中毒也可按发病时间分为急性呼吸性碱中毒和慢性呼吸性碱中毒两类。

1. 急性呼吸性碱中毒 常见于人工呼吸机过度通气、高热和低氧血症时，一般指 $PaCO_2$ 在 24 小时内急剧下降而致 pH 升高。

2. 慢性呼吸性碱中毒 常见于慢性颅脑疾病、肺部疾患、肝疾患，缺氧和氨兴奋呼吸中枢引起持久的 $PaCO_2$ 下降而导致 pH 升高。

（三）机体的代偿调节

呼吸性碱中毒时，虽然 $PaCO_2$ 降低超过每日产生的排出需要时，对呼吸中枢有抑制作用，但只要刺激肺通气过度的原因持续存在，肺的代偿调节作用就不明显。如果有效肺泡通气量超过每日产生的 CO_2 排出需要时，可使血浆 H_2CO_3 浓度降低，pH 升高。由低碳酸血症而导致的 H^+ 减少，可由

血浆 HCO_3^- 浓度的降低而得到代偿。这种代偿作用包括迅速发生的细胞内缓冲和缓慢进行的肾排酸减少。

1. 细胞内外离子交换和细胞内缓冲　这是急性呼吸性碱中毒时的主要代偿方式。由于血浆 H_2CO_3 浓度迅速降低，故血浆 HCO_3^- 浓度相对升高。约在 10 分钟内，H^+ 从细胞内移出至细胞外并与 HCO_3^- 结合，因而血浆 HCO_3^- 浓度下降，H_2CO_3 浓度有所回升。这些进入血浆的 H^+ 来自细胞内的血红蛋白、磷酸和蛋白等非碳酸氢盐缓冲物，也来自细胞代谢产生的乳酸，因为碱中毒能促进糖酵解，使乳酸生成增多，其机制可能与碱中毒影响血红蛋白释放氧，从而造成组织缺氧和糖酵解增强所致。此外，部分血浆 HCO_3^- 进入红细胞与红细胞内的 Cl^- 交换，进入红细胞内的 HCO_3^- 与 H^+ 结合，并进一步生成 CO_2，CO_2 自红细胞进入血浆形成 H_2CO_3，使血浆 H_2CO_3 浓度有所回升。

急性呼吸性碱中毒时，一般 $PaCO_2$ 每降低 10 mmHg，血浆 HCO_3^- 浓度代偿性降低 2 mmol/L。由于这种缓冲作用十分有限，故急性呼吸性碱中毒往往是失代偿的。

2. 肾的代偿　由于肾的代偿调节是个缓慢的过程，故仅在慢性呼吸性碱中毒时，肾能够充分发挥其调节作用，表现为肾小管上皮细胞泌 H^+ 减少，泌 NH_4^+ 减少，重吸收 HCO_3^- 减少，尿液呈碱性。

慢性呼吸性碱中毒时，由于肾的代偿调节和细胞内缓冲，平均 $PaCO_2$ 每降低 10 mmHg，血浆 HCO_3^- 浓度下降 5 mmol/L，从而有效地避免细胞外液 pH 发生大幅度变动。

（四）血气分析参数

由于血液和细胞缓冲系统代偿能力较弱和肾来不及发挥代偿作用，急性呼吸性碱中毒常为失代偿性，血 pH 升高；慢性呼吸性碱中毒时，根据肾的代偿程度，血 pH 可在正常范围的上限或升高，表现为代偿性或失代偿性呼吸性碱中毒。

血浆 H_2CO_3 原发性降低，表现为 $PaCO_2$ 降低，AB < SB。代偿后，血浆 HCO_3^- 可继发性降低，表现为 SB、AB、BB 继发性减少，BE 负值增大。

（五）对机体的影响

呼吸性碱中毒比代谢性碱中毒更易出现眩晕、四肢及口周围感觉异常、意识障碍及抽搐等。抽搐与低 Ca^{2+} 有关。神经系统功能障碍除了与碱中毒对脑功能的损伤有关外，还与脑血流量减少有关，因为低碳酸血症可引起脑血管收缩。据报道 $PaCO_2$ 下降 20 mmHg（2.6 kPa）脑血流量可减少 35%～40%。当然，精神性过度换气患者的某些症状，如头痛、气急、胸闷等，属精神性的，与碱中毒无关。

多数严重的呼吸性碱中毒患者血浆磷酸盐浓度明显降低。这是因为细胞内碱中毒使糖原分解增强，葡萄糖 6- 磷酸盐和 1，6- 二磷酸果糖等磷酸化合物生成增加，结果消耗了大量的磷，致使细胞外液磷进入细胞内。

此外，呼吸性碱中毒时也可因细胞内外离子交换和肾排钾增加而发生低钾血症；也可因血红蛋白氧离曲线左移使组织供氧不足。

（六）防治原则

1. 防治原发病，去除引起通气过度的原因后大多数呼吸性碱中毒可自行缓解。
2. 急性呼吸性碱中毒可用纸袋罩于患者口鼻，令其再吸入呼出的气体（含 CO_2 较多），或让患者吸入含 5% CO_2 的混合气体，以提高血浆 H_2CO_3 浓度。
3. 精神性通气过度者，酌情使用镇静剂。
4. 手足搐搦者，静脉注射葡萄糖酸钙。

第四节 混合型酸碱平衡紊乱

混合型酸碱平衡紊乱（mixed acid-base disorders）是指同一个体内发生两种或两种以上原发性酸碱平衡紊乱，又分为双重混合型酸碱平衡紊乱（double acid-base disorders）和三重混合型酸碱平衡紊乱（triple acid-base disorders）。

混合型酸碱平衡紊乱可以有不同的组合形式，在二重性酸碱紊乱中，通常把两种酸中毒或两种碱中毒合并存在，使 pH 向同一方向移动的情况称为酸碱一致型或相加性酸碱平衡紊乱。如果是一种酸中毒与一种碱中毒合并存在，使 pH 向相反的方向移动时，称为酸碱混合型或相消性酸碱平衡紊乱。由于在同一患者体内不可能同时发生 CO_2 过多及过少，故呼吸性酸中毒和呼吸性碱中毒不会同时发生，因此三重性的只有两种，即①呼吸性酸中毒合并代谢性酸中毒和代谢性碱中毒；②呼吸性碱中毒合并代谢性酸中毒和代谢性碱中毒[5]。

一、双重型酸碱失衡

（一）酸碱一致型

1. 呼吸性酸中毒合并代谢性酸中毒

（1）原因：为临床上较常见的一种混合型酸碱平衡紊乱类型，常见于严重的通气障碍伴固定酸产生过多，如①呼吸心搏骤停；②慢性阻塞性肺疾患并发心力衰竭或休克；③糖尿病酮症酸中毒患者并发肺部感染引起呼吸衰竭者，也可发生此型酸碱失衡。

（2）特点：①由于呼吸性和代谢性因素指标均朝酸性方向变化，因此 HCO_3^- 减少时呼吸不能代偿；$PaCO_2$ 升高时，肾也不能代偿，因此呈严重的失代偿状态，pH 明显降低，并形成恶性循环，可导致死亡；②由于呼吸功能障碍，$PaCO_2$ 升高，AB > SB；③由于固定酸增加，血浆 HCO_3^- 降低，缓冲碱减少，AB、SB、BB 均降低，BE 负值增大；④患者 AG 增大，血 K^+ 浓度升高。

2. 呼吸性碱中毒合并代谢性碱中毒

（1）原因：常见于通气过度伴碱潴留，如①高热合并呕吐患者，血温升高可刺激呼吸中枢引起通气过度，反复呕吐使胃液丢失而出现代谢性碱中毒；②肝硬化应用利尿剂治疗者，慢性肝衰竭使血氨升高，可刺激呼吸中枢，CO_2 排出过多，利尿剂应用不当可引起代谢性碱中毒。

（2）特点：①由于呼吸性和代谢性因素指标均朝碱性方向变化，HCO_3^- 浓度升高，$PaCO_2$ 降低，两者不能相互代偿，因此呈严重的失代偿状态，pH 明显升高，预后极差；② $PaCO_2$ 降低，AB < SB；③血浆 HCO_3^- 浓度升高，缓冲碱减少，AB、SB、BB 均升高，BE 正值增大；④血 K^+ 浓度降低。

（二）酸碱混合型

1. 呼吸性酸中毒合并代谢性碱中毒

（1）病因：这也是临床上较常见的一种混合型酸碱平衡紊乱类型，可见于①慢性阻塞性肺疾患合并呕吐，由于慢性呼吸功能障碍，患者有不同程度的 CO_2 潴留，血浆 HCO_3^- 代偿性增高，呕吐造成的失 H^+、失 K^+、失 Cl^- 及失 H_2O 更易引起代谢性碱中毒；②慢性肺源性心脏病出现心力衰竭，使用排钾性利尿剂治疗时，在原有呼吸性酸中毒基础上易合并代谢性碱中毒。

（2）特点：①由于呼吸性和代谢性因素使血 pH 向相反方向移动，血 pH 的变动取决于酸中毒与碱中毒的强弱，如程度相当，则相互抵消，pH 不变，如一方较强，则 pH 略升高或降低；② $PaCO_2$ 与血浆 HCO_3^- 浓度明显升高，且两者的变化程度均超出彼此代偿预计值上限。AB、SB、BB 均升高，

BE 正值增大，AB ＞ SB。

2．呼吸性碱中毒合并代谢性酸中毒

（1）病因：可见于①肾衰竭合并感染，患者因肾排酸保碱障碍出现代谢性酸中毒，又可因发热刺激呼吸中枢引起通气过度，合并呼吸性碱中毒；②肝衰竭合并感染，感染及血氧升高均可刺激呼吸，使 CO_2 排出过多，肝功能不良可引起乳酸代谢障碍并发代谢性酸中毒；③水杨酸中毒，血中大量水杨酸可直接刺激呼吸中枢，使肺通气过度导致呼吸性碱中毒，血液中水杨酸过多使有机酸增加，消耗 HCO_3^- 引起代谢性酸中毒。

（2）特点：①血 pH 的变动取决于呼吸性或代谢性因素对体液酸碱度的影响程度，当酸中毒与碱中毒程度相等时，pH 不变；当酸中毒强于碱中毒时，pH 轻度降低；当碱中毒强于酸中毒时，pH 轻度上升。② $PaCO_2$ 与 HCO_3^- 浓度显著降低，且两者的变化程度均超出彼此代偿预计值下限。AB、SB、BB 均降低，BE 负值增大，AB ＜ SB。

3．代谢性酸中毒合并代谢性碱中毒

（1）病因：①剧烈呕吐合并腹泻并伴有低钾血症和脱水；②尿毒症或糖尿病合并剧烈呕吐。

（2）特点：由于导致血浆 HCO_3^- 浓度升高与降低的原因同时存在，彼此相互抵消，常使血浆 pH、HCO_3^- 浓度和 $PaCO_2$ 在正常范围，AG 升高。

二、三重型混合型酸碱平衡紊乱

由于同一患者不可能同时存在呼吸性酸中毒和呼吸性碱中毒，因此三重型酸碱平衡紊乱只存在两种类型。

（一）呼吸性酸中毒合并 AG 增高型代谢性酸中毒和代谢性碱中毒

该型的特点是 $PaCO_2$ 明显增高，AG ＞ 16 mmol/L，HCO_3^- 一般也升高，Cl^- 明显降低。

（二）呼吸性碱中毒合并 AG 增高型代谢性酸中毒和代谢性碱中毒

该型的特点是 $PaCO_2$ 降低，AG ＞ 16 mmol/L，HCO_3^- 可高可低，Cl^- 一般低于正常。

三重型混合型酸碱失衡比较复杂，必须在充分了解原发病情的基础上，结合实验室检查进行综合分析后才能得出正确结论。需要指出的是，无论是单纯型或是混合型酸碱平衡紊乱，都不是一成不变的，随着疾病的发展，治疗措施的影响，原有的酸碱失衡可被纠正，也可能转变或合并其他类型的酸碱平衡紊乱[6]。

例如 ARDS 患者晚期可出现呼吸性碱中毒合并代谢性碱中毒和代谢性酸中毒；也可出现呼吸性酸中毒合并代谢性碱中毒和代谢性酸中毒。ARDS 患者严重低氧血症刺激呼吸中枢致呼吸性碱中毒；在此基础上使用利尿剂、肾上腺皮质激素后引起代谢性碱中毒；严重缺氧、肾功能不全、休克等可并发代谢性酸中毒。ARDS 晚期通气量减少，CO_2 潴留时则出现呼吸性酸中毒，亦可合并代谢性碱中毒和代谢性酸中毒[7]。

因此，在诊断和治疗酸碱平衡紊乱时，一定要密切结合患者的病史，观测血 pH、$PaCO_2$ 及 HCO_3^- 的动态变化，综合分析病情，及时做出正确诊断和适当治疗。

第五节　酸碱平衡紊乱的判定

临床所见酸碱平衡紊乱极其复杂，在诊断时，患者的病史和临床表现能为判断提供重要线索；

血气分析结果是判断酸碱平衡紊乱类型的决定性依据；血清电解质检查可提供有价值的参考资料；计算 AG 值有助于区别单纯型代谢性酸中毒的类型及诊断混合型酸碱平衡紊乱；经代偿公式计算代偿的最大范围有助于判断单纯型还是混合型酸碱平衡紊乱。以下步骤可供学习和实践参考[8-9]。

一、看 pH，判断酸碱平衡紊乱的性质

即通过观察 pH 判别有没有发生酸碱平衡紊乱。pH 变化可能有以下三种情况。

1. pH < 7.35 为失代偿性酸中毒。
2. pH > 7.45 为失代偿性碱中毒。
3. pH 在 7.35～7.45 范围内，不能排除酸碱平衡紊乱的发生，还需进一步观察 $PaCO_2$ 及 HCO_3^- 的浓度是否在正常范围。若三个参数都在正常范围，则没有发生酸碱平衡紊乱；若 pH 正常而另外两个参数超出正常范围，则一定存在酸碱平衡紊乱。

从 pH 变化不能判断引起酸碱平衡紊乱的病因，也不能判断酸碱平衡紊乱的类型。

二、看病史，判断酸碱平衡紊乱的类型

即通过病史，判断出病因引起的原发变化因素是 HCO_3^- 还是 H_2CO_3，从而判断酸碱平衡紊乱是代谢性的还是呼吸性的。可能有两种情况。

1. 如病史中有造成固定酸增多、HCO_3^- 丢失或相反的情况，则 HCO_3^- 是原发性变化因素，H_2CO_3 为代偿后继发性变化因素，该患者出现的是代谢性酸碱平衡紊乱。
2. 如病史中有肺过度通气或通气不足的情况，则 H_2CO_3 是原发性变化因素，HCO_3^- 为代偿后继发性变化因素，该患者出现的是呼吸性酸碱平衡紊乱。

上述两步可基本判别出一种主要的酸碱平衡紊乱的类型。

三、看代偿调节规律，判断单纯型或混合型酸碱平衡紊乱

酸碱平衡紊乱时，机体的代偿有一定的规律，即代谢性酸碱平衡紊乱主要由肺代偿，而呼吸性酸碱平衡紊乱主要由肾代偿；代偿调节引起的 HCO_3^- 或 H_2CO_3 的变化与原发性变化因素方向一致，而且代偿有一定限度。符合这些代偿规律者为单纯型酸碱平衡紊乱，否则为混合型酸碱平衡紊乱。故通过观察代偿因素的变化方向及程度，就可分清是单纯型还是混合型酸碱平衡紊乱。

（一）代偿因素变化的方向

1. 代偿因素变化方向与原发因素变化方向相反 此为酸碱一致型酸碱平衡紊乱。在两种酸中毒并存或两种碱中毒并存的酸碱一致型酸碱平衡紊乱，除 pH 发生显著变化外，H_2CO_3 与 HCO_3^- 的变化方向一定是相反的。例如心搏呼吸骤停时，呼吸停止使 $PaCO_2$ 急剧升高，引起呼吸性酸中毒；而代谢紊乱引起的乳酸堆积使 HCO_3^- 明显减少，引起代谢性酸中毒。因此，发现患者 H_2CO_3 与 HCO_3^- 呈相反方向变化时，应考虑为酸碱一致型酸碱平衡紊乱。

2. 代偿因素变化改变方向与原发方向一致 可能为单纯型酸碱平衡紊乱。例如通气异常引起的 H_2CO_3 原发性增高或降低时，通过细胞内外缓冲系统及肾调节，HCO_3^- 必然发生同一方向的代偿变化；代谢性异常引起的 HCO_3^- 原发性增高或降低时，通过肺调节，H_2CO_3 也会发生同一方向的代偿变化，代偿因素变化与原发因素变化方向始终一致。也可能是酸碱混合型酸碱平衡紊乱，例如代谢性酸中

毒合并代谢性碱中毒，HCO_3^- 或 H_2CO_3 的变化方向也是一致，而 pH 的变化可能不明显。

因此单靠 HCO_3^- 和 H_2CO_3 的变化方向，很难区别患者是单纯型还是混合型酸碱平衡紊乱，此时尚需根据代偿方式，计算代偿预计值，然后与实测值比较，确立是否为混合型的。

（二）代偿因素变化的程度

单纯型酸碱平衡紊乱的代偿是有一定限度的，其限度可用代偿预计值表示。血浆的 pH 取决于血浆中 HCO_3^- 和 H_2CO_3 的浓度比，因此根据三者的参数关系，在已知两个参数后，计算另一个变量的公式，即代偿预计公式，用来表明原发变化与代偿性变化的关系（表 3-3）。单纯型酸碱平衡紊乱的代偿因素变化应在一个范围内，如果超过了代偿范围则为混合型酸碱平衡紊乱。

表 3-3　常用单纯型酸碱失衡的预计代偿公式

原发失衡	原发性变化	继发性代偿	预计代偿公式	代偿时限	代偿极限
代谢性酸中毒	$[HCO_3^-]↓↓$	$PaCO_2↓$	$\Delta PaCO_2↓=1.2\times\Delta[HCO_3^-]\pm 2$ $PaCO_2=1.5\times[HCO_3^-]+8\pm 2$	12～24 小时	10 mmHg
代谢性碱中毒	$[HCO_3^-]↑↑$	$PaCO_2↑$	$\Delta PaCO_2↑=0.7\times\Delta[HCO_3^-]\pm 5$	12～24 小时	55 mmHg
呼吸性酸中毒	$PaCO_2↑↑$	$[HCO_3^-]↑$			
急性			$\Delta[HCO_3^-]↑=0.1\times\Delta PaCO_2\pm 1.5$	几分钟	30 mmol/L
慢性			$\Delta[HCO_3^-]↑=0.4\times\Delta PaCO_2\pm 3$	3～5 天	42～45 mmol/L
呼吸性碱中毒	$PaCO_2↓↓$	$[HCO_3^-]↓$			
急性			$\Delta[HCO_3^-]↓=0.2\times\Delta PaCO_2\pm 2.5$	几分钟	18 mmol/L
慢性			$\Delta[HCO_3^-]↓=0.5\times\Delta PaCO_2\pm 2.5$	3～5 天	12～15 mmol/L

例如，某肺心病患者经过治疗后，血气检测结果为 pH = 7.4，$PaCO_2$ = 57 mmHg，HCO_3^- = 40 mmol/L。患者血液 pH 在正常范围，HCO_3^- 和 H_2CO_3 均增加，提示该患者可能为代偿性呼吸性酸中毒，或呼吸性酸中毒合并代谢性碱中毒。根据单纯型酸碱平衡紊乱代偿公式，慢性呼吸性酸中毒时，$\Delta[HCO_3^-]↑=0.4\times\Delta PaCO_2\pm 3$，即 $PaCO_2$ 每增高 10 mmHg，血浆 HCO_3^- 浓度增加 4 mmol/L。所以该患者 $PaCO_2$ 由 40 mmHg 上升到 57 mmHg 时，$[HCO_3^-]$ 应该由 24 mmol/L 上升到 33.8 mmol/L，但该患者的 $[HCO_3^-]$ 实测值为 40 mmol/L，超出代偿范围，表明该患者为呼吸性酸中毒合并代谢性碱中毒，为混合型酸碱平衡紊乱。

总之，通过观察代偿因素变化的方向及变化值是否超过代偿预计值，可以区别单纯型和混合型酸碱平衡紊乱。

四、看 AG 值，判断是否存在三重型酸碱平衡紊乱

AG 值是区分代谢性酸中毒的标志，也是判断是否有三重混合型酸碱平衡紊乱不可缺少的指标[10]。如果 AG 值正常，则不会有三重酸碱平衡紊乱；相反如果 AG > 16 mmol/L，则表明有 AG 增高型代谢性酸中毒，同时提示有三重混合型酸碱平衡紊乱的可能。当 AG 增高型代谢性酸中毒发生时，因为导致 AG 升高的酸性物质中和了血中的 HCO_3^-，因此 AG 增高的数值等于 $[HCO_3^-]$ 降低的数值，

即 $\Delta AG = \Delta [HCO_3^-]$；若 $\Delta AG > \Delta [HCO_3^-]$，则提示合并代谢性碱中毒。被固定酸中和前的潜在 $[HCO_3^-]$ 值 = 实测 $[HCO_3^-]$ 值 + $\Delta [HCO_3^-]$ = 实测 $[HCO_3^-]$ 值 + ΔAG。

由于三重混合型酸碱平衡紊乱的判定较为复杂，下面举例介绍其诊断思路。

某男，33岁，矿工，在一次瓦斯爆炸中因呼吸道严重烧伤送医院就诊。患者呼吸衰竭合并肺性脑病，用利尿剂、激素等治疗，血气和电解质值为：pH=7.43，$PaCO_2$ 70 mmHg，HCO_3^- 36 mmol/L，Na^+ 140 mmol/L，Cl^- 76 mmol/L，K^+ 3.5 mmol/L。

1. 根据原发病因所引起 $PaCO_2$ 变化，先确定呼吸性酸中毒或代谢性酸中毒

根据呼吸道烧伤病史，该患者原发性变化是 $PaCO_2$↑（70 mmHg > 40 mmHg），提示有急性呼吸性酸中毒。

2. 计算 AG AG = 140 − (36 + 76) = 28 mmol/L，AG > 16 mmol/L，提示患者有 AG 增高型代谢性酸中毒存在，并有三重酸碱平衡紊乱的可能。

3. 计算被固定酸中和前的潜在 $[HCO_3^-]$ 值 潜在 $[HCO_3^-]$ 值 = 实测 $[HCO_3^-]$ + ΔAG↑ = 36 + (28 − 14) = 50 mmol/L。

4. 计算 $[HCO_3^-]$ 的代偿预计值 急性呼吸性酸中毒时，$[HCO_3^-]$ 的代偿预计值 = 24 + 0.1 × $\Delta PaCO_2$ ± 1.5 = 24 + 0.1 × (70 − 40) ± 1.5 = 24 + 3 ± 1.5 = 25.5 ~ 28.5 mmol/L。

5. 比较潜在 $[HCO_3^-]$ 值和 $[HCO_3^-]$ 的代偿预计值，借以确定代谢性碱中毒 两者比较发现潜在 $[HCO_3^-]$ = 50 mmol/L 大于 $[HCO_3^-]$ 代偿预计值 25.5 ~ 28.5 mmol/L，提示有代谢性碱中毒存在。

最后结论：呼吸性酸中毒 + AG 增高型代谢性酸中毒 + 代谢性碱中毒。

（李宏杰）

参考文献

[1] 任成山. 危重病人的动脉血气变化及酸碱平衡紊乱. 中国急救医学，2001，21（9）：551-554.

[2] 杜晓锋，任成山，毛宝龄. 重度创伤后多器官功能障碍综合征血气变化及酸碱平衡紊乱. 中国急救医学，2000，20（7）：392-394.

[3] 关魁，陈茵. 严重烧伤后血气变化及酸碱平衡紊乱. 中国烧伤创疡杂志，2002，14（2）：89-91.

[4] 刘西贵，杨海萍，刘克勤. 严重烧伤休克时血气变化及酸碱平衡紊乱. 中国病理生理杂志，2001，17（1）：1122-1123.

[5] 王建枝，殷莲华. 病理生理学. 8版. 北京：人民卫生出版社，2013：40-62.

[6] 肖荣，杨晓东，林国安，等. 烧伤患者三重酸碱平衡紊乱124例回顾性分析. 实用医药杂志，2005，22（5）：399-401.

[7] 唐可京，谢灿茂. ARDS 的酸碱平衡失调和电解质紊乱及其液体治疗. 医学综述，2002，8（8）：465-568.

[8] 李桂源，吴伟康，欧阳静萍. 病理生理学. 2版. 北京：人民卫生出版社，2010：147-169.

[9] 唐朝枢，刘志跃. 病理生理学. 3版. 北京：北京大学医学出版社，2013：50-51.

[10] 陈广祥，赵光东. 阴离子间隙对酸碱平衡紊乱的诊断意义. 解放军高等医学专科学校学报，1996，24（2）：61-63.

第四章 矿山创伤与缺氧

氧参与生物氧化，是人和动物生命活动的必需物质。成人在静息状态下，每分钟耗氧量约 250 ml，活动时耗氧量增加。但人体内氧储量极少，仅为 1.5 L 左右，因此组织细胞代谢所需要的氧气，有赖于空气中的氧经过外呼吸进入血液，随血流运送到组织细胞，经内呼吸为细胞所利用。因组织供氧减少或用氧障碍引起细胞代谢、功能和形态结构异常变化的病理过程称为缺氧（hypoxia）。缺氧是造成细胞损伤的最常见原因。

在本系列丛书主要讨论的矿难、地震等灾害中，不仅透水、顶板冒落和冲击地压等灾难可破坏井下设备，导致矿井通风不良，引起缺氧；瓦斯、煤尘爆炸产生的有毒、有害气体也可导致缺氧的发生；此外，胸部创伤、爆炸引起的吸入性损伤等均可影响组织供氧或用氧，引起缺氧。因此，研究矿山灾难中缺氧的发生和发展规律及其对机体的影响，对矿山创伤的防治具有重要的意义。

第一节 概　述

氧在体内主要由血液携带，由血液循环运输。

$$组织的供氧量 = 动脉血氧含量 \times 组织血流量$$
$$组织的耗氧量 = （动脉血氧含量 - 静脉血氧含量） \times 组织血流量$$

故血氧是反映组织供氧与耗氧的重要指标。常用的血氧指标包括血氧分压、血氧容量、血氧含量、血氧饱和度等。

一、常用的血氧指标

（一）血氧分压

血氧分压（partial pressure of oxygen，PO_2）为物理溶解于血液中的氧产生的张力。正常人动脉血氧分压（PaO_2）约为 100 mmHg，主要取决于吸入气体的氧分压和外呼吸功能；静脉血氧分压（PvO_2）为 40 mmHg，主要取决于组织摄氧和用氧的能力。

（二）血氧容量

在 38 ℃，氧分压 150 mmHg，二氧化碳分压 40 mmHg 的条件下，血红蛋白（hemoglobin，Hb）可被氧充分饱和。血氧容量（oxygen binding capacity in blood，CO_{2max}）为 100 ml 血液中的血红蛋白被氧充分饱和时的最大携氧量，取决于 Hb 的质（与氧结合的能力）和量（每 100 ml 血液所含 Hb 的数量）。在氧充分饱和时 1 g Hb 可结合 1.34 ml O_2，按 15 g Hb/dl 计算，血氧容量正常值约为 20 ml/dl，其高低反映血液携氧能力的强弱。

（三）血氧含量

血氧含量（oxygen content，CO_2）为 100 ml 血液的实际携氧量，包括结合于 Hb 中的氧和溶解于血浆中的氧量。由于溶解氧仅有 0.3 ml/dl，故血氧含量主要是指 100 ml 血液中的 Hb 所结合的氧量，主要取决于血氧分压和血氧容量。动脉血氧含量（CaO_2）约为 19 ml/dl；静脉血氧含量（CvO_2）约为 14 ml/dl。动 - 静脉血氧含量差反映组织的摄氧能力，正常时约为 5 ml/dl。

（四）血氧饱和度

血氧饱和度（oxygen saturation，SO_2）是指 Hb 与氧结合的百分数，主要取决于 PaO_2，两者的关系可用氧合 Hb 解离曲线表示。由于 Hb 结合氧的生理特点，氧解离曲线呈"S"形（图 4-1）。

SO_2=（血氧含量 - 溶解氧量）/ 血氧容量 ×100%

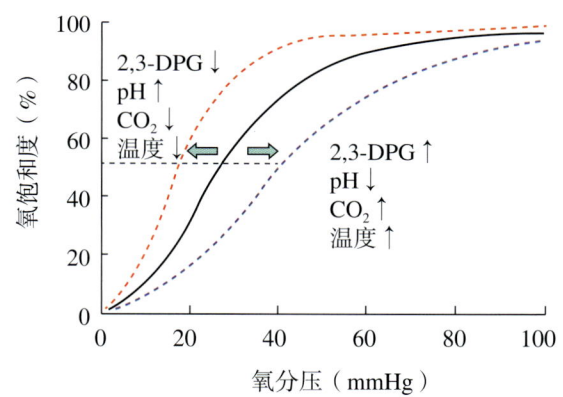

图 4-1 氧合 Hb 解离曲线及其影响因素

正常动脉血氧饱和度（SaO_2）为 95%～97%；静脉血氧饱和度（SvO_2）为 75%。P_{50} 为反映 Hb 与氧亲和力的指标，指血氧饱和度为 50% 时的氧分压，正常为 26～27 mmHg。当红细胞内 2,3- 二磷酸甘油酸（2,3-diphosphoglyceric acid，2,3-DPG）增多、酸中毒、CO_2 增多及血液温度升高时，Hb 与氧的亲和力降低，氧解离曲线右移，P_{50} 增加；反之氧解离曲线则左移。氧解离曲线右移时，Hb 与 O_2 的亲和力减小，有利于向组织供氧；氧解离曲线左移时，Hb 与 O_2 的亲和力增大，与 Hb 结合的 O_2 则不易释出（图 4-1）。

二、缺氧的类型

空气中的氧经过外呼吸进入血液，随血流运送到组织细胞，经内呼吸为细胞所利用。整个呼吸过程主要涉及"肺部摄氧—血液携氧—循环运氧—组织用氧"四个环节。其中任一环节发生障碍，均可以引起缺氧，分别称之为"低张性缺氧、血液性缺氧、循环性缺氧、组织性缺氧"（图4-2）。也可根据缺氧的原因和血氧变化的特点，将其分为"乏氧性缺氧、等张性缺氧、低动力性缺氧、用氧障碍性缺氧"四种类型。

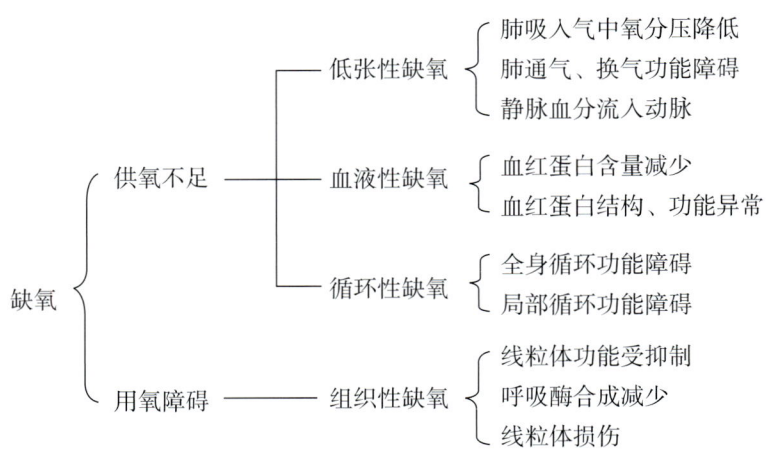

图4-2　缺氧的原因分类

第二节　矿山创伤与缺氧

在煤炭开采过程中，瓦斯爆炸、煤尘爆炸、火灾、透水、顶板冒落、煤与瓦斯突出、冲击地压、中毒、窒息等多种灾害事故时有发生。这些灾害可分别影响呼吸过程的各个环节，导致组织供氧或用氧障碍，引起缺氧。

一、瓦斯、煤尘爆炸

瓦斯爆炸是一定浓度的甲烷和空气中的氧气在一定温度作用下产生的激烈氧化反应。煤尘爆炸是指悬浮在空气中的煤尘，在一定条件下，遇高温热源而发生的剧烈氧化反应，并伴有高温和压力上升的现象。瓦斯、煤尘爆炸是各类矿难中最严重的，对人体造成多发性损伤和复合性伤害，伤情复杂，后果严重。

1. 瓦斯、煤尘爆炸产生的高温高压，促使爆源附近的气体以极大的速度向外冲击，造成人员伤亡，对肺的损伤尤为强烈，造成肺泡破裂出血，甚至肺破裂。

2. 瓦斯、煤尘爆炸产生巨大热量，造成烧伤和（或）吸入性损伤。烧伤易导致体液的迅速大量丢失，血容量下降，引起休克。吸入性损伤包括热力损伤和化学性损伤。热能可直接损伤呼吸道黏膜和肺实质，多限于上呼吸道；而化学性损伤可累及多个器官系统。

3. 瓦斯、煤尘爆炸迅速消耗井下氧气，引起低氧血症和组织缺氧。

4. 瓦斯、煤尘爆炸后产生大量的有毒有害气体，有一氧化碳、二氧化碳、二氧化氮、二氧化硫、硫化氢、乙烯、乙烷和氰化物等。烟雾中含有几种重要的毒性气体，如醛类、光气、氮氧化物等。

（1）一氧化碳（carbon monoxide，CO）：爆炸与燃烧消耗了井下氧气，含碳物质燃烧不全时，可释放大量的CO。CO不仅与Hb结合形成碳氧血红蛋白（HbCO），使Hb失去携带氧的能力，并使氧解离曲线左移，引起血液性缺氧；CO 还抑制人线粒体呼吸链的细胞色素 c 氧化酶（cytochrome coxidase，CCO），阻碍呼吸链中电子传递，阻断氧化磷酸化，导致细胞呼吸障碍，引起组织性缺氧[1]。但由于线粒体中毒的剂量是 CO 致死量的 1000 倍，线粒体毒性仅在 CO 中毒中起次要作用[2]。

（2）氮氧化物：其中二氧化氮（nitrogen dioxide，NO_2）毒性最大，其他氮氧化物（主要有氧化亚氮、一氧化氮、三氧化氮、四氧化二氮及五氧化二氮）不稳定，均可转化为 NO_2。一般棉、毛纺织品燃烧时可产生小量氮氧化物；但化纤类物品燃烧可释放大量氮氧化物。NO_2 的损伤作用主要发生在小气道和肺泡，特别是细支气管的纤毛细胞和 I 型肺泡上皮细胞受损。NO_2 是一种强氧化剂，可引起肺泡脂质过氧化反应，生成具有高度破坏性的氧自由基。NO_2 还可水解成硝酸和（或）亚硝酸，均可使肺泡毛细血管膜通透性增加，有降解胶原蛋白、抑制肺表面活性物质的功能。此外，还可通过神经-体液反射，使肺淋巴管痉挛，回流受阻，血管及淋巴管内液外漏，导致肺水肿。NO_2 被吸入后，可扩散至体液内产生低氧血症、酸中毒及心血管抑制作用。亚硝酸盐可引起高铁血红蛋白血症，导致血液性缺氧。

（3）醛类：是烟雾中重要的毒气。醛的种类很多，以丙烯醛最为重要。井下木料、衣服类燃烧不全时均可产生大量的醛，对局部有腐蚀作用，高浓度吸入可致肺水肿。醛的损伤作用主要是：①降低纤毛运动；②使气管、支气管膜蛋白变性，诱发炎症反应；③降低肺巨噬细胞活力；④损伤肺泡毛细血管膜，使其通透性增加，导致肺水肿。

（4）氰化物：氰化物在正常人体内浓度很低，主要代谢为硫氰酸盐。天然或合成的含氮多聚体受高热作用后可产生氰化氢，烟雾中含量可达很高浓度。火灾现场伤员血中氰化物含量可明显增高，甚至达到致死量。氰化物对高铁离子有较强亲和力，因而可抑制多个代谢过程，最主要是氧化磷酸化。当氰化物吸入后，氰化物即迅速与线粒体细胞色素 aa_3 复合物的 Fe^{3+} 结合，阻止细胞色素 aa_3 的重新氧化，从而抑制电子的传递、线粒体氧的利用和细胞的呼吸，引起组织性缺氧；并且氰化物多与 CO 同时发生，少有单独存在者。有人认为氰化物与 CO 中毒有协同作用，从而减少了氧的利用，使 CO 致死浓度降低[3]。

二、火灾

火灾除不能造成冲击伤外，其余如烧伤、吸入性损伤、低氧血症和有毒有害气体的危害等与瓦斯、煤尘爆炸的危害类似。

三、煤与瓦斯突出

煤与瓦斯突出是指在压力作用下，破碎的煤与瓦斯由煤体内突然向采掘空间大量喷出。可严重摧毁巷道设施，毁坏通风系统，会造成瓦斯窒息或煤流埋人，甚至会造成瓦斯、煤尘爆炸等严重后果。

瓦斯无色、无味、无臭，主要成分是甲烷。甲烷对人基本无毒，但浓度过高时，使空气中氧含量明显降低，使人窒息。当空气中甲烷达 25%~30% 时，可引起头痛、头晕、乏力、注意力不集中、呼吸和心跳加速、共济失调。若不及时远离，可因窒息而死亡。

四、透水

透水，或突水，指矿山地下开采、隧道开挖过程中，意外水源造成的伤害事故。有可能造成溺水窒息，或堵塞送风通道，引起低氧血症。

五、顶板冒落与冲击地压

顶板冒落，又称冒顶，指地下硐室的顶板突然塌落的事故现象。冲击地压又称岩爆，指在地应力高的岩体中开挖硐室，围岩应力突然释放，岩块破裂并抛出的动力现象。顶板冒落和冲击地压均可能堵塞送风通道，引起低氧血症。通风不畅也会导致瓦斯和有害气体的蓄积。

第三节　低张性缺氧

以动脉血氧分压降低为基本特征的缺氧称为低张性缺氧（hypotonic hypoxia），又称乏氧性缺氧（hypoxic hypoxia）。

一、原因

1. 吸入气氧分压过低　由于外环境 PO_2 过低，吸入气中的 PO_2（PiO_2）降低，导致肺泡气 PO_2（P_AO_2）降低，使参与气体交换的氧不足。PaO_2 降低使血液向组织弥散氧的速度减慢，以致供应组织的氧不足，造成细胞缺氧。这类因吸入低氧分压气体所引起的缺氧又称大气性缺氧（atmospheric hypoxia）。其中因进入高原（海拔 3000～4000 m 以上）而引起的缺氧又称为高原性缺氧。不同海拔高度大气压、氧分压、动脉血氧饱和度与空气中理论含氧量的关系见表 4-1 [4-6]。通常情况下，无论海拔高低，组成大气的各气体成分的体积百分比基本不变[4-5]，但随着大气压降低，大气中单位体积的氧分子密度降低，大气氧分压降低，含氧量（g/m^3）降低，可换算出空气中理论含氧量[6]。瓦斯煤尘爆炸、煤与瓦斯突出、透水、顶板冒落和冲击地压破坏井下设备导致的矿井通风不良，瓦斯与煤尘爆炸、火灾的迅速消耗井下氧气，均可引起坑道吸入气中 PO_2 降低，引发大气性缺氧。

表 4-1　海拔高度大气压、氧分压、动脉血氧饱和度与空气中理论含氧量的关系

海拔高度 (m)	大气压 (mmHg)	吸入气氧分压 (mmHg)	肺泡气氧分压 (mmHg)	动脉血氧饱和度 (%)	含氧量 (g/m^3)	为0海拔含氧量的 (%)	空气含氧量 (%)
0	760	159	105	95	299.3	100	20.95
1000	674	140	90	94	265.5	92.4	19.35
2000	596	125	70	92	234.8	84.7	17.73
3000	530	110	62	90	209.63	77.1	16.15
4000	463	98	50	85	182.08	69.5	14.55
5000	405	85	45	75	159.71	61.8	12.95
6000	355	74	40	70	141.69	54.0	11.35
7000	310	65	35	60	123.16	46.5	9.75
8000	270	56	30	50	105.97	39.8	8.51
9000	230	48	< 25	< 40	92.54	31.3	6.55

注：1 mmHg=0.133 kPa

2. 外呼吸功能障碍　外呼吸包括肺通气和肺换气两部分。肺通气功能障碍，如瓦斯、煤尘爆炸或火灾引起的吸入性损伤，热力损伤上呼吸道，发生严重声门或喉水肿阻塞气道，可引起肺泡气 PO_2 降低；肺换气功能障碍，如瓦斯、煤尘爆炸的冲击伤引起的肺泡破裂，吸入性损伤中的氮氧化物、醛类等引起的肺水肿，使经肺泡扩散到血液中的氧减少，PaO_2 和 CaO_2 降低。外呼吸功能障碍引起的缺氧又称呼吸性缺氧（respiratory hypoxia）。

二、血氧变化的特点及缺氧的机制

不论是外环境 PO_2 过低，还是外呼吸功能障碍均可使吸入的氧量减少，因此血氧变化的特点主要是：①血液中溶解氧减少，PaO_2 降低；②血液中与 Hb 结合的氧量减少，以致动脉血氧含量减少；③血氧饱和度主要取决于 PaO_2，低张性缺氧时血氧饱和度降低；④急性缺氧时，Hb 无明显变化，故血氧容量正常，血氧含量降低；慢性缺氧患者可因红细胞和 Hb 代偿性增多而使血氧容量增加，则血氧含量可维持正常。由于低张性缺氧 PaO_2 降低，血氧含量减少，使同量血液中向组织弥散的氧量减少，故动-静脉血氧含量差一般是降低的。若慢性缺氧使组织利用氧的能力代偿性增强，则动-静脉血氧含量差的变化可不明显。

正常情况下，毛细血管中脱氧 Hb 的平均浓度为 2.6 g/dl。低张性缺氧时，动脉血和静脉血中氧合 Hb 含量降低，而脱氧 Hb 增多。当毛细血管血液中脱氧 Hb 的平均浓度超过 5 g/dl 时，皮肤和黏膜呈青紫色，称为发绀（cyanosis），是低张性缺氧的特点之一。

三、呼吸系统的变化

（一）代偿性反应

动脉血氧分压降低时呼吸加深加快，肺通气量增加，称为低氧通气反应（hypoxic ventilation reaction，HVR），是急性缺氧最重要的代偿反应。发生机制为：PaO_2 降低至 60 mmHg（8 kPa）以下时可刺激颈动脉体和主动脉体化学感受器，冲动经窦神经和迷走神经传入延髓，反射性地引起呼吸加深加快，使肺泡通气量增加。代偿意义：①呼吸深快可动员肺储备功能，增大肺泡弥散面积，促进氧的弥散，提高 PaO_2 和 SaO_2；②呼吸深快可使更多的新鲜空气进入肺泡，提高肺泡内氧分压，降低二氧化碳分压；③胸廓运动增强使胸腔负压增大，促进静脉回流和增加回心血量，从而增加心输出量和肺血流量，有利于血液摄取和运输更多的氧气。

低张性缺氧引起的低氧通气反应与缺氧的程度和持续时间有关。肺泡气氧分压越低，肺通气量越大。当肺泡气氧分压维持在 60 mmHg 以上时，肺通气量变化不明显。当肺泡气氧分压低于 60 mmHg 时，肺通气量随肺泡气氧分压降低而显著增加。当人到达海拔 4000 m 的高原后，肺通气量立刻增加，比在海平面高 65%；2～3 天后可高达海平面时的 5～7 倍；久居高原后肺通气量逐渐回降至略高于海平面的 15% 左右。这是因为急性低张性缺氧早期，反射性呼吸增强引起低碳酸血症和呼吸性碱中毒，可对呼吸中枢起抑制作用，使肺通气的增加受阻，故肺通气量仅有限增加；数天后，通过肾代偿性排出 HCO_3^-，使脑组织中 pH 趋于正常，消除了 pH 升高对呼吸中枢的抑制作用，此时缺氧对呼吸的兴奋作用得以显现，肺通气量明显增加；长期的缺氧刺激可使外周化学感受器的敏感性降低，所以通气量不再明显增加。由于肺通气量增加，呼吸肌的耗氧量随之增加，从而加剧机体氧的供需矛盾，故长期呼吸运动增强，对机体不利。

（二）损伤性变化

严重的急性缺氧可直接抑制呼吸中枢，出现周期性呼吸、呼吸减弱，甚至呼吸停止。当 PaO_2 < 30 mmHg 时，缺氧对呼吸中枢的直接抑制作用超过 PaO_2 降低对外周化学感受器的兴奋作用，发生中枢性呼吸衰竭，表现为呼吸抑制、呼吸节律不规则、通气量减少。

四、循环系统的变化

（一）代偿性反应

低张性缺氧引起的循环系统的代偿反应主要是心输出量增加、肺血管收缩、血流重新分布和毛细血管增生。

1．心输出量增加　急性低张性缺氧时心输出量增加，虽然单位容积的血氧含量可能不增加，但供应组织细胞的血量增多，可提高组织的供氧量，对急性缺氧有一定的代偿意义。心输出量增多的机制是：①心率加快。PaO_2 降低引起胸廓运动增强，可刺激肺的牵张感受器，反射性兴奋交感神经，使心率加快。②回心血量增多。缺氧时胸廓运动幅度增大，也有利于增加回心血量，使心输出量增多。③心肌收缩力增加。PaO_2 降低引起交感神经兴奋，儿茶酚胺释放增多，作用于心肌细胞 β 肾上腺素受体，引起正性肌力作用。随着缺氧时间的延长，心率、心输出量和血压会逐渐降低，等于甚至略低于正常水平，这可能与外周化学感受器的"钝化"或交感神经活性及其受体表达的"弱化"有关。

2．血流重新分布　以前普遍认为缺氧时心和脑供血量增多，而皮肤、内脏、骨骼肌和肾的组织血流量减少。血流重新分布的机制是：①器官物质代谢的不同。心和脑组织缺氧时生成了大量的乳酸、腺苷和前列环素（prostacyclin，PGI_2）等扩血管物质，从而增加了心、脑主要生命器官的供血供氧量。②器官血管反应性不同。与肺血管不同，缺氧引起心、脑血管平滑肌细胞膜的 Ca^{2+} 激活型钾通道（K_{Ca}）和 ATP 敏感性钾通道（K_{ATP}）开放，钾外向电流增加，细胞膜超极化，Ca^{2+} 进入细胞内减少，血管平滑肌松弛，血管扩张。③器官血管受体密度不同。由于不同器官血管的 α- 肾上腺素受体密度的差异，其对儿茶酚胺的反应性不同。如皮肤、骨骼肌和肾的血管 α- 肾上腺素受体密度高，对儿茶酚胺的敏感性较高，这些部位的血管收缩明显，供血量减少。

但也有文献报道，中度缺氧（10%～12% O_2）时不仅脑和冠脉血管扩张，内脏、骨骼肌和非肢端皮肤血管分级扩张，有时可见肾血管适度扩张，肢端皮肤血管收缩，全身总的血管阻力降低[7]。常用教材与文献的观点不一致，可能由于教材中未明确注明引起血流重新分布的缺氧程度。

海拔高度在 2500～4500 m 为高海拔，高度在 4500～5500 m 为特高海拔，高度 > 5500 m 为极高海拔，其中海拔 5000 m 以上为"生命禁区"[4]。由表 4-1 可见，文献提到的缺氧（10%～12% O_2）相当于海拔 5000～7000 m，缺氧已非常严重。关于缺氧引起骨骼肌血管扩张的研究，多将血氧饱和度降至 75%～80%，PaO_2 降至 40～45 mmHg[8]。

部分人在缺氧为 13%～14% O_2（相当于海拔 3000～4000 m）时出现血管迷走神经性晕厥；缺氧程度 < 8% 时，多数人出现血管迷走神经性晕厥，此时可使血管扩张、心动过缓和低血压，可自行恢复，不同于中枢神经系统缺氧导致的更高中枢功能抑制，引起昏睡及昏迷[7]。

虽然急性缺氧刺激化学感受器引起交感神经兴奋，可见交感神经放电增加，但骨骼肌血液循环的净改变为血管扩张[7, 9-10]。交感神经兴奋，血液循环中去甲肾上腺素浓度并无明显升高，与缺氧时神经递质清除增强有关；而肾上腺素浓度升高 2 倍，可能是交感神经兴奋使肾上腺髓质分泌增加，或缺氧直接影响肾上腺髓质所致。肾上腺素作用于 β 肾上腺素受体，以 NO 依赖的方式扩张骨骼肌血管。同时α肾上腺素受体介导的缩血管反应也存在，α受体阻断可使缺氧引起的前臂血管扩张增强2倍[10]。缺氧血管扩张有助于维持局部血流和氧供，而交感缩血管反应为"安全机制"，防止超过心血管储备的血管舒张广泛激活。缺氧时血管过度扩张会引起直立不耐受和低血压。骨骼肌血管张力的局部调节主要有NO和PGs参与。NO介导缺氧引起的血管舒张反应，不依赖PGs通路；当NO被抑制，则PGs发挥扩血管作用；二者同时被抑制，则缺氧不能引起静息状态骨骼肌的血管扩张。缺氧合并骨骼肌运动时，NO与PGs同时被抑制可剥夺约50%的血管扩张反应，说明有其他扩血管物质起作用，包括红细胞释放的ATP及亚硝酸盐还原生成的NO等[8]。

缺氧对皮肤血流的影响与皮肤的类型有关。人体表面大部分覆盖"有毛"皮肤（或称"非肢端"皮肤），嘴唇、耳朵、鼻子、手的掌面及足底覆盖的是肢端皮肤（也称"无毛"皮肤）。适温环境下，缺氧使非肢端皮肤血管扩张，肢端皮肤血管收缩[11]。皮肤血流量占总血量的比例<10%，缺氧时皮肤血流的改变不会显著影响心血管调节。但皮肤血管的扩张与收缩，与体温调节密切相关，皮肤血流的少量增多就会影响体温，使皮肤与环境温差变大，导致核心温度降低。

3. 肺血管收缩 肺循环的主要功能是使血液充分氧合，其循环的特点是低压低阻力。当某部分肺泡气PO_2降低，及肺动脉或肺静脉血PO_2降低时，可引起该部位肺小动脉收缩，使血流转向通气充分的肺泡，这是肺循环特有的生理现象，称为低氧性肺血管收缩（hypoxic pulmonary vasoconstriction，HPV）。HPV有利于维持缺氧肺泡的通气/血流比例，当缺氧引起较为广泛的肺血管收缩并导致肺动脉高压时，上部肺组织的血流量增加，使肺尖部肺泡相对较大的通气能得到更充分的利用，有助于维持较高的PaO_2，具有一定的代偿意义。HPV的机制主要涉及以下几方面[12]：①缺氧的直接作用。急性缺氧可抑制K_V的功能，减少K_V通道开放，使钾离子外流减少，膜电位降低，引发细胞膜去极化，使Ca^{2+}内流和肌质网Ca^{2+}释放增多引起肺血管平滑肌收缩。②体液因素的作用。缺氧时肺血管内皮细胞、肺泡巨噬细胞、肥大细胞及红细胞等合成和释放多种血管活性物质，其中包括血管紧张素Ⅱ（angiotensin Ⅱ，Ang Ⅱ）、血栓素A_2（thromboxane A_2，TXA_2）和硫化氢（hydrogen sulfide，H_2S）等缩血管物质，以及一氧化氮（nitric oxide，NO）、PGI_2、一氧化碳（CO）和S-亚硝基硫醇等扩血管物质，内皮素（endothelin，ET）则通过A受体或B受体分别收缩和扩张血管。缺氧时以缩血管物质增多占优势，使肺小动脉收缩。③交感神经的作用。肺血管α肾上腺素受体密度较高，交感神经兴奋时肺小动脉收缩。

4. 组织毛细血管密度增加 长期缺氧时，细胞生成缺氧诱导因子-1（hypoxia inducible factor-1，HIF-1）增多，可诱导血管内皮生长因子（vascular endothelial growth factor，VEGF）等基因高表达，促使缺氧组织内毛细血管增生、密度增加，尤其是脑、心和骨骼肌的毛细血管增生明显。由于氧从血管内向组织细胞弥散的距离缩短，增加了组织的供氧量。

（二）损伤性变化

1. 肺动脉高压 长期持续缺氧或间断缺氧均可使肺血管在收缩的基础上引起重塑，血管平滑肌细胞和成纤维细胞肥大和增生，血管壁中胶原和弹性纤维沉积，使血管壁增厚变硬，形成持续的肺动脉高压，而肺动脉高压又是引起肺源性心脏病的重要原因。

2. 缺血性心脏病 严重缺氧可损伤心肌的收缩和舒张功能，但因同时存在的肺动脉高压，患者首先表现为右心衰竭，严重时出现全心衰竭。缺血性心脏病的发生机制如下。

（1）心肌舒缩功能障碍：是缺血性心脏病发病的主要原因，其机制是：①缺氧使心肌ATP生成减少，能量供应不足；②ATP不足引起心肌细胞膜和肌浆网Ca^{2+}转运和分布异常；③严重的心肌缺氧可造成心肌收缩蛋白的破坏，心肌挛缩或断裂，使心肌收缩功能降低。

（2）心律失常：严重缺氧可引起窦性心动过缓、期前收缩，甚至发生心室纤颤。严重的PaO_2降低可经颈动脉体反射性兴奋迷走神经，导致窦性心动过缓。缺氧使细胞内外离子分布异常，心肌内 K^+ 减少，Na^+ 增加，静息膜电位降低，心肌兴奋性和自律性增高，传导性降低，易发生异位心律和传导阻滞。

（3）回心血量减少：缺氧时细胞生成大量乳酸和腺苷等扩血管物质，使血液淤滞于外周血管。严重缺氧可直接抑制呼吸中枢，胸廓运动减弱，回心血量减少。回心血量减少又进一步降低心输出量，使组织的供血供氧量减少。

五、血液系统的变化

（一）代偿性反应

血液系统对缺氧的代偿是通过增加红细胞数量和氧解离曲线右移实现的。

1. 红细胞和 Hb 增多　急性缺氧时，交感神经兴奋，脾等储血器官血管收缩，将储存的血液释放入体循环，可使循环血中的红细胞数目增多。同时缺氧可使 HIF-1 活性增高，HIF-1 促进促红细胞生成素（erythropoietin，EPO）的表达，使循环血中 EPO 增多；EPO 能促进干细胞分化为原红细胞，并促进其分化、增殖和成熟，加速 Hb 合成，使骨髓中的网织红细胞和红细胞释放入血。由于红细胞数量的增加，可升高血氧容量和动脉血氧含量，提高血液的携氧能力，增加组织供氧。久居高原者红细胞和 Hb 数量明显高于平原地区的居民，红细胞可达 6×10^{12}/L，Hb 可达 210 g/L。红细胞在数量增多的同时体积增大，与氧接触的总表面积增加。Hb 在数量增多的同时，与氧亲和力更高的亚型（如胎儿 Hb、HbX 及突变型 Hb）增多。

2. 2,3-DPG 增多，红细胞释氧能力增强　2,3-DPG 是红细胞内糖酵解过程的中间产物，为一种不能透过红细胞膜的有机酸。红细胞内 2,3-DPG 虽然也能供能，但其主要功能是调节 Hb 的运氧功能。缺氧时，红细胞内 2,3-DPG 增加，使 Hb 与氧的亲和力降低，氧解离曲线右移，有利于血液将结合的氧向细胞释放。

（二）损伤性变化

如果血液中红细胞过度增加，可引起血液黏滞度增高，循环阻力增大，心脏的后负荷增高，这是缺氧时发生心力衰竭的重要原因之一。红细胞形态改变使变形性减弱，聚集性增强，从而导致微循环的有效灌注量减少，加重组织缺氧。但随缺氧时间延长，红细胞的变形性会逐渐恢复甚至增强，而聚集性逐渐减弱，有利于改善组织和器官供氧。在吸入气 PO_2 明显降低的情况下，红细胞内过多的 2,3-DPG 将妨碍 Hb 与氧结合，使动脉血氧含量过低，供应组织的氧严重不足。

六、中枢神经系统的变化

大脑为一"低贮备、高供应、高消耗"的器官。脑重仅为体重的 2% 左右，而脑血流量约占心输出量的 15%。脑所需能量主要是来自葡萄糖氧化，脑耗氧量约为机体总耗氧量的 23%，而脑内葡萄糖和氧的贮备甚微，一旦脑血流完全阻断，数分钟内脑细胞即可发生不可逆损害。脑灰质又比白质的耗氧量多 5 倍，对缺氧的耐受性更差。

PaO_2 降低会引起脑血管舒张和脑血流速度加快，可以缓解组织缺氧，具有代偿意义；但严重缺氧时会引起脑水肿。随着缺氧时间的延长，脑血流会逐渐回落，与过度通气所致的 $PaCO_2$ 降低有关。

缺氧可出现一系列中枢神经系统功能紊乱的症状。急性缺氧患者可出现头痛，情绪烦躁，思维力、记忆力、判断力降低或丧失以及运动不协调等症状，严重者可出现惊厥和昏迷。并且有视觉、听觉、嗅觉和味觉的降低。慢性缺氧时症状比较缓和，表现有注意力不集中、易疲劳、嗜睡及精神抑郁等症状。

缺氧致中枢神经系统功能障碍的机制，包括能量代谢障碍、神经递质失调、颅内压升高和脑水肿、线粒体功能障碍引起氧自由基增多和钙超载等。

七、消化系统与物质代谢的变化

急性缺氧引起交感神经兴奋，抑制腺体的分泌及胃肠道蠕动，降低食欲。氧和营养物质是机体代谢的两个必要物质，而且具有一定的匹配比例，机体代谢才能顺利进行。缺氧时减少食物的消化吸收，与氧的摄入不足相匹配，以建立新的物质摄入平衡，具有一定的代偿意义。

低氧环境下，蛋白质合成减少，分解代谢增强，氮排出增加，并且出现蛋白尿。脂肪动员加速，并致血、尿酮体增高。细胞内外电解质平衡紊乱，表现为血中钾、钠和氯增加，尿量减少。急性低氧时，维生素需要量增加。大剂量补充一些维生素具有促进高原习服的作用。缺氧条件下营养代谢的变化是缺氧的原发性影响（即组织缺氧）和继发性影响（如缺氧的厌食效应和应激效应等）综合作用的结果。

八、组织细胞的变化

（一）代偿性反应

在供氧不足的情况下，组织细胞可通过增强无氧酵解过程和提高利用氧的能力来获取维持生命活动所需的能量。

1．细胞利用氧的能力增强　慢性缺氧时，细胞内线粒体的数目和膜的表面积增加，呼吸链中的酶如琥珀酸脱氢酶、细胞色素氧化酶含量增多，酶活性增高，使细胞利用氧的能力增强。

2．无氧酵解增强　磷酸果糖激酶是糖酵解的限速酶。缺氧时，ATP生成减少，ATP/ADP比值降低，可激活磷酸果糖激酶，使糖酵解增强，在一定程度上补偿能量的不足。

3．肌红蛋白增加　慢性缺氧可使肌肉中肌红蛋白（myoglobin，Mb）含量增多。Mb与Hb的结构相似，但Mb与氧的亲和力明显高于Hb。当PO_2为10 mmHg时，Hb的氧饱和度约为10%，而Mb的氧饱和度可达70%。因此，Mb可从血液中摄取更多的氧，增加氧在体内的贮存。在PaO_2进一步降低时，Mb可释放出一定量的氧供细胞利用。

4．低代谢状态　缺氧可使细胞的耗能过程减弱，如糖、蛋白质合成减少，离子泵功能抑制等，使细胞处于低代谢状态，减少能量的消耗，有利于在缺氧时的生存。

肺通气量及心输出量增加是急性缺氧时主要的代偿方式，但这些代偿活动本身增加了能量和氧的消耗。红细胞增加和组织利用氧的能力增强是慢性缺氧时的主要代偿方式，通过提高血液的携氧能力和更充分地利用氧，增加对缺氧的耐受性，由于其本身不增加耗氧，是较为经济的代偿方式[13]。

（二）损伤性变化

缺氧性细胞损伤主要包括细胞膜、线粒体及溶酶体损伤三方面的改变。

1．细胞膜的损伤　一般而言，细胞膜是细胞缺氧最早发生损伤的部位。在细胞内ATP含量降低前，细胞膜电位已经开始下降，主要是因为细胞膜离子泵功能障碍、膜通透性增加、膜流动性下降和膜受体功能障碍。细胞膜损伤的机制如下。

（1）Na^+内流：Na^+内流使细胞内Na^+浓度升高，可激活钠泵增加Na^+排出，从而消耗ATP，这又进一步增强线粒体氧化磷酸化过程。严重缺氧时，ATP生成减少，使钠泵功能障碍，细胞内Na^+增多，促进细胞内水钠潴留。

（2）K^+外流：细胞膜通透性增加，细胞内K^+顺浓度差流出细胞，使细胞外K^+浓度升高。细胞内K^+缺乏，影响合成代谢和酶的功能。

（3）Ca^{2+}内流：严重缺氧使细胞膜对Ca^{2+}的通透性增加，导致Ca^{2+}内流增加；ATP生成减少影响细胞膜和肌质网Ca^{2+}泵功能，使Ca^{2+}外流和肌质网摄取Ca^{2+}减少，导致细胞内Ca^{2+}超载。Ca^{2+}增加可激活磷脂酶促进膜磷脂降解，进一步损伤细胞膜和细胞器膜；Ca^{2+}进入线粒体形成不溶性磷酸钙，加重ATP生成不足；细胞内Ca^{2+}增加还可增强Ca^{2+}依赖性蛋白激酶的活性，促进氧自由基生成而加重细胞的损伤。

2．线粒体的损伤　细胞内的氧80%～90%在线粒体内用于氧化磷酸化生成ATP，仅有10%～20%在线粒体外用于生物合成、降解及生物转化作用等。轻度缺氧或缺氧早期，线粒体的呼吸功能代偿性增强。严重缺氧时，首先影响线粒体外的氧利用，使神经介质的生成和生物转化过程抑制。线粒体损伤的机制如下。

（1）氧化应激（oxidative stress）：缺氧可使线粒体出现线粒体单价电子渗漏（univalent leak）、毛细血管内皮细胞内黄嘌呤脱氢酶（xanthine dehydrogenase，XD）转化为黄嘌呤氧化酶（xanthine oxidase，XO），产生大量氧自由基，诱发膜脂质过氧化反应，破坏生物膜的结构和功能。

（2）钙稳态紊乱：缺氧时，胞内Ca^{2+}超载可触发线粒体摄取Ca^{2+}，使Ca^{2+}在线粒体内聚集并形成磷酸钙沉淀，抑制氧化磷酸化作用，ATP形成减少；Ca^{2+}能激活多种钙依赖型降解酶，如磷脂酶C（phospholipase C，PLC）和磷脂酶A_2（phospholipase A_2，PLA_2）、蛋白酶、核酸内切酶等，从而影响细胞的结构和功能。

（3）线粒体结构受损：缺氧时线粒体结构损伤主要表现为线粒体肿胀、嵴断裂崩解、钙盐沉积、外膜破裂和基质外溢等。

3．溶酶体的损伤　酸中毒和钙超载可激活磷脂酶，分解膜磷脂，使溶酶体膜的稳定性降低，通透性增高，严重时溶酶体膜可破裂。溶酶体内蛋白水解酶逸出引起细胞自溶；溶酶体酶进入血液循环可破坏多种组织，造成广泛的细胞损伤。

九、低张性缺氧代偿反应的分子机制

吸入气中氧分压降低，首先被分布在氧摄取和运输系统上的氧敏感细胞感知。呼吸道上皮中的神经上皮小体（neuroepithelial body，NEB）细胞感受呼吸道中氧分压的变化；主动脉体和颈动脉体则感受PaO_2的变化，所感知的缺氧信号在中枢神经系统进行整合，随后通过神经-体液调节，对所摄取的氧进行重新分配。

组织细胞通过氧感受器（oxygen sensor）感知氧分压的变化，并做出相应的反应。有关氧感受器的本质至今未完全阐明，目前认为具有氧感受器功能的物质包括某些含血红素的蛋白、NADPH氧化酶、氧敏感的钾离子通道、活性氧（reactive oxygen species，ROS）和脯氨酸羟化酶等[14]。不同细胞对氧分压变化的敏感程度不同，感知氧的机制也不相同。下面以脯氨酸羟化酶氧感受器为例，阐述细胞对缺氧的感知和反应机制。

HIF-1是缺氧基因表达调控中最重要的转录因子之一，由HIF-1α和HIF-1β两个亚基组成。常氧时，脯氨酰4-羟化酶（prolyl-4-hydroxylase，PHD）使HIF-1α的第402和564位脯氨酸羟化。肿瘤抑制蛋白pVHL（von Hippel-lindau tumor suppressor protein）能特异性介导羟化修饰后的HIF-

1α 经泛素化途径降解，从而抑制 HIF-1α 的功能。另外，天冬酰胺羟化酶使 HIF-1α 的 803 位天冬酰胺羟化，阻碍 HIF-1α 的转录活性。缺氧时，脯氨酰 -4- 羟化酶和天冬酰胺羟化酶的羟化作用减弱，HIF-1α 降解减少。HIF-1α 进入细胞核与 HIF-1β 形成异二聚体，成为有活性的转录因子。HIF-1 与缺氧反应相关基因上的缺氧反应元件（hypoxia reaction element，HRE）结合，在多种辅助因子的协助下，增强多种基因的表达，从而引起细胞代谢、功能的变化（图 4-3）。

目前发现的 HIF-1 靶基因已有近百种，其功能概括起来有两大类：①通过促进血管新生和红细胞生成增加氧供；②将细胞的代谢转入厌氧模式，降低氧耗。急性缺氧可引起 HIF-1α 与靶基因 HRE 结合活性的迅速升高（缺氧 1 h 后开始升高，4 h 达高峰）[15]。HIF-1 的重要靶基因 EPO[16] 随即由肾和肝合成后分泌入血[17]，促进骨髓中红细胞和血红蛋白生成[18-19]，增加血氧容量，提高血液携氧能力。缺氧还可通过 HIF-1 在全身各组织快速上调 VEGF 等一系列血管生长因子的表达，引导血管向缺氧组织生长，提高组织氧供[20-21]。正常氧时，细胞通过氧化磷酸化提供 ATP；缺氧时，HIF-1 可迅速激活葡萄糖转运体和醛缩酶 A、丙酮酸激酶 M、磷酸果糖激酶 -L、乳酸脱氢酶 A 等一系列糖酵解酶，通过促进葡萄糖的摄取和酵解，为细胞提供能量[22]。同时 HIF-1 可通过诱导丙酮酸脱氢酶激酶 I，抑制丙酮酸脱氢酶，进而抑制三羧酸循环，使线粒体氧耗降低[23]。

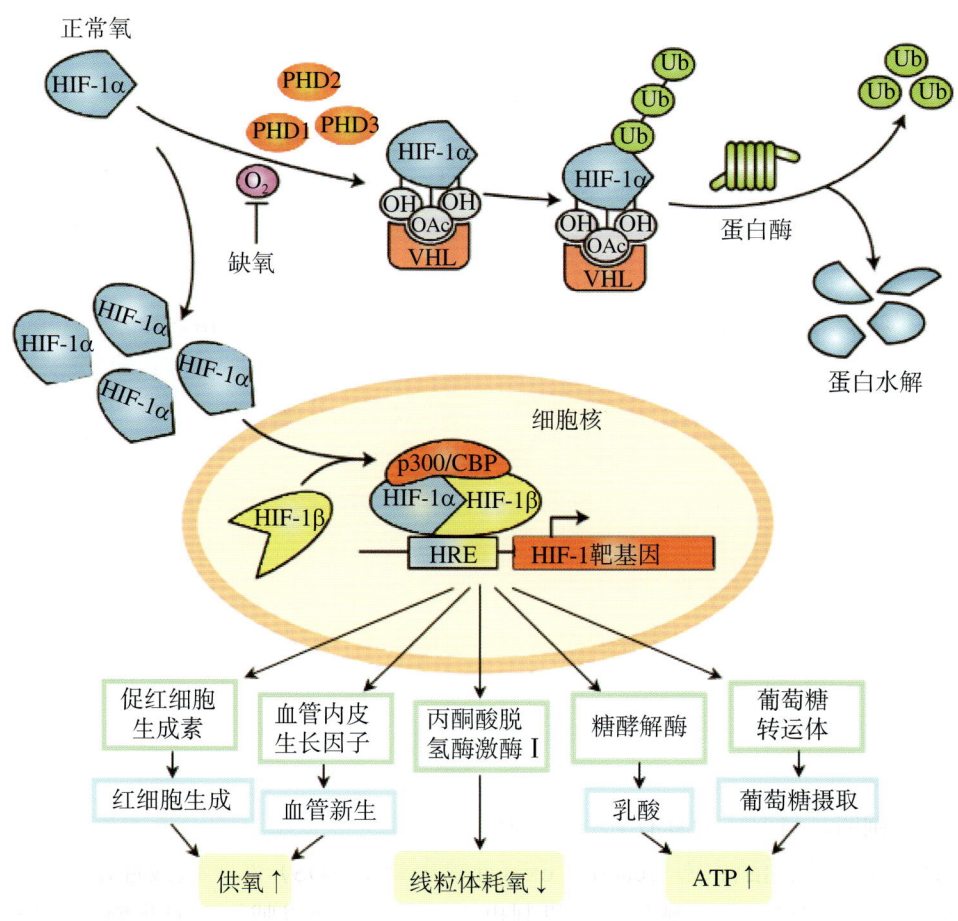

图 4-3　HIF-1 调控的缺氧代偿反应

HIF-1 不仅参与急性缺氧引起的组织细胞代偿反应，在慢性缺氧过程中也发挥着重要作用。由于 HIF-1α 也是胚胎发育的必需基因，HIF-1α 敲除纯合小鼠在妊娠中期由于心血管的多发畸形和间充质细胞死亡而不能存活。HIF-1α 半敲除小鼠则在正常氧下发育正常，但在慢性缺氧时，红细胞增多症、右心室肥大、肺动脉高压和肺血管重塑等反应均延迟[24]。且正常小鼠肺动脉平滑肌细胞经缺氧诱导的去极化和电压依赖性钾通道（K_V）减少等变化在 HIF-1α 半敲除小鼠的细胞中也丧失[25]。虽然 HIF-1α 半敲除小鼠对急性缺氧的通气反应（缺氧引起呼吸频率、潮气量和每分通气量的增强）正常，但颈动脉体的敏感性降低，对缺氧的反应性丧失，小鼠对慢性缺氧（低氧 3 天）的适应性严重受损[26]。

第四节　血液性缺氧

由于 Hb 数量减少或性质改变，以致血液携带氧的能力降低或 Hb 结合的氧不易释出所引起的缺氧称为血液性缺氧（hemic hypoxia）。血液性缺氧时外呼吸功能正常，PaO_2 正常，又称为等张性缺氧（isotonic hypoxia）。

一、原因

1．一氧化碳中毒　一氧化碳（CO）是含碳物质未完全燃烧而产生的一种窒息性气体，可与 Hb 结合成为碳氧血红蛋白（carboxy hemoglobin，HbCO）。CO 与 Hb 的亲和力是氧的 210 倍。当吸入气中含 0.1% 的 CO 时，约 50% 的 Hb 与 CO 形成 HbCO 而失去携带氧的能力。此外，当 CO 与 Hb 分子中的某个血红素结合后，将增加其余 3 个血红素对氧的亲和力，使 Hb 分子中已结合的氧释放减少，氧解离曲线左移。CO 还能抑制红细胞内糖酵解，使 2,3-DPG 生成减少，也可导致氧解离曲线左移，进一步加重组织缺氧。CO 中毒患者的动脉血氧分压不降低，其皮肤、黏膜呈 HbCO 的樱桃红色。

2．高铁血红蛋白血症　正常时，血红蛋白中的铁主要以二价铁（$Hb\text{-}Fe^{2+}$）的形式存在，亚硝酸盐、过氯酸盐及磺胺衍生物等氧化剂可使血红素中的二价铁氧化成三价铁，形成高铁 Hb（$Hb\text{-}Fe^{3+}\text{-}OH$），导致高铁血红蛋白血症（methemoglobinemia）。高铁血红蛋白中的三价铁因与羟基结合牢固，失去结合氧的能力。当 Hb 分子的 4 个 Fe^{2+} 有一部分被氧化成 Fe^{3+} 后，还可增强其余的 Fe^{2+} 与氧的亲和力，使 Hb 向组织细胞释放氧减少，导致氧解离曲线左移。生理状态下，血液中还原剂如 NADH、维生素 C 和还原型谷胱甘肽等不断将高铁 Hb 还原成二价铁的 Hb（$Hb\text{-}Fe^{2+}$），使高铁 Hb 含量仅占 Hb 总量的 1%～2%。当高铁血红蛋白含量超过血红蛋白总量的 10%，就可出现缺氧表现。达到 30%～50%，则发生严重缺氧，患者头痛、精神恍惚、神志不清，甚至昏迷。

高铁血红蛋白血症最常见于亚硝酸盐中毒，如食用大量含硝酸盐的腌菜后，硝酸盐经肠道细菌作用还原为亚硝酸盐，大量吸收入血。亚硝酸盐在工业和建筑业中应用广泛，其外观和味道与食盐相似，误食的情况也时有发生。矿山灾难中，瓦斯、煤尘爆炸或火灾可产生大量 NO_2，其水解生成的亚硝酸除引起肺水肿外，也可导致高铁血红蛋白血症的发生。

3．贫血　严重贫血时 Hb 含量减少，血液携氧量降低，以致细胞的供氧不足，又称为贫血性缺氧（anemic hypoxia）。由于矿山创伤多为严重的复合伤和多发伤，很容易引起大出血而致贫血。单纯贫血时，患者皮肤、黏膜呈苍白色。

4．血红蛋白与氧的亲和力异常增高　某些因素可增强血红蛋白与氧的亲和力，氧解离曲线左移，氧不易释放。如输入大量库存血，可因库存血中 2,3-DPG 含量降低，使氧解离曲线左移；输入大量碱性液体时，血液 pH 升高，可通过 Bohr 效应使血红蛋白与氧的亲和力增强，氧不易释出，引起缺氧。

二、血氧变化的特点及缺氧的机制

血液性缺氧时，其血氧变化的特点主要是：①由于外呼吸功能和吸入气氧分压正常，故 PaO_2 正常；② Hb 的质变（CO 中毒和高铁 Hb 形成）与量的改变（严重贫血），使血氧容量减少，以致动脉血氧含量减少；③由于动脉血氧含量降低，随着氧向组织的释出，毛细血管内 PO_2 降低较快，难于维持毛细血管血液与组织 PO_2 的弥散梯度，动-静脉血氧含量差低于正常。

血液性缺氧时，患者的皮肤、黏膜颜色可随病因不同而异。严重贫血的患者，由于氧合 Hb 浓度降低而面色苍白。CO 中毒的患者，当血中 HbCO 浓度达到 30% 左右时，皮肤、黏膜呈现樱桃红色，与鲜红色的 HbCO 有关；但严重缺氧时由于皮肤血管收缩，皮肤、黏膜可呈苍白色。高铁 Hb 呈棕褐色，故亚硝酸盐中毒患者的皮肤、黏膜呈咖啡色。若因进食导致大量 Hb 氧化而引起的高铁 Hb 血症又称为肠源性发绀（enterogenous cyanosis）。

三、机体的代偿性反应与损伤性变化

血液性缺氧患者的心率会代偿性加快，心输出量增加；如果不合并 PaO_2 降低，理论上呼吸系统的代偿不明显。但临床发现 CO 中毒患者早期有血压升高，心率和呼吸频率加快的现象[27-28]。

心脏和脑由于代谢率高，更易受到 CO 中毒的影响。CO 中毒可引起心律不齐和心肌酶谱升高，微观结构可见大量糖原堆积和线粒体肿胀，说明心肌细胞能量代谢障碍。大脑皮质、白质、基底核及小脑的浦肯野细胞易受缺氧影响，出现局灶性出血、坏死。

第五节　循环性缺氧

循环性缺氧（circulatory hypoxia）是由于组织血流量减少引起的组织供氧不足，又称为低动力性缺氧（hypokinetic hypoxia）。

一、原因

1. 全身性循环障碍　主要见于休克和心力衰竭。矿山创伤多为严重的复合伤和多发伤，可引起失血性休克、失液性休克、创伤性休克，剧烈疼痛引起神经源性休克，原发或继发感染引起感染性休克。胸部创伤也可引起心包填塞，导致全身性循环障碍。严重时，全身性循环障碍患者可因心、脑、肾等重要器官功能衰竭而死亡。

2. 局部性循环障碍　主要见于血管栓塞、动脉炎或动脉粥样硬化造成的动脉狭窄或阻塞。炎症也可引起局部组织缺氧。矿山创伤中，瓦斯与煤尘爆炸、煤与瓦斯突出、冒顶或冲击地压等可引起人体部分肢体被矿石或重物掩埋、挤压，造成局部循环障碍。而更多见的是自体挤压综合征，即瓦斯爆炸造成井下缺氧及大量有毒有害气体的积聚，伤员昏倒后自身体重压迫臀部、股部丰厚的肌肉，造成横纹肌血流障碍。

二、血氧变化的特点及缺氧的机制

未累及肺血流的循环性缺氧，因氧可进入肺毛细血管并与 Hb 结合，故该型缺氧的血氧变化特点是 PaO_2、血氧容量、动脉血氧含量和血氧饱和度均正常。由于全身性或局部循环障碍使血液流经组织毛细血管的时间延长，细胞从单位容量血液中摄取的氧量增多，以致静脉血氧含量降低，动 - 静脉血氧含量差增大。但由于供应组织的血液总量减少，弥散到组织细胞的总氧量仍不能满足细胞的需要。

全身性循环障碍累及肺，如左心衰竭引起肺水肿或休克引起急性呼吸窘迫综合征时，则可因肺泡气与血液交换障碍而合并呼吸性缺氧，此时患者 PaO_2、动脉血氧含量和血氧饱和度可降低。

缺血性缺氧如失血性休克时，因大量血液丧失及组织血量不足，皮肤黏膜苍白。淤血性缺氧时，组织从血液中摄取的氧量增多，毛细血管中脱氧 Hb 含量增加，易出现发绀。

第六节　组织性缺氧

正常情况下，细胞内 80%～90% 的氧在线粒体内通过氧化磷酸化过程还原成水，并产生能量，其余 10%～20% 的氧在羟化酶和加氧酶等的催化下，参与细胞核、内质网和高尔基体内的生物合成、物质降解和解毒反应。在组织供氧正常的情况下，因细胞不能有效地利用氧而导致的缺氧称为组织性缺氧（histogenous hypoxia）或氧利用障碍性缺氧（dysoxidative hypoxia）。

一、原因

1. 组织中毒　细胞色素分子中的铁通过可逆性氧化还原反应进行电子传递，这是细胞氧化磷酸化的关键步骤。各种氰化物（HCN、KCN、NaCN 和 NH_4CN 等）可经消化道、呼吸道或皮肤进入人体，迅速与氧化型细胞色素氧化酶分子中的 Fe^{3+} 结合成氰化高铁细胞色素氧化酶（细胞色素 aa_3-Fe^{3+}-CN），阻碍其还原为 Fe^{2+} 的还原型细胞色素氧化酶（细胞色素 aa_3-Fe^{2+}），使呼吸链的电子传递无法进行。瓦斯、煤尘爆炸或火灾中，天然或合成的含氮多聚体受高热作用后可产生氰化氢，烟雾中含量可达很高浓度。火灾现场伤员血中氰化物含量可明显增高，甚至达到致死量。

砷化物如三氧化二砷（砒霜）、五氧化二砷等，主要通过抑制细胞色素氧化酶、呼吸链酶复合物Ⅳ、丙酮酸氧化酶等蛋白质巯基使细胞利用氧障碍。甲醇通过其氧化产物甲醛与细胞色素氧化酶的结合，导致呼吸链中断。另外，许多药物和硫化物也能抑制呼吸链的酶类而影响氧化磷酸化过程。矿石中夹杂的砷或硫可在爆炸或火灾时挥发出来，形成上述有毒物质，引起呼吸链中断。因毒性物质抑制细胞生物氧化引起的缺氧又称为组织中毒性缺氧（histotoxic hypoxia）。

2. 维生素缺乏　维生素 B_1 是丙酮酸脱氢酶的辅酶成分。缺乏维生素 B_1 时，由于细胞丙酮酸氧化脱羧和有氧氧化障碍而引起脚气病。维生素 B_2 是黄素酶的辅酶成分，维生素 PP 是辅酶Ⅰ和辅酶Ⅱ的组成成分，均参与氧化还原反应。维生素严重缺乏，可抑制细胞生物氧化，引起氧利用障碍。而矿山灾难中被困井下的矿工，可由于食物供应不足或断绝，处于全饥饿或半饥饿状态，引起维生素缺乏，使组织利用氧障碍。

3. 线粒体损伤　细菌毒素、严重缺氧、钙超载、大剂量放射线照射和高压氧等均可以抑制线粒体呼吸功能或造成线粒体结构损伤，引起细胞生物氧化障碍。

二、血氧变化的特点及缺氧的机制

组织性缺氧时，PaO_2、血氧容量、动脉血氧含量及血氧饱和度均正常。由于细胞生物氧化过程受损，不能充分利用氧，故 PvO_2 和静脉血氧含量均高于正常，动 - 静脉血氧含量差减小。由于细胞用氧障碍，毛细血管中氧合 Hb 增加，患者皮肤可呈现红色或玫瑰红色。

三、机体的代偿性反应与损伤性变化

组织性缺氧的患者，如果不合并 PaO_2 降低，呼吸系统的代偿不明显。氰化物可直接刺激颈动脉体和主动脉体，引起血压升高和心动过速[29]。

在临床上有些患者还可发生混合性缺氧。例如，心力衰竭时主要表现为循环性缺氧，若合并肺水肿，又可发生低张性缺氧。感染性休克主要引起循环性缺氧，细菌毒素还可造成细胞损伤，发生组织性缺氧。严重失血可引起血液性缺氧，如合并急性呼吸窘迫综合征又伴有低张性缺氧。各型缺氧的血氧变化特点见表 4-2 和图 4-4。

表 4-2　各型缺氧的血氧变化特点

缺氧类型	PaO_2	SaO_2	CO_{2max}	CaO_2	CvO_2	$CaO_2 - CvO_2$
低张性缺氧	↓	↓	N 或 ↑	↓	↓	↓ 或 N
血液性缺氧	N	N 或 ↓	↓	↓	↑	↓
循环性缺氧	N	N	N	N	↓	↑
组织性缺氧	N	N	N	N	↑	↓

注：↓ 表示降低；↑ 表示升高；N 表示不变

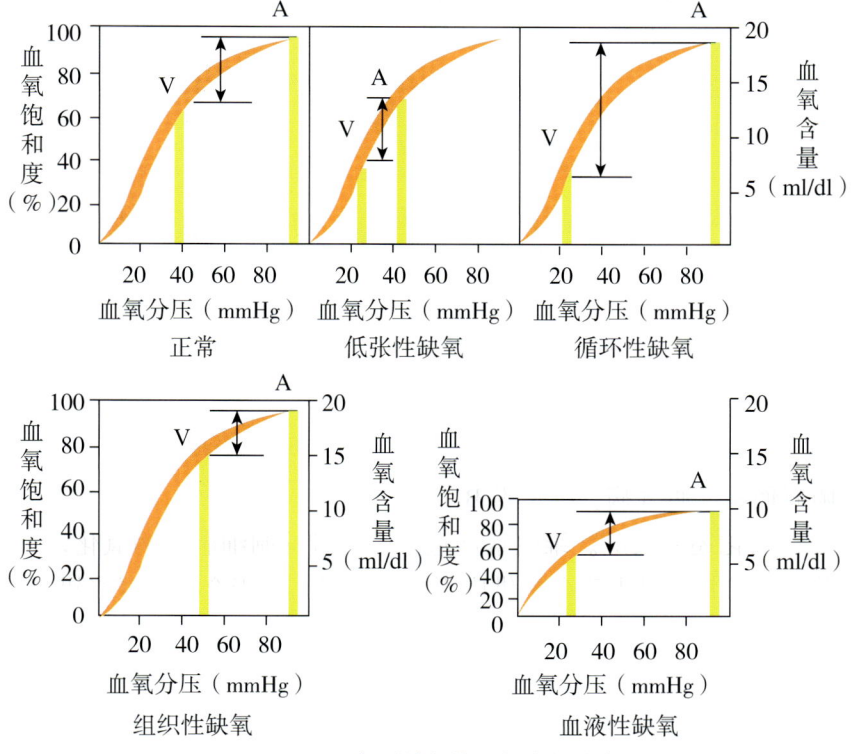

图 4-4　各型缺氧的血氧变化特点

第七节 缺氧与疾病

临床上多种疾病或病理过程都可以引起缺氧，如冠心病、肺心病、脑卒中、糖尿病、肿瘤、呼吸功能障碍、休克、水肿等。而缺氧对肿瘤、心血管系统疾病、代谢性疾病等疾病的发生发展和转归产生重要影响。在某些情况下缺氧还可直接引起疾病，其中最为典型的就是高原病（high altitude disease，HAD）。高原病是发生于高原低氧环境的一种高原特发性疾病，高原低压性缺氧是致病的主要因素，根据发病急缓分为急性高原病和慢性高原病。

一、急性高原病

急性高原病（acute high altitude disease，AHAD）根据不同表现分为三种类型。

（一）急性轻型高原病

急性轻型高原病（acute mild high altitude disease，AMAD）也叫急性高原反应，是指机体由平原进入到高原或从高原进入到更高海拔地区，在数小时或数日内出现头痛、头晕、心悸、胸闷、气短、乏力、食欲差、睡眠障碍，重者出现恶心、呕吐、发绀、水肿等一系列临床综合征。

高原环境下的缺氧是引起AMAD的根本原因，但并非引起临床症状的直接原因。AMAD常发生于到达高原后6～96 h，但进入高原数分钟后，肺泡、动脉和组织中的氧分压即显著下降，这表明缺氧是始动环节，进而引起相应的临床表现。AMAD的发病机制可能与以下因素相关。

1. 低氧血症 AMAD患者低氧通气反应较弱，肺残气量显著增加，通气和流速降低，弥散功能减弱，摄氧减少，造成低氧血症，使得PaO_2、SO_2显著降低。

2. 体液潴留和体液重分配 有研究发现进入高原发生AMAD的青年尿量较未发病者少，体重较平原显著增加，而未患病者体重则较平原显著减轻。目前认为，暴露于高原环境后，适应良好者表现为脱水，而适应不良者发生体液潴留。其机制与抗利尿激素（antidiuretic hormone，ADH）分泌增多、肾素-血管紧张素-醛固酮系统（renin-angiotensin-aldosterone system，RAAS）活化及心房钠尿肽（atrial natriuretic peptide，ANP）合成释放减少有关。

3. 颅内压增高 AMAD患者出现的头痛、头晕、心悸、恶心、呕吐等症状与颅内压增高相关。其机制可能为：①PaO_2降低引起脑血管扩张，脑血流量增加导致毛细血管流体静压增加；②缺氧使血中某些代谢产物如激肽、组胺、花生四烯酸等增加，导致脑毛细血管通透性增高；③缺氧直接抑制Na^+-K^+-ATP酶，使钠泵失活，细胞内钠离子积聚，引起脑细胞水肿。

（二）高原肺水肿

高原肺水肿（high altitude pulmonary edema，HAPE）是指进入高原后，因低氧加之某种诱发因素引起的肺循环障碍，而产生的以肺间质或肺泡水肿为特征的一种高原特发病。临床表现为胸闷、呼吸困难、咳嗽、咳白色泡沫痰，严重时咳粉红色泡沫痰、严重发绀，发病高峰在进入高原48～72 h，多于夜间发病。HAPE有明显的个体易感性和再发倾向。高原缺氧是HAPE发病的根本原因，肺动脉压力过度增高是发病的中心环节。

1. 肺动脉压力过度增高 缺氧导致肺小动脉不均匀收缩，导致肺动脉压增加，同时血液向收缩弱的部位转移，使其毛细血管流体静压增加，血浆、红细胞经肺泡-毛细血管膜漏出，发生间质性或肺泡性肺水肿。

2. 肺毛细血管壁通透性增加 缺氧时肺实质细胞、肺血管内皮细胞、肺泡巨噬细胞、中性粒细胞等释放氧自由基、白介素-1（interleukin-1，IL-1）、IL-6、肿瘤坏死因子、C反应蛋白等炎性介质，引起肺血管内皮损伤，导致通透性增加。

3. 肺血容量增加 缺氧导致交感-肾上腺髓质系统兴奋性增强，外周血管收缩，肺血流量增多，流体静压增加。

（三）高原脑水肿

高原脑水肿（high altitude cerebral edema，HACE）是指急速进入高原或从高原迅速进入更高海拔地区时由于脑缺氧引起严重脑功能障碍，出现严重的神经精神症状、共济失调甚至昏迷，属急性高原病的最严重类型。其特点是起病急骤，病程进展快，常合并高原肺水肿、多器官功能衰竭，病死率高。高原缺氧是发生高原脑水肿的根本原因。

1. 脑细胞能量代谢障碍 脑细胞缺氧导致ATP生成减少，钠泵不能正常运转，脑细胞水肿。缺氧还导致糖酵解作用增强，产生代谢性酸中毒，进一步抑制脑能量代谢。

2. 脑血管扩张 缺氧可激活细胞膜上APT敏感钾通道，导致脑血管平滑肌细胞膜超极化和钙通透性改变，使血管舒张。另外，缺氧刺激脑内NO、腺苷、前列腺素等多种舒血管物质生成及释放，导致血管舒张。脑血管扩张可导致脑血流量增加，进而引起脑循环流体静压增加。

3. 脑血管通透性增加 缺氧引起IL-1、NO释放增加，使脑毛细血管内皮细胞间紧密连接破坏，而导致通透性改变；加之缺氧时，活性氧产生增加，引起氧化应激导致脑血管内皮细胞脂质过氧化损伤，使通透性进一步增加。

二、慢性高原病

慢性高原病（chronic mountain sickness，CMS）是指长期居住高原人群因对高原环境丧失习服而发生的独特临床综合征，以红细胞增多、肺动脉高压和低氧血症为特征。高原移居者和世居者均可发病。

（一）高原红细胞增多症

高原红细胞增多症（high altitude polycythemia，HAPC）是最常见的一种慢性高原病，指长期生活在海拔2500 m以上高原的世居者或移居者，对高原环境逐渐失去习服而导致的临床综合征，主要特征为过度的红细胞增多（血红蛋白：男 ≥ 200 g/L，女 ≥ 190 g/L）。HAPC患者主要表现为头痛，头晕，气短和（或）心悸，睡眠障碍，疲乏，局部发绀，手心、脚底有灼烧感，静脉扩张，肌肉及骨关节疼痛，食欲不振，记忆减退，精神不集中等症状。当患者转至低海拔地区症状可逐渐消失，重返高原可复发。HAPC主要发生机制是高原低氧环境促EPO合成释放增加，该过程受到HIF的调节。此外，2,3-DPG浓度过高也在其中起着重要作用。

（二）高原心脏病

高原心脏病（high altitude heart disease，HAHD）是指长期生活于2500 m以上高原，由于慢性缺氧导致肺动脉高压、右心室肥大或功能不全甚至发生心力衰竭的一种慢性高原病，患者肺动脉平均压 > 30 mmHg或肺动脉收缩压 > 50 mmHg，多发于高原移居人群。长期缺氧肺小动脉持续收缩引起肺小动脉肌层肥厚、管腔狭窄而导致肺动脉压持续升高是HAHD发病的主要机制，因此又称为高原肺动脉高压（high altitude pulmonary hypertension，HAPH）。

三、影响机体缺氧耐受性的因素

机体对缺氧有一定的耐受能力，不同年龄、机体功能、代谢状况、营养状况、生活环境等都可以影响到机体对缺氧的耐受。

（一）机体功能和代谢状况

基础代谢率高者耗氧多，对缺氧耐受性差，如发热、甲状腺功能亢进、中枢神经兴奋等可增加机体耗氧量，对缺氧耐受差。反之，中枢神经抑制、人工低温可以降低机体耗氧量，增强对缺氧的耐受。机体内不同器官、组织因耗氧量不同而对缺氧的耐受不同。中枢神经系统因耗氧量大，而对缺氧耐受差，骨、结缔组织因耗氧量小，而对缺氧耐受相对较好。

（二）个体差异

对缺氧耐受能力存在明显的个体差异。在同一海拔高度，有的人可以正常生活而没有明显的症状，但有的人则可出现明显的高原反应。研究显示，对于高原肺水肿、高原红细胞增多症等急慢性高原病有遗传易感性，存在易感基因。

（三）适应性锻炼

体育锻炼可以改善心肺功能，增强外呼吸，增加心输出量，提高血液携氧能力，进而提高机体对缺氧的耐受性。进入高原之前，进行以增加耐力为特征的有氧锻炼，可以增强机体进入高原后对缺氧的耐受，降低高原病的发生。运动员在适当低氧环境中进行训练，可以提高抗缺氧能力，进而有效提高运动成绩。

第八节 缺氧治疗的病理生理基础

一、去除病因

去除病因或消除缺氧的原因是缺氧治疗的关键，如改善肺的通气功能；应用亚甲基蓝和维生素 C 等还原剂促进高铁血红蛋白还原；对中毒引起急性组织缺氧患者，应及时解毒。

二、氧疗

吸入氧分压较高的空气或纯氧治疗各种缺氧性疾病的方法为氧疗（oxygen therapy）。吸氧是治疗缺氧的基本方法，对各种类型的缺氧均有一定的疗效，可提高肺泡气 PO_2，从而提高 PaO_2 和 SaO_2，增加动脉血氧含量，但因缺氧的类型不同，氧疗的效果有所不同。

氧疗对高原、高空缺氧以及由肺通气功能和（或）换气功能障碍等引起的低张性缺氧的效果最好。高原肺水肿患者吸入纯氧具有特殊的疗效，吸氧数小时至数日，肺水肿症状可显著缓解。常压氧疗对由右向左分流所致缺氧的作用较小，因为吸入的氧无法使经动-静脉短路流入左心的血液发生氧合作用。但吸入纯氧可使血浆中物理溶解的氧量从 3 ml/L 增至 20 ml/L，从而使动脉血氧含量增加 10% 左右。吸入 3 个大气压纯氧（高压氧疗）可使血浆中物理溶解的氧增至 60 ml/L，如果心排出量正常，则可维持整个机体的需氧量。

血液性缺氧、循环性缺氧和组织性缺氧患者动脉血氧分压和血氧饱和度正常，此时吸氧虽然对提高SaO_2的作用有限，但可明显提高PaO_2、增加血液中溶解的氧量，改善组织氧供。此外，由于血液、组织液、细胞及线粒体之间的氧分压差是驱使氧弥散的动力，当氧分压差增大时，氧的弥散速度加快。CO中毒时吸入纯氧特别是高压氧可使血氧分压增高，氧与CO竞争与血红蛋白结合，促使碳氧血红蛋白解离，因而对CO中毒性缺氧氧疗效果较好。

三、氧中毒

吸入气氧分压过高、给氧时间过长，可引起细胞损害、器官功能障碍，称为氧中毒（oxygen intoxication）。氧中毒的发生主要取决于吸入气氧分压而不是氧浓度。一般认为氧中毒的发生与活性氧（ROS）的毒性有关。吸入气压力、氧浓度和给氧持续时间不同，氧中毒的表现不同，可分为三种类型：①脑型氧中毒：吸入2~3个大气压以上的氧，可在短时间内（6个大气压的氧数分钟，4个大气压的氧数十分钟）引起氧中毒，主要表现为肌肉颤动、面色苍白、出汗、恶心、眩晕、幻视、幻听、抑郁、烦躁、抽搐、惊厥等神经症状，严重者可昏迷、死亡。②肺型氧中毒：发生于吸入一个大气压左右的氧8 h以后，表现为咽痛、胸骨后不适、烧灼或刺激感、胸痛、不能控制的咳嗽、呼吸困难、肺活量减小。肺部呈炎性病变，有炎细胞浸润，充血、出血，肺不张，两肺可闻及干、湿啰音，严重者可危及生命。③眼型氧中毒：新生儿尤其是出生体重低的早产儿，长时间吸入高浓度氧可引起视网膜广泛的血管阻塞、成纤维组织浸润、晶体后纤维增生、视网膜萎缩，严重者可致盲。

（吴　静）

参考文献

[1] Alonso J R, Cardellach F, Lopez S, et al. Carbon monoxide specifically inhibits cytochrome c oxidase of human mitochondrial respiratory chain [J]. Pharmacol Toxicol, 2003, 93（3）: 142-146.

[2] Prockop L D, Chichkova R I. Carbon monoxide intoxication: an updated review [J]. J Neurol Sci, 2007, 262（1-2）: 122-130.

[3] 黎鳌，杨宗城. 吸入性损伤，[M]. 北京：人民军医出版社，1993：103-120.

[4] 格日力. 高原医学 [M]. 北京：北京大学医学出版社，2015：1-194.

[5] 崔建华. 高原医学基础与临床 [M]. 北京：人民军医出版社，2012：1-12.

[6] 李谊，孔宪会，梁勃洲，等. 高原低氧环境对青藏铁路建设者健康的影响 [C]. 中华预防医学会第三届学术年会暨中华预防医学会科学技术奖颁奖大会、世界公共卫生联盟第一届西太区公共卫生大会、全球华人公共卫生协会第五届年会论文集，2009.

[7] Halliwill J R. Hypoxic regulation of blood flow in humans. Skeletal muscle circulation and the role of epinephrine [J]. Adv Exp Med Biol, 2003, 543: 223-236.

[8] Dinenno F A. Skeletal muscle vasodilation during systemic hypoxia in humans[J]. J Appl Physiol(1985), 2016, 120（2）: 216-225.

[9] Black J E, Roddie I C. The mechanism of the changes in forearm vascular resistance during hypoxia [J]. J Physiol, 1958, 143（2）: 226-235.

[10] Dinenno F A, Joyner M J, Halliwill J R. Failure of systemic hypoxia to blunt alpha-adrenergic

vasoconstriction in the human forearm [J]. J Physiol, 2003, 549 (Pt 3): 985-994.

[11] Minson C T. Hypoxic regulation of blood flow in humans. Skin blood flow and temperature regulation [J]. Adv Exp Med Biol, 2003, 543: 249-262.

[12] Swenson E R. Hypoxic pulmonary vasoconstriction [J]. High Alt Med Biol, 2013, 14 (2): 101-110.

[13] Macintyre N R. Tissue hypoxia: implications for the respiratory clinician [J]. Respir Care, 2014, 59 (10): 1590-1596.

[14] 李桂源. 病理生理学 [M]. 3版. 北京: 人民卫生出版社, 2012: 220-235.

[15] Wang G L, Semenza G L. General involvement of hypoxia-inducible factor 1 in transcriptional response to hypoxia [J]. Proc Natl Acad Sci U S A, 1993, 90 (9): 4304-4308.

[16] Semenza G L, Wang G L. A nuclear factor induced by hypoxia via de novo protein synthesis binds to the human erythropoietin gene enhancer at a site required for transcriptional activation [J]. Mol Cell Biol, 1992, 12 (12): 5447-5454.

[17] Schuster S J, Wilson J H, Erslev A J, et al. Physiologic regulation and tissue localization of renal erythropoietin messenger RNA [J]. Blood, 1987, 70 (1): 316-318.

[18] Rosebraugh M, Widness J A, Veng-Pedersen P. Receptor-based dosing optimization of erythropoietin in juvenile sheep after phlebotomy [J]. Drug Metab Dispos, 2011, 39 (7): 1214-1220.

[19] Piperno A, Galimberti S, Mariani R, et al. Modulation of hepcidin production during hypoxia-induced erythropoiesis in humans in vivo: data from the HIGHCARE project [J]. Blood, 2011, 117 (10): 2953-2959.

[20] Plate K H, Breier G, Weich H A, et al. Vascular endothelial growth factor is a potential tumour angiogenesis factor in human gliomas in vivo [J]. Nature, 1992, 359 (6398): 845-848.

[21] Forsythe J A, Jiang B H, Iyer N V, et al. Activation of vascular endothelial growth factor gene transcription by hypoxia-inducible factor 1 [J]. Mol Cell Biol, 1996, 16 (9): 4604-4613.

[22] Adams J M, Difazio L T, Rolandelli R H, et al. HIF-1: a key mediator in hypoxia [J]. Acta Physiol Hung, 2009, 96 (1): 19-28.

[23] Papandreou I, Cairns R A, Fontana L, et al. HIF-1 mediates adaptation to hypoxia by actively downregulating mitochondrial oxygen consumption [J]. Cell Metab, 2006, 3 (3): 187-197.

[24] Yu A Y, Shimoda L A, Iyer N V, et al. Impaired physiological responses to chronic hypoxia in mice partially deficient for hypoxia-inducible factor 1alpha [J]. J Clin Invest, 1999, 103 (5): 691-696.

[25] Shimoda L A, Manalo D J, Sham J S, et al. Partial HIF-1alpha deficiency impairs pulmonary arterial myocyte electrophysiological responses to hypoxia [J]. Am J Physiol Lung Cell Mol Physiol, 2001, 281 (1): L202-208.

[26] Kline D D, Peng Y J, Manalo D J, et al. Defective carotid body function and impaired ventilatory responses to chronic hypoxia in mice partially deficient for hypoxia-inducible factor 1 alpha [J]. Proc Natl Acad Sci U S A, 2002, 99 (2): 821-826.

[27] Ide T, Kamijo Y. The early elevation of interleukin 6 concentration in cerebrospinal fluid and delayed encephalopathy of carbon monoxide poisoning [J]. Am J Emerg Med, 2009, 27 (8): 992-996.

[28] Lakhani R, Bleach N. Carbon monoxide poisoning: an unusual cause of dizziness [J]. J Laryngol Otol, 2010, 124 (10): 1103-1105.

[29] Comroe J H, Jr., Mortimer L. The Respiratory and Cardiovascular Responses of Temporally Separated Aortic and Carotid Bodies to Cyanide, Nicotine, Phenyldiguanide and Serotonin [J]. J Pharmacol Exp Ther, 1964, 146: 33-41.

第五章

矿山创伤与体温异常

在自然界，人和高等动物都具有一定的机体温度，即体温（body temperature）。体温是机体进行新陈代谢和正常生命活动的必要条件，是基本生命体征之一。由于机体内部异常因素或恶劣自然环境因素导致的体温过高或过低，可对机体产生一定损伤性的影响，严重时可导致死亡。

矿井环境中包括温度在内的多种不安全因素严重影响矿工的生命安全。环境温度的骤变或长期处于极端恶劣的气温环境，可破坏机体自身体温调节系统，出现体温异常。矿难灾害事故中突然发生的热浪或寒流袭击，会导致机体出现或中暑、烫伤，或冻伤、冻僵（全身冻结）以致冻亡。如煤矿井下瓦斯爆炸的瞬间，自由空间1850℃及密闭空间2850℃的环境高温可致皮肤、呼吸道灼伤或烧伤，继之而来的感染、渗出以及皮肤散热功能障碍可导致发热或过热。我国多数矿山地理位置偏远，气象条件恶劣，气温易骤变且昼夜温差大。在矿山医疗救护过程中，道路复杂难行，急救物资和人力很难及时到达现场，自然环境温度是对伤员体温的严峻考验。体温的异常是严重影响体内各组织器官功能和代谢的重要因素。

第一节 体温及其调节

一、体温概况

（一）表层温度和深部温度

人体的表层，包括皮肤、皮下组织和肌肉等的温度称为表层温度（shell temperature）。表层温度不稳定，各部位之间有一定差异。四肢末梢皮肤温度最低，越近躯干和头部的皮肤温度越高。气温达32℃以上时，皮肤温度的部位差将变小。在寒冷环境中，随着气温下降，手、足的皮肤温度降低最显著，头部皮肤温度变动相对较小。皮肤温度与局部血流量有密切关系，凡能影响皮肤血管舒缩的因素（如环境温度变化或精神紧张等）都能改变皮肤的温度。在寒冷环境中，皮肤血管收缩，血流量减少，皮肤温度随之降低，体热散失因此减少。相反，在炎热环境中，皮肤血管舒张，血流量增加，皮肤温度因而上升，起到增强发散体热的作用。人情绪激动时，交感神经兴奋，血管紧张度增强，皮肤温度（特别是手）显著降低。

机体深部（心、肺、脑和腹腔内脏等处）的温度称为深部温度（core temperature）。深部温度比表层温度高且比较稳定，各部位之间的差异也较小。这里所说的表层与深部，不是指严格的解剖学结构，而是生理功能上所作的体温分布区域。在不同环境中，深部温度和表层温度的分布会发生相对改变。在较寒冷的环境中，深部温度分布区域缩小，主要集中在头部与胸腹内脏，而且表层与深部之间存在明显的温度梯度。在炎热环境中，深部温度可扩展到四肢。

（二）体温及其正常变动

体温是指机体深部的平均温度。由于体内各器官的代谢水平不同，它们的温度略有差别，但不超过1℃。循环血液是体内传递热量的重要途径，由于血液不断循环，深部各个器官的温度会经常趋于一致，血液的温度可以代表重要器官温度的平均值。临床上通常用口腔温度、直肠温度和腋窝温度来代表体温。直肠温度易受下肢温度的影响，当下肢冰冷时，下肢血液回流至髂静脉时的血液温度较低，会降低直肠温度。口腔温度（舌下部）易受经口呼吸、进食和喝水等因素的影响。由于腋窝不是密闭体腔，腋窝温度易受环境温度、出汗和测量姿势的影响。

人体体温在一昼夜之中呈周期性波动，清晨2～6时最低，午后1～6时最高，波动的幅值一般不超过1℃。体温的这种昼夜周期性波动称为昼夜节律或日周期（circadian rhythm）。女子的基础体温可随月经周期发生变动，排卵后体温升高，可能与性激素的分泌有关。体温与年龄也有一定关系，一般说来，儿童的体温较高，新生儿和老年人的体温较低。由于新生儿（特别是早产儿）的体温调节机制发育不完善，体温调节能力差，体温容易受环境温度的影响而变动。肌肉活动时代谢加强，热量生成增加，可导致体温升高。此外，情绪激动、精神紧张、进食等因素对体温都会有影响。

二、机体的产热与散热

体内营养物质代谢释放的化学能，其中50%以上以热能的形式用于维持体温，其余不足50%的化学能则载荷于ATP，经过能量转化与利用，最终也变成热能，并与维持体温的热量一起，由循环血液传导到机体表层并散发于体外。因此，机体在体温调节机制的调控下，使产热过程和散热过程处于平衡，即体热平衡，以维持正常的体温。如果机体的产热量大于散热量，体温就会升高；散热量大于产热量则体温就会下降，直到产热量与散热量重新取得平衡，才会使体温稳定在新的水平。

（一）产热过程

机体的总产热量主要包括基础代谢、食物特殊动力作用和肌肉活动所产生的热量。基础代谢是机体产热的基础，基础代谢率的高低与产热量成正比。食物特殊动力作用可使机体进食后额外产生热量。骨骼肌的产热量受肌肉活动的影响，安静时产热量很小，运动时产热量增大。轻度运动时，骨骼肌产热量可比安静时增加3～5倍，剧烈运动时，可增加10～20倍。人在寒冷环境中主要依靠寒战来增加产热量。寒战是骨骼肌发生不随意的节律性收缩的表现，其节律为9～11次/分。寒战的特点是屈肌和伸肌同时收缩，所以基本上不做功，但产热量很高。发生寒战时，代谢率可增加4～5倍。机体受寒冷刺激时，通常在发生寒战之前，首先出现温度刺激性肌紧张（thermal muscle tone）或称寒战前肌紧张（pre-shivering tone），此时代谢率就有所增加。受寒冷刺激的持续作用，在温度刺激性肌紧张的基础上出现肌肉寒战，产热量大大增加，这可维持在寒冷环境中的体热平衡。内分泌激素也可影响产热，肾上腺素和去甲肾上腺素可使产热量迅速增加，但维持时间短。甲状腺激素则使产热缓慢增加，但维持时间长。机体在寒冷环境中度过几周后，甲状腺激素分泌可增加2倍左右，代谢率可增加20%～30%。

（二）散热过程

人体的主要散热部位是皮肤。当环境温度低于体温时，大部分的体热通过皮肤的辐射、传导和对流散失，一部分热量通过皮肤汗液蒸发来散发。呼吸、排尿和排粪也可散失小部分热量（表5-1）。

表5-1　在环境温度为21℃时人体散热方式及其所占比例

散热方式	所占比例（%）
辐射、传导、对流	70
皮肤水分蒸发	27
呼吸	2
尿、粪	1

1．辐射（radiation）散热　这是机体以热射线的形式将热量传给外界较冷物质的一种散热形式。以此种方式散发的热量，在机体安静状态下所占比例较大（占全部散热量的60%左右）。辐射散热量同皮肤与环境间的温度差以及机体有效辐射面积等因素有关。气温与皮肤的温差越大，或是机体有效辐射面积越大，辐射的散热量就越多。

2．传导（conduction）散热　传导散热是机体的热量直接传给与之接触的较冷物体的一种散热方式。机体深部的热量以传导方式传到机体表面的皮肤，再由皮肤传给同它直接接触的物体，如床或衣服等。但由于此类物质多是热的不良导体，所以体热因传导而散失的量不大。人体脂肪的导热度较低，肥胖者或女子一般皮下脂肪较多，故由深部向表层传导的散热量较少。皮肤涂油脂类物质，也可起到减少散热的作用。水的导热度较大，据此可利用冰囊、冰帽给高热患者降温。

3．对流（convection）散热　对流是一种通过气体或液体交换热量的传导散热的特殊形式。人体周围总是包绕有同皮肤接触的空气，人体的热量传给空气，由于空气不断流动（对流），便将体热散发到空间。通过对流所散失的热量受风速影响极大，风速越大，对流散热量就越多。

4．蒸发（evaporation）散热　在人的体温条件下，蒸发1g水分可使机体散失2.4kJ热量。当环境温度升高时，皮肤和环境之间的温度差变小，辐射、传导和对流的散热量减小，而蒸发的散热作用则增强。当环境温度等于或高于皮肤温度时，辐射、传导和对流的散热方式则不起作用，此时蒸发就成为机体唯一的散热方式。

人体蒸发有不感蒸发（insensible perspiration）和发汗（sweating）两种形式。不感蒸发即水分蒸发不为机体所觉察，人体即使处在低温中没有明显的汗液分泌，皮肤和呼吸道都不断有水分被蒸发掉，称为不感蒸发，皮肤的水分蒸发又称为不显汗。发汗是可意识到的明显的汗液分泌，汗液的蒸发又称为可感蒸发。人在安静状态下，当环境温度达30℃左右时便开始发汗，环境温度越高，发汗速度越快。如果空气湿度大，而且着衣较多时，气温达25℃便可引起人体发汗，但若长时间处在高温环境中，发汗速度可因汗腺疲劳明显减慢。劳动强度也影响发汗速度，劳动强度大，产热量越多，发汗量也越多。精神紧张或情绪激动引起的发汗称为精神性发汗，主要见于掌心、脚底和腋窝，在体温调节中的作用不大。

三、体温调节机制

包括人在内的恒温动物，有完善的体温调节机制。当外界环境温度改变时，可通过调节产热过程和散热过程，维持体温相对稳定。例如，在寒冷环境下，机体增加产热和减少散热；在炎热环境下，机体减少产热和增加散热，从而使体温保持相对稳定。这是一系列复杂的体温调节过程，从感受温度变化的温度感受器兴奋开始，通过有关传导通路把温度信息传达到体温调节中枢，经过中枢整合后，再通过自主神经调节皮肤血流量、竖毛肌和汗腺活动等，通过躯体神经调节骨骼肌活动，如寒战等，通过内分泌系统改变机体的代谢率，从而实现完整的体温调节通路。

体温调节是生物自动控制系统的实例。下丘脑体温调节中枢，包括调定点（set point，SP）神经元在内属于控制系统。它的传出信息控制着产热器官如肝、骨骼肌以及散热器官如皮肤血管、汗腺等受控系统的活动，使机体深部温度维持在相对稳定的水平。而输出变量体温总是会受到内、外环境因素的干扰，此时则通过温度检测器——皮肤及深部温度感受器将干扰信息反馈于调定点，经过体温调节中枢的整合，再调整受控系统的活动，仍可建立起当时条件下的体热平衡而稳定体温。

对温度敏感的神经细胞团称为温度感受器，分为温觉感受器和冷感受器，分别感受局部温度的升高和降低。根据存在部位，温度感受器又可分为外周感受器和中枢感受器。外周温度感受器在人体皮肤、黏膜和内脏中，当皮肤温度升高时，温觉感受器兴奋；而当皮肤温度下降时，则冷感受器兴奋。中枢温度感受器在脊髓、延髓、脑干网状结构及下丘脑中，体温中枢视前区-下丘脑前部（preoptic anterior hypothalamus，POAH）存在着热敏神经元（warm-sensitive neuron）和冷敏神经元（cold-sensitive neuron）[1]。前者的放电频率随局部温度的升高而增加，而后者的放电频率则随着脑组织的降温而增加。脊髓中也有温度敏感神经元，脊髓中传导温度信息的上行性神经元的纤维在前侧索中走行，将信息发送给POAH。皮肤、脊髓及中脑的温度传入信息都会聚于延髓温度敏感神经元，延髓也接受来自POAH的信息，并且向POAH输送信息。脑干网状结构也有对局部温度变化发生反应的神经元，它接受来自皮肤、脊髓的温度信息并向POAH输送。

POAH的热敏神经元和冷敏神经元分别调节散热和产热反应，下丘脑以外的脑细胞也有类似的两种神经元存在。体温调节是涉及多方输入温度信息和多系统的传出反应，因此是一种高级的中枢整合作用。视前区-下丘脑前部是体温调节的基本部位。下丘脑前部的热敏神经元和冷敏神经元既能感受它们所在部位的温度变化，又能对传入的温度信息进行整合[2]。

当外界环境温度改变时，首先，皮肤的温、冷觉感受器兴奋，将温度变化的信息沿躯体传入神经经脊髓到达下丘脑的体温调节中枢。其次，外界温度改变可通过血液引起深部温度变化，并直接作用于下丘脑前部。最后，脊髓和下丘脑以外的中枢温度感受器也将温度信息传给下丘脑前部。通过下丘脑前部和中枢其他部位对信息的整合，通过不同途径向外发出指令调节体温：通过交感神经系统调节皮肤血管舒缩反应和汗腺分泌，通过躯体神经改变骨骼肌的活动，通过甲状腺和肾上腺髓质激素分泌活动的改变来调节机体的代谢率。皮肤温度感受器兴奋主要调节皮肤血管舒缩活动和血流量，深部温度改变主要调节发汗和骨骼肌的活动。

调定点学说认为，体温的调节类似于恒温器的调节，POAH中有个调定点，即规定数值（如37℃）。如果输入温度偏离此规定数值，则由反馈系统将偏离信息输送到控制系统，然后经过对受控系统的调整来维持体温的恒定。通常认为，POAH中的温度敏感神经元可能在体温调节中起着调定点的作用。细菌所致的发热是由于热敏神经元的阈值因受到热原（pyrogen）的作用而升高，调定点上移（如39℃）。因此，发热反应开始先出现恶寒战栗等产热反应，直到体温升高到39℃以上时才出现散热反应[3]。只要致热因素不消除，产热与散热两个过程就继续在此新的体温水平上保持着平衡。应该指出的是，发热时体温调节功能并无阻碍，而只是由于调定点上移，体温才被调节到发热水平。

第二节 矿难与体温过低（冻僵）

机体暴露于寒冷环境中引起全身性体温降低，当体心温度（常以直肠温度为代表）低于正常范围（低于35℃）时称为体温过低，即冻僵。冻僵又称意外低体温（accidental hypothermia），是寒冷引起的以神经系统和心血管系统损害为主要表现的全身性疾病[4]。通常在暴露寒冷环境（-5℃以下）后6小时内发病。冻僵患者体温越低，病死率越高。普通体质的人在5℃水中裸体20～30分钟即可冻僵，在15℃水中不超过6小时也会冻僵，而人体长时间在24℃水中浸泡亦难以维持体心温度的恒定。

一、病因与分类

由于矿山地理位置的特殊性，尤其在寒冷的冬季，环境温度可低于-20℃以下，加之矿区交通和信息不畅，伤员常会较长时间暴露在低温环境中。临床上根据体心温度降低的程度将体温过低分为三度：体心温度35～32℃为轻度；32～26.7℃为中度，低于26.7℃为重度。体温过低可从病程分为不同的类型。

1. 急快速发展或浸泡型体温过低 由于环境温度过低，如矿井下透水，伤员落入冷水中，虽然身体仍具有一定产热能力，也会很快发展为体温过低。

2. 中速发展或衰竭型体温过低 主要由于长时间的冷暴露，体力消耗，体内能源不足以产生足够热量以御寒，如寒冷环境中长时间等待救援等。

3. 缓慢发展或亚临床型体温过低 由于长时间暴露于轻度冷环境，产热不足以完全代偿散热，体温可在几天、几周或几个月内仍属于正常范围（高于35℃），但终因某种意外而进入体温过低状态。此型多见于老年人群或伴有营养不良者。

4. 慢性体温过低 体温长时间低于正常范围，甚至夏季时亦然。可见于伴有多种生理功能异常的伤员。

5. 间歇性体温过低 体温过低间歇性发作，伤员体温调节系统功能尚属正常，但其体温调定点则低于正常，可见于严重颅脑损伤的病员。

二、临床表现与诊断

（一）临床表现

体温过低发生前的冷应激期，机体动员维持内环境稳定的机制，交感神经兴奋，生理功能增强，如心血管和呼吸系统活动增强，神经传导、精神的敏锐性增加，神经肌肉代谢率提高。随着体温的不断下降，逐渐转为生理功能的抑制。

体温过低的主要临床表现为：皮肤苍白冰冷、口唇耳垂呈紫色、轻度颤抖、心跳呼吸减慢、血压降低、尿量减少、意识障碍，晚期可能出现昏迷。核心体温降低可导致冷漠嗜睡、手脚笨拙、精神错乱、易激动、虚幻、呼吸减慢或停止、心跳减慢且不规则，最后停止。一般来说，体心温度在30℃以上时，尚有复苏的可能，25℃以下则有死亡的危险，即"冻亡"。严重的心功能不全、心室纤颤、肾衰竭、代谢性酸中毒、脑或肺水肿等为体温过低的致死原因。

（二）诊断

可根据伤员的冷暴露史和低体温（直肠温度）进行诊断。普通的临床体温计不能测量体温过低时严重的低体温，必须用特殊的低体温测量仪，医疗急救单位应具备读数可低至20℃的温度计。若只有标准的临床体温计，汞柱不能升至34℃以上表明有体温过低。

轻度伤员可因只有神志紊乱、昏睡、嗜睡和一些异常行为而易被漏诊。因此对原因不明的昏迷伤员，测定体温应为第一步要采取的诊断手段。

三、治疗原则

（一）紧急救治

1．判断伤情 一旦发现伤员应立即判断伤情，伤员身体已冷且有以下征象之一者应视为重度：①生命体征微弱；②意识状态已变得起伏；③体心温度降至32℃或更低；④伤员身体很凉且无寒战；⑤伴有明显的外伤。如无上述表现者可定为轻度或中度。

2．尽快保暖 迅速将伤员转移至暖和避风场所，防止体热继续丧失。在等待转送医院期间，如有雨衣、棉被、甚至干草、枯叶等均可用于保暖，不要让伤员直接躺在冰冷的地面上。如有热源，可在伤员的头、颈、胸、腹股沟等处放置湿热袋等，或用同伴的体热温暖伤员。

3．预防猝死 猝死是体温过低急救时常见的严重并发症，如伤员在冰裂缝中被发现时尚清醒，而救出移动后突然死亡。这可能与心室纤颤、血容量低或体位性低血压等因素有关。在救治和搬运伤员时动作要轻柔，不要按摩或随意搬弄其肢体，因为突然刺激可能引起心律紊乱，危及生命。伤员应静息、仰卧位，救治时应尽量避免伤员自己用力过度，也不要让伤员行走或运动来升高体温。不能用过冷的氧气，特别是不能用已在野外停放很久的氧气瓶未经温水加热就直接输氧，不要用冷的液体静脉输液或任何致冷的治疗措施。不要给予咖啡或乙醇饮料。只有在伤员不可控制的寒战停止、且清醒可吞咽，并有复温的证据后才可给热饮。

4．心肺复苏 对无生命体征者进行心肺复苏术。若有以下情况之一者，则不必施行：①生命体征尚存（如自发呼吸、心跳、肌肉运动等），低体温时这些体征频率很慢，要认真仔细观察，以确定是否有生命体征；②医生已有指令不要进行复苏或伤员明显尚存活；③有其他明显的致死伤情；④胸部不容许施加压迫者；⑤进行心肺复苏时对被救援人员有危险；⑥血清钾浓度大于10 mmol/L。

5．快速后送 应尽快设法后送伤员到就近的医疗单位进行急救复温，然后再视情况转移到条件较好的医院进行治疗。后送中应加强保暖，防止体温进一步降低或肢体冻伤或再度冻结。如有条件，后送前静脉给予葡萄糖或等渗盐液，以补充血容量。如有必要可考虑加温输血或补液，后送中应继续观察及处理病情变化，尽量减少颠簸。

6．自身防护 现场救护时救援者本身也常有冷伤及其他外伤的危险，应注意保暖和饮食。在有雪崩、冰裂隙等危险地区，应视察险情，加强防护。

对还有存活希望的患者，都要送医院进行治疗和监护。不应轻易判断冻僵患者死亡而放弃救治，除非经过充分的复苏措施仍无明显生命体征。

（二）复温

复温指以适当的速度恢复体心温度。冻僵伤员入院后，甚至未入院在有适当条件的情况下，应积极进行复温的急救治疗，尤其是优先恢复体心温度，绝不能先单纯将四肢复温，以免由于外周血管收缩解除，血压降低，引起"复温休克"，而且由于外周冷血回流心脏，引起心室纤颤或加重体温下降等。目前在临床上较为常用的治疗方法是腹膜透析，其特点是可直接加温腹腔内脏器官及血液，并通过膈传热而有利于心脏复温，此种方法无须昂贵的设备且不必特殊训练即可操作，复温不会加重心血管的负担。透析液为 40～42℃ 含 0.5% 葡萄糖的等渗溶液，每 40 分钟换液一次，效果更佳，应用时要注意监测血钾和血糖水平。当体心温度达到 36℃ 时即可停止。

复温方法的选择可归纳如下：轻症者可采用自然复温或体表复温。中度体温过低视条件及病情采用体表复温或体心复温。对老年人不宜采用温水浴，因其死亡率远高于青年人。重症者，特别是已无心跳者，应采用体心复温，直至用体外循环、开胸温水灌淋心脏等急救复温术。

（三）维护循环、呼吸功能

1．维持血容量　复温休克的主要原因是血容量低，因此应及时补充血容量。在后送前如有条件即进行注射葡萄糖或生理盐水。静脉输注液体的温度最好是 37～40℃，至少也应为室温温度。快速输入 300 ml，随后在 20～30 分钟内再给予 700 ml，以后的补液视病情而定。

2．心脏监护　外周脉搏及呼吸已消失的伤员，不论能否记录到心电图，均应立即施行心肺复苏术。核心温度低于 30℃ 时，心脏对药物及电刺激反应不良，给药时应予注意，以免体温回升时，药物突然发挥作用，造成危症，例如胰岛素类药物。低体温时利多卡因、心得安等效果不佳，而输入多巴胺可使心率及心输出量增加。近年来的临床报告认为，溴苄胺是体温过低时的首选药物，其用量为 3～5 mg/kg 体重，以 5% 的葡萄糖 40 ml 稀释后静脉注射，需要时 4～6 小时后再注射。

3．给氧　体温过低伤员一般均有低氧血症，应注意供氧。如果事先给予充足氧气，气管插管术并不会增加体温过低伤员心室纤颤的危险。供氧能维护呼吸功能，是体温过低伤员不可缺少的治疗措施。供氧应为加温加湿，速度适中，以免造成过度通气。

（四）维持酸碱平衡

对中、重度体温过低伤员应行中心静脉插管以监测伤情。体温过低伤员大多伴有酸中毒，但复温过程中常能自行纠正。复温后尚有酸中毒者可用 1 剂不超过 0.5 mmol/kg 体重的重碳酸钠静脉注射，15 分钟后再测定血液 pH。对于高血钾、低血钾或低血糖者，应及时加以纠正。对于高血糖症，在低体温时不可应用胰岛素，因复温后血糖水平会有所降低，以免发生低血糖症。

总之，体温过低伤员只要现场急救及时，正确选择复温方法及其他治疗措施，多数伤员可以得到成功的救治，痊愈后并不会遗留永久性的残疾。

第三节　工矿冷伤

机体如长期处于寒冷矿区自然环境中，可导致冷伤的发生。冷伤（cold injury）是由低温环境而引起的损伤。正常情况下，人体和周围环境保持着一定的热平衡，人体通过神经 - 内分泌系统调节产热，又因环境气温影响和各种途径丢失热量和散热。产热和散热间维持着动态平衡，以保持体温相对稳定。如环境低温持续过久，人体又无足够的防寒装备，体内产生的热量不足以抵偿丧失的热量时，则体内热平衡受到破坏，体温显著下降，超过生理耐受限度，引起全身性或局部性损伤，此即冷伤。

一、致伤原因与分类

（一）常见原因

冷伤的主要病因是寒冷环境。一般情况下，冷伤程度与寒冷的强度和持续时间成正比。但是，寒冷是否引起冷伤还与以下因素有关。

1. 潮湿 潮湿本身并不会直接造成冷伤，但因水的导热性比空气大 20 余倍，故在寒冷条件下，潮湿可严重破坏防寒服装的保温性能，大大增加体热的散失，由此易引起冷伤。

2. 风 空气是热的不良导体，当其处于相对静止状态（如体表和衣服间的空气层）时，有较好的保温作用。有风时，空气对流加速，保温层受到破坏，从而增加体热散失。当风速为 72.4 km/h 时，其 −6℃ 下的寒战效应（chilling effect）等于 −40℃ 下无风时的效应。通常风速越大，体热散失越多，人体的冷感亦加剧，因而可促使冷伤发生。

3. 接触冷物 体表某部分直接接触金属、石块等导热性很强的低温器物时，局部温度会骤然下降，以致发生冷伤。如局部潮湿，可使皮肤与冷物（如金属门把）冻结在一起，处理不当，会发生皮肤撕裂伤。

4. 局部血循环障碍 任何使局部血循环障碍的因素，均可使该处的热量来源减少，由此促使发生冷伤。常见的情况有：肢体长时间处于静止或受挤压状态，如鞋袜、衣裤过紧或绑扎止血带等。此外，肢体长时间浸渍水中或汗足，以及曾经患过冷伤的部位，均更易发生冷伤。

5. 全身因素 过劳、睡眠不足、饥饿、精神紧张、创伤等，可使全身抵抗力降低，亦易促使发生冷伤。缺乏耐寒锻炼和防冻经验、酗酒等，易引起冷伤。

总之，温度越低、湿度越大、风速越高、暴露时间越久，发生冷伤的机会亦越大，程度也越重，但个体耐受性的差异也较大，身体各部抗寒能力也不同。远离身体中心的部位，如耳郭、足趾、手指等，血循环较差，表面温度低，皮肤散热面积相对较大（较之其体积而言），故易发生冷伤。

（二）分类

冷伤分为冻结性冷伤和非冻结性冷伤两大类。冻结性冷伤亦称局部冻伤（frost-bite）或冻伤，是在非常寒冷的条件下，身体局部组织温度降到冰点以下，组织经历冻结和融化后引起的损伤，多发生于足、手、颜面及耳郭等部位。冻僵（frozen stiff）时往往伴有局部冻伤。非冻结性冷伤是指组织温度虽低，但始终在冰点以上，最常见的是冻疮（chilblain），其他有浸渍手（immersion hand）、浸渍足（immersion foot）和战壕足（trench foot）等。

冻伤是皮肤或皮下组织暴露于 0℃ 或更低的环境温度下，组织液体形成冰晶。冻伤的发生取决于环境温度和风速，所需的暴露时间自数分钟至数小时不等。非冻结性冷伤因低温、潮湿作用使血管处于长期收缩或痉挛状态，继而出现血管持续扩张、血液淤滞、血细胞和体液外渗、局部渗血、淤血、水肿等，严重者可发生水疱，甚至皮肤坏死。冻伤可发生于不同的海拔高度，但高原（海拔 3000 m 以上）更为多见。一般海拔每增高 100 m，气温下降 0.56℃，5000 m 高度则降低 28℃。

二、冻结性冷伤（或称冻伤）

冻结性冷伤又称冻伤，是在一定条件下由于寒冷作用于人体，引起局部的乃至全身的损伤。损伤程度与寒冷的强度、风速、湿度、受冻持续时间以及局部和全身的状态有直接关系。矿区作业或事故中的寒冷、饥饿、疲劳、御寒设备不足或鞋袜不适等均可导致冻伤的发生。

（一）病理生理分期

冻伤按其病理生理的发展过程可分为生理调节期、冻结-融化期、炎症反应期及修复或坏死期。

1. 生理调节期 正常情况下，机体产热和散热之间维持着动态平衡，使体温保持相对恒定。因环境温度降低而感到寒冷时，机体可通过体温调节中枢使产热增加（主要表现为肌肉和内脏代谢率增高）和散热减少（主要表现为皮肤血管收缩，血流减少），如持续受冷，则该部血管反而扩张，结果血流增加，皮肤温度回升，局部血循环暂时有所改善，但不稳定，血管收缩与扩张现象可交替出现。这种血管交替舒缩称为"血管波动反应"（hunting reaction）[5]，是一种保护反应，其波动幅度及持续时间取决于寒冷强度和个体反应性。血管扩张过久，势必会影响到人体中心温度，人体为了保护整体，通过调节，最终导致血管持续性收缩，温度更加降低，出现缺血缺氧。由此形成皮肤温度下降 - 波动 - 再下降的过程，最终血管功能衰竭，波动反应消失，组织温度下降，随之发生组织冻结。

2. 冻结 - 融化期 局部组织降至生物冰点（即组织产生冰晶的温度）以下就会发生冻结。不同种属、不同组织的生物冰点不同，一般为 –5.0 ～ –2.5℃。组织冻结后先形成冰核，然后向四周扩张，冰晶大小与冻结速度有关，冻结速度快，则冰晶小，细胞内外同时形成冰晶体微粒。人体在接触温度极低的硬质固体（如金属）或液体（如液氮）时，可立即引起接触部位的皮肤冻结。如未及时脱离接触，冻结程度可迅速加深。皮肤紧贴在低温固体上，强行脱离时，可造成撕裂伤。但是，一般情况下，临床上所见的局部冻伤均为缓慢冻结，即先在细胞外液中形成冰晶核，随着周围水分的不断凝结，冰晶体逐渐扩展。

皮肤对冷冻的致伤效应（damaging effect）有较大的抗力，而神经、血管、横纹肌等组织对低温的耐受性较差。

人体降温后可增加血液的黏滞性，组织冻结后呈软泥样，只有在融化后，由冻结所致的血管损伤改变才能显现出来。冻结和融化损伤是造成组织损伤的基础，其中最主要的是低温程度、冷冻速度、受冻时间和融化复温速度，在这些因素的协同作用和相互影响下，造成组织细胞不同程度的损伤。

3. 炎症反应期 冻伤组织融化后，冻区局部呈现炎症反应状态，出现大小不等的水疱及大量渗出，重度冻伤最终出现组织坏死，这一阶段的主要病变表现如下。

（1）血液循环障碍：实验观察家兔冻区组织融化后血液循环情况，最初可见冻区动脉高度扩张，微血管也扩张，血流缓慢。融化后数分钟到数小时，即可见到一些毛细血管被红细胞淤积而堵塞，随之血栓形成，至冻后 24 小时血栓形成已十分明显[6]。

（2）炎症反应：冻区融化后炎症反应明显。实验证明，冻后 5 ～ 10 分钟冻区皮肤血管内的中性粒细胞开始"溜边"，冻后 30 分钟真皮出现散在的中性粒细胞，1 小时后迅速增多，脂肪和肌肉组织中均可见炎性细胞浸润。冻后局部炎症反应的程度与组织存活力有密切关系。炎症反应强者损伤较轻，反应较弱者，其组织坏死程度则较重。

（3）组织代谢改变：冻融损伤后，冻区组织细胞代谢紊乱，线粒体损伤，其氧化磷酸化功能严重障碍；另外，冻区静脉氧分压及氧含量明显升高，动 - 静脉氧含量差明显降低，说明冻伤组织氧利用减少，同时肌肉糖原含量减少，琥珀酸脱氢酶活性减弱等，均表明冻伤组织代谢发生障碍。

4. 修复或坏死期 随着血液循环障碍及代谢紊乱的逐渐恢复，轻度冻伤组织得以修复；重度冻伤则转入坏死形成期。浅层坏死组织形成的干痂经过一定时间后自行脱落。若其深层组织坏死，在无合并感染的情况下，随着水分的不断蒸发，坏死组织干化（木乃伊化），与未坏死的组织之间形成明显的分界线，最终脱落形成溃疡或残端，造成不同程度的残疾。

（二）冻伤的临床表现

1. 反应前期 指冻伤后至复温融化前的一个阶段。自觉症状先为冻痛、刺痛至刀割样感觉，接着出现麻木和失去知觉，皮肤苍白，触之冰冷、发硬，其坚硬程度常与伤情有直接关系。

2. 反应期 指复温融化后的阶段，损伤范围于复温后数日才渐趋明显，故早期诊断有一定困难。目前多数学者主张将冻伤分为四度，其表现大致如下。

Ⅰ度冻伤（充血和水肿）：仅伤及皮肤表层。复温后皮肤充血、水肿，皮肤呈红色或紫色。自觉症状为患部痒感、灼热、刺痛、麻木。消肿后皮肤表面无明显变化，可有上皮脱屑。数日（1周左右）可自愈。一般无后遗症，个别病例有局部多汗、冷敏感等后遗症，但较轻。

Ⅱ度冻伤（充血和水疱形成）：伤及真皮层。典型症状为水疱形成，并往往连成片状，疱液为橙黄色的透明浆液性，疱底呈鲜红色。水疱周围充血、水肿，无渗出或有少量浆液性渗出，4～5天后水肿减轻。主要感觉疼痛较严重，皮肤呈深红色，触之有灼热和干燥感。如无感染，水疱吸收后形成较薄的痂皮，脱落后露出粉红色柔嫩的表皮，因其角化不完全易受损伤，故需注意保护。Ⅱ度冻伤不治亦可自愈（1～2周），无组织丢失。后遗症为对冷刺激敏感，多汗。

Ⅲ度冻伤（皮肤和皮下组织坏死）：伤及皮肤全层并扩展到皮下组织。复温前局部苍白，复温后冻区肿胀，皮肤呈青紫色或青灰色，冻后12～24小时或更长一些时间出现血性水疱，疱壁较厚，与Ⅱ度冻伤比较水疱较小，疱底为污秽色。水肿更为严重并有血性渗出。皮肤温度低，触之发凉。伤员症状较为严重，疼痛难忍。如无感染，水疱逐渐干燥，形成较厚的黑而硬的干痂，痂皮不易脱落。去痂后露出肉芽组织，形成溃疡，以后逐渐形成瘢痕。如合并感染，可导致大片组织丢失。

Ⅳ度冻伤（全层组织坏死）：为皮肤及皮下各层组织的冷冻损伤。其特点是包括肌肉和骨骼在内的全部组织坏死。复温前呈冰冷蜡状，复温后冻区肿胀，皮肤为紫蓝色或青灰色，或有斑纹和发绀。无水疱或仅有少数小的血性水疱，水肿出现较晚但很明显。局部组织温度很低，触之冰冷，痛觉和触觉均丧失。如无感染，冻后2～6周冻区逐渐变黑、干燥，呈干性坏死（木乃伊化），最后形成分界线，坏死组织脱落形成残端。如合并感染，组织腐烂，形成湿性坏死，甚至气性坏疽以至危及生命。

临床上常将Ⅰ度冻伤称为轻度冻伤，Ⅱ度冻伤称为中度冻伤，Ⅲ度与Ⅳ度冻伤统称为重度冻伤。应当指出的是，在重度冻伤的同一肢体中，自伤部中心向近心侧常有各种程度冻伤并存。

冻伤的后遗症：常见有肢端冷、痛或麻木，多汗、肤色异常、关节活动不灵等，遇冷时加重。严重的手、足冻伤还会引起骨关节炎，并可持续数年。儿童严重冻伤可引起骨断裂或未成年期的骨融合而致畸形。

三、非冻结性冷伤

长期或反复暴露于寒冷、潮湿环境中，由于血液循环不良，组织营养障碍导致的无组织冻结和融化过程的寒冷性损伤称为非冻结性冷伤，常见的包括冻疮、浸渍足和战壕足。

（一）冻疮

冻疮是最常见的一种非冻结性冷伤，多发生于低温和潮湿条件下，如较为寒冷的初冬或早春季节（16℃以下）。好发部位为身体的暴露和末梢处如手、足、耳、面颊等，手、足尤为多见。初发时皮肤红斑、发绀、发凉、肿胀并出现大小不等的结节，感觉异常、灼热、刺痒，局部温暖时尤甚，有时出现水疱，水疱破裂后形成浅表溃疡，并可继发感染，成为化脓性炎症。

冻疮的原发病变为真皮血管周围炎症，主要累及真皮浅层及中层，局部血管壁因水肿而显得疏松，周围有单核细胞浸润。

冻疮在未合并感染的情况下，一般在离开低温环境后可自愈（伤后5～7天）。局部每日用0.1%洗必泰液温浸或用1%呋喃西林霜剂外涂，或仅用温水浸泡，并适当包扎保暖，均可加速治愈。愈后无明显后遗症，但往往易复发。

（二）浸渍足

下肢（主要是足）在低温（0～10℃）的水中或泥浆中长时间（12小时以上）浸泡而且缺乏运动时发生的非冻结性冷伤称为浸渍足，多发生于船员、水手和海军。其病程缓慢，大体上经历缺血期、充血期、充血后期及后遗症期。缺血期足背发凉、肿胀，有沉重和麻木感，动脉搏动微弱或消失；充血期有时有水疱，重者伴有肌无力和肌萎缩；充血后期肿胀和炎症反应逐渐减轻，皮温下降，严重的浸渍足可形成组织坏死与脱落；后遗症期表现为患部对寒冷和负重较敏感，疼痛、多汗等症状，可持续数年。

（三）战壕足

长时间在冰点以上的低温（0~10℃）潮湿或蒸气环境中（如战壕或防空洞）停留，肢体下垂，处于固定状态以及鞋靴过紧而发生的主要累及小腿和足的非冻结性冷伤称为战壕足。因陆军战壕中易发生故得此名，亦有人称之为"湿冷病"。

战壕足病理改变为因受冷而致局部缺血，深部组织血管神经性病变和无菌性炎症。早期表现为血管明显充血，血管内有红细胞聚集和血栓，有明显渗出和水肿，以后血栓机化，可致闭塞性血管内膜炎，肌肉变性、坏死或蜂窝织炎。晚期萎缩，出现组织坏死、溃烂甚至露出肌腱。其症状为早期局部冷感，麻木，进而红肿，水疱形成，重者发展为局部溃疡或组织坏死。

第四节 发 热

矿难事故中的伤员在救援初发现或后续治疗过程中，体温的异常升高也是十分常见的病理过程。正常成人体温维持在37℃左右，一昼夜上下波动不超过1℃。当由于致热原的作用使体温调定点上移而引起调节性体温升高（超过0.5℃）时，就称之为发热（fever），俗称发烧。

体温升高可分为调节性体温升高和非调节性体温升高，前者即发热。发热时体温调节功能仍正常，只不过是由于调定点上移，体温调节在高水平上进行而已[7]。非调节性体温升高是调定点并未发生移动，而是由于体温调节障碍（如体温调节中枢损伤），或散热障碍（皮肤鱼鳞病和环境高温所致的中暑等）及产热器官功能异常（甲状腺功能亢进）等，体温调节机构不能将体温控制在与调定点相适应的水平上，是被动性体温升高。故把这类体温升高称为过热（hyperthermia）。矿井通风不良，尤其在炎热的夏季，久处高温环境中，经常可因散热不利而引发过热。本节重点讨论发热。

发热不是独立的疾病，而是多种疾病的重要病理过程和临床表现，也是疾病发生的重要信号。在整个病程中，体温曲线变化往往反映病情变化，对判断病情、评价疗效和估计预后，均有重要参考价值。

一、病因和发病机制

发热的发生机制比较复杂，有不少细节仍未阐明，但主要的或基本的环节已比较清楚。发热是由发热激活物首先作用于机体，激活内生致热原细胞使之产生并释放内生致热原（endogenous pyrogen，EP）。内生致热原可经不同途径将发热信息传向体温调节中枢，引起体温调定点上移，进而通过产热增加和散热减少，体温发生调节性升高。

（一）发热激活物

有许多物质（包括外源性致热原和体内某些产物）能够激活产内生致热原细胞而使其产生并释放内生致热原，称之为发热激活物，也是发热的原因。

1. 微生物 革兰氏阴性细菌菌壁含有的内毒素（endotoxin，ET），是一种有代表性的细菌致热原（bacterial pyrogen），其活性成分脂多糖中的脂质A（lipid A）是决定致热性的主要成分。ET耐热性很高，需 160℃ 干热 2 小时才能灭活，一般灭菌方法不能清除[8]。ET 还能激活单核细胞产生其他内生致热原。ET 的分子量高达 1000～2000 kD，一般剂量静脉内注射，难以通过血脑屏障进入脑内。大剂量注射 ET 可能通过破坏血脑屏障结构而致 ET 通过，或者由于某些生理过程（包括传染、毒血症或高热）提高脑毛细血管的通透性，导致 ET 或其降解产物得以自由通过。革兰氏阳性细菌（如肺炎链球菌、白色葡萄球菌、溶血性链球菌等）的致热效应可能是细菌颗粒本身，通过激活产内生致热原细胞，使其产生释放内生致热原。病毒（如流感病毒、麻疹病毒或 Coxsackie 病毒等）也可激活产内生致热原细胞，其激活作用可能与血细胞凝集素（hemagglutinin）有关。此外，螺旋体及真菌引入体内也可引起发热。

2．致炎物和炎症灶 有些致炎物如硅酸结晶、尿酸结晶等，在体内不但可引起炎症反应，其本身还具有激活产内生致热原细胞的作用。除某些非传染性致炎物以及传染原有激活作用之外，非传染性炎性渗出液中也含有发热激活物。

3．抗原 - 抗体复合物 抗原 - 抗体复合物对内生致热原细胞也有激活作用。许多自身免疫性疾病都伴有顽固性发热，如系统性红斑狼疮、类风湿关节炎、皮肌炎等，循环血液中持续存在的抗原 - 抗体复合物是其主要的发热激活物。

（二）内生致热原细胞

血液单核细胞是产生 EP 的主要细胞。此外，组织巨噬细胞（包括肝星状细胞、肺泡巨噬细胞、腹腔巨噬细胞和脾巨噬细胞等）以及某些肿瘤细胞，均可产生并释放 EP，这些细胞又称为产 EP 细胞。其在发热中的作用过程包括三个阶段，即激活、产生和释放。

（三）内生致热原

1．白细胞介素 -1（interleukin-1，IL-1） 是一种小分子蛋白质，有明显的致热性，也是疾病急性期反应的一种中介分子或系列中介分子之一。耐热性低，加热 70℃ 20 分钟即可破坏其致热活性。蛋白酶如胃蛋白酶、胰蛋白酶或链霉蛋白酶，都能破坏其致热性。

2．干扰素（interferon，IFN） 是细胞对病毒感染的反应产物，具有致热性。由人类白细胞诱生的 hIFN，有抗病毒、抑制细胞，尤其是肿瘤细胞生长的作用，已应用于临床。

3．肿瘤坏死因子（tumor necrosis factor，TNF） 是巨噬细胞分泌的一种蛋白质。重组 TNF（rTNF）已用于临床治疗肿瘤，有非特异杀伤肿瘤细胞的作用，给人注射能引起发热反应。

4．白细胞介素 -6（interleukin-6，IL-6） 引起发热反应的作用弱于 IL-1 和 TNF，内毒素、病毒、IL-1、TNF 等均可诱导单核细胞、巨噬细胞、内皮细胞等分泌 IL-6。

（四）体温调节中枢

哺乳类动物和人类的体温相对恒定，是依赖体温调节中枢调控产热和散热的平衡来维持的。视前区 - 下丘脑前部（preoptic anterior hypothalamus，POAH）是体温调节中枢的高级位点，次级位点是延脑、脑桥、中脑和脊髓等[9]。当 POAH 进行正常活动时，次级中枢退居次要或备用地位。而当 POAH 失去活动（如被病灶破坏）时，次级中枢可能取代之而发挥积极作用。

在血脑屏障外的脑血管区有一个特殊部位，即下丘脑终板血管器（organum vasculosum laminae terminalis，OVLT），位于第三脑室壁的视上隐窝处。此处毛细血管属于有孔毛细血管，EP 可通过这种毛细血管而作用于血管外周间隙中的巨噬细胞，由后者释放介质再作用于 OVLT 区神经元（与 POAH 相联系）或弥散通过室管膜血脑屏障的紧密连接，而作用于 POAH 的神经元。

（五）中枢介质

无论 EP 是否通过血脑屏障，给动物静脉内注射后，总要经过一段潜伏期才引起发热。因而其很可能需通过某种或多个中间环节，导致调定点上移，再通过调温反应而引起发热。有学者推测，某种或某些中枢介质（也称中枢发热介质）参与发热的中枢机制，如单胺（去甲肾上腺素、5-羟色胺）、前列腺素 E（PGE）、花生四烯酸及其衍生物、cAMP 和 Na^+/Ca^{2+} 比值等。

1. 前列腺素 E PGE 由 OVLT 区孔性毛细血管外周的巨噬细胞受 EP 激活后释放，作用于 OVLT 区的神经元或弥散过室管膜细胞紧密连接而作用于 POAH 的神经元。但也有许多资料不支持 PGE 作为发热介质，目前还难以肯定 PGE 是 EP 性发热的主要介质。

2. cAMP 脑内有较高 cAMP，也有丰富的 cAMP 合成降解酶系。它是脑内多种介质的信使和突触传递的重要介质。有资料支持 cAMP 参与发热的中枢机制[10]。

3. Na^+/Ca^{2+} 比值 体温调定点受 Na^+/Ca^{2+} 比值所调控，Ca^{2+} 浓度是调定点的生理学基础，Na^+/Ca^{2+} 比值上升可致调定点上移，其敏感区位于后下丘脑。

总之，发热发病学的第一环节是激活物的作用，但其作用方式所知甚少；第二环节，即共同的中介环节。各种致热原可能以不同的方式结合或先后作用于 POAH，或作用于外周靶细胞，再通过发热介质参与作用；第三环节是中枢机制，无论致热原是否直接进入脑内，很可能在下丘脑通过中枢介质才引起体温调定点上移，也不排除激活物的降解产物或外周介质到达下丘脑参与作用；第四环节是调定点上移后引起调温效应器的反应。此时由于中心温度低于体温调定点的新水平，从体温调节中枢发出调温指令抵达产热器官和散热器官，一方面通过运动神经引起骨骼肌的紧张度增高或寒战，使产热增多；另一方面经交感神经系统引起皮肤血管收缩，使散热减少；由于产热大于散热，体温上升，直至与调定点新高度相适应。

二、发热的时相及热代谢特点

多数发热尤其是急性传染病和急性炎症的发热，其临床经过大致可分为三个时相，每个时相均有各自的临床表现和热代谢特点。

（一）体温上升期

发热的第一时相是中心体温开始迅速或逐渐上升，快者约几小时或一昼夜就达高峰；慢者需几天才达高峰，称为体温上升期。此期许多患者自感发冷或恶寒，并可出现"鸡皮"和寒战、皮肤苍白等现象。皮肤苍白是皮肤血管收缩使血流减少所致。由于浅层血液减少，皮温下降并刺激冷感受器，信息传入中枢时自感发冷，严重时出现恶寒。同时经交感神经传出的冲动又引起皮肤竖毛肌的收缩，故出现"鸡皮"。寒战则是骨骼肌的不随意周期性收缩，是下丘脑发出的冲动经网状脊髓束和红核脊髓束，通过运动神经传递到运动终板而引起的[11]。皮肤温度下降由冷感受器传入信息也是引起寒战的一个因素，故此期又可称寒战期。此期是因体温调定点上移，中心温度低于调定点唤起的调温反应，故热代谢的特点是散热减少和产热增多，产热大于散热，因而体温上升。当患者感到发冷或恶寒时，中心温度已上升。

寒战在诊断上有参考意义。反复寒战超过一天可能是疟疾或菌血症。在传染病过程中，再次发生寒战，是传染源侵入血流的信号，但寒战并不限于传染病。

（二）高热持续期

当体温上升到与新的调定点水平相适应的高度后，就波动于较高的水平上，称为高热持续期或热稽留期（fastigium）。此期患者的皮肤颜色发红，自觉酷热和皮肤干燥，其中心体温已达到或略高于体温调定点的新水平，故下丘脑不再发出引起"冷反应"的冲动。除寒战及"鸡皮"现象消失外，皮肤血管由收缩转为舒张；血温上升也有扩血管作用，浅层血管舒张使皮肤血流增多，因而皮肤发红，散热也因而增加。由于温度较高的血液灌注可提高皮肤温度，热感受器将信息传入中枢，故产生酷热感。高热使皮肤水分蒸发较多，因而皮肤和口唇比较干燥。高峰期持续时间不一，从几小时（如疟疾）、几天（如大叶性肺炎）至一周以上（如伤寒）。本期的热代谢特点是中心体温与上升的调定点水平相适应，产热与散热在较高水平上保持相对平衡，波动也可较大。

（三）体温下降期

体温下降期（defervescence）中因发热激活物在体内被控制或消失，EP 及增多的发热介质也被清除，上升的体温调定点乃回降到正常水平。由于调定点水平低于中心体温，故从下丘脑发出降温指令，不仅引起皮肤血管舒张，还可引起大量出汗，故又称出汗期，皮肤比较潮湿。

出汗是一种速效的散热反应，但大量出汗可造成脱水，甚至循环衰竭，应注意监护，补充水和电解质，尤其是心肌劳损患者，更应密切注意。本期的热代谢特点是散热多于产热，故体温下降，直至与已回降的调定点相适应。热的消退可快可慢，快者几小时或 24 小时内降至正常，称为热的骤退（crisis）；慢者需几天才降至正常，称热的渐退（lysis）。

三、发热机体代谢与功能的变化

（一）代谢变化

发热机体的代谢改变包含两个方面，一方面是在致热原作用后，体温调节中枢对产热进行调节，增强骨骼肌的物质代谢，使调节性产热增多；另一方面是体温升高本身的作用，一般认为，体温每升高 1℃，基础代谢率提高 13%，例如伤寒患者体温上升并保持 39～40℃时，其基础代谢率增高 30%～40%（低热量饮食条件下）[12]。因此持久发热使物质消耗明显增多。如果营养物质摄入不足，就会消耗自身物质，并易出现维生素 C 和维生素 B 的缺乏，故必须保证足够的能量供应，包括补充足量维生素。

1. 蛋白质代谢　高热患者的蛋白分解加强，血尿素氮比正常人增加 2～3 倍，可出现负氮平衡，即摄入未能弥补消耗。蛋白质分解加强除与体温升高有关外，与 LP 的作用关系密切。已经证明 LP 通过 PGE 合成增多而使骨骼肌蛋白质大量分解，此为疾病急性期反应之一，故除保证能量需求之外，还需保证提供给肝大量氨基酸，用于急性期反应蛋白的合成和组织修复等需要。

2. 糖和脂肪代谢　发热时糖代谢加强，肝糖原和肌糖原分解增多，血糖因而升高，糖原储备减少。由于葡萄糖的无氧酵解也增强，组织内乳酸因而增加。发热时脂肪分解也显著加强，由于糖代谢加强使糖原储备不足，摄入相对减少，乃动员储备脂肪，后者大量消耗而致机体消瘦。由于脂肪分解加强和氧化不全，有的患者可出现酮血症和酮尿。

3. 水盐代谢　发热时水盐代谢有变化。在发热高峰期，尿量常明显减少，出现少尿和尿色加深，氯化钠排出随之减少，Na^+ 和 Cl^- 滞留于体内；而在退热期，随着尿量增多和大量排汗，钠盐的排出也相应增多。

在高峰期，高热使皮肤和呼吸道水分蒸发也增多。加上出汗和饮水不足，可引起脱水，脱水又可加重发热。因此要注意持久高热者的饮食情况，确定合理摄水量，尤其是在退热期，大量排汗可加重脱水，必须补足水分。

（二）生理功能变化

发热时有一系列生理功能改变，有的是体温升高引起，有的不是，有的则未确定。

1. 心血管功能改变　体温每上升 1℃，心率平均增加 18 次/分（12～27 次/分）。这是高血温刺激窦房结及交感神经-肾上腺髓质系统活动增强所致。心率加快一般使心输出量增多，但对心肌劳损或心肌有潜在病灶的患者，则加重心肌负担，可诱发心力衰竭。在寒战期动脉血压可轻度上升，是外周血管收缩和心率加快的结果；在高峰期由于外周血管舒张，动脉血压轻度下降，高血压患者下降较为明显。体温骤退，特别是用解热药引起体温骤退时，可因大量出汗而导致休克。

2．呼吸功能改变 发热时呼吸加快，是上升的血温刺激呼吸中枢以及提高呼吸中枢对 CO_2 的敏感性所致[13]。一般将此视为一种加强散热的反应。

3．消化功能改变 发热时出现食欲不振和唾液分泌减少。前者使饮食减退，后者使口腔黏膜干燥，这与水分蒸发过多也有关。动物实验发现，IL-1能引起食欲不振。

有些发热患者还有胃液和胃酸分泌减少、胃肠道蠕动减弱（并可鼓肠）。这些变化只部分与发热有关。实验证明，注射ET可在引起发热的同时，导致胃肠蠕动减弱和分泌减少[14]；给解热药抑制体温上升，这些变化并未能完全消失。

4．中枢神经系统功能改变 高热时对中枢神经系统的影响较大，突出表现是头痛，机制未明。有的患者有谵语和幻觉。实验证明，注射LP能诱导睡眠，这在一定程度上可解释传染病患者睡眠较多[15]。

小儿在高热中可出现搐搦，常见于6个月～6岁的儿童，称热惊厥。多为全身搐搦，发作时间较短，称单纯性热惊厥。这种儿童脑结构正常，无既往脑病史；而有些有既往脑病史的儿童，其热惊厥则表现为局部搐搦，发作持续时间也较长。热惊厥的发作，可能与体温上升的幅度和速度有关。对原来有脑病史的儿童，发热可能降低搐搦发作的刺激阈。

四、发热的生物学意义

一般认为发热对机体的影响利弊并存，不能一概而论，应全面分析，区别对待。

（一）适度发热增强机体防御功能

发热时发生急性期反应（acute phase response），各种急性期反应蛋白合成增加，可增强机体非特异性防御能力。高温可抑制病原微生物和肿瘤细胞的生长和增殖，有抑菌和抗肿瘤作用。一定程度的体温升高可使机体免疫细胞活化，清除发热激活物的能力增强。

（二）高热或长期发热对机体的损害作用

体温升高以及发热激活物、内生致热原和发热中枢介质均会对机体产生不利影响。机体分解代谢增强，导致机体能量过度消耗，器官负荷增加，严重时造成器官功能不全。代谢旺盛的细胞由于氧自由基生成增加等因素发生颗粒变性。大量的促炎细胞因子进入血液循环，可导致内皮细胞损伤、低血压、多器官功能衰竭，甚至死亡。孕妇发热具有致畸作用，对胎儿生长发育存在不利影响。

五、发热的处理原则

基于对发热发病学的新认识和解热药作用原理的了解，对发热患者的处理，需遵循下述原则。

（一）对一般发热不急于解热

由于热型和热程变化，可反映病情变化，并可作为诊断、评价疗效和估计预后的重要参考，而发热不过高或不太持久，又不会有多大的危害，故在疾病未得到有效治疗时，不必强行解热。解热本身不能导致疾病康复，且短暂的药效消失后，体温又会上升。相反，疾病一经确诊且治疗奏效，则热自退。急于解热使热程被干扰而失去参考价值，有弊无益。

（二）下列情况应及时解热

1．体温过高（如40℃以上）使患者明显不适、头痛、意识障碍和惊厥者。

2. 恶性肿瘤患者（持续发热加重病体消耗）。

3. 心肌梗死或心肌劳损者（发热加重心肌负荷）。

（三）选用适宜的解热措施

1. 针对发热病因　传染病的根本治疗方法是消除传染源和传染灶。当抗感染奏效时，随着传染灶（包括炎症灶）的消退，便出现退热。为促进退热，解热药可与抗感染疗法合并使用。

2. 针对发热机制和中心环节　根据发热机制及现有解热药的药理作用，可针对下列三个环节采取措施以达到解热的目的。

（1）干扰或阻止 EP 的合成和释放，包括抑制或减少激活物的产生或发挥作用。

（2）妨碍或对抗 EP 对体温调节中枢的作用。

（3）阻断发热介质的合成。这些措施可导致上升的调定点下降而退热。目前临床上采用的解热药包括化学解热药和类固醇解热药。前者以水杨酸盐为代表，对其解热原理有以下解释：①作用于 POAH 及附近，以某种方式使中枢神经元的功能复原；②阻断 PGE 的合成（通过抑制环加氧酶），但 PGE 作为发热介质仍有争议。以糖皮质激素（抗炎激素）为代表的类固醇解热剂的解热作用也有下列解释：①抑制产 LP 细胞合成和释放 LP；②抑制免疫反应；③抑制炎症反应（包括降低微血管通透性、抑制白细胞游出和抗渗出等），使炎性 EP 和激活物减少；④中枢效应：小量注入 POAH 后发挥解热作用，但机制尚不清楚。

3. 针刺解热疗法　针刺大椎、曲池、合谷等穴位有一定解热效果，但机制未明。

（四）加强对高热或持久发热患者的护理

1. 注意水盐代谢，补足水分，预防脱水。

2. 保证充足易消化的营养食物，包括维生素。

3. 监护心血管功能，对心肌劳损者，在退热期或用解热药致大量排汗时，要防止休克的发生。

（赵利军）

参考文献

[1] 李桂源. 病理生理学. 2 版. 北京：人民卫生出版社，2010：361.

[2] Li YY, Wang YH, Zhang YG. Effects of Huangqi Guizhi Wuwu Decoction given by different administration methods on rats with frostbite and the mechanism. Journal of Integrative Medicine. 2010, 8（2）：181-185.

[3] 于学忠，王仲. 协和急诊医学. 北京：科学出版社，2011：1911-1195.

[4] 陈灏珠，丁训杰. 实用内科学. 11 版. 北京：人民卫生出版社，2002：266-268.

[5] Sohatee MA, Brierley NA, Muir T. "Salt ice dare": a previously un-described mechanism of rapid frostbite injury.J Plast Reconstr Aesthet Surg.2014，67（10）：e248-249.

[6] 王建枝，殷莲生. 病理生理学. 8 版. 北京：人民卫生出版社，2013：103-113.

[7] Joo SY, Park MJ, Kim KH, Choi HJ. Cold stress aggravates inflammatory responses in an LPS-induced mouse model of acute lung injury.Int J Biometeorol.2016，6（8）：1217-1225.

[8] 管又飞，刘传勇. 医学生理学. 3 版. 北京：北京大学医学出版社，2014：184-193.

[9] Vardon F, Mrozek S, Geeraerts T. Accidental hypothermia in severe trauma.Anaesthesia, critical care & pain medicine.2016，35（5）：355-361.

[10] 王迪浔，金惠铭．人体病理生理学．3 版．北京：人民卫生出版社，2008：356-367.

[11] 唐朝枢，刘志跃．病理生理学 .3 版 . 北京：北京大学医学出版社，2013：66-76.

[12] Honore PM, Jacobs R, Hendrickx I. What's new in emergencies, trauma, and shock: Intentional or accidental hypothermia in Intensive Care Unit patients: Time to strike the colors?J Emerg Trauma Shock.2016, 9 (3): 93-94.

[13] Darocha T, Kosiński S, Jarosz A. Extracorporeal rewarming from accidental hypothermia of patient with suspected trauma.Medicine (Baltimore) .2015, 94 (27): e1086.

[14] Boulant JA. Role of the Preoptic-anterior hypothalamus in thermoregulation and fever. Clinical Infectious Diseases, 2000, 31: 157-161.

[15] Dinarello CA. Infection, fever and exogenous and endogenous pyrogens: some concepts have changed [J]. Journal of endotoxin research, 2004, 10 (4): 201-222.

第六章

创伤性休克

休克（shock）是指各种原因引起的急性血液循环障碍，微循环血液灌流量急剧减少，从而导致各重要器官功能代谢紊乱和结构损害的复杂的全身性病理过程。我国是全世界煤产量最高的国家，矿区的各种灾害事故，如爆炸、塌方、透水、山体滑坡、火灾等时有发生，机体常可因严重损伤和不能得到及时的救治而陷于休克，严重时导致死亡。此外，伤员大多在毫无心理准备的情况下突遭意外，灾害作为劣性应激原从躯体和心理两方面使机体处于强烈应激状态，也加速了休克的进展。严重创伤引发的休克是矿山事故中伤员致残和致死的主要病因。

创伤性休克（traumatic shock）是由于机体遭受剧烈暴力作用后，出现大出血、重要脏器损伤等情况，导致有效循环血量锐减，微循环灌注不足，以及创伤后的剧烈疼痛、恐惧等多种因素共同导致的机体代偿失调综合征。在各型矿难事故中，伤员在遭受严重创伤的同时，失血失液和脏器损伤常不可避免地同时发生，或心脏、大血管破裂，或肢体、颅脑、腹腔脏器等重要器官破裂，故创伤与失血在休克发生发展过程中的作用常一并进行讨论。

第一节 主要病因

1. 失血 灾害发生时的机械外力导致伤员大血管或实质器官破裂失血是引发休克的常见原因。即使暂无肉眼可见的明显失血，也需注意有无四肢、脊柱、骨盆骨折或胸腹部脏器损伤。对各部位创伤的失血量应有充分的估计（表6-1），以免误诊。在如炎热、无食水等特殊环境中可能发生的脱水、中暑等，应对其体液损失量一并做出科学估算。

表6-1 常见部位创伤出血量估计（以70 kg体重计）

损伤部位	失血量（ml）	损伤部位	失血量（ml）
前臂骨折	400～800	骨盆骨折	1500～2500
肱骨骨折	500～1000	胸腰椎骨折	500～1000
胫腓骨骨折	750～1200	胸腔伤	1000～4000
股骨骨折	1000～1500	腹腔伤	1000～4000

2．烧伤　井下发生的瓦斯、煤尘爆炸和矿井火灾事故中，烧伤不可避免。尤其在较大面积的重度烧伤后，由于皮肤疮面渗出、充血、水肿、消化道灼伤无法进食水等原因，有效循环血量明显下降。一般在伤后 6～8 小时体液丧失最快，8～24 小时达到高峰。烧伤面积越大，体液丧失速度也越快，休克出现也越早。

3．感染　矿山严重创伤常极易继发感染。地形复杂、卫生条件差、救援不及时等因素常可助长病原微生物的繁殖。外源性或内源性细菌毒素经皮肤创面进入血液循环导致菌血症或脓毒血症、外周血管张力下降、有效循环血量相对不足和多器官功能障碍。感染引起的休克按血流动力学的改变分为高动力型（高排低阻型）和低动力型（低排高阻型）。后者与低血容量性休克相似，而高动力型血压接近正常或略低，心排出量接近正常或略高，外周阻力降低，中心静脉压接近或高于正常水平。常见的致病菌有大肠埃希菌、铜绿假单胞菌、变形杆菌等 G^- 菌，G^+ 菌如金黄色葡萄球菌以及产气荚膜杆菌等。

4．强烈神经刺激　瓦斯爆炸和井下火灾造成的大面积皮肤烧伤、矿井高处坠落等的严重损伤均可给伤员带来剧烈的疼痛刺激。此外，灾害中的高位脊髓损伤、手术救治中的麻醉及中枢镇静药物的过量应用等，可抑制交感缩血管纤维的功能，使阻力血管扩张，血管床容积扩大，有效循环血量相对不足和微循环障碍。

第二节　病理生理学变化

一、微循环变化

血液微循环是细胞与血液进行物质交换的重要环境，是实现血液灌注、营养物质传输、代谢产物清除和血管内外液体平衡分布以及调控的重要平台（图 6-1）。休克发生后，微循环分布区域内组织细胞的功能、代谢乃至于形态结构都将受到严重影响。创伤引起的微循环动脉血灌流不足，生命重要器官因缺氧而发生功能和代谢障碍，是休克的微循环机制。创伤性休克微循环的变化发展过程比较典型，大致可分为三期，即微循环缺血期、微循环淤血期和微循环凝血期。

（一）微循环缺血期（缺血性缺氧期）

创伤作为强烈的应激原，引起交感 - 肾上腺髓质系统强烈兴奋，儿茶酚胺大量释放入血，对微循环血管有明显的调控作用[1]。微动脉、后微动脉和毛细血管前括约肌收缩，毛细血管前阻力明显升高，微循环灌流量急剧减少，毛细血管的平均血压降低。微静脉和小静脉对儿茶酚胺敏感性较低，收缩幅度小。动 - 静脉吻合支呈不同程度开放，部分血液从微动脉可直接流入小静脉，只有少量血液经直捷通路和少数真毛细血管流入微静脉、小静脉。此期微循环处于缺血状态，组织因缺血而缺氧。

在微循环变化的基础上，不同器官血管的反应强度存在很大差别。皮肤、腹腔内脏和肾血管，由于具有丰富的交感缩血管纤维支配，而且 α 受体又占优势，这些部位的血管明显收缩，其中以微动脉的交感缩血管纤维分布最密，毛细血管前括约肌对儿茶酚胺的反应性最强，因此收缩最为强烈。脑血管的交感缩血管纤维分布最少，α 受体密度也低，口径可无明显变化。冠状动脉虽然也受交感神经支配，也有 α 和 β 受体，但交感神经兴奋和儿茶酚胺增多却可通过心脏活动加强，代谢水平提高以致扩血管代谢产物特别是腺苷的生成增多而使冠状动脉扩张。各器官血管收缩程度不一致的现象即血液重分布（blood flow redistribution），在休克早期有"移缓济急"的积极意义[2]。

交感神经兴奋和血容量不足还可激活肾素-血管紧张素-醛固酮系统，产生的血管紧张素Ⅱ有较强的缩血管作用，包括对冠状动脉的收缩作用。此外，增多的儿茶酚胺还能刺激血小板产生更多的血栓素 A_2（thromboxane A_2，TXA_2），也有强烈的缩血管作用。

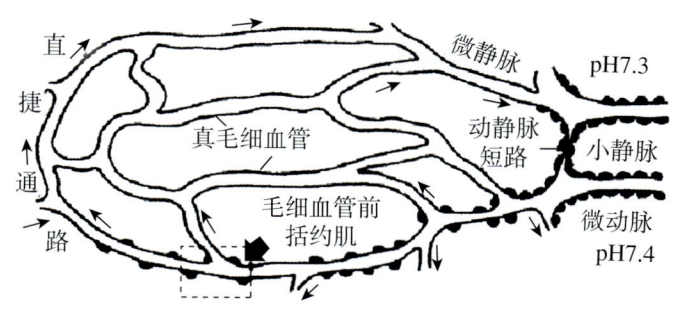

图 6-1 正常微循环结构模式图

此期微循环变化具有一定的代偿意义（图 6-2）。皮肤和腹腔器官等小动脉收缩，既可增加外周血管阻力以维持血压，又可减少这些组织器官的血流量，以保证心、脑等重要器官的血供；毛细血管前阻力增加，毛细血管流体静压降低，促使组织液进入血管，以补充循环血量，此即自身输液作用；另外，动-静脉吻合支开放，静脉血管收缩（正常约有 70% 血液在静脉内），可以加快和增加回心血量，此即自身输血作用。微循环的这些变化有利于维持休克早期患者的动脉血压不降低。

本期主要的临床表现有：皮肤苍白，四肢厥冷，出冷汗，尿量减少；因为外周阻力增加，收缩压可无明显降低，而舒张压有所升高，脉压减小，脉搏细速；神志清楚，烦躁不安等。如能及早发现并积极抢救，止血清创，及时补充血容量，改善微循环和恢复血压，可阻止休克进一步恶化，或可转危为安。

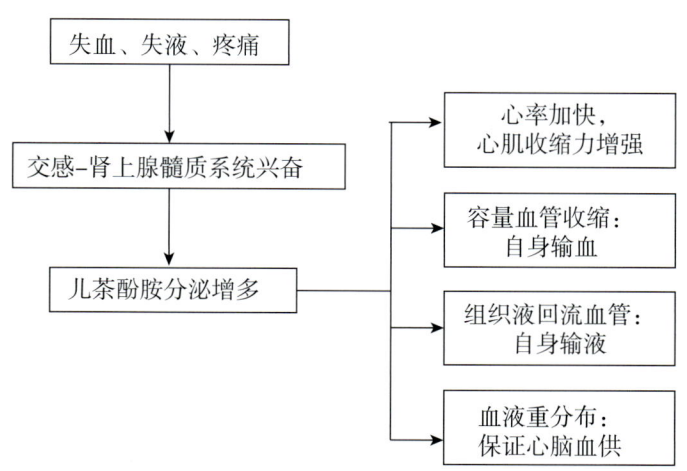

图 6-2 休克早期的代偿作用

（二）微循环淤血期（淤血性缺氧期）

如病因持续存在或病员未得到及时救治，微循环缺血状态得不到改善，细胞缺氧越发加重，微循环容量扩大且流速逐渐减慢，则休克进入微循环淤血期。

此期微循环的状态较缺血期有明显变化。随着缺氧的加重和酸中毒的发生，局部舒血管物质（如组胺、激肽、乳酸、腺苷等）逐渐增多，微血管对儿茶酚胺的反应性降低，后微动脉和毛细血管前括约肌转为舒张，毛细血管大量开放，有的呈不规则囊形扩张，微循环容积扩大[3]。微静脉和小静脉对局部酸中毒耐受性较大，儿茶酚胺仍能使其维持收缩状态（组胺还能使肝、肺等微静脉和小静脉收缩），毛细血管后阻力增加，微循环血流速度减慢。酸中毒可损伤血管内皮细胞，造成微血管壁通透性增强，血浆渗出，血液浓缩。微循环内红细胞聚集，白细胞嵌塞，血小板黏附和聚集，血液流变学严重紊乱。由于大量血液淤积在微循环内，回心血量减少，使心输出量进一步降低。

由于上述变化，微循环呈淤血状态，虽然微循环内积有大量血液，但单位时间内新鲜动脉血的灌流量严重不足。患者皮肤颜色由苍白而逐渐发绀，特别是口唇和指（趾）端。因静脉回流量和心输出量更加减少，患者静脉萎陷，充盈缓慢；动脉压明显降低，脉压小，脉搏细速；心、脑因血液供给不足、ATP生成减少，而表现为心肌收缩力减弱（心音低），表情淡漠或神志不清。严重的可发生心、肾、肺功能衰竭。这是休克的危急状态，应立即抢救。

（三）微循环凝血期（弥散性血管内凝血）

当微循环淤血状态持续存在而得不到改善，休克可发展为微循环凝血期，又称难治期，是休克恶化的重要表现。在微循环淤血的基础上，血管内（特别是毛细血管静脉端、微静脉、小静脉）有纤维蛋白性血栓形成，并常有局灶性或弥漫性出血；组织因严重缺氧可发生变性坏死。此期极容易引发另一个严重的病理过程，即 DIC。休克引起 DIC 的具体机制如下。

1. 血液的高凝状态　创伤、烧伤等本身就能使凝血因子释放和激活，血小板粘附和聚集能力加强，为凝血提供了必要的物质基础。例如，受损伤的组织可释放出大量组织因子，启动外源性凝血过程；大面积烧伤使大量红细胞破坏，红细胞膜内的磷脂和红细胞破坏释出的 ADP，可促进凝血过程[4]。

2. 微循环障碍　缺氧使局部组织胺、激肽、乳酸等增多，这些物质一方面引起毛细血管扩张淤血，通透性升高，血流缓慢，血液浓缩，红细胞黏滞性增加，有利于血栓形成；另一方面损害毛细血管内皮细胞，内皮下胶原暴露，激活凝血因子Ⅻ，并使血小板易于粘附和聚集。

3. 单核吞噬细胞系统功能降低　缺氧使单核吞噬细胞吞噬能力降低，不能及时清除凝血酶原酶、凝血酶和纤维蛋白等，促进血栓形成。

广泛的微血管阻塞进一步加重微循环障碍，使回心血量进一步减少。凝血物质消耗、继发纤溶系统激活等因素引起出血，从而使血容量减少。纤维蛋白多聚体及其裂解产物等都能封闭单核吞噬细胞系统，因而使来自肠道的内毒素不能被充分清除。因此，DIC 一旦发生，将使微循环障碍更加严重，休克病情进一步恶化。

此期患者血压不可逆性降低，全身性的缺氧和酸中毒也愈加严重；酸中毒又可使细胞内的溶酶体膜破裂，释出的溶酶体酶（如蛋白水解酶等）可使细胞发生严重的甚至不可逆的损害，从而使包括心、脑在内的各重要器官的功能代谢障碍也更加严重，给治疗造成极大障碍。

二、血液流变学变化

1. 血细胞比容的改变　血细胞比容与休克的原因和发展阶段有关。在创伤性休克的早期，由于毛细血管前后阻力的差异，组织间液向微血管内转移，导致血液稀释，血细胞比容降低。当休克进入微循环淤血期，由于微血管内流体静压升高和毛细血管通透性增强，液体乃从毛细血管外渗至组织间隙，因而血液浓缩，血细胞比容升高。血细胞比容越高，血液黏度越大，血流阻力越大，而血流量则越少，血流更加缓慢。

2．红细胞变形能力降低，聚集性增强　在正常情况下，红细胞在流经口径小于其直径的毛细血管时，可折叠、弯曲而发生多种变形而得以顺利通过。休克淤血期因血液浓缩和组织缺氧，红细胞膜的流动性和变形能力降低。严重缺氧导致的 ATP 缺乏可使红细胞不能维持正常的功能和结构，因此红细胞的变形能力明显降低。因血流速度慢，红细胞表面电荷减少，血液浓缩，血细胞比容增加，红细胞的聚集性也增强，轻者 4～5 个聚集在一起，重者 20～30 个聚集成长链或团块[5]，红细胞难以通过毛细血管，血流阻力增大。

3．白细胞黏着和嵌塞　正常微循环的血流是细胞位于中央的轴流，血浆构成边流，虽然也可见到少量白细胞附壁滚动，但不发生附壁黏着现象。休克时可见白细胞附着于小静脉壁，致使血流阻力增高和静脉回流障碍。白细胞附壁可能与休克时血流变慢和切应力（shear stress）下降等因素有关，白细胞和管壁之间吸引力增大。休克时，还可见到白细胞嵌塞于血管内皮细胞核的隆起处或毛细血管分支处，这可增加血流阻力和加重微循环障碍，而且嵌塞的白细胞还可释放自由基和溶酶体酶类物质，从而破坏生物膜。白细胞变形能力降低，加之动脉血流量减少，驱动白细胞通过毛细血管的力量减弱，因而易于发生白细胞嵌塞。

4．血小板黏附和聚集　因血流减慢，血管内皮完整性破坏，内膜下胶原暴露，为血小板黏附提供了基础。黏附一旦开始，聚集过程也随之发生。在血小板聚集开始时，其表面首先由光滑变为粗糙，形成有突刺的球状体（或称聚集型血小板）[6]。这种聚集的血小板不但阻塞微血管，还可释放多种生物活性物质如儿茶酚胺、TXA_2、5-羟色胺等，使局部微血管收缩、通透性增高、血管内皮水肿和血流减少。此外，尚可释放促凝的血小板因子（如 PF3 等），加速凝血过程。

5．血浆黏度增大　由于机体的应激反应，体内纤维蛋白原合成增多。在微循环淤血期，毛细血管内的流体静压增高，微血管周围的肥大细胞又因缺氧而释放组胺，从而使毛细血管通透性增强，液体从毛细血管大量外渗至组织间隙，因而血液浓缩，血浆纤维蛋白原浓度增高，血浆黏度增大。这不但影响组织血液流量，并可促进红细胞的聚集。

总之，由于发生上述血液流变学的改变，不但会加重微循环障碍和组织的缺血缺氧，还可促进 DIC 的形成和休克的发展。近年来应用血液稀释疗法治疗休克，其目的在于改善血液流变学，降低血流黏度。

三、组织细胞的变化

休克时细胞的代谢障碍及其功能、结构的损害，既是组织低灌流、微循环流变学异常和各种毒性物质作用的结果，又是引起各重要器官功能衰竭和导致不可逆性损伤的原因。

（一）细胞的代谢变化

1．糖酵解加强　休克时由于组织的低灌流和细胞供氧减少，使有氧氧化受阻，无氧酵解过程加强，从而乳酸产生增多，导致酸中毒。但严重酸中毒又可抑制糖酵解限速酶（如磷酸果糖激酶等）的活性，而使糖酵解过程转入抑制。

2．脂肪代谢障碍　正常情况下，脂肪分解代谢中产生的脂肪酸随血液进入细胞质后，在脂肪酰辅酶 A（脂肪酰 CoA）合成酶的作用下，被活化为水溶性较高的脂肪酰 CoA，后者再经线粒体膜上肉毒碱脂肪酰转移酶的作用而进入线粒体中，通过 β 氧化生成乙酰 CoA，最后进入三羧酸循环被彻底氧化。休克时，由于组织细胞的缺血缺氧和酸中毒，使脂肪酰 CoA 合成酶和肉毒碱脂肪酰转移酶的活性降低，因而脂肪酸的活化和转移发生障碍。此外，因线粒体获氧不足或酸中毒等作用使线粒体呼吸功能被抑制，转入线粒体内的脂肪酰 CoA 不能被氧化分解，造成脂肪酸、脂肪酰 CoA 在细胞内蓄积，加重细胞损害。

（二）细胞形态结构的损害

休克时细胞的损害首先发生在生物膜，包括细胞膜、线粒体膜和溶酶体膜等。膜的完整性在维持细胞的生命活动中起着重要作用，当膜结构遭到破坏时，即意味着细胞不可逆性损伤的开始。

1．细胞膜的损害 最早的改变是细胞膜通透性增高，从而使细胞内的 Na^+、水含量增加而 K^+ 则向细胞外释出。膜内外 Na^+、K^+ 分布的紊乱，使细胞膜 Na^+-K^+-ATP 酶活性增强，ATP 消耗增加而供应不足，加之膜上受体腺苷酸环化酶系统受损，使控制细胞代谢过程的第二信使 cAMP 含量减少，因此细胞的代谢过程紊乱。

休克时引起细胞膜损害的机制有：①能量代谢障碍：休克时因组织细胞的缺血缺氧，一方面 ATP 生成不足，使细胞膜不能维持正常功能和结构；另一方面脂肪酸氧化受阻，蓄积于细胞内的脂肪酸和脂肪酰 CoA 与细胞内 Na^+、K^+、Ca^{2+} 等阳性离子结合形成"皂类"化合物，可直接对膜上脂类起"净化去垢"的破坏作用。②细胞酸中毒：休克时细胞内乳酸等酸性代谢产物的堆积是引发酸中毒的主要机制。此外，细胞低灌流不利于产生的 CO_2 及时排出，胞浆过多的 Ca^{2+} 进入线粒体与磷酸结合过程中也产生 H^+，与酸中毒也有密切关系。酸中毒可直接或间接破坏膜系统的功能和结构。③氧自由基的作用：细胞缺氧及线粒体呼吸功能抑制使细胞色素氧化酶系统功能失调，进入细胞内的氧经单电子还原形成氧自由基增多。胞浆内的 Ca^{2+} 可催化黄嘌呤脱氢酶转变为黄嘌呤氧化酶，催化氧自由基的生成。多因素激活的中性粒细胞也通过"呼吸爆发"产生氧自由基。氧自由基可通过膜脂质过氧化反应破坏生物膜的功能与结构。

2．线粒体损害 线粒体是维持细胞生命活动的"能源供应站"，线粒体损害时，由于氧化磷酸化障碍，产能减少乃至终止，可导致细胞损害和死亡。休克时酸中毒对线粒体呼吸酶的抑制作用，氧自由基对线粒体膜磷脂的过氧化作用等是引起线粒体损害的主要因素。

休克时线粒体最早出现的损害是其呼吸功能和 ATP 合成受抑制，线粒体 ATP 酶活性降低。此后发生超微结构的改变，如基质颗粒减少或消失；继之，基质电子密度增加、嵴内腔扩张；随后，嵴明显肿胀，终至破坏。

3．溶酶体破裂 溶酶体含有多种水解酶，如组织蛋白酶、多肽酶、磷酸酶等，但在未释放之前都处于无活性状态。一旦释出细胞即转为活性状态，可溶解和消化细胞内、外的各种大分子物质，尤其是蛋白类物质。已证明，休克早期，肝、脾、肠等细胞即出现溶酶体肿大，颗粒丧失和酶释放增加；内毒素休克动物血液和淋巴中水解酶浓度增高，且与休克严重程度呈正相关；给动物注射溶酶体或溶酶体酶，可产生类似休克的各种病理生理改变。

休克时溶酶体破裂与以下因素有关：①组织的缺血、缺氧、酸中毒以及内毒素对溶酶体膜的直接破坏；②氧自由基对溶酶体膜磷脂的过氧化作用；③血浆补体被激活产生的 C5a 可刺激中性粒细胞释放溶酶体酶。

释放的溶酶体酶又可通过多种途径参与休克的发生、发展和细胞的损害。释放的组织蛋白酶水解破坏蛋白酶的结构，甚至导致细胞自溶坏死，且产生的多肽类活性物质还可加重微循环障碍。溶酶体酶直接损害血管内皮和血管平滑肌细胞，导致血液外渗、出血和血小板的粘附、聚集以及 DIC 形成。溶酶体酶激活补体系统产生 C5a，进一步促使溶酶体酶的释放。现已证明，休克时使用溶酶体膜稳定剂可防止或减轻溶酶体膜的破裂。

总之，休克时生物膜的损害被认为是细胞损害的开始，而细胞的损害又是各脏器功能衰竭的共同机制。

第三节　基本发病机制

创伤性休克的发生、发展是多机制综合作用的结果，通常发病初期可以是一两个关键机制起作用，但随着休克的进一步发展，其他多个发病机制参与进来，这正是休克晚期病情复杂、病势危重的原因所在。

一、神经机制

创伤过程中的失血、失液等使有效循环血量减少，心排出量下降，动脉血压降低，可通过抑制颈动脉窦和主动脉弓的减压反射，立即引起交感神经-肾上腺髓质系统兴奋，导致周围阻力血管强烈收缩，微循环灌流减少。此外，剧烈疼痛、脊髓损伤、麻醉失当等则可引起中枢神经系统抑制，使延髓心血管交感中枢兴奋性下降，交感缩血管纤维紧张性减弱，周围血管广泛扩张，全身血管床容量迅速增大；在心血管交感中枢抑制的同时，心迷走中枢的紧张性相对增高，心泵血功能下降。此外，损伤性刺激在传入中枢的同时，也可通过脊髓背根舒血管神经纤维，经轴突反射（axon reflex）引起周围血管舒张，使血管床容量加大。在上述反应的基础上启动一系列病理生理变化，如微循环缺血、淤血、DIC发生，直至多系统器官功能衰竭。

二、体液机制

在休克发病过程中，体内产生的多种体液因子参与了休克的发生与发展。

（一）儿茶酚胺

矿难创伤中的失血、疼痛、恐惧等均可引起交感-肾上腺髓质系统强烈兴奋，血中儿茶酚胺浓度大幅度上升。儿茶酚胺浓度增高在休克初期有代偿意义，但是长时间引起血管痉挛可导致组织缺血、缺氧、酸中毒，继之以微血管扩张，造成淤血性缺氧，并发DIC，休克进一步恶化。儿茶酚胺作用于α受体造成微循环动-静脉吻合支开放，即动静脉短路，毛细血管网血液灌流减少，使组织处于缺血缺氧状态。因此，使用肾上腺素能阻断剂（酚苄明或普萘洛尔）可在一定程度上改善休克的病情。

（二）肾素-血管紧张素系统

研究发现，在严重创伤时，伤员血浆血管紧张素Ⅱ（angiotension Ⅱ，ANG Ⅱ）水平大幅度上升，这是由于肾血流量减少，近球细胞释放肾素，继而引起ANG Ⅱ形成增多[7]。与此同时，血管、心、肺等脏器自身的ANG Ⅱ合成大幅增加。ANG Ⅱ有强烈的缩血管作用，比去甲肾上腺素强10倍以上，升压作用明显，这对休克早期血压的维持和组织灌流有重要作用。持续的ANG Ⅱ升高可加重微循环障碍，引起心、肾等脏器的缺血性损伤。临床和动物实验表明，使用血管紧张素转换酶抑制剂（ACEI）可显著改善休克时的血流动力学状态。

（三）血管加压素

休克进展过程中的有效循环血量降低、血浆晶体渗透压升高、全身低血压及疼痛刺激和ANG Ⅱ释放增多等，均可刺激下丘脑视上核及其周围区的渗透压感受器而释放血管加压素。在休克早期，血管加压素的抗利尿作用和缩血管作用有代偿意义，前者可增加肾对水分的重吸收，有利于血容量的补充，而后者则有利于维持休克早期的血压和组织灌流。但血管加压素大量分泌可引起冠状动脉的痉挛，引起心肌缺血。

（四）心肌抑制因子

缺血、缺氧可引起胰腺外分泌细胞溶酶体破裂，释出组织蛋白酶。该酶分解组织蛋白形成心肌抑制因子（myocardial depressant factor，MDF），其是由3～4个含硫氨基酸组成的水溶性小分子多肽[8]。心肌抑制因子具有抑制心肌收缩、使内脏小血管收缩的作用。从休克的角度来看，心肌抑制因子可从两个方面影响休克的进程，一是削弱心脏的泵功能，二是增加毛细血管前阻力，从而加剧休克病程。因此，使用细胞膜稳定剂（如糖皮质激素）可防止溶酶体破裂，有助于阻断心肌抑制因子的产生，对休克有积极的治疗作用。

（五）内皮素

内皮素（endothelin，ET）是21个氨基酸组成的多肽，正常情况下血浆浓度极低。休克时由于缺血、缺氧、酸中毒、儿茶酚胺、凝血酶等因素可刺激ET的大量合成和释放，血浆浓度显著上升[9]，ET可以从两个方面加剧休克过程：ET有强烈的缩血管作用，引起微循环灌流下降；ET对心肌有直接毒性作用，可通过心肌钙超载而产生心肌损伤，最终导致心泵功能下降。因此，ET也是参与休克发病的重要体液因子。

（六）一氧化氮

一氧化氮（nitric oxide，NO）是左旋精氨酸（L-Arg）在一氧化氮合酶（nitric oxide synthase，NOS）催化作用下的产物，半衰期5～10秒，可迅速氧化为硝基过氧化物而失活。NOS是合成NO的关键酶，有固有型NOS（constitutive NOS，c-NOS）和诱导型NOS（inducible NOS，i-NOS）两种亚型。正常情况下由c-NOS催化产生的NO虽然量不大（通常在pg水平），但在调节血管张力、防止血管过度收缩以及抑制血小板、白细胞黏附等方面有重要作用。休克过程中体内的细胞因子，如IL-1、TNF、IFN以及内毒素等均可激活血管平滑肌细胞、巨噬细胞、心肌细胞、内皮细胞、成纤维细胞及上皮细胞的i-NOS，爆发性生成高浓度的NO，降低血管平滑肌对缩血管物质（儿茶酚胺、血管紧张素）的反应性，引起周围血管的广泛扩张，是导致休克时持续低血压的最主要机制。大量生成的NO还有多种毒性作用，如抑制心肌收缩性，使心泵功能下降；增加血管通透性，血浆外渗，引起有效循环血量下降；抑制线粒体呼吸，减少ATP生成；诱导细胞凋亡；增强内毒素对血管内皮细胞的损害，激活凝血系统，诱发血栓形成，促进休克后期DIC的发生等。

三、细胞机制

细胞损伤是休克最基本的发病机制，可分为继发性损伤和原发性损伤。例如，有效循环血量减少和组织灌流障碍可导致细胞缺氧、酸中毒、钠水潴留和氧自由基产生过多等，由此引起的细胞损伤属于继发性。休克时细胞也可有原发性损伤，如灾害中的机械暴力、严重感染等，可引起微循环障碍之前就可见的细胞损伤。

1. 细胞结构与功能受损　休克时细胞膜性结构的破坏和功能的紊乱是细胞受损的重要基础。此外，细胞器的损伤也可严重影响细胞功能，如线粒体损伤可严重影响能量物质ATP的合成；溶酶体的损伤可致溶酶体酶释放，破坏邻近组织（具体见前述）。

2. 细胞信号转导通路异常激活　休克发生发展过程中大量生物活性物质产生，如趋化因子、血管活性肽、急性期反应蛋白等，是特定基因功能上调的结果，通常有对应的细胞内信号通路的激活。休克时与炎症反应、血管张力、血管通透性、免疫调节及细胞间相互作用有关的蛋白和多肽合成的相关信号转导通路，均呈现异常活跃的状态。例如休克中晚期可见大量TNF-α、IL-1、IL-8、ICAM-1等炎症因子，调控这些因子合成的信号通路在LPS、ROS、ET等的作用下被激活，细胞因子爆发性生成，导致病情更加恶化。因此，从治疗的角度而言，应用抑制剂切断这些异常活跃的信号转导通路，有利于降低炎症反应的强度，减轻组织的损伤。

3. 细胞死亡 对细胞而言上述变化失控发展的结局是细胞死亡，这是休克晚期 MODS 发生的细胞学机制。细胞死亡包括坏死和凋亡两种形式。

（1）坏死：休克时，特别是休克晚期各种严重的损伤性因素，如严重的缺血缺氧、细菌及其毒素、溶酶体酶外释、自由基产生过多、能量严重缺乏等均可引起细胞坏死，这是一个不受基因调控的过程。利用电镜或组织化学方法可发现细胞水肿、线粒体肿胀、嵴断裂和氧化-磷酸化有关的酶活性下降，在坏死灶周围逐渐出现中性粒细胞和巨噬细胞的浸润。坏死细胞由于溶酶体破裂，大量溶酶特别是蛋白水解酶释放，引起细胞成分自溶，器官功能受损，这是休克晚期多系统器官功能衰竭发生中细胞死亡的主要形式。

（2）凋亡：细胞凋亡是一个受基因调控的过程，休克发生、发展过程中出现的许多病理因素如氧化应激、某些细胞因子（如 TNF、IL-1 等）、缺血缺氧、能量减少、神经-内分泌失调等可通过激活凋亡相关通路引起细胞凋亡。

细胞凋亡可引起器官实质细胞数量减少及功能障碍。休克发展过程中淋巴器官及免疫细胞最早发生凋亡，各器官实质细胞及血管内皮细胞凋亡也相继发生。因此，休克晚期可出现深度的免疫抑制、严重的器官功能紊乱和广泛的微循环障碍。

四、炎症机制

正常情况下，白细胞、单核-巨噬细胞可产生两类细胞因子：促炎因子（如 IL-1、IL-6）和抑炎因子（如 IL-2），两者之间倾向于动态平衡，以维持机体正常的抗感染能力。休克时大量炎细胞活化，过多的促炎因子释放而破坏了原有的动态平衡，使炎症反应过度，造成机体组织器官的损伤。

组织的缺血缺氧是启动炎症机制的重要因素，如休克早期肠道缺血、肠屏障功能受损而发生的细菌转位可介导内毒素血症的发生。休克早期的血流重分布本是机体的保护性代偿机制，但也为休克炎症机制埋下了祸根。如果休克的动因未能及时清除，已经启动的休克始动环节不能及时中断，休克将逐步进入由炎症机制主导的梯级瀑布（cascade）样由小到大、呈网络状铺开的激烈复杂炎症反应，甚至可演变为全身炎症反应综合征（systemic inflammatory response syndrome，SIRS）[10]。参与休克发病的主要炎症因子如下。

1. 组胺 休克时缺氧、酸中毒可激活肥大细胞释放组胺。兴奋 H_2 受体可降低毛细血管前阻力，H_1 受体兴奋则加大毛细血管后阻力，从而使微循环出现灌多流少的状态，导致微循环淤血。H_1 受体兴奋还可使血管壁通透性增加，大量血浆外渗，进一步加剧微循环紊乱，导致休克病情加重。研究发现，H_1 受体阻断剂可扩张微血管，改善微循环血流，有一定的抗休克作用。而 H_2 受体阻断剂可使毛细血管前阻力加大，微循环灌流下降，可能使休克病情进一步加重。

2. 激肽 激肽包括血浆中产生的缓激肽（bradykinin）和组织中产生的胰激肽（kallidin），两者的结构和功能基本类似。在休克中后期，由于缺血、缺氧、酸中毒等使血管内皮受损，带负电荷的胶原暴露后与血浆接触，血浆中Ⅻ因子被激活成有活性的Ⅻa。Ⅻa 可激活血浆前激肽释放酶（prekallikrein，PK）成为激肽释放酶（kallikrein，KK），KK 形成后可产生反馈性的瀑布效应，进一步分解Ⅻ或Ⅻa 产生Ⅻ片段（Ⅻf），Ⅻf 可促进更多 PK 向 KK 的转变。由肝脏产生的血浆高分子量激肽原（HMW-K，分子量 76 000）可被 KK 分解，产生大量的缓激肽。激肽也可从组织中产生，组织中的 KK 可分解低分子量激肽原（LMW-K，分子量 48 000）产生胰激肽。激肽具有强大的舒张血管作用，该作用比组胺大 15 倍。激肽可显著扩张小血管（微静脉、微动脉、毛细血管前括约肌），使大量的血液淤积在毛细血管中，回心血量大幅度下降，有效循环血量显著减少；但对大血管（肺动脉、冠状动脉、主动脉）则产生收缩效应，这样可使肺的通气-血流比例失调，肺换气效率下降，加重机体的缺氧；同时也可能使心肌的供血减少，心脏泵功能减弱。此外，激肽还可增加微血管通透性，使大量血浆外渗，血液浓缩，增大了血栓形成的风险。激肽既可使有效循环血量进一步减少，又可促进血栓的形成，使微循环障碍加剧。

3. 白三烯与前列腺素 合成白三烯（leukotrienes，LTs）和前列腺素（prostaglandin，PG）的前体物质是花生四烯酸。休克时，缺血、缺氧、酸中毒和胞内 Ca^{2+} 浓度升高等因素可激活磷脂酶 A_2，水解膜磷脂，释放大量花生四烯酸[11]。花生四烯酸在环氧酶的作用下产生 PG，包括 PGI_2、TXA_2 和 PGE_2 等，在脂过氧化酶的作用下产生 LTs，包括 LTB_4、LTD_4 和 LTE_4。上述两类物质成分复杂，作用多样，例如 PGI_2 与 TXA_2 是一对作用相反的物质，前者具有扩张血管的作用，而后者可引起血管收缩。休克时 PGI_2 生成减少，而 TXA_2 的合成增多，PGI_2/TXA_2 比例失调，引起血管痉挛，血小板聚集，血栓形成，微循环功能障碍。

4. 白细胞介素 白细胞介素（interleukins，ILs）是指在免疫应答过程中，由各种白细胞产生的、介导细胞之间相互作用的细胞因子。至今已发现 30 多种，其中 IL-1、IL-6、IL-8、IL-12 等在休克发病过程中的作用较为重要。休克发生发展过程中产生的各种白细胞介素在体内形成了极为复杂的网络系统，相互影响，相互制约。在休克早期产生的 ILs，旨在及时清除侵入机体的致病微生物及其毒素，稳定内环境，这是机体天然的保护性反应。休克晚期大量生成的 ILs，将使 ILs 网络倾向于反应过度，大量 ILs 释放并进入血液循环，激活大量的炎症细胞，产生包括 ILs 在内的更多种类的细胞因子，如干扰素（interferon，IFN）、肿瘤坏死因子（tumor necrosis factor，TNF）、集落刺激因子（colony stimulating factor，CSF）、生长因子（growth factor，GF）、趋化性因子等，形成细胞因子风暴（cytokine storm），引起强烈而持续的全身性炎症瀑布效应[12]，造成广泛而严重的组织器官损害，是休克晚期发生多器官功能衰竭的重要因素之一。

5. 肿瘤坏死因子 TNF-α 是重要的促炎细胞因子（pro-inflammatory cytokine），是炎症反应风暴的启动者，它可诱导其他细胞因子产生，从而导致炎症的级联反应（cascade response），使炎症反应放大。TNF-α 可导致机体发热、血管扩张、心血管衰竭、血液凝固性增加、乳酸性酸中毒和肝肾功能不全等。

五、氧化应激机制

氧化应激（oxidative stress）是指机体活性氧的产生过多和（或）机体抗氧化能力减弱，活性氧清除不足，导致活性氧及其毒性产物在体内增多并引起细胞氧化损伤（oxidative damage）的病理过程。休克时氧自由基增多，与细胞成分及亚细胞成分作用，引起细胞损伤，导致器官功能障碍。氧自由基的增多与儿茶酚胺自氧化、白细胞呼吸爆发、黄嘌呤氧化酶激活和线粒体受损等机制密切相关，也与自由基清除能力下降有关（详见缺血再灌注损伤）。

综上所述，创伤性休克的发生发展是十分复杂的病理过程，病因众多，机制复杂。对休克发病机制的认识应有综合观点，不同发病时相可能有一个起主导作用的机制，而其他机制可能同时发挥触发、放大、叠加、强化的作用，要注意休克过程的复杂性、发病机制的综合性和病情发展的动态性。

第四节　主要器官功能、代谢变化

休克一旦发生，是全身性的病理过程，各器官系统都可发生改变，表现为代谢、功能障碍和结构损伤，且各系统的变化可相互影响。

一、中枢神经系统功能的改变

休克早期，如果能通过代偿性调节维持脑的血液供给，除因应激反应而兴奋性升高外，一般没有明显的脑功能障碍。休克进一步发展，心输出量减少和血压降低，不能维持脑的血液供给，则发生缺氧。严重的缺氧和酸中毒还能使脑的微循环血管内皮细胞和小血管周围的神经胶质细胞肿胀，致脑微循环狭窄或阻塞，动脉血灌流更加减少。在微循环凝血期，脑循环内可有血栓形成和出血。大脑皮质对缺氧极为敏感，当缺氧逐渐加重，将由兴奋转为抑制，甚至发生惊厥和昏迷。皮层下中枢因严重缺氧也可发生抑制，使呼吸中枢和心血管运动中枢兴奋性降低。

二、心脏功能的改变

一般而言，创伤性休克早期可出现心脏功能代偿性加强，进入休克后期，心功能逐渐被抑制，甚至可出现心力衰竭，其主要机制如下。

1．冠脉血流量减少和心肌耗氧量增加　由于休克时血压降低以及心率加快所引起的心室舒张期缩短，可使冠脉灌流量减少和心肌供血不足；同时因交感-儿茶酚胺系统兴奋使心率加快、心缩力加强，导致心肌耗氧量增加，而加剧心脏缺氧，造成心肌因能量不足和酸中毒而使舒缩功能发生障碍，并从而引起心力衰竭。对于原本就有冠状动脉供血不良者，尤其容易出现心力衰竭。

2．酸中毒和高钾血症　酸中毒可抑制心肌细胞的 Ca^{2+} 内流，H^+ 和 Ca^{2+} 竞争与肌钙蛋白的结合，抑制肌质网对 Ca^{2+} 的摄取和释放，抑制肌球蛋白 ATP 酶的活性，从而影响心脏舒缩功能。此外，酸中毒还可通过抑制心肌细胞能量代谢酶的活性、促使生物膜的破坏以及诱发心律失常等多种机制来抑制心肌的舒缩功能，并从而促使心力衰竭的发生。

休克时，组织细胞的破坏可释出大量 K^+，肾功能障碍又使 K^+ 的排出减少，因而容易伴有高钾血症。高血钾可抑制动作电位复极化 2 期的 Ca^{2+} 内流，从而使心肌兴奋-收缩偶联障碍。

此外，心肌内 DIC 形成及内毒素对心肌的直接作用等，都可以促使心力衰竭的发生。一旦发生心力衰竭，将迅速促使休克进一步恶化，并增加输液扩容的难度。

3．心肌抑制因子的作用　如前所述，休克时的缺血、缺氧等可使胰腺产生心肌抑制因子（MDF），MDF 能使心肌收缩力减弱，从而参与心力衰竭的发生。

三、肾功能的改变

在休克早期可发生功能性急性肾衰竭，不伴有肾小管的坏死。其主要临床表现为少尿（<400 ml/d）或无尿（<100 ml/d）。其发生的主要机制如下：

1．肾小球滤过率减少　在休克早期，有效循环血量的减少不仅能直接使肾血流量不足，还可通过肾素-血管紧张素系统和交感-肾上腺髓质系统的激活而使肾血管收缩，肾血流量更加减少，肾小球滤过压降低，肾小球滤过率减少。

2. 肾小管钠、水重吸收增强 在休克早期，肾小管上皮细胞虽处于缺血状态，但因持续时间短，细胞仍能保持其正常的重吸收功能，加之此时醛固酮和抗利尿激素分泌增多，肾小管对钠水的重吸收加强。肾小球滤过率减少和肾小管重吸收增强可导致少尿或无尿。这种肾功能障碍是可逆的，一旦休克逆转，血压恢复，肾血流量和肾功能即可恢复正常，尿量也将随之而恢复正常。故尿量变化是临床判断休克预后和疗效的重要指标。

当休克继续进展至中后期，可引起急性肾小管坏死，发生器质性肾衰竭。此时即使肾血流量随着休克的好转而恢复，患者的尿量也难以在短期内恢复正常。肾功能的这些改变，将导致严重的内环境紊乱，包括高钾血症、氮质血症和酸中毒等。休克进一步恶化，患者可死于急性肾衰竭。

四、肺功能的改变

在休克早期，缺氧可致呼吸中枢兴奋，故呼吸加快加深，通气过度，甚至可以导致低碳酸血症和呼吸性碱中毒；继之，随着肺低灌流状态的持续，可引起肺淤血、水肿、出血、局限性肺不张、微循环血栓形成和栓塞以及肺泡内透明膜形成等重要病理改变，此即所谓休克肺（shock lung）的病理学基础。

上述休克肺的病理变化，有的影响肺的通气功能，有的妨碍气体弥散，有的改变肺泡通气量/血流量的比例，造成无效腔样通气或功能性分流，从而可导致呼吸衰竭甚至死亡。休克肺是休克死亡的重要原因之一，约有1/3的休克患者死于休克肺。

五、肝和胃肠功能的改变

1. 肝功能的改变 全身低血压和有效循环血量减少可使肝动脉血液灌流量减少，从而引起肝细胞缺血缺氧，严重者可导致肝小叶中央部分肝细胞坏死。肝一半以上的血液来自门脉，腹腔内脏的血管收缩，致使门脉血流量急剧减少可加重肝细胞的缺血性损害。肝内微循环障碍和DIC形成，可加重肝细胞的缺血缺氧。肠道产生的毒性物质经门脉进入肝并蓄积，可直接损害肝细胞。

肝功能障碍又可推动休克的恶化。肝对糖和乳酸的利用障碍，可致乳酸蓄积引起酸中毒，同时也不能为各重要脏器提供充足的葡萄糖。肝合成功能障碍，蛋白质和凝血因子生成不足，可引起低蛋白血症和出血。肝的生物转化作用（解毒功能）减弱，可增加休克时感染与中毒的危险。

2. 胃肠功能的改变 休克早期就有胃肠功能的改变。早期因微血管痉挛而发生缺血，继而可转变为淤血，肠壁因而发生水肿甚至坏死。此外，胃肠的缺血缺氧，还可抑制消化液分泌，胃肠运动减弱。有时可由于胃肠肽和黏蛋白对胃肠黏膜的保护作用减弱，而使胃肠黏膜糜烂或形成应激性溃疡。

胃肠功能的改变又可促使休克恶化。肠道黏膜屏障功能减弱或破坏，致使肠道细菌毒素被吸收入血，加之肝的生物转化作用减弱，故易引起机体中毒和感染。胃肠微循环淤血，血管内液体外渗，加之胃肠黏膜糜烂坏死和DIC的形成都可导致胃肠道出血，从而使血容量进一步减少。胃肠道缺血缺氧，可刺激肥大细胞释放组胺等血管活性物质，微循环障碍进一步加剧。

六、多器官功能衰竭

多器官功能衰竭（multiple organ failure，MOF）是指心、脑、肺、肾、肝、胃肠及胰腺等器官中，在 24 小时内有两个或两个以上的器官相继或同时发生功能衰竭。创伤性休克的晚期常可发生 MOF，是导致伤员死亡的重要原因，且衰竭的器官越多，病死率也越高。MOF 在临床上有两种表现形式，一是创伤和休克直接引起的速发型，又称单相型，发生迅速，发病后很快出现肝、肾和呼吸功能障碍，在短期内或死亡，或恢复；二是创伤、休克后继发感染所致的迟发型，又称双相型，此型患者往往有一个相对稳定的间歇期，多在败血症发生后才相继出现多器官功能衰竭。

MOF 的发生受多因素影响，当机体免疫功能和单核吞噬细胞系统功能减弱时，或者是治疗不当或延误时，如未及时纠正组织低灌流和酸碱平衡紊乱、过多过快输液、大量输血或过量应用镇静剂、麻醉剂等情况下，更易引发 MOF。

第五节 基本防治原则

一、病因学防治

1. 做好外伤的现场处理　及时止血尤其重要，对于体表出血，可采用敷料压迫止血；对于开放性肢体损伤所致的大出血，在外科手术前可用止血带，但应标明使用时间；对活动性出血患者，在抗休克的同时，建议早期手术治疗和介入治疗。此外，现场的镇痛、保温等措施也很重要。

2. 补液或输血　对失血或失液过多（如呕吐、腹泻、咯血、消化道出血、大量出汗等）的伤员，应及时酌情补液或输血。

二、发病学治疗

（一）改善微循环、提高组织灌流量

1. 容量复苏　是改善组织灌流的根本措施。创伤伴大量出血患者应尽早快速输血，以维持血容量，改善微循环。在院前急救中，如无法获得成分血，对活动性出血患者可采用等渗晶体液扩容。在医院内，为防止进一步加重出血，对活动性出血患者不建议采用等渗晶体液治疗，而采用输血治疗。而且对活动性出血患者应采用限制性容量复苏治疗策略，直至出血已明确控制。对于无脑损伤的患者，在大出血控制前可允许较低血压（将收缩压维持在 80～90 mmHg）。对合并严重颅脑损伤的患者，为维持脑的血液灌流，可将平均动脉压维持在 80 mmHg 以上[13]。

关于补液的量，不能以"失多少，补多少"为标准，应当遵循"量需而入"的原则。在休克的某个阶段，除了原发失血量之外，由于血管床容量扩大、微循环淤血、血浆外渗等，有效循环血量会进一步减少。因此，补液的量应当大于失液量，以达到迅速改善微循环的目的。当然，补液过多也是危险的。为了掌握适当的补液量，应严密观察患者的颈静脉充盈程度、尿量、血压、脉搏等临床指标，作为监护输液的尺度。有条件时，应当动态监测患者的中心静脉压，最好还能测定肺动脉楔压。中心静脉压和肺动脉楔压低于正常，说明血容量不足，应当继续输液，以使二者保持在正常范围内。如果超过正常，说明补液过多，应当立即停止补液，严密观察病情并采取相应的措施。此

外，在补充体液容量的同时，应考虑纠正血液流变学异常，例如由于血浆外渗而导致的血液浓缩，可补充适量的胶体溶液（如血浆及其代用品、右旋糖酐等）及晶体溶液（如生理盐水、林格液等）。

2．血管活性药与正性肌力药　血管活性药一般应在液体复苏的基础上使用。对于危及生命的极度低血压（收缩压＜ 50 mmHg）或经液体复苏后不能纠正的低血压，可在复苏的同时使用血管活性药，以尽快提升血压。

（1）缩血管药物的应用：去甲肾上腺素（norepinephrine）在血压过低或经液体复苏后仍不能纠正低血压时为首选。正性肌力药可在前负荷良好但心排血量不足时使用，首选多巴酚丁胺。

（2）扩血管药物的应用：α受体阻断药酚妥拉明（phentolamine）、酚苄明（phenoxy- benzamine）等理论上能解除小血管和微血管的痉挛，从而改善微循环的灌流和增加回心血量。但扩血管药物必须在血容量得到充分保证的条件下才能应用，否则血管的扩张将使血压进一步急剧降低而减少心、脑的血液供应。

（3）扩血管药与缩血管药的联合应用：二者联合应用可以取长补短，突出某一药物的治疗作用而减轻其副作用，从而有效改善微循环，提高组织灌流量。例如去甲肾上腺素和α受体阻断剂妥拉唑啉（tolaxoline）联合应用，既可减少去甲肾上腺素的强烈缩血管作用，又可突出其β受体的兴奋作用。

3．凝血病的处理　严重创伤常常合并机体出凝血功能异常，有条件情况下开展凝血功能床边快速检测，可尽早诊断凝血病；建议早期使用血浆，再根据检验结果判断是否需要补充纤维蛋白原和红细胞；对活动性出血患者，可静脉使用氨甲环酸以治疗凝血病；如活动性出血患者在失血前因心脑血管疾病使用了抗凝血药，则应立即纠正这些抗凝血药的作用。

（二）积极防治全身炎症反应

严重创伤、失血等可激活白细胞，使炎症介质产生增多；也可使组织细胞释放损伤相关分子模式（damage-associated molecular patterns，DAMPs），如线粒体 DNA、高迁移率族蛋白 -1（HMGB-1）等，从而导致全身炎症反应综合征。为减轻或阻止全身炎症反应的发生，应尽早开始抗炎治疗。

（三）低体温的处理

创伤、失血性休克由于微循环功能障碍、有氧代谢障碍和凝血功能紊乱，患者常常出现"致死性三联征"，即低体温、酸中毒、凝血功能障碍，三者互相影响，可形成恶性循环。因此，对于创伤伴严重失血患者，应尽量保温以减少热量丢失，提高环境温度。如体温低于 32℃，则可考虑加温输血或通过体外膜肺（ECMO）治疗以维持体温。

（四）纠正酸中毒，提供细胞营养底物和能量

酸中毒可加重微循环障碍，促进 DIC 的形成，抑制心肌收缩和能量代谢，破坏生物膜，并能降低药物效能，故纠正酸中毒是改善心肌代谢、防止细胞损害和提高药物疗效的重要措施。此外，由于交感 - 肾上腺髓质系统的兴奋使胰岛素效应被抑制，组织低灌流又引起细胞的缺氧，因而使细胞处于高度"饥饿"状态，故适当补充葡萄糖、胰岛素和能量合剂，对改善细胞营养和代谢，防止细胞损害都有一定的积极作用[14]。

（五）改善细胞代谢，防治细胞损害

1．自由基清除剂　目前实验室和临床较常用的自由基清除剂有超氧化物歧化酶、亚硒酸钠、谷胱甘肽过氧化物酶等。此外，维生素 C、辅酶 Q、甘露醇和葡萄糖等都有清除自由基的作用，也可防止或减轻细胞的损害。

2．溶酶体稳定药和钙拮抗药　在防止溶酶体酶释放及其破坏作用方面，除了消除破坏溶酶体膜因素（如纠正缺氧和酸中毒、清除自由基等）外，目前常用的是溶酶体膜稳定药，如糖皮质激素、

前列腺素（PGI2、PGE1）和组织蛋白酶抑制剂（如 parachloromercuribenzoate，PCMB）。此外，由于钙拮抗药能抑制 Ca^{2+} 的内流和在胞质中的蓄积，从而降低生物膜的磷脂酶活性，故也能保护溶酶体膜。实验证明，山莨菪碱也有抑制 Ca^{2+} 内流、保护溶酶体膜的作用。

（六）防治器官功能衰竭

矿山灾害常常损伤重、病情急，休克伤员常同时伴发多器官功能障碍。治疗时应针对不同的器官衰竭采取不同的治疗措施。如出现心力衰竭时，除停止或减慢补液外，尚需强心、利尿，并适当降低前、后负荷；如出现呼吸衰竭时，则应给氧、改善呼吸功能；如发生急性肾衰竭时，则可考虑采用利尿、透析等措施。

（赵利军　门秀丽）

参考文献

[1] 李桂源. 病理生理学. 2 版. 北京：人民卫生出版社，2010：262-290.

[2] Dare AJ，Phillips AR，Hickey AJ，et al. A systematic review of experimental treatments for mitochondrial dysfunction in sepsis and multiple organ dysfunction syndrome. Free Radic Biol Med，2009，47（11）：1517-1525.

[3] 王迪浔，金惠铭. 人体病理生理学. 3 版. 北京：人民卫生出版社，2008：406-416.

[4] 陈灏珠，丁训杰. 实用内科学. 11 版. 北京：人民卫生出版社，2002：256-258.

[5] Asemota AO. Whats New in Emergencies, Trauma and Shock? Addressing Cervical Spine Fractures. J Emerg Trauma Shock，2017，10（1）：1.

[6] Fröhlich M，Driessen A，Böhmer A. Is the shock index based classification of hypovolemic shock applicable in multiple injured patients with severe traumatic brain injury?-An analysis of the TraumaRegister DGU. Scand J Trauma Resusc Emerg Med，2016，24（1）：148.

[7] 王建枝，殷莲生. 病理生理学. 8 版. 北京：人民卫生出版社，2013：165-184.

[8] Li BQ，Sun HC. Research progress of acute coagulopathy of trauma-shock. Chin J Traumatol，2015，18（2）：95-97.

[9] Wade CE，Sauer RM. Combination therapeutics：a new research frontier in shock and trauma. Shock，2011，35（6）：639-640.

[10] 于学忠，王仲. 协和急诊医学. 北京：科学出版社，2011：76-99.

[11] 唐朝枢，刘志跃. 病理生理学. 3 版. 北京：北京大学医学出版社，2013：93-111.

[12] 肖献忠. 病理生理学. 4 版。北京：高等教育出版社，2018：136-139.

[13] Agrawal A，Galwankar S. What's new in emergencies, trauma and shock? Traumatic Brain Injury Research in India. J Emerg Trauma Shock. 2015，8（3）：129-130.

[14] Mizock BA. The multiple organ dysfunction syndrome. Dis Mon，2009，55（8）：476-526.

第七章

创伤后弥散性血管内凝血

矿难事故引发的机体创伤复杂多变，弥散性血管内凝血（disseminated intravascular coagulation，DIC）是创伤后常见的病理过程之一。如在瓦斯爆炸、煤尘爆炸、顶板塌方等常见的矿难事故中，常可因DIC的发生导致伤员病情恶化甚至死亡。DIC是指在某些致病因子作用下，凝血因子或血小板被激活，大量可溶性促凝物质入血，从而引起一个以凝血功能失常为主要特征的病理过程（或病理综合征）。此时微循环中有纤维蛋白性微血栓或血小板团块形成，一系列凝血因子被消耗，血小板减少，并有继发性纤维蛋白溶解（简称纤溶）过程的加强乃至亢进。在临床上，DIC患者主要表现为出血、休克、脏器功能障碍和贫血。根据DIC病理过程的变化特点，有学者将DIC称为消耗性血栓-出血性疾病（consumptive thrombin hemorrhagic disorders）。本章以矿难事故为背景，讨论DIC的发生和发展。

第一节　概　述

一、主要病因

DIC是在原发疾病的基础上，由各种凝血触发因素引起的临床综合征。临床实践证明，易于引发DIC的基础疾病几乎遍及临床各科室。与矿山医学有关的病因主要在于严重创伤及创伤后感染。

（一）矿难创伤及手术

各种矿难灾害和意外，以及在救治过程中的手术损伤，均可引起DIC，如大面积烧伤、严重挤压伤、骨折及中毒等。尤其当富含组织因子（tissue factor，TF）的器官，如脑、前列腺、胰腺、子宫及胎盘等部位的损伤，DIC发生的可能性更大。

（二）创伤后严重感染

在矿难现场未得到及时救治的创伤，以及后续在创伤治疗过程中，均有可能继发感染，特别是全身性的菌血症、脓毒血症及败血症的发生，常是引发DIC的常见病因。病原生物学方面多见于以下几种感染。

1. 细菌感染 革兰氏阴性菌如脑膜炎球菌、大肠埃希菌、铜绿假单胞菌等；革兰氏阳性菌如肺炎球菌、金黄色葡萄球菌、β溶血性链球菌等。

2. 病毒感染 如流行性出血热病毒、麻疹病毒、疱疹病毒、流感病毒等。

3. 立克次体感染 如斑疹伤寒、恙虫病等。

4. 其他 如脑型疟疾、钩端螺旋体病等。

此外，伤员合并的恶性肿瘤、妇产科疾病及其他各系统疾病也可引起 DIC 的发生。一般情况下，当患者存在引发 DIC 的基础疾病且出现无法以现有临床证据解释的出血症状时，应考虑发生 DIC 的可能。

二、常见诱因

除病因外，有些因素可影响机体凝血与抗凝血的平衡，尤其是机体的抗凝功能被抑制，平衡倾向于凝血功能相对增强时，极易诱发 DIC。诱因对 DIC 的发生与否虽然不起决定性作用，但可推动 DIC 的进展，也应尽早采取相应措施，防止或排除其加重 DIC 的病情。

（一）单核-巨噬细胞系统功能受损

体内的单核-巨噬细胞系统可吞噬或清除进入血液的凝血酶、纤维蛋白颗粒及内毒素等促凝物质，也可清除纤溶酶、FDP 等抗凝物质，对调节凝血-抗凝血平衡有一定作用。严重的肝脾疾病、反复感染或临床上长期大量应用糖皮质激素时，单核吞噬细胞系统被大量坏死组织、细菌等吞噬物所"封闭"，机体抗凝血失控的能力受限。若病员在伤前存在这些病理因素，更易启动广泛失控的凝血过程。

（二）肝功能障碍

矿区工作环境一般较差，矿工营养物质摄入有限，这可影响到肝功能。肝细胞在凝血和抗凝血的平衡中发挥着重要的调节作用。多数凝血因子和抗凝物质如抗凝血酶Ⅲ（antithrombin Ⅲ，AT-Ⅲ）、蛋白 C（protein C，PC）和蛋白 S（protein S，PS）等均在肝合成[1]。此外，肝还具有合成纤溶酶原、灭活 F Ⅺ a、F Ⅸ a 和 F Ⅹ a 等凝血因子的作用。肝炎病毒、某些药物等引起肝功能障碍时，一旦有促凝物质进入体内，就极其容易引发 DIC。具体机制有：①损伤的肝细胞释放大量 TF；②肝细胞产生蛋白 C、AT-Ⅲ 及纤溶酶原等抗凝物质减少，血液处于高凝状态；③致肝损伤因素可损伤血管内皮细胞，激活内源性凝血系统；④肝的单核-吞噬细胞系统的吞噬功能显著下降。

（三）血液高凝状态

血液高凝状态（hypercoagulable state）是指在某些生理或病理条件下，血液凝固性增强而有利于血栓形成的一种状态。与矿难事故密切相关的血液高凝状态即酸中毒。矿井下通风不良，矿工营养不良或饥饿、事故发生后未得到及时救治等，都可能导致体内酸中毒的发生。代谢产物酮体、乳酸等可刺激或损伤血管内皮细胞，使内皮下的胶原暴露，激活因子Ⅻ，引起内源性凝血系统的激活。酸性条件下，肝素的抗凝活性减弱而凝血因子活性增强，此时血小板易于聚集和粘附，且释放的促凝因子也增加。

（四）微循环障碍

矿难事故直接造成的失血失液、创伤、感染等常可引发休克，即急性微循环障碍。微血流缓慢或淤滞，血小板和红细胞则易于聚集形成微血栓。休克可以是 DIC 的重要临床表现之一，也可以是 DIC 发生的重要诱因。休克引起凝血功能发生异常改变的主要机制有：①血流动力学紊乱，易出现血流缓慢、淤滞，甚至呈淤泥状；②组织细胞和血管内皮细胞发生缺氧性损伤，TF 释放，Ⅻ因子激活，凝血系统易启动；③酸中毒致毛细血管通透性增强，血液浓缩，血黏度增大，而且酸中毒还可以使凝血酶原活性降低；④肝、肾等脏器的低灌流状态，无法及时清除某些凝血因子或纤溶产物；⑤创伤伴有大量失血时的低体温使血小板功能障碍，并可降低凝血因子活性。这些均可促进凝血功能紊乱的发生。

第二节　主要发病机制

正常机体的凝血与抗凝血功能处于动态平衡状态。凝血系统的基本功能是在血管受损引起出血时，通过血液凝固的酶促反应，使可溶性的纤维蛋白原（fibrinogen，Fbg）变为不溶性的纤维蛋白（fibrin，Fbn），与血细胞一起形成止血栓而达到止血的目的。凝血系统的激活过程可分为三个阶段。第一阶段：凝血酶原酶形成。此酶的形成可经两条途径完成：①内源性凝血途径。由于血管内皮细胞受损等原因，首先使凝血因子Ⅻ被激活，相继使因子Ⅺ、因子Ⅸ和因子Ⅹ活化，其中有激肽原、Ca^{2+}、因子Ⅶ、因子Ⅴ和血小板第三因子（PF_3）参与，最终形成Ⅹa-Ca^{2+}-Ⅴa-PF3复合物，即凝血酶原酶。因为参与反应的各种因子都存在于血浆中，这一凝血活化途径被称为内源性凝血系统。②外源性凝血途径。当组织细胞被破坏后，释放凝血因子Ⅲ入血，又称组织因子（tissue factor，TF）。TF在磷脂和Ca^{2+}的参与下与因子Ⅶ共同作用激活因子Ⅹ，形成Ⅹa-Ca^{2+}-Ⅴa-TF复合物，这也是一种凝血酶原酶。这一途径的触发物质TF来源于组织，故这一途径被称为外源性凝血途径。外源性途径主要受组织因子途径抑制物（tissue factor pathway inhibitor，TFPI）的调控和抑制[2]。既往认为，凝血过程的启动，是以Ⅻ因子激活开始的内源性凝血途径为主。近年来研究表明，以组织因子为始动的外源性凝血系统的激活，在启动凝血过程中具有主导作用。第二阶段：凝血酶形成。凝血酶原（Ⅱ因子）在凝血酶原酶的作用下，形成凝血酶。后者除了裂解纤维蛋白原外，还可激活纤溶酶原、因子Ⅻ、因子Ⅴ等。第三阶段：纤维蛋白形成。在凝血酶的作用下，Fbg首先形成纤维蛋白单体（fibrin monomer，FM），进而在Ⅻ因子和Ca^{2+}的参与下形成稳定的不溶性的Fbn（图8-1）。

机体的抗凝血系统包括细胞抗凝和体液抗凝两方面。细胞抗凝是指单核吞噬细胞系统及肝细胞所具有的非特异性抗凝作用；体液抗凝是指血液的抗凝系统，包括血浆中的抗凝物质（如抗凝血酶Ⅲ、肝素等）、蛋白C（protein C，PC）系统和纤维蛋白溶解系统等。其中最为重要的是纤维蛋白溶解系统，简称纤溶。它由纤溶酶原（plasminogen，PLg）、纤溶酶原激活物（plasminogen activator，PA）等因子组成。纤溶系统的主要功能是将沉积在血管中的纤维蛋白溶解，去除和防止血管内由于纤维蛋白沉着引起的阻塞。纤维蛋白溶解过程大致分为两个阶段：首先在组织细胞产生的PA或活化的因子Ⅻ（Ⅻa）、因子Ⅺ（Ⅺa）、凝血酶等作用下，PLg被激活，形成纤溶酶（plasmin，PLn）；随后PLn分解纤维蛋白（原），形成纤维蛋白（原）降解产物（fibrin or fibrinogen degradation product，FDP），同时水解凝血酶原、因子Ⅹ等多种与凝血-抗凝相关的蛋白因子[3]，如图7-1所示。

生理性凝血反应是机体防止过度出血的抗损伤反应，在凝血过程中始终存在着一定的抗凝血机制的调节与制约，这既能保证凝血反应以一定强度在有限的局部进行，又不至于影响全身的凝血与抗凝血稳态。

DIC是机体凝血与抗凝血平衡紊乱的一种重要表现，其发病机制极为复杂，至今仍未能完全阐述清楚。目前认为，各种病因引起DIC的发病机制可总结为以下几个方面。

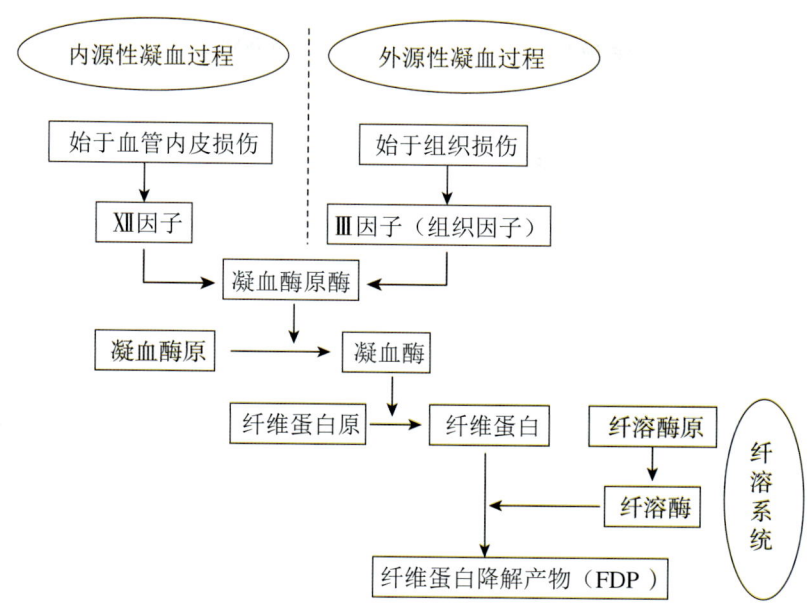

图 7-1 血液凝固与纤溶系统的关系示意图

一、凝血系统强烈激活

凝血系统活化具有级联反应和正反馈调节的特征。引起 DIC 发生的各种疾病通过不同的具体机制引起相关凝血因子的活化，再通过凝血级联反应的正反馈放大和（或）抗凝作用相对或绝对的降低，引起过度的凝血反应。

在 DIC 病因的作用下，凝血系统的强烈激活，可触发于下述两大常见的病理环节。

（一）血管内皮细胞损伤

血管内皮细胞（vascular endothelial cells，VEC）的损伤是 DIC 发生、发展的关键环节。严重感染时的病原微生物、强烈免疫反应生成的抗原-抗体复合物、持续广泛的组织缺血、缺氧和酸中毒、大量颗粒物质入血等，都能强烈刺激和损伤血管内皮细胞，尤其是毛细血管和微静脉，使内皮下的胶原成分暴露于血液。胶原、内毒素等均为表面带负电荷的物质，当无活性的凝血因子Ⅻ与其接触后，精氨酸残基上的胍基在负电荷影响下发生分子构型的改变，活性部分丝氨酸残基暴露，因子Ⅻ因此被激活。另外，在激肽释放酶、纤溶酶或胰蛋白酶等可溶性蛋白水解酶的作用下，因子Ⅻ或因子Ⅻa 还可通过酶性水解而生成Ⅻ因子的碎片（Ⅻf）。Ⅻf 又称激肽释放酶原激活物（prekallikrein activator，PKA），可把血浆激肽释放酶原（prekallikrein）激活成激肽释放酶（kallikrein），后者又能反过来使因子Ⅻ进一步活化，从而使内源性凝血系统的反应加速。Ⅻa 和Ⅻf 还可相继激活纤溶、激肽和补体系统，从而进一步促进 DIC 发展。此外，血浆中游离饱和脂肪酸、某些免疫复合物、植入的"异物"或医疗操作中的器械表面等，亦可直接激活因子Ⅻ[4]。

损伤的血管内皮细胞也可表达 TF 或使来自于组织的 TF 暴露于血液，外源性凝血系统也可启动。

此外，血管内皮细胞是血液与组织间的屏障，完整光滑的血管内壁有一定的抗凝作用。血管内皮细胞可生成 PGI_2、NO 等扩血管和 ADP 酶、肝素等抑制血小板活化聚集的物质，可产生纤溶酶原激活物（t-PA、u-PA）促进纤维蛋白（原）的溶解，可生成 TFPI 抑制外凝系统。血管内皮细胞还是 TM/PC 和 HS/AT-Ⅲ发挥抗凝作用的平台，当血管内皮细胞受损时，其抗凝作用的减弱推动了凝血与抗凝调控失调的发展。

由于微循环部位开放的微血管床总容量明显大于动脉系统的血管容量，血液流过微循环时流速明显变慢，血液与管壁内皮细胞的接触面积增大，接触时间加长，加上微血管内皮细胞与大血管内皮细胞表型（phenotype）的差异，当各种促凝物质或对血管内皮细胞有损伤作用的因素进入循环系统时，易于在微血管部分使凝血系统激活，引起凝血与抗凝血平衡失调，导致微血栓形成。

血小板在凝血反应中有着举足轻重的作用，血管内皮细胞的损伤可通过复杂的机制导致血小板被激活。当血管内皮细胞受损时，内皮下组织中的Ⅰ型和Ⅲ型胶原暴露，其活性部位通过血管性假血友病因子（von Willebrand factor，vWF）与血小板膜上的受体糖蛋白GP1b连接，血小板则黏附于损伤部位进而被激活。黏附的血小板消耗能量进行收缩并释放其内容物，其中释放的TXA_2、ADP等和血液中的肾上腺素、凝血酶等都是血小板的致聚剂，引起更多的血小板相互黏附和聚集。在Ca^{2+}的辅助作用下，血小板3因子（platelet factor 3，PF3）提供的磷脂表面可吸附大部分凝血因子，并使其浓缩、局限，进一步产生大量凝血酶，促进血栓的形成。

（二）严重组织损伤

在严重创伤、外科大手术、产科意外、恶性肿瘤或实质性脏器的坏死等情况下均有严重的组织损伤或坏死，所以大量促凝物质入血，这些促凝物质可通过外源性凝血系统的启动引起凝血。其中尤以凝血因子Ⅲ，即TF为最重要。

TF广泛存在于各种组织细胞中，尤以脑、肺、胎盘等组织最为丰富，血管外层的平滑肌细胞、成纤维细胞及周围的周细胞、星形细胞、足状突细胞等可恒定地表达TF，以备止血。而与血液接触的血管内皮细胞及血细胞正常时不表达TF。当组织损伤致血管壁的完整性遭到破坏时，TF大量进入循环血液。血浆中的Ca^{2+}将因子Ⅶ连接于TF的磷脂上，形成复合物，可使凝血因子X活化，Xa与Ca^{2+}、因子X和血小板磷脂相互作用而形成凝血酶原激活物，然后通过与内源性凝血系统后半部分相同的途径，完成凝血的系列反应。

严重组织坏死，尤其是单核吞噬细胞和白细胞被激活和损伤时，释放出的溶酶体酶，也能促进凝血系统的激活。

二、抗凝系统功能抑制

多种DIC基础疾病可通过引起各种抗凝血活性的抑制，促进不溶性纤维蛋白的形成。

（一）抗凝血酶减少

血浆中的AT-Ⅲ为凝血酶最重要的抑制物。严重感染时AT-Ⅲ明显减少，具体机制为：①因中和产生的凝血酶而被消耗；②被活化的中性粒细胞释放的弹性酶降解；③肝合成AT-Ⅲ不足。

临床观察证实AT-Ⅲ水平低下的DIC患者，死亡率高，如给予浓缩的AT-Ⅲ治疗，可使凝血异常得到矫正，器官功能改善，甚至死亡率降低。

（二）蛋白C系统功能障碍

蛋白C（Protein C，PC）是在肝合成的、以酶原形式存在于血液中的蛋白酶类物质。激活的蛋白C（APC）有多方面的抗凝作用，可水解灭活FVa、FⅧa，抑制FXa与血小板的结合，促进纤溶酶原激活物释放，灭活纤溶酶原激活物抑制物等。蛋白S（protein S，PS）是蛋白C发挥抗凝作用的辅助因子[5]。血栓调节蛋白（thrombomodulin，TM）是内皮细胞膜上凝血酶的受体之一，与凝血酶结合后降低其凝血活性，却大大加强了其激活蛋白C的作用，因此，TM是使凝血酶由促凝转向抗凝的重要的血管内凝血抑制成分。PC、PS和TM三者共同构成蛋白C系统，如图7-2所示。肝细胞及血管内皮细胞的损伤可严重降低蛋白C系统的抗凝功能。在内毒素致DIC的实验模型中发现，TM

水平明显降低，PC 活性受抑，血浆中的 PS 与 C_{4b} 结合形成复合物，游离的 PS 相对缺乏，蛋白 C 系统功能障碍，可促进机体高凝状态的形成。

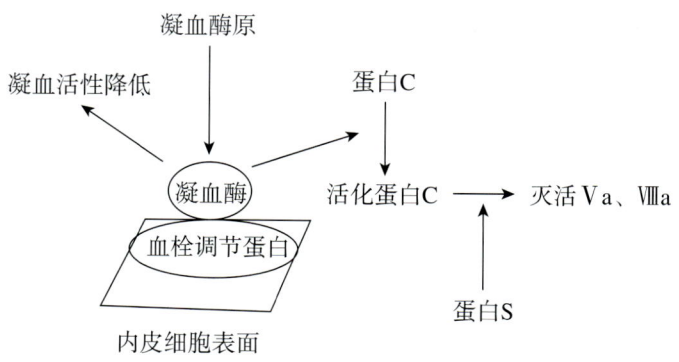

图 7-2　蛋白 C、蛋白 S 及血栓调节蛋白的作用

（三）血管舒缩性和血液流动性的改变

矿山意外灾害事件中，强烈的情绪心理刺激和躯体伤病，常引起交感 - 肾上腺髓质系统兴奋和（或）局部血管舒缩调节活性的改变，后者与微血管内皮细胞损伤使 NO 和 PGI_2 产生减少、ET 生成增加有关。血小板活化产生的 TXA_2、PAF、组胺和缓激肽，也可引起血管通透性增大，局部血液黏度增加。由于微血管和血流状态的变化，无论是血管收缩、血流减少，还是血管舒张、血流瘀滞，都不利于促凝物质和活化凝血因子从局部清除，反之却有利于 Fbn 在局部的沉积和微血栓形成。

三、继发性纤溶激活及亢进

DIC 发生和发展过程中，随着凝血活性的增强，纤溶系统活性也相继进行性增强，故称为继发性纤溶功能亢进。随着凝血系统的启动，纤溶系统可被多条反馈通路激活：① 凝血过程中形成的凝血酶、激肽释放酶、F Ⅺ a、F Ⅻ a 等可激活纤溶酶原；② 凝血过程中产生的纤维蛋白、缓激肽可刺激正常和轻度损伤的血管内皮细胞分泌释放组织型纤溶酶原激活物（tissue plasminogen activator, t-PA）；③ 血管内凝血引起组织缺氧性损伤，存在于某些含腺体组织（卵巢、子宫、肾上腺等）中的纤溶酶原被激活形成纤溶酶[6]。

继发性纤溶亢进在促进 DIC 由早期高凝转入后期低凝过程中起着关键的作用。纤溶系统激活后产生的纤溶酶可使纤维蛋白（原）降解为纤维蛋白（原）降解产物。这些降解产物有抗凝作用，还可激活激肽和补体系统，产生扩血管物质，使微循环血管扩张、通透性增强。另外，纤溶酶是血浆中活性最强的蛋白酶，但特异性较低，除降解纤维蛋白外，还能水解 F Ⅱ、F Ⅴ、F Ⅷ、F Ⅻ 等，使凝血功能低下。

随着继发性纤溶的激活，凝血因子进一步减少，血液抗凝活性增强，血管床容积扩大、微血管通透性增强，这些都与 DIC 出血及休克等临床表现密切相关。

四、细胞因子的作用

在 DIC 的发生发展过程中，大量血小板、白细胞及免疫细胞被活化，体内炎症反应级联发生，多种细胞因子释放入血，发挥多方面的生物学作用。目前认为，DIC 时凝血与纤溶的紊乱与体内多种细胞因子的释放和介导有关，此种观点已被动物实验和临床研究一致证实[7]。因此在 DIC 发病机制的研究中，细胞因子成为目前的新焦点。

（一）白介素 -1（interleukin-1，IL-1）

实验性菌血症与内毒素血症时，血清中包括 IL-1 在内的细胞因子水平增高。IL-1 是一种非常强烈的 TF 表达增效剂，甚至可刺激血管内皮细胞和血细胞在短时间内诱导表达 TF，引起凝血反应[8]。尽管许多由内毒素诱导的凝血前期变化可发生在循环中检出 IL-1 之前，但 IL-1 对 DIC 发病的直接影响是肯定的。

（二）白介素 -6（interleukin-6，IL-6）

IL-6 能介导凝血过程的活化。研究发现，输入抗 IL-6 单抗后，可使黑猩猩的内毒素诱导的凝血活化完全消除。此外，在肿瘤患者接受重组 IL-6 治疗后，可见血浆中的凝血酶大量生成。这些结果都确切地提示 IL-6 与出血症状相关，并干扰 TF 的生成。

（三）肿瘤坏死因子（tumor necrosis factor，TNF）

细菌性败血症是引起急性 DIC 的常见原因。其中关键因素是革兰阴性菌产生的脂多糖（LPS）能够刺激 TNF 的释放。适量的 TNF 能促进细胞增殖和分化，调节免疫功能。但过度生成将触发一系列不可控制的全身炎症反应，最终导致感染性休克和 DIC。在这一过程中，近年发现的血小板 Toll 样受体 4（toll-like receptor 4，TLR4）可能是一个重要的阀门[9]。

（四）白介素 -10（interleukin-10，IL-10）

IL-10 是一种具有抗炎作用的细胞因子，它对凝血系统具有调节作用。研究发现，IL-10 能完全阻断由内毒素导致的凝血与纤溶改变，但其详细机制尚不清楚。

一般而言，凝血活化过程似以 IL-6 介导为主，而 TNF 却是抗凝机制受抑和纤溶系统受损的重要支点。

以上是对所有病因引起 DIC 机制的总结，具体病因引发 DIC 要根据具体情况进行具体分析，不可一概而论。如严重感染是临床上引起 DIC 最常见的原因，其具体机制如下。

1. 严重感染时产生的 TNF、IL-1 等细胞因子作用于内皮细胞可使 TF 表达增加；而同时又可使内皮细胞上的 TM、HS 的表达明显减少，血管内皮表面的抗凝状态变为促凝状态。

2. 严重感染时的细胞因子可激活白细胞，释放蛋白酶和活性氧等炎症介质，损伤血管内皮细胞，凝血系统强烈激活。

3. 感染致血管内皮细胞的损伤，使胶原暴露，血小板被胶原和内毒素活化。激活的血小板进一步释放血小板致聚剂，大量血小板粘附、聚集，促进微血栓形成。此外，内毒素也可通过活化 PAF，促进血小板的活化、聚集。

4. 炎性细胞因子可使血管内皮细胞产生 tPA 减少，而 PAI-1 生成增多，导致形成的微血栓溶解障碍。

第三节　主要临床表现

DIC 对机体的影响及后果因病情轻重及进展速度不同而异，轻者无任何临床表现，重者病情危急，死亡率高。其症状的严重程度，取决于原发疾病的严重程度、凝血激活的程度、纤溶状态、肝功能及单核 - 巨噬细胞系统的功能状态等。患者临床表现复杂多样，并随原发疾病的不同而异。各种临床表现之间可互相影响,如图 7-3 所示。

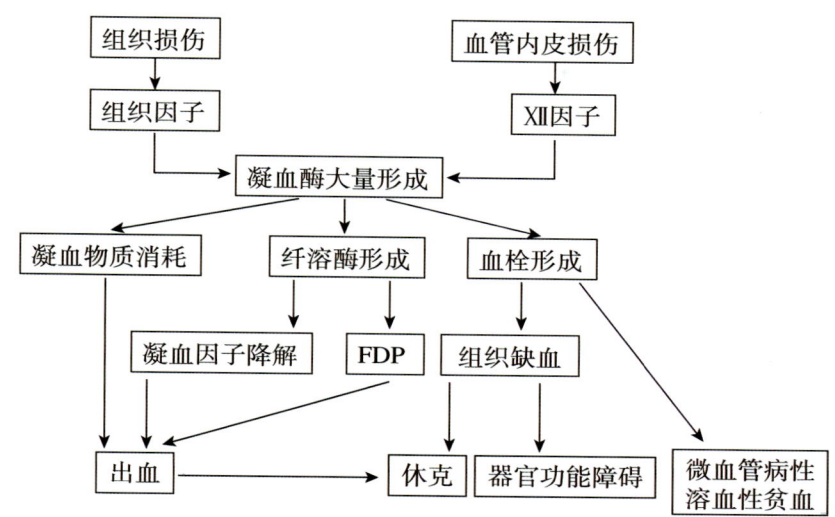

图 7-3　DIC 的临床表现及其机制

一、出血

除矿难事故中的原发性损伤的表现之外,DIC 引发的出血是伤员最常见也往往是较早被发现的临床表现,且此出血并非指创伤中机械力造成的血管破裂。DIC 引起的出血常突然发生,多部位同时出血,且与事故创伤无对应关系。早期表现为皮肤的点、片状出血和手术切口部位渗血不止,或注射部位针孔发生大片皮下淤斑。其次是脏器出血,表现为呕血、咯血、尿血或阴道流血不止,用一般止血药治疗无效,重要脏器出血是 DIC 患者致死的主要原因。出血有以下几方面可能机制。

（一）多种凝血因子和血小板被消耗而减少

广泛微血栓的形成消耗了大量凝血因子和血小板,特别是纤维蛋白原、凝血酶原、因子Ⅴ、因子Ⅷ、因子Ⅸ、因子Ⅹ等。DIC 的某些病因可直接导致血小板损伤,或 DIC 进展过程中血小板黏附、聚集,形成微血栓,均可致循环血液中血小板进行性减少。基于此,有人将 DIC 称为消耗性凝血病。对于消耗的凝血物质,虽然肝和骨髓可代偿性产生增多,但由于消耗过多而代偿不足,尤其是在急性 DIC 时,可表现为凝血物质明显不足。

（二）继发性纤溶系统功能亢进

随着微血栓的形成,纤溶系统继发性激活并功能亢进,机制如前述。纤溶酶是一种溶蛋白性丝氨酸蛋白酶,不但能降解 Fbn,使已形成的微血栓溶解,还能水解包括 Fbg 在内的多种凝血因子,如因子Ⅴ、因子Ⅷ和凝血酶原等,使血液中凝血物质进一步减少,引起凝血功能障碍,导致血管损伤部位再出血。

（三）纤维蛋白（原）降解产物的形成

继发性纤溶过程的启动使血中纤溶酶增多,纤维蛋白（原）在纤溶酶作用下被裂解成分子量大小不等的片段,这些片段以单体、二聚体、多聚体的形式存在于血液中,统称为纤维蛋白原降解产物（fibrin or fibrinogen degradation product，FDP）。FDP 包括 Fbg 分解形成的 A、B、D、E、X、Y 等片段及 Fbn 分解形成的 X′、Y′、D′、E′片段。FDP 具有以下功能：① Y、E 片段具有抗凝血酶作用；

② X、Y 片段可与 FM 结合，形成可溶性 FM 复合物，阻碍 FM 间的相互交联；③ D 片段对 FM 交联聚集有抑制作用；④大多数降解片段可与血小板膜结合，抑制血小板粘附和聚集；⑤增加毛细血管壁通透性，促进血浆渗出。因此，FDP 具有强烈的抗凝血作用，血液 FDP 大量增多，患者出血症状加重。

（四）微血管损伤

用生物显微镜可直接对患者手指甲床微循环进行活体观察，早期常见微血管痉挛，血流缓慢，红细胞与血小板聚集。晚期血流淤滞或断流，微血管袢周围有出血。

大量微血栓堵塞微循环，血管内皮细胞可发生缺氧性损伤。微循环障碍引发毒素的堆积和酸中毒等，也可引起微血管结构性损伤。另外，激活的血小板和白细胞释放出多种损伤性细胞因子，纤溶亢进时微血栓溶解致血流再灌注生成的自由基，随凝血激活而相继活化的激肽、补体系统生成的多种扩血管和细胞损伤性物质等，都可加重微血管的扩张和损伤，是出血发生的血管结构基础。

二、器官功能障碍

DIC 时在任何器官内皆可发现血栓。它们可以在局部形成，也可来自它处，从而阻塞微血管。广泛微血栓引起的脏器缺血和功能障碍是导致 DIC 患者死亡的主要原因。DIC 患者尸检或活检时，常发现微血管（特别是毛细血管与微静脉）内有微血栓存在。但在某些情况下，患者虽然有典型的 DIC 临床表现，但病理检查却未能发现阻塞性微血栓[10]，这可能是由于体内凝血系统启动后纤溶系统同时被激活，使微血栓在患者生前或死后被溶解所致；也可能是继发性纤溶亢进导致纤维蛋白聚合不全。

虽然 DIC 的基本病理变化是微血管内弥散性血栓形成，但在临床观察和病例统计中，栓塞表现并不如出血倾向及休克那样突出或多见，这可能与微血管栓塞多发于深层脏器，可无明显栓塞症表现或临床上不易识别有关。

微血管中形成的微血栓，可阻塞相应部位的微循环血流，严重时可造成实质脏器的局灶性坏死。如果微血栓在肾形成，则病变可累及入球小动脉或肾小球毛细血管，严重时可出现双侧肾皮质坏死和急性肾衰竭，临床上表现为少尿、蛋白尿、血尿等。发生在肺的 DIC，可引起呼吸困难、肺出血等，从而导致呼吸衰竭。消化系统的 DIC 可导致恶心、呕吐、腹泻、消化道出血。肝受累时可出现黄疸及肝衰竭。累及内分泌腺者可出现肾上腺皮质出血性坏死，导致急性肾上腺皮质功能衰竭，称华佛综合征（Waterhorst Friderichsen syndrome）[11]。垂体坏死可导致席汉综合征（Sheehan's syndrome）[12]。神经系统的病变可导致神志模糊、嗜睡、昏迷、惊厥等非特异症状，这些症状的出现并非是由一个孤立的局部病灶引起，而可能是由蛛网膜下腔出血以及微血管阻塞、脑皮质和脑干的多处出血所致。

DIC 时由于凝血及纤溶功能障碍的轻重程度不一，在不同的患者及病程的不同阶段可有不同的表现。此外，DIC 范围大小不一所造成的后果也不同，轻者仅影响个别脏器的部分功能，重者可引起一个或多个脏器的功能衰竭即多器官功能衰竭，甚至造成死亡。

除上述由广泛微血栓形成所致的脏器功能障碍以外，DIC 的原发疾病也可直接造成器官的损害，如严重肝病变引起的黄疸、大量溶血引起的肾小管坏死、肺部炎症引起的呼吸功能障碍等。在临床诊断 DIC 时，应注意区分以 DIC 为基本病理过程引起的和由原发疾病引起的病理变化和临床症状，只有前者才能作为 DIC 诊断的主要依据。

三、休克

DIC 特别是急性 DIC 常伴有休克。此类休克表现为突然出现，伴严重广泛的出血及四肢末梢的发绀，多个脏器功能不全，对休克的综合治疗反应低下，病死率高[13]。重度及晚期休克又反过来加重 DIC 的形成，二者互为因果，形成恶性循环。

DIC 时发生休克的具体机制有：①毛细血管和微静脉中大量微血栓形成，回心血量明显减少。②广泛出血使血容量丢失，有效循环血量减少。③心肌受累发生结构和功能的损伤，心输出量减少。④在 DIC 的形成过程中，凝血因子Ⅻ的激活，可相继激活激肽系统、补体系统和纤溶系统，产生一些血管活性物质，如激肽、组胺、补体成分（C3a、C5a 等）。C3a、C5a 可使肥大细胞和嗜碱性粒细胞脱颗粒而释放组胺，组胺、激肽可舒张血管平滑肌，增强血管壁通透性，外周血管阻力降低，回心血量减少。这也是急性 DIC 时动脉血压下降的重要原因。⑤FDP 的某些部分（如裂解碎片 A、B 等）能增强组胺和激肽的作用，促进微血管舒张。

四、微血管病性溶血性贫血

在受伤矿工后续的治疗康复过程中，如果 DIC 呈慢性经过，可因红细胞机械性受损导致一种特殊类型的贫血，即微血管病性溶血性贫血（microangiopathic hemolytic anemia）。这种贫血除具备溶血性贫血的一般特征外，外周血涂片中发现有某些形态特殊的变形红细胞，称为裂体细胞（schistocyte），其外形呈盔甲形、星形、新月形等，也称为细胞碎片，如图 7-4 所示。裂体细胞脆性高，变形能力差，在血流冲碰撞下容易破裂，发生溶血。实验室检查中，外周血涂片上所占比例超过红细胞总数的 2% 时，具有辅助诊断价值。但在某些急性 DIC 或病程较短的 DIC 患者中有时无法发现。

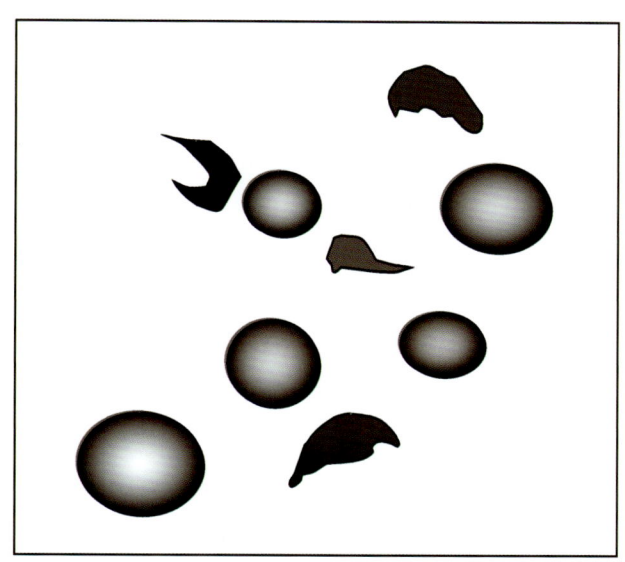

图 7-4　裂体细胞

在 DIC 的进展过程中，微血管病性溶血性贫血的具体发生机制如下。

1. 当微血管中有纤维蛋白性微血栓形成时，纤维蛋白丝在微血管腔内形成细网，当循环中的红细胞流过纤维蛋白丝网孔时，常会黏着、滞留或挂在纤维蛋白丝上，在血流的不断冲击作用下，红细胞破裂。

2. 在微血流通道发生障碍时，红细胞还可能通过肺组织等的微血管内皮细胞间的裂隙，被"挤压"到血管外组织中去，这种机械损伤同样也可使红细胞扭曲、变形和碎裂。

3. 微血栓广泛形成引起的机体缺氧、酸中毒，可直接造成红细胞膜的流动性降低，脆性增加，容易破裂。

DIC 早期溶血程度较轻，不易觉察。后期因红细胞大量破坏，可出现明显的溶血症状，包括寒战、高热、黄疸、血红蛋白尿等。

第四节　分期与分型

一、分期

DIC 是一个血液由高凝状态转变为低凝状态的动态进展的病理过程。早期表现为广泛微血栓形成，其后出现止血及凝血功能障碍。根据病理生理特点及发展过程，可对 DIC 做病理的分期。典型的 DIC 病程可分为以下三期。

（一）高凝期

此期为发病初期，主要病理生理变化为血小板活化、黏附、聚集并释放大量血小板因子，凝血酶及纤维蛋白大量形成，血液处于高凝状态。各脏器微循环及小静脉微血栓广泛形成。此时，血小板及凝血因子的消耗和分解不显著，纤溶过程尚未启动或刚刚启动。

高凝期发展很快，特别是在急性 DIC 时。此阶段临床症状常被原发病症状所掩盖，容易漏诊。在亚急性和慢性 DIC 中，广泛微血栓栓塞所造成的器官功能障碍则成为主要临床表现。此期实验室检查的特点为凝血时间和复钙时间缩短，血小板黏附性增高。

（二）消耗性低凝期

随着微血栓的形成和纤溶系统的启动，大量凝血因子和血小板被消耗和（或）被纤溶酶降解，血液处于低凝状态，凝血障碍渐趋明显。实验室检查可发现凝血时间（clotting time，CT）延长、血液中的血小板数量和纤维蛋白原含量进行性下降。此时还伴有继发性纤维蛋白溶解，进一步加重凝血功能障碍。临床上患者有皮肤、黏膜或多部位出血现象。但此时血液中仍存在着一定量的血小板和凝血因子，故还能不断地形成微血栓。微血栓与出血同时存在，是 DIC 在此期的重要特征。

血小板进行性减少，是诊断 DIC 的依据和观察疗效的指标之一。血小板计数 $< 100 \times 10^9/L$ 有诊断价值。DIC 早期，病因或某些体液因子促进血小板释放反应，内皮下基底膜与胶原纤维的暴露也使血小板膜上与黏聚有关的糖蛋白激活，血小板黏附和聚集功能增强。随着病程进展，由于 FDP 的出现，血小板黏聚反应受到抑制。

（三）继发性纤溶亢进期

在 DIC 后期，纤溶活性继发性增强，纤溶酶能水解多种凝血因子，使其进一步减少，微血栓被溶解，生成的纤维蛋白降解产物具有较强的抗凝作用，机体的凝血能力进一步降低，引起临床明显而广泛的出血现象。此时实验室检查除仍存在凝血物质显著减少外，还出现血栓溶解时间缩短、血浆中纤维蛋白降解产物增多、血浆抗凝活性增强等变化。

此期继发性纤溶亢进发生的具体机制有：①因子Ⅻa 激活缓激肽，并进而激活纤溶酶原，还有学者认为因子Ⅻa能直接激活t-PA等纤溶酶原激活物，从而激发纤溶过程。②一些富含纤溶酶原激活物的器官（如子宫、前列腺、肺等）因血管内凝血而发生变性坏死时，纤溶酶原激活物大量释放入血而激活纤溶系统。血管内皮细胞受损、缺氧、应激等也可激活纤溶系统。③凝血过程中形成的大量凝血酶激活纤溶酶原，大大加强纤溶过程。

临床上此期主要表现为广泛再发性出血倾向，或已减轻的出血症状重新加重。严重的不可逆脏器功能障碍，血液呈明显低凝状态。在DIC的发展过程中，消耗性低凝期与继发性纤溶亢进期可能有部分重叠或交叉，但急性DIC的分期往往不明显。

DIC时，在各种引起出血的原因和机制中，继发性纤溶功能增强和FDP的大量生成是重要的机制之一。因此，测定和了解机体的纤溶功能状况对DIC病情的判定具有很重要的临床参考价值。临床上衡量纤溶功能的指标较多，现选常用的几项介绍如下。

1. 凝血酶时间（thrombin time，TT） 向血浆中加入标准化凝血酶液后，血浆凝固的时间称凝血酶时间。正常人为16~18 s。当血浆中纤维蛋白原含量明显减少，肝素样抗凝物质增多或出现FDP（因其具有抑制凝血酶的作用）时则较正常对照延长，DIC患者血中FDP含量增多，故TT延长。

凝血酶原时间（prothrombin time，PT） 是在体外模拟外源性凝血的全部条件，测定血浆凝固所需时间，用以反映外源性凝血因子是否异常，是筛检止凝血功能最基本最常用的试验之一。在抗凝血浆中加入足够的组织凝血活酶（TF）浸出液和适量的Ca^{2+}即可满足外源性凝血全部条件。从加Ca^{2+}到血浆凝固开始时间即为凝血酶原时间。正常值为12~14 s。PT超过正常对照3 s以上者有临床意义。

2. 血浆鱼精蛋白副凝试验（plasma protamine paracoagulation test，3P试验） FM聚集形成不溶性的Fbn是血液凝固的关键一步，而FDP中的X片段（大分子FDP）等可以和FM形成可溶性纤维蛋白单体复合物（soluble fibrin monomer complex，SFMC）而阻断FM之间的聚集。3P试验利用鱼精蛋白将血液中SFMC的FM及X片段分离出来，游离的FM又重新聚合成肉眼可见的凝胶状物析出，这种不经凝血酶的作用而引起的凝集反应称副凝反应。正常人由于血液中FDP含量较少，3P试验呈阴性结果；DIC患者因FDP大量生成，血中存在较多的X-FM构成的可溶性复合物，故3P试验呈阳性（图7-5）。该试验阳性反映纤溶功能亢进及纤维蛋白单体增多。但在DIC后期，因纤溶物质极为活跃，FM及X片段均被消耗，结果3P试验反呈阴性。

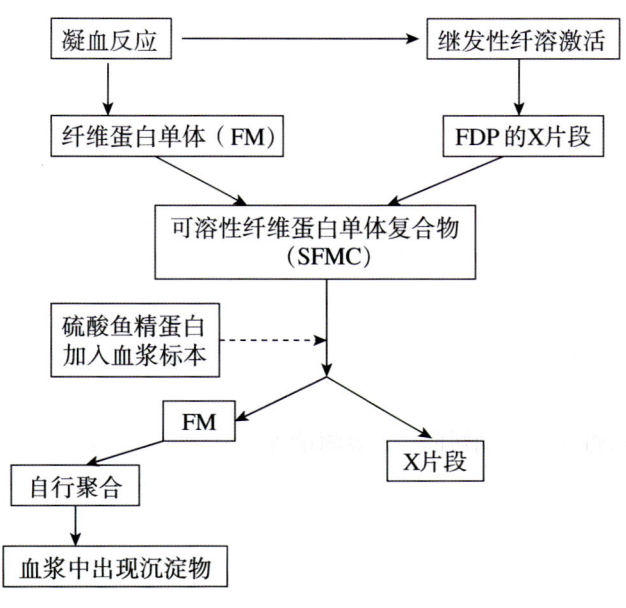

图7-5 3P试验的基本原理

3. 优球蛋白溶解时间（euglobulin lysis time，ELT） 血浆优球蛋白组分中含有纤维蛋白原、纤溶酶原及激活物。血浆优球蛋白在酸性环境下（pH4.5）沉淀。沉淀物用缓冲液溶解，并加入钙剂或凝血酶，使其中的 Fbg 变成 Fbn 凝块。于 37℃孵育下观察到的凝块溶解时间，称为 ELT。纤溶亢进时纤溶酶活性增强，优球蛋白溶解时间缩短。

4. 血浆 D-二聚体（D-dimer，DD） DD 是纤溶酶分解 Fbn 产生的特异性降解产物，与纤溶酶分解 Fbg 产生的 D 片段有所不同。鉴于凝血系统活化形成 Fbn 的同时或之后发生的纤溶系统激活（继发性纤溶系统激活）才能产生 DD，因此 DD 是反映继发性纤溶系统亢进的重要指标。DD 的血浆正常值为 $0\sim 0.5$ mg/L，DIC 时明显升高。

应当指出，DIC 的发生发展是一个动态过程，微血栓形成与微血栓溶解在时相上并不截然分开，即使较为典型的 DIC，三期之间也可能存在交错与重叠。

二、分型

由于 DIC 的病因、机体的反应性及病情发展速度不同，DIC 的临床表现也可明显不同，一般按病情发展速度和机体的反应状况对 DIC 进行分型。

（一）按病情进展速度分型

此种分类主要和致病因素的作用方式、强度与持续时间长短有关。

1. 急性型 DIC 可在几小时或 $1\sim 2$ 天内发生，常见于各种严重的感染，特别是革兰氏阴性菌感染引起的败血症休克、血型不合的输血、严重创伤等。此时，临床表现明显，常以休克和出血为主，患者的病情迅速恶化，临床分期不明显，实验室检查结果明显异常。

2. 亚急性型 DIC 在数天内逐渐形成，其临床表现介于急性型和慢性型之间。

3. 慢性型 DIC 病程较长，机体有一定的代偿时间和能力，单核-吞噬细胞系统的功能也较健全，各种异常表现均轻微或不明显，往往在尸检后做组织病理学检查时才被发现。可在一定条件下，转化为急性型。此类 DIC 在矿难事故中很少见。

（二）按机体的代偿情况分型

在 DIC 发生发展过程中，凝血因子与血小板不断消耗，但是骨髓和肝可通过增加血小板和凝血因子的生成而起代偿作用。根据凝血物质的消耗与代偿性生成增多之间的对比关系，可将 DIC 分为以下三型。

1. 代偿型 凝血因子与血小板的消耗与生成之间基本保持平衡状态。主要见于慢性 DIC。此型患者可无明显临床表现或仅有轻度出血和血栓形成。实验室检查无明显异常，易被忽视。但如病情持续加重，则可转化为失代偿型。

2. 失代偿型 凝血因子和血小板的消耗超过生成。主要见于急性 DIC。此型患者出血、休克等表现明显，实验室检查发现血小板、纤维蛋白原和凝血因子等均明显减少。

3. 过度代偿型 机体代偿功能较好，凝血因子和血小板的生成迅速，甚至超过其消耗量。因此有时出现纤维蛋白原等凝血因子暂时升高的表现，主要见于慢性 DIC 或 DIC 恢复期。此型患者出血或血栓栓塞症状可不明显，但在致病因子的性质和强度发生改变时，也可转化为典型的失代偿型。

第五节 病理生理学防治基础

DIC 的防治要标本兼顾，因果并治。要遵循序贯性、及时性、动态性、个体性的原则。首要任务是去除病因和诱因，维持生命体征；其次为抗凝、抗纤溶或输入血小板、凝血因子等替代治疗。

一、防治原发性疾病

预防和迅速去除引起 DIC 的病因和诱因是防治 DIC 的根本措施。例如，加强矿山安全建设，强化安全教育，减少损伤性事件的发生概率。创伤发生后积极控制感染，及早排除脓肿等，大多数感染引起的 DIC，早期如果能及时有效地控制感染，无须抗凝 DIC 即可自停。某些情况下，DIC 的病因可能无法完全去除，此时，成功去除或减弱 DIC 的激发因素（诱因）常可使 DIC 病理过程停止或明显减轻。

二、生命支持治疗措施

某些轻度 DIC 经去除病因即可迅速恢复。如原发病难以控制，临床表现严重者，则应全方位维持生命体征。积极治疗休克，改善微循环，纠正组织缺氧及酸中毒，维持水、电解质及酸碱的动态平衡。有出血者积极局部止血，补充血容量。如 DIC 进入晚期，生命体征不理想，则预后较差。

三、对症治疗

1．抗凝治疗　对于 DIC 早期机体的高凝状态，应积极进行抗凝，重建凝血与抗凝的动态平衡，阻断病程进展。肝素是最常用的抗凝治疗药物之一，其在 DIC 治疗中的作用虽有争议，但目前多数学者仍认为肝素是 DIC 抗凝疗法的首选药物，尤其是早期应用。肝素治疗 DIC 的机制主要是阻止凝血因子进一步消耗，阻止微血栓继续形成。但肝素对已形成的血栓无溶解作用，应注意在 DIC 晚期、手术或创伤后不久有大创面未愈、有明显的局部出血或严重低纤维蛋白原血症等情况下，应慎用或禁用肝素。

研究发现，肝素的抗凝效果与 AT-Ⅲ相关。AT-Ⅲ是肝素辅助因子，肝素可与 AT-Ⅲ的赖氨酸残基形成复合物，从而加速 AT-Ⅲ对凝血酶的灭活作用。此外，AT-Ⅲ对血小板聚集也有一定抑制作用。DIC 患者原先存在 AT-Ⅲ减少或 DIC 本身引起的 AT-Ⅲ减少均会影响肝素的抗凝效果。因此，有人认为在应用肝素之前或同时，如能应用 AT-Ⅲ制剂，则可提高肝素的抗凝效果。

此外，活化蛋白 C、丹参或复方丹参、重组凝血酶调节蛋白、水蛭素[14]等也可用于 DIC 的抗凝治疗。

2．抗血小板凝聚　在 DIC 的发病机制中，若能阻抑血小板的粘附和聚集，就能阻止微循环中血栓的形成。已知潘生丁（双嘧达莫）、阿司匹林、前列腺素 E、保泰松等[15]都有抑制血小板释放 ADP、5-羟色胺及血小板 4 因子的作用，可抑制血小板凝聚，达到防止血栓形成的目的。

3．改善微循环　及时疏通有微血栓阻塞的微循环，增加重要脏器和组织微循环的血液灌流量是保护器官功能的重要措施。可用低分子右旋糖酐补充血容量，用山莨菪碱、酚苄明、酚妥拉明解除血管痉挛，也可酌情使用溶栓剂（如链激酶、尿激酶等）促进血液再通[16]。

4. 抗纤溶疗法 在 DIC 晚期，继发性纤溶亢进成为出血的主要原因时，可适量应用抗纤溶药物，如 6-氨基乙酸、对羟基苄胺等。而在消耗性低凝期，应在足量使用肝素的基础上小剂量应用。抗纤溶药物在 DIC 早期不宜应用。

5. 替代疗法 DIC 时由于大量凝血因子及血小板消耗，因此在病情控制或使用肝素治疗后，以及在恢复期可酌情输入新鲜全血、冰冻血浆、血小板悬液或纤维蛋白原等，以利于凝血与纤溶恢复新平衡。

（赵利军）

参考文献

[1] 刘泽霖，贺石林，李家增．血栓性疾病的诊断与治疗．2版．北京：人民卫生出版社，2006：583-603．

[2] Jesmin S, Gando S, Wada T. Activated protein C does not increase in the early phase of trauma with disseminated intravascular coagulation: comparison with acute coagulopathy of trauma-shock. J Intensive Care, 2016, 4: 1.

[3] Gando S. Levi M. Toh CH. Disseminated intravascular coagulation. Nat Rev. Dis Primers, 2016, 2: 16037.

[4] Levi M. Disseminated intravascular coagulation. Crit Care Med, 2007, 35 (9): 2191-2195.

[5] 于学忠，王仲．协和急诊医学．北京：科学出版社，2011：113-116．

[6] 唐朝枢，刘志跃．病理生理学．3版．北京：北京大学医学出版社，2013：112-125．

[7] 包义君，王鹏飞，陶山伟，等．急性单发性创伤性颅脑损伤术后凝血功能障碍与肝功能异常的相关性．中国医科大学学报，2016，45（3）：209-213．

[8] Li BQ, Sun HC. Research progress of acute coagulopathy of trauma-shock. Chin J Traumatol, 2015, 18 (2): 95-97.

[9] 李桂源．病理生理学．2版．北京：人民卫生出版社，2010：193-219．

[10] 王建枝，殷莲生．病理生理学．8版．北京：人民卫生出版社，2013：185-197．

[11] Gando S, Otomo Y. Local hemostasis, immunothrombosis, and systemic disseminated intravascular coagulation in trauma and traumatic shock. Crit Care, 2015, 19 (1): 735.

[12] 陈灏珠，丁训杰．实用内科学．11版．北京：人民卫生出版社，2002：2245-2249．

[13] Oshiro A, Yanagida Y, Gando S. Hemostasis during the early stages of trauma: comparison with disseminated intravascular coagulation. Crit Care, 2014, 18 (2): R61.

[14] Toh CH, Alhamdi Y. Current consideration and management of disseminated intravascular coagulation. Hematology Am Soc Hematol Educ Program, 2013, 2013: 286-291.

[15] Thachil J. Disseminated intravascular coagulation-new pathophysiological concepts and impact on management. Expert Rev Hematol, 2016, 9 (8): 803-814.

[16] 王迪浔，金惠铭．人体病理生理学．3版．北京：人民卫生出版社，2008：870-880．

第八章

创伤与缺血再灌注损伤

我国煤炭产量和煤炭职工人数均居世界之首，受矿井和矿山自然条件的影响，矿山灾害事故发生率高，矿工伤亡率和致残率也较高。四肢骨关节的多发性损伤是矿山创伤中最常见的类型，多见于肢体某部位受机器压轧、煤车撞挤、煤矸石砸击和塌方土石压砸等严重影响肢体远端血供的缺血性过程。此外，身体其他部位的损伤及重要生命器官的功能障碍也可导致伤员经历各种形式的组织血供不足。在以上损伤的发生发展及后续的医疗救治过程中，如重压物的移除、断肢再植、休克治疗中微循环的疏通、手术中较长时间应用止血带后的松解、大失血后的输血、骤停心脏抢救成功后的复跳以及衰竭器官的移植等，均涉及相应组织器官一段时间的缺血和随后血液再灌注的问题。矿山创伤救治是一个重要的矿山医学问题，在积极恢复缺血组织器官血供的过程中，缺血再灌注损伤是一个不容忽视的现象，应当极力避免和有效防范。

第一节 概 述

机体组织器官正常代谢、功能的维持，依赖于良好的血液循环。各种原因造成的局部组织器官的缺血，常常使组织细胞发生缺血性损伤（ischemia injury）。缺血后疏通血管或再造血管使组织得到血液的再灌注，是针对缺血性疾病治疗的目的所在，大多数情况下也的确能收到良好的治疗效果。然而在一定条件下再灌注反而引起更加严重的后果，这种反常（paradox）现象已被大量临床病例所证实。在一定条件下恢复血液再灌注后，部分病例的细胞功能代谢障碍及结构破坏不但未减轻反而进一步加重的现象称为缺血-再灌注损伤（ischemia-reperfusion injury），又称再灌注损伤[1]。

缺血和血流再灌注是再灌注损伤的根本原因，除此之外，再灌注损伤是否出现及其严重程度，还与一些条件因素密切相关。首先，组织器官的缺血时间、再灌注损伤与缺血时间的长短有依赖关系。所有器官都能耐受一定时间的缺血，所以短时间缺血，恢复血供后可无明显的再灌注损伤，而长时间缺血可导致再灌注损伤，因此尽早恢复缺血组织的血供有极其重要的意义[2]。不同器官发生再灌注损伤需要的缺血时间不同，如肾、小肠一般为 60 min，而骨骼肌（即肢体）可达 4 h。其次，缺血后侧支循环容易形成者，可因缩短缺血时间和减轻缺血程度，不易发生再灌注损伤。此外，组织对氧气的依赖性也影响再灌注损伤，需氧程度高的组织器官，如心、脑等，同等程度缺血后更易发生再灌注损伤。最后，再灌注液的性状也很重要，低压、低温（25℃）、低pH、低钠、低钙液灌流，可减轻组织器官的再灌注损伤，并使其功能迅速恢复，而高压、高温、高钠、高钙液灌注则可诱发或加重再灌注损伤。

第二节 基本发生机制

关于再灌注损伤的发生机制，目前尚未得到彻底阐明。自由基的作用、细胞内钙超载和白细胞的过度激活等可能是缺血再灌注损伤的重要发病环节，且相互作用相互影响，形成一个复杂的网络机制。

一、自由基的作用

（一）自由基

自由基（free radical）是对外层电子轨道具有一个不配对电子的分子、原子和原子团的总称。由氧诱发的自由基称为氧自由基，如超氧阴离子（O_2^-）、羟自由基（·OH）及单线态氧（$^1O_2$）等非脂性自由基。氧自由基与多聚不饱和脂肪酸作用后，生成的中间代谢产物烷自由基（L·）、烷氧基（LO·）、烷过氧基（LOO·）等属于脂性自由基。氧自由基和脂性自由基的性质极为活泼，易于失去电子（氧化）或夺取电子（还原），特别是其氧化作用强，故具有强烈的引发脂质过氧化的作用。在生理情况下，体内氧的极少部分可接受一个电子生成O_2^-或再接受一个电子生成H_2O_2，但因为体内有自由基清除系统，能保证自由基处于生理水平，对机体并无有害影响。在病理条件下，由于自由基产生过多或清除能力下降，则可因自由基极其活泼的化学性质引发链式脂质过氧化反应，损伤细胞并进而导致细胞死亡。

（二）细胞内氧自由基的生成

生理状态下，98%以上的氧在线粒体的细胞色素氧化酶系统中接受4个电子还原成水，同时释放能量。仅1%～2%的氧经单电子还原成O_2^-，这是其他活性氧产生的基础，H_2O_2及·OH续发于此。即氧在获得一个电子时还原生成O_2^-，获得两个电子生成H_2O_2，获得三个电子生成·OH，获得四个电子生成H_2O。如图8-1。

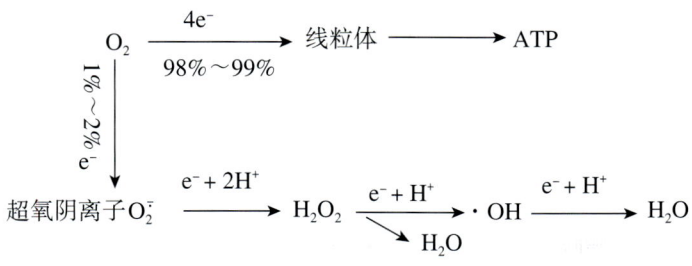

图8-1 氧代谢与自由基生成

H_2O_2本身并非自由基，但也是一种氧化作用很强的活性氧，它与氧自由基的产生有密切关系。·OH的产生不仅需要O_2^-或H_2O_2，而且要有过渡金属的存在。·OH是最活跃最强有力的氧自由基，对组织的损伤最大。

（三）机体对抗自由基的防护系统

自由基的产生是机体在正常或病理条件下的常见现象，体内亦有一套对抗自由基的防护系统，主要有两大类：低分子自由基清除剂及复合酶系统。

1. 低分子清除剂 存在于细胞脂质部分的自由基清除剂有维生素 E（α- 生育酚）和维生素 A（β-胡萝卜素）。存在于细胞内外水相中的自由基清除剂有半胱氨酸、抗坏血酸和谷胱甘肽等，它们能提供电子使自由基还原。例如维生素 E 能还原 O_2^-、$^1O_2$、过氧化脂质自由基等；抗坏血酸具有相同作用且能协助维生素 E 维持其具有活性的还原状态。维生素 A 是 $^1O_2$ 的有效清除剂并能抑制脂质过氧化；胞浆中的还原型谷胱甘肽（GSH）与还原型辅酶Ⅱ（NADPH）在某些酶如过氧化氢酶、谷胱甘肽过氧化物酶（glrtathione peroxidase，GSH-PX）等的协同作用下，能还原 H_2O_2、过氧化脂质、二硫化物及某些自由基。

2. 酶性清除剂 过氧化氢酶和过氧化物酶是细胞内重要的 H_2O_2 清除酶，H_2O_2 是 ·OH 的前身，上述两种酶可使 H_2O_2 浓度降低，从而避免高毒性 ·OH 的产生。另一个重要的清除酶是超氧化物歧化酶（superoxide dismutase，SOD），是一种金属蛋白，可以歧化 O_2^- 生成 H_2O_2。哺乳类细胞含有两种 SOD，一种是位于胞浆中的 CuZn 超氧化物歧化酶，另一种是位于线粒体中的 Mn 超氧化物歧化酶。SOD 作用的重要意义在于清除 H_2O_2 及 ·OH 的前身 O_2^-，从而保护细胞不受强毒性氧自由基的损伤。

（四）缺血再灌注导致自由基生成增多的机制

缺血再灌注过程中，氧自由基产生有很多途径，产生过多或机体清除不足时，则可损害组织细胞。

1. 黄嘌呤氧化酶形成增多 黄嘌呤氧化酶（xanthine oxidase，XO）的前身是黄嘌呤脱氢酶（xanthine dehydrogenase，XD），这两种酶主要存在于毛细血管内皮细胞内，正常时只有 10% 以 XO 的形式存在，90% 为 XD。缺血时由于 ATP 供应不足，膜泵功能障碍，胞外 Ca^{2+} 则可顺差进入细胞内，激活 Ca^{2+} 依赖性蛋白水解酶，促使大量 XD 转变为 XO。此外，缺血时 ATP 依次降解为 ADP、AMP 和次黄嘌呤，故在缺血组织内次黄嘌呤大量堆积。再灌注时，大量分子氧随血液进入缺血组织，XO 在催化次黄嘌呤转变为黄嘌呤并进而催化黄嘌呤转变为尿酸的两步反应中，都有自由电子的释放，同时以分子氧为电子接受体，产生大量的 O_2^- 和 H_2O_2，后者再在金属离子参与下形成 ·OH。因此，再灌注时组织内 O_2^-、·OH 等氧自由基大量增加，如图 8-2。

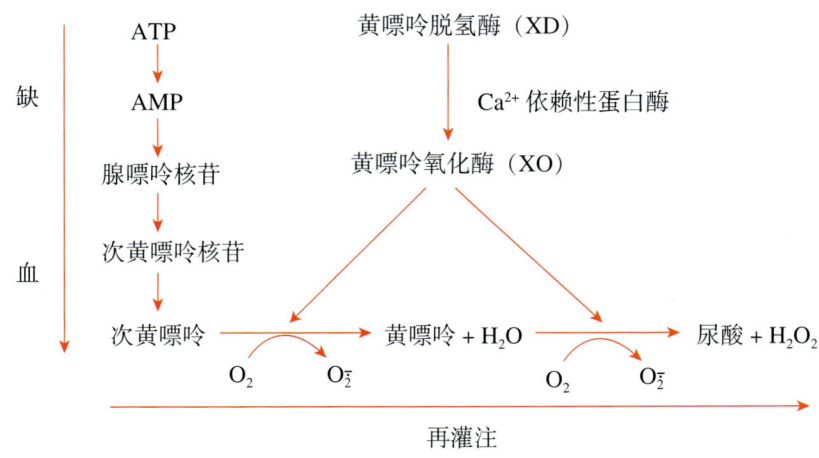

图 8-2 黄嘌呤氧化酶系统与自由基生成

2．中性粒细胞聚集及激活　活化的中性粒细胞在吞噬时耗氧量显著增加，所摄取的 O_2 绝大部分经细胞内的 NADPH 氧化酶和 NADH 氧化酶的作用而形成氧自由基，作为杀灭病原微生物的物质基础。在再灌注时，由黄嘌呤氧化酶系统产生的氧自由基作用于细胞膜，可产生具有趋化活性的物质，如 LTB_4、C_3 片段等，可吸引大量中性粒细胞聚集并激活。再灌注期组织获得足够的 O_2，激活的中性粒细胞摄氧显著增加，并释放大量氧自由基，这一现象又称呼吸爆发（respiratory burst）或氧爆发（oxygen burst）[3]。

3．线粒体功能受损　缺血期 ATP 供应不足，线粒体膜泵失灵，Ca^{2+} 进入线粒体增多使线粒体功能受损，细胞色素氧化酶系统功能失调，进入细胞的氧经 4 电子还原成水减少，而经单电子还原生成氧自由基增多。而 Ca^{2+} 进入线粒体可使 MnSOD 减少，不利于自由基的清除，使自由基水平升高。

4．儿茶酚胺自氧化增加　交感 - 肾上腺髓质系统是机体在应激时的重要调节系统，在缺氧及原发损伤本身引发的应激状态下，儿茶酚胺大量分泌。过多的儿茶酚胺自氧化能释放自由电子，进而产生具有细胞毒性的氧自由基，如肾上腺素代谢产生肾上腺素红的过程中有 O_2^- 产生。

（五）自由基的损伤作用

由于自由基具有极为活泼的化学性质，所以它们能与各种细胞成分（膜磷脂、蛋白、核酸）发生反应而引起损伤。

1．膜脂质　是构成膜脂质双层的重要结构及功能成分，富含不饱和脂肪酸，自由基与不饱和脂肪酸作用引发脂质过氧化（lipid peroxidation）反应，细胞膜内多价不饱和脂肪酸减少，生物膜不饱和脂肪酸 / 蛋白质比例失常，膜的液态性、流动性改变，通透性增强。此外，脂质过氧化物的形成使膜受体、膜蛋白和离子通道等的脂质微环境破坏，进而影响其功能。

2．蛋白质　在自由基的作用下，胞质及膜蛋白及某些酶可交联成二聚体或更大的聚合物。这种交联既可因蛋白质之间的二硫键形成，也可源于自由基损伤的氨基酸残基。交联的蛋白质因结构改变而失去活性。

3．核酸　自由基对细胞的毒性作用主要表现为染色体畸变，核酸碱基改变或 DNA 断裂。这种损伤作用的 80% 都源于·OH，·OH 易与脱氧核糖及碱基反应并使其改变。

二、钙超载

钙超载（calcium overload）指各种原因引起的细胞内钙含量异常增多并导致细胞结构损伤和功能代谢障碍的现象，严重时可造成细胞死亡。在正常情况下，受生物膜对钙通透性的影响和转运系统的调节，细胞外钙浓度高出细胞内约万倍。这种电化学梯度的存在，是细胞代谢的需要。再灌注损伤发生时，再灌注区细胞内有过量 Ca^{2+} 积聚，且胞内 Ca^{2+} 浓度升高的程度往往与细胞受损的程度成正相关[4]。

（一）缺血再灌注导致钙超载的机制

1．Na^+/Ca^{2+} 交换异常　在心肌细胞，生理条件下 Na^+/Ca^{2+} 交换蛋白转运方向是将细胞内 Ca^{2+} 运出细胞，与细胞膜钙泵共同维持心肌细胞静息状态的低钙浓度。Na^+/Ca^{2+} 交换蛋白以 3 个 Na^+ 交换 1 个 Ca^{2+} 的比例对细胞内外 Na^+、Ca^{2+} 进行双相转运。Na^+/Ca^{2+} 交换蛋白的活性主要受跨膜 Na^+ 浓度的调节，此外还受 Ca^{2+}、ATP、Mg^{2+}、H^+ 浓度的影响。已有大量的资料证实，Na^+/Ca^{2+} 交换蛋白是缺血 - 再灌注损伤发生钙超载时钙离子进入细胞的主要途径[5]。

（1）细胞内高 Na^+ 对 Na^+/Ca^{2+} 交换蛋白的直接激活作用：缺血使细胞内 ATP 含量减少，钠泵活性降低，造成细胞内钠含量增高。再灌注时缺血的细胞重新获得氧及营养物质供应，细胞内高 Na^+ 除激活钠钾泵外，还迅速激活 Na^+/Ca^{2+} 交换蛋白，加速 Na^+ 向细胞外转运，同时将大量 Ca^{2+} 转入细胞内，造成细胞内 Ca^{2+} 超载。

（2）细胞内高 H^+ 对 Na^+/Ca^{2+} 交换蛋白的间接激活作用：质膜 Na^+/H^+ 交换蛋白主要受细胞内 H^+ 浓度的调节，以 1:1 的比例将细胞内的 H^+ 排出胞外，而将 Na^+ 摄入细胞，这是维持细胞内 pH 稳定的重要机制。缺血缺氧期，由于细胞的无氧代谢增强使 H^+ 生成增加，组织间液和细胞内液 pH 明显降低。再灌注使组织间液 H^+ 浓度迅速下降，而细胞内 H^+ 浓度较高，形成跨膜 H^+ 浓度梯度，激活 Na^+/H^+ 交换蛋白，促进细胞内 H^+ 排出，而使细胞外 Na^+ 内流。如果内流的 Na^+ 不能被钠泵充分排出，细胞内高 Na^+ 可继发性激活 Na^+/Ca^{2+} 交换蛋白，促进 Ca^{2+} 内流，加重细胞内钙超载。

（3）蛋白激酶 C（PKC）活化对 Na^+/Ca^{2+} 交换蛋白的间接激活作用：生理条件下，心功能主要受 β 肾上腺素能受体调节，$α_1$ 肾上腺素能受体的调节作用较小。但缺血 - 再灌注时，内源性儿茶酚胺释放增加，$α_1$ 肾上腺素能受体的调节起相对重要的作用。$α_1$ 肾上腺素能受体激活 G 蛋白 - 磷脂酶 C（PLC）介导的细胞信号转导通路，促进磷脂酰肌醇分解，生成三磷酸肌醇（IP_3）和二酰甘油（甘油二酯，DG），促进细胞内 Ca^{2+} 的释放；DG 经激活 PKC 促进 Na^+/H^+ 交换，进而促进 Na^+/Ca^{2+} 交换，使胞浆 Ca^{2+} 浓度增加。

2．生物膜损伤

（1）细胞膜损伤：细胞缺血缺氧时可导致细胞膜受损，利于胞外钙顺差内流。此外，交感 - 肾上腺髓质系统兴奋，血中儿茶酚胺含量增加，促进氧自由基的生成，加重细胞膜的损伤。缺血部位 α 肾上腺素能受体上调，α 肾上腺素能受体兴奋也可导致 Ca^{2+} 内流增加。

（2）线粒体及肌质网膜损伤：自由基生成增加和膜磷脂分解增强可造成肌质网膜损伤，钙泵功能抑制使肌质网摄 Ca^{2+} 减少，胞浆 Ca^{2+} 浓度升高。线粒体损伤抑制氧化磷酸化过程，使 ATP 生成减少，钙泵能量供应不足，亦可加速钙超载。

（二）钙超载引起再灌注损伤的机制

1．线粒体功能障碍 钙超载可刺激线粒体和肌质网的钙泵摄取钙，使胞浆中的 Ca^{2+} 向线粒体和肌质网中转移。这在再灌注早期具有一定的代偿意义，可减轻胞质中钙超载程度。但细胞内钙增多使肌质网及线粒体消耗大量 ATP；同时，线粒体内的 Ca^{2+} 与含磷酸根的化合物反应形成磷酸钙沉积，干扰线粒体氧化磷酸化，使能量代谢障碍，ATP 生成减少。二者均使细胞能量供应不足。

2．激活磷脂酶 细胞内 Ca^{2+} 可激活多种磷脂酶，促进膜磷脂的分解，使细胞膜及细胞器膜均受到损伤。此外，膜磷脂的降解产物花生四烯酸、溶血磷脂等增多，增强膜的通透性，进一步加重膜的功能紊乱。

3．促进自由基生成 细胞内钙超载使钙依赖性蛋白水解酶活性增高，促进黄嘌呤脱氢酶转变为黄嘌呤氧化酶，使自由基生成增多，损害组织细胞。

4．加重酸中毒 细胞内 Ca^{2+} 进入线粒体，干扰氧化磷酸化过程，加重细胞内酸中毒。

三、白细胞的作用

白细胞聚集、激活和释放活性因子等介导的微血管损伤在缺血 - 再灌注损伤中发挥重要作用。

（一）白细胞的活化

1．趋化物质的作用 组织缺血使细胞膜受损，再灌注损伤可使膜磷脂降解，花生四烯酸代谢产物增多，其中有些物质如白三烯（LB_4）等，具有很强的趋化作用，吸引大量白细胞进入组织或吸附于血管内皮。白细胞与血管内皮细胞黏附后进一步被激活，本身也释放具有趋化作用的炎症介质，使微循环中白细胞进一步增多。

2．细胞黏附分子的作用 黏附分子（adhesion molecule）是指由细胞合成的可促进细胞与细胞之间、细胞与细胞外基质之间黏附的一大类分子的总称。实验发现，在缺血组织内有白细胞聚集，其数量可随缺血时间的延长而增加[6]；再灌注早期（数秒～数分钟），血管内皮细胞内原先储存的一些蛋白质前体被激活，释放多种细胞黏附分子。

（二）白细胞介导再灌注损伤

1．对血液流变学的作用 在缺血和再灌注早期，即可见白细胞黏附于血管内皮细胞上，随后有大量血小板沉积和红细胞缗钱状聚集，造成毛细血管阻塞。实验表明，红细胞解聚远较白细胞与内皮细胞的分离容易，提示白细胞黏附是微血管阻塞的主要因素[7]。由于血管的阻塞，氧弥散到组织细胞的距离增加，局部氧分压可降低到零，细胞处于低氧环境中，细胞功能代谢障碍。

2．产生自由基 激活的白细胞可通过呼吸爆发产生多种自由基，引发细胞膜的脂质过氧化，并损伤细胞内的重要成分。

3．释放颗粒成分 活化的白细胞可释放酶性颗粒成分（granule constitutes），有些成分具有明显的组织损伤作用，如弹性蛋白酶（elastase）几乎能降解细胞外液基质中的所有成分，裂解免疫球蛋白、凝血因子，并攻击完整的未受损的细胞。激活的胶原酶（collagenase）和明胶酶（gelatinase）也能降解各种类型的胶原，导致细胞的损伤。

4．其他作用 白细胞一旦激活，也可激活磷脂酶 A_2，游离出花生四烯酸，导致瀑布效应，产生许多血管活性物质，如白三烯、血小板活化因子等，使血管收缩，通透性增加，促进白细胞在血管壁的黏附等。

四、无复流现象

缺血后血流再灌注时，部分或全部缺血组织无法实现血液灌流的现象，称为无复流现象（no-reflow phenomenon）[8]。在肢体缺血-再灌注损伤的研究中发现，结扎大鼠肢体根部阻断血流 4 h 后，再松解肢体使血流重新开放，缺血区并不能得到充分的灌注，此为骨骼肌缺血-再灌注损伤的重要机制之一。无复流现象使缺血细胞并未能得到血液灌注，而是继续缺血，因而损伤加重。无复流现象的发生，可能与下列因素有关。

1．组织细胞肿胀 由于缺血缺氧引起细胞膜 Na^+-K^+ 泵功能障碍，从而使钠、水在细胞内潴留，因而再灌注时缺血区细胞肿胀，压迫微血管。

2．细胞间质水肿 自由基损伤和白细胞黏附释放的炎症介质，可导致微血管通透性增高，液体外渗导致细胞间质水肿，压迫微血管。

3．血管内皮细胞肿胀 同上机制，内皮细胞也可发生肿胀，向管腔伸出突起造成管腔狭窄，阻碍血液灌流。

4．微血管堵塞 激活的白细胞及其与血管内皮细胞的黏附是造成微血管阻塞的主要原因。此外，还与花生四烯酸的代谢产物前列环素（PGI_2）和血栓素 A_2（TXA_2）之间的失衡密切相关。PGI_2 主要由血管内皮生成，除了有很强的扩血管作用以外，还能抑制血小板的聚集。TXA_2 主要由血小板生成，有较强的缩血管作用，且是血小板聚集因子，因此是促血栓形成的物质。缺血缺氧时，一方面因为血管内皮细胞受损而致 PGI_2 生成减少；另一方面缺氧又可使血小板释放 TXA_2 增多，因而发生强烈的血管收缩和血小板的聚集并进一步释放 TXA_2，从而促使血栓形成和血管堵塞。

综上所述，缺血再灌注损伤是多机制综合作用的结果。自由基的损伤作用是再灌注损伤发生的重要环节[9]，细胞内钙超载是细胞不可逆损伤的共同通路，无复流现象是救治障碍的重要基础，白细胞与血管内皮细胞之间的相互作用在再灌注损伤中的作用越来越受到关注。

第三节　病理生理学防治基础

根据缺血再灌注损伤的发生机制、特点和规律，采取各种有效措施，既保证尽早恢复缺血组织的血液供给，又避免或减轻缺血-再灌注损伤的发生，这是防治缺血-再灌注损伤的总体原则。

一、尽早恢复血流

不同器官耐受缺血的时间不同，尽量缩短缺血时间可保护机体整体功能。矿山位置偏远，山区道路复杂，搬运转运困难，遇上恶劣气候时，急救车辆和药品很难按时到达现场，救治往往会错过"黄金一小时"。为避免和减轻再灌注损伤，应尽可能早地恢复缺血组织或器官的血供。

二、控制再灌注条件

矿山创伤的受伤部位多，伤情复杂，总失血量大，恢复血流再灌注时仍要注意低流、低压、低温等条件因素。低流、低压的意义在于使氧的供应不会突然增加而引起大量氧自由基的形成；低温可使缺血器官代谢降低，代谢产物聚积减少。

三、改善缺血组织的代谢

缺血组织有氧代谢低下，酵解过程增强，因而补充糖酵解底物如磷酸己糖，有保护缺血组织的作用；外源性ATP作用于细胞表面与ATP受体结合，或使细胞膜蛋白磷酸化，有利于细胞膜功能恢复，并可穿过细胞膜进入细胞直接供能；针对缺血时线粒体损伤所致的氧化磷酸化受阻，可应用氢醌、细胞色素C等[10]进行治疗。

四、抗氧化和清除自由基

可给予低分子自由基清除剂（Vc，V_E，V_A、谷胱甘肽等）、酶性自由基清除剂（过氧化氢酶、过氧化物酶、SOD等）及其他清除剂（甘露醇、二甲基亚砜、铁螯合剂、N-乙酰半胱氨酸、别嘌呤醇等）。另外，丹参、人参等[11]中草药也具有抗氧化和自由基清除作用。

五、抑制炎症反应

全身炎症反应失控是缺血-再灌注损伤的重要机制，同时矿难损伤常常易继发病原微生物的感染。抑制白细胞过度激活和炎症介质的释放，可明显减轻缺血-再灌注损伤。如应用糖皮质激素可稳定溶酶体膜，应用抗白细胞黏附分子单克隆抗体[12]、内皮受体拮抗剂、血小板激活因子拮抗剂、白三烯 B4 拮抗剂等可降低血清中炎症因子水平。

六、缺血预适应和缺血后适应

缺血预适应（ischemic preconditioning，IPC）简称预适应（preconditioning，PC），又称预处理[13]，是缺血前反复多次的短期缺血应激使机体组织对随后更长时间缺血-再灌注产生明显保护作用的一种适应性机制，既是一种处理方法，也是一种现象和过程。预适应是生物界存在的一种普遍规律，具有种属、器官和预处理方法的普遍性。

预适应的器官保护作用基于调动机体内源性的适应保护机制，如降低再灌注期氧自由基的生成、提高热休克蛋白的表达、促进 ATP 敏感钾通道的开放、减少钙离子的内流等。然而，由于缺血过程的不可预知性，缺血预适应的应用在矿山救治中受到很大的限制。

与缺血预适应相对应，人们提出了缺血后适应（ischemic postconditioning）[14]这一新的保护策略，即在组织器官缺血之后、长时间再灌注之前，进行一次或数次短暂重复的缺血再灌注，然后再实施持续性复灌，可减轻缺血-再灌注损伤，又称缺血后处理，其器官保护作用机制与预适应相似。与预适应相比，后处理在实施上有更好的可预测性及可控性。

在矿山创伤救治中，对于有条件开展缺血后处理的病例，建议在血流再灌注之前进行后处理，这是安全可行的，对伤员的康复有益。

第四节　展　望

中国是一个产煤大国，是一个严重依赖煤炭能源的国家，同时也是矿难大国。盗采煤矿、生产安全意识薄弱、器械老化及故障等人为因素是矿难事故的主要原因。缺血再灌注损伤是在救治受难人员过程中最常见到的现象之一，可发生在机体多个部位，其中肢体缺血-再灌注损伤的发生率居于第一位。在救治现场常可以见到的一种反常现象是，伤员肢体在被埋压期间，生命体征尚平稳，甚或意识完全清楚，可以积极呼救或参与灾害事故的回忆和灾情叙述，但在砸压肢体的重物被挪移之后，机体情况瞬间或逐渐恶化，随之发生以肾衰竭为首的多脏器功能障碍，最终可导致死亡。此外，在救治过程中，肢体离断的伤员如有幸接受断肢或断指（趾）再植，手术成功后，也可见机体状态瞬间恶化的现象。其中从病理生理学角度分析，缺血-再灌注损伤是十分重要的机制。

随着对缺血-再灌注损伤现象的深入研究，人们的目光不仅局限于缺血器官本身，也放眼于对其他器官功能活动的观察，发现缺血-再灌注可导致远隔器官的损伤。目前我国关于肢体缺血-再灌注（limb ischemia reperfusion，LIR）损伤的研究取得了丰硕的成果。在实验大鼠的肢体缺血 4 h 再灌注 4 h 动物模型中发现，随着缺血肢体血运的重建，多种有害因子播散性地循环全身，常常影响到整个机体的功能，急性肺损伤、肾衰竭、肝功能障碍、胃肠功能紊乱、心肌损伤等现象可序贯发生[15]。缺血-再灌注最严重的后果就是发生多器官功能障碍综合征（multiple organ dysfunction syndrome，MODS）。MODS 是危重患者死亡的最重要原因，在再灌注损伤领域，它可是肠道、肝和骨骼肌缺血-再灌注损伤的后果，也可是创伤性休克复苏的后果。肺是这种再灌注远隔器官损伤中最常受累的器官，肺损伤迅速进展为呼吸衰竭和急性呼吸窘迫综合征。呼吸衰竭发生后，随即出现肝、肾、胃肠道、心肌和中枢神经系统功能紊乱。伤员病情和 MODS 的死亡率与衰竭器官系统的数目正相关。

在再灌注损伤的防治领域，除前述的缺血预适应和缺血后适应的广泛应用外，一些新措施、新方法的疗效被大量医学实验所证实。如 L- 精氨酸可通过调节体内 NO 的水平，舒张血管改善组织血供；外源性补充牛磺酸（taurine）（又称 β- 氨基乙磺酸），可通过调节渗透压、抗炎、抗凋亡、稳定细胞膜、调节离子运输和线粒体蛋白质合成等作用增强细胞对内环境紊乱的耐受性[16]；丹参酮（tanshinone）可通过抗炎、抗凝及调节血管活性改善微循环[17]；内皮素受体拮抗剂 BQ123 可拮抗内皮素的缩血管效应；促红细胞生成素（erythropoietin，EPO）能够增强机体对氧的结合、运输和供应能力等。这些措施不仅对缺血局部器官有保护作用，也可通过抗氧化应激、抑制炎症反应等全身机制减轻远隔器官的损伤。

（赵利军）

参考文献

[1] 王迪浔，金惠铭．人体病理生理学．3 版．北京：人民卫生出版社，2008：420-432．

[2] 门秀丽，张连元，李宏杰．内质网应激在大鼠肢体缺血再灌注后肺损伤中的作用．中国病理生理杂志，2010，26（10）：2073-2074．

[3] 唐朝枢，刘志跃．病理生理学．3 版．北京：北京大学医学出版社，2013：126-138．

[4] Hausenloy DJ，Yellon DM．Myocardial ischemia-reperfusion injury：aneglected therapeutic target．J Clin Invest，2013，123（1）：92-100．

[5] 李开济，贺宝玲，田增有，等．牛磺酸保护心肌缺血 - 再灌注损伤的研究进展．现代预防医学，2014，41（21）：3967-3969．

[6] Schaffer SW，Jong CJ，Ito T，et al．Effect of taurine on ischemia reperfusion injury．Amino Acids，2014，46（1）：21-30．

[7] 李桂源．病理生理学．2 版．北京：人民卫生出版社，2010：361．

[8] 卢建，余应年，吴其夏．新编病理生理学．3 版．北京：中国协和医科大学出版社，2011：197-228．

[9] Chiong M，Wang ZV，Pedrozo Z，Cao DJ，et al．Cardiomyocyte death：mechanisms and translational implications．Cell death & disease，2011，2：e244．

[10] Kadenbach B，Ramzan R，Moosdorf R，Vogt S．The role of mitochondrial membrane potential in ischemic heart failure．Mitochondrion，2011，11（5）：700-706．

[11] Minamino T．Cardioprotection from ischemia/reperfusion injury：basic and translational research．Circ J，2012，76（5）：1074-1082．

[12] 赵利军，门秀丽，李宏杰，孔小燕，吴静，刘丽华．缺血后适应减轻大鼠肢体缺血再灌注后的心肌损伤．中国病理生理杂志，2012，28（10）：1892-1894，1900．

[13] 赵利军，孔小燕，门秀丽，等．丹参对大鼠肢体缺血再灌注后多器官水肿的预防作用．天津医药，2012，40（8）：806-808．

[14] 王建枝，殷莲生．病理生理学．8 版．北京：人民卫生出版社，2013：152-164．

[15] Men X，Han S，Gao J，et al．Taurine protects against lung damage following limb ischemia reperfusion in the rat by attenuating endoplasmic reticulum stress-induced apoptosis．Acta Orthop，2010，81（2）：263-267．

[16] 刘燕，张连元，张娜，等．BQ123 对大鼠肢体缺血再灌注后骨骼肌损伤和细胞凋亡的影响．吉林大

学学报（医学版），2010，36（1）：131-134.

[17] 赵利军，李开济，吴静，等. 缺血后处理对大鼠肢体缺血再灌注后肾细胞凋亡的抑制作用，吉林大学学报（医学版），2017，43（4）：725-728.

第九章

矿山创伤与急性呼吸窘迫综合征

在矿山灾难事故中，伤者常常可因严重创伤、感染、误吸及大手术等发生急性肺损伤（acute lung injury，ALI），严重者可发展为急性呼吸窘迫综合征（acute respiratory distress syndrome，ARDS）。ARDS是严重创伤后常见的并发症之一，而且常伴发全身炎症反应综合征（systemic inflammatory response syndrome，SIRS）和多器官功能障碍综合征（multiple organ dysfunction syndrome，MODS）[1]。ARDS是一组严重的临床综合征，目前其发病机制仍未完全阐明，危重病医学的进展也未能显著降低ARDS的病死率。ARDS主要特征是进行性加重的呼吸困难，一般给氧方法难以纠正低氧血症，X线胸片示双肺弥漫性浸润阴影[2]。2012年ARDS柏林新标准认为"弥漫性肺泡渗出性损伤"是诊断ARDS的金标准[3-4]。在矿山创伤中，ARDS是伤员的主要致死原因之一。

第一节　概　述

一、急性呼吸窘迫综合征

急性呼吸窘迫综合征（ARDS）的名称由来可追溯到第一次世界大战。当时发现许多受伤士兵死于一种进行性加重的呼吸衰竭，尸检病理显示为"充血性肺不张"。后来将各种肺损伤所致的肺水肿统称为"创伤性湿肺"。1950年又有学者以"充血性肺不张"的名称诊断类似病征，到1971年才出现急性呼吸窘迫综合征的说法。1994年欧美联席会（American-European Consensus Conference，AECC）是定义ARDS的一个里程碑，与会者提出了急性肺损伤（ALI）的概念，并一致认为应当将ARDS看作ALI最严重的阶段，同时也推荐了二者的诊断标准（表9-1）[5]。1999年我国修订的ARDS诊断标准中将其定义为：由心源性以外的各种肺内外致病因素导致的急性肺损伤而引起的急性、进行性缺氧性呼吸衰竭，以非心源性肺水肿、进行性呼吸困难和顽固性低氧血症为特征。ALI实质上是一种多种病因所致的临床综合征，病理上表现为累及血管内皮和肺泡上皮的弥散性肺泡损伤（diffuse alveolar damage，DAD），病理生理特点为炎症和血管通透性增加。ARDS是ALI最终的严重阶段。所有ARDS患者开始都有ALI过程，但是并非所有的ALI患者都会发展为ARDS。

表 9-1　AECC 关于 ALI/ARDS 的诊断标准

ALI 诊断标准

　　病程：急性起病

　　氧合：$PaO_2/FiO_2 \leq 300$ mmHg（无论有无呼气末正压通气）

　　胸片：后前位胸片示双侧浸润影

　　肺动脉楔压：≤ 18 mmHg 或无可导致肺淤血的动脉高压

ARDS 诊断标准

　　同 ALI

　　氧合：$PaO_2/FiO_2 \leq 200$ mmHg（无论有无呼气末正压通气）

二、常见病因

ARDS 病因复杂，原发病多达 100 多种。一项对 936 例 ARDS 患者进行的研究发现，严重感染、烧伤、骨折、体外循环障碍、误吸、弥散性血管内凝血（disseminated intravascular coagulation, DIC）、输血过量等原因较为常见。其中感染是最常见的病因之一，占 25%～40%。矿山创伤引起 ARDS 发生的常见原因有以下几种。

（一）瓦斯或雷管爆炸

瓦斯爆炸或雷管意外引爆引起的损伤属于典型的复合型损伤，包括爆炸冲击伤、减压伤、机械性损伤、有害气体吸入、缺氧窒息和高温烧伤等损害，而且伤情特点为多致伤因素的多脏器、多组织严重复合伤。伤情互为因果，致使伤情重，发展迅速，且多为外伤轻而内伤重。

（二）矿井坍塌

由于井下冒顶、塌方、煤石由高处落下等暴力作用于身体多个部位，如头部、胸部、腹部、四肢等，导致机体严重损伤。

（三）跑车

跑车造成的挤压伤暴力猛，作用面广，可导致多发性复合损伤，如头部损伤、胸腹部损伤、骨盆及四肢骨折等。

（四）矿山透水引起的误吸和淹溺

水直接呛入或吸入气道或（和）肺泡。凡有明显误吸史者，10%～34% 发生 ARDS。

（五）重症感染

多为创伤后继发的细菌或病毒感染，其中革兰氏阴性菌最为多见。各种严重创伤均可导致机体过度炎症反应，激活多种效应细胞并释放细胞因子和炎症介质，引发 SIRS。25%～40% 的 SIRS 患者可发生急性肺损伤，进而发生 ARDS。

（六）其他

见于输液不当、呼吸机使用不当、氧中毒等。

第二节 发病机制

一、缺血 - 再灌注损伤

严重创伤后出现的 ARDS 除见于直接的严重肺损伤外，多见于机体遭受"二次打击"之后。临床实践中，常见危重症患者在抢救后，随着患者极度应激状态的缓解和逆转，由交感 - 肾上腺髓质系统、肾素 - 血管紧张素系统、血管加压素系统过度活跃导致的器官持续缺血状态得到有效改善，组织器官的供血得以恢复。然而，很多情况下器官功能障碍仍不可避免地出现，并呈进行性加剧趋势，最终导致器官功能衰竭，此"反常"现象，主要与体内发生的缺血 - 再灌注损伤有关。再灌注后出现器官功能障碍的机制虽然尚未明了，但近年来发现自由基损伤、钙超载、白细胞的作用以及无复流现象等，均参与了再灌注损伤的发生发展过程[6-7]。

不仅严重损伤通过激发极度应激状态可引起缺血 - 再灌注损伤，地震、矿难及意外灾害和事故中的肢体挤压伤、骨筋膜室综合征、止血带和石膏、小夹板固定的错误使用和断肢再植等也可引起局部肢体缺血 - 再灌注损伤。本实验室应用啮齿动物的止血带休克（tourniquet shock）模型对此进行了系统研究[8-16]，发现再灌注后，自由基与激活的中性粒细胞等随血液循环进入肺组织，可引起急性肺损伤，进而导致 ARDS。

在 ARDS 发生过程中，血液以及各器官组织中氧自由基导致的脂质过氧化产物丙二醛（malondialdehyde，MDA）显著增多，同时清除氧自由基的超氧化物歧化酶（superoxide dismutase，SOD）活性却显著降低。氧自由基几乎能与任何细胞成分发生反应，导致细胞的结构损伤、代谢和功能紊乱，甚至死亡。氧自由基一旦产生，其造成的组织过氧化过程呈链式发展，一系列的连锁反应导致组织损伤不断扩大和加重，最终出现器官的功能障碍，直至衰竭。

在 ARDS 患者肺血管出现多形核白细胞（polymorphonuclear leukocyte，PMN）的附壁与聚集，这种黏附与聚集是在多种黏附因子及炎症介质的介导下产生的。当血管内皮细胞（endothelial cell，EC）与 PMN 遭受各种因素刺激时，多种黏附分子被激活，这些黏附分子单独或交叉与 EC 及 PMN 相互作用，导致 PMN 在 EC 表面黏附、聚集。同时在黏附分子的作用下血管内皮细胞之间的间隙扩大，PMN 可游出血管壁进入间质，随之出现间质水肿和细胞损伤。PMN 在血管壁的黏附与聚集阻塞微血管导致"无复流"现象，"无复流"造成组织的持续缺血、缺氧。因此，血管内皮细胞与 PMN 的相互作用导致微循环障碍和实质细胞受损，参与了 ARDS 的发生与发展。

二、感染与内毒素损伤

严重创伤患者会出现内毒素血症。内毒素的来源有两条途径：①外源性，即原发或继发感染病灶的释放；②内源性，即肠道中内毒素的转移。各种非感染因素导致机体危重状态时往往会出现内毒素血症。一般情况下，肠腔细菌不会进入血液循环。但是在多种因素所导致的机体应激状态使肠黏膜缺血缺氧，造成肠黏膜的屏障受损时，大量肠道内毒素转移，吸收至血液和淋巴系统（详见第十一章）。同时还可能伴有肝功能障碍和单核 - 吞噬细胞系统功能障碍，不能有效地灭活和清除内毒素。

内毒素的生物学活性主要包括以下几个方面：①刺激单核 - 吞噬细胞、内皮细胞、粒细胞等合成和释放一系列炎症介质、蛋白酶类物质等，介导体内多种组织、细胞的损伤；②激活补体，生成多种补体裂解产物。而激活的补体再启动"瀑布效应",导致氧自由基、前列腺素、内啡肽、血小板激活因子(platelet activating factor,PAF)、溶酶体酶、细胞因子等炎症介质释放,从而造成微循环障碍、细胞代谢紊乱和结构损害;③损伤血管内皮细胞和促进血小板聚集,激活凝血、纤溶系统,从而触发弥散性血管内凝血(DIC)。内毒素的上述作用引起机体一系列的病理生理改变,也是导致ARDS发生的重要机制之一。

三、炎症失控性损伤

ARDS患者在出现明显的呼吸功能障碍之前,多表现为较强烈的全身性炎症反应。SIRS乃严重损伤所产生的一种难以控制的、持续放大的和自我破坏的全身性的瀑布式炎症反应[17],是导致ARDS发生的基础之一,其典型的病理生理学变化是继发于各种严重打击后所出现的持续高代谢、高动力循环状态以及过度的炎症反应。一般认为,在机体受到打击后出现下述临床表现中两项或两项以上者即可诊断为SIRS:①体温高于38℃或低于36℃;②心率>90次/分;③呼吸频率>20次/分或通气过度($PaCO_2 < 32$ mmHg);④白细胞计数$> 12 \times 10^9$/L或$< 4 \times 10^9$/L或杆状核白细胞>10%。SIRS的诊断标准具有高度的敏感性,但特异性很低,重症监护病房(intensive care unit,ICU)中有2/3以上的患者均具有SIRS表现,几乎是危重病症的同义词,故该诊断标准临床指导意义有限。因此,有专家建议增加C反应蛋白等实验室检查指标、高排低阻的血流动力学指标、高糖血症等有关代谢变化指标和组织灌注改变及器官功能障碍等指标。

机体在严重创伤、感染、休克、烧伤、手术以及缺血-再灌注等感染性或非感染性因素作用下,单核-巨噬细胞系统被激活,释放促炎介质如肿瘤坏死因子α(tumor necrosis factor,TNFα)、白细胞介素1(interleukin-1,IL-1)、IL-6、IL-8和血小板激活因子(PAF)等,这些介质进入血液循环,直接损伤血管内皮细胞,导致血管壁的通透性增高和血栓形成,并使炎症细胞活化。活化的炎症细胞聚集在受损伤的部位,释放炎症介质,炎症介质又进一步促进炎症细胞活化,二者互为因果,通过级联放大效应造成炎症介质泛滥,导致炎症反应失控性放大,并对机体的循环、呼吸、凝血、代谢、免疫及体温调节等各个系统功能造成严重影响,最终导致组织器官严重损伤。

在SIRS发展过程中,体内产生内源性抗炎介质或抗炎性内分泌激素,如前列腺素E_2(prostaglandin E_2,PGE_2)、IL-4、IL-10、IL-11、TNFα受体、转化生长因子、一氧化氮(nitric oxide,NO)、儿茶酚胺和糖皮质激素等,以抑制炎症介质的释放,对抗促炎介质的作用,防止SIRS造成自身组织损伤。因此,适量的抗炎介质有助于控制炎症,恢复内环境稳定。然而,值得注意的是,抗炎介质释放过量,则可造成免疫功能低下,增加机体对感染的易感性,出现代偿性抗炎反应综合征(compensatory anti-inflammatory response syndrome,CARS),引起免疫功能降低和对感染易感性增加的内源性抗炎反应,反而从另一个方面诱发或加重器官的损害。

SIRS和CARS均是机体炎症反应失控的表现。在ARDS的早中期SIRS占主导地位,而后期则出现CARS。CARS与SIRS彼此间相互加强,最终形成对机体损伤作用更强的免疫失衡。

四、肺泡表面活性物质减少

肺泡表面活性物质(pulmonary surfactant,PS)指由肺泡Ⅱ型上皮细胞分泌的复杂的脂蛋白混合物,其主要成分为二棕榈酰卵磷脂(dipalmitoyl phosphatidyl choline,DPPC)和表面活性物质结合蛋白(surfactant protein,SP),前者约占80%,后者约占10%,其余为中性脂肪,分布于肺泡液体分子层表面。PS 的作用是降低肺泡表面张力，SP 是保证 PS 发挥正常生理功能的基础[7]。PS 主要生理功能：①降低肺泡表面张力，减少吸气阻力，防止肺不张，增加肺的顺应性；②维持大小肺泡容积的稳定性；③减少肺组织液生成，防止肺水肿[18]。灾难和事故可导致肺损伤，引起肺泡Ⅱ型上皮细胞受损，合成 PS 减少，继而降低肺顺应性，引起肺不张、肺水肿和低氧血症。研究表明继发性 PS 减少和功能异常是导致 ALI 和 ARDS 的重要发病机制之一。

第三节　病理改变

一、病理解剖学改变

（一）大体改变

肺大体病变呈双侧分布，肺肿胀，肺湿重明显增加，含水量可为正常的 3~4 倍。肺表面常见淤血及灶状出血，肺缘圆钝，肺切面呈明显充血、出血、水肿和实变。

（二）光镜下改变

表现为肺间质及肺泡水肿，肺毛细血管明显扩张、充血，红细胞淤滞，多形核白细胞（PMN）和血小板聚集；大量炎性细胞浸润，肺不张、代偿性肺气肿、透明膜形成。

（三）超微结构改变

电子显微镜下观察，病变肺毛细血管内皮肿胀、空泡变性；肺泡上皮变性、坏死。肺泡Ⅱ型上皮细胞微绒毛结构不清，板层体排空。

二、病理生理学改变

（一）肺水肿形成

肺水肿是 ARDS 的早期特征。肺毛细血管通透性增加是肺水肿的主要原因。ARDS 时某些病因造成的原发性损伤及继发的炎症反应，导致以肺毛细血管内皮细胞和肺泡上皮细胞为主的肺实质细胞受损，使肺泡膜损伤、通透性增高，大量富含蛋白质的液体从肺毛细血管渗出，形成肺间质甚至肺泡水肿。

（二）气体交换的改变

ARDS 表现为单纯氧疗不能纠正的顽固性低氧血症，原因是通气血流（V/Q）比例失调和肺内分流增加。正常情况分流应低于 5%，ARDS 时可超过 25%。由于肺泡萎陷或充满水肿液，流经这部分肺泡的血流不能参与气体交换，无法提高动脉血氧含量。

ARDS 早期患者由于低氧血症，表现出呼吸急促和继发的过度通气。随病情进展，无效腔样通气和 CO_2 产生又引起高碳酸血症。正常人的生理无效腔约占潮气量的 30%，ARDS 时无效腔样通气可达 90%。

（三）呼吸动力学改变

肺顺应性是指一定的跨肺压引起肺容量的变化。正常肺顺应性为 60~80 ml/cmH_2O，ARDS 时常低于 30 ml/cmH_2O。最初是由于间质和肺泡水肿导致顺应性降低，而肺泡表面活性物质功能异常和终末支气管痉挛也会减少肺泡通气。ARDS 晚期由于间质纤维化和肺容量减少，肺顺应性进一步降低。

(四) 心肺血流动力学改变

肺动脉高压是 ARDS 的常见表现，可引起间质水肿、右心功能不全和心输出量降低。严重的肺动脉高压提示预后不良。造成肺动脉高压的原因是多方面的，主要是缺氧性肺血管收缩和血管内凝血造成的血管阻塞。ARDS 晚期肺血管壁纤维化和增生也是引起肺动脉高压的原因之一。研究发现，ARDS 死亡患者存在明显的右心功能障碍，但也有人认为这主要是由于缺氧造成的心肌收缩力下降，而不是肺动脉高压所致[19]。

第四节 分期和临床表现

典型的 ARDS 进程大致可分为四期。

Ⅰ期（早期）：有呼吸急促和呼吸困难，胸片、肺部体检和动脉血氧饱和度大多正常。由于过度通气常常会出现 $PaCO_2$ 降低。

Ⅱ期：在发病后 12～24 h，此期出现的是肺损伤表现。呼吸困难、呼吸急促、发绀、心动过速，听诊可闻及粗湿啰音，胸片可见肺泡浸润的斑片影。肺顺应性下降，肺内分流增加，中、重度低氧血症。

Ⅲ期：通常已经需要机械通气支持。呼吸急促，心动过速加重，可能会出现脓毒血症及高血流动力学改变。胸片改变加重，可见弥漫性肺泡浸润性改变、肺实变及支气管充气征。肺顺应性进一步下降，肺内分流增加，无效腔样通气和分钟通气量增加，重度低氧血症。

Ⅳ期：如病情得不到缓解即进入此期，特点为除前期症状外常合并肺炎、肺组织纤维增生、氧摄取和氧合障碍，出现 PaO_2 下降。一部分患者出现多器官功能不全综合征（MODS），这是 ARDS 患者主要的致死原因[19]。

第五节 防治原则

由于发生 ARDS 的病因多种多样，至今尚无特异性治疗方法。主要原则是根据其病理生理学变化及临床表现进行针对性或支持性治疗，积极治疗原发病，机械通气支持，营养支持，肺外脏器支持，必要时进行血流动力学监测。密切关注病情变化，避免医院获得性感染和医源性并发症的发生。

一、积极治疗原发病，对症治疗

积极治疗原发病是 ARDS 治疗的首要原则。在治疗严重原发病和消除高危因素的同时，还需立即实施纠正缺氧的对症处理。例如对有严重创伤合并有误吸的伤员，要立即处理气道，解决通气问题，而后进行必要的心肺脑复苏；对有严重出血和休克的创伤伤员，在积极抗休克的同时，要妥善处理好各部位创伤，特别是多发伤，如连枷胸要及时进行胸壁成形术，各类血、气胸及其他部位骨干骨折应及时进行处理及骨骼固定，防止进一步的肺损伤。

二、改善通气和组织供氧，迅速有效地纠正低氧血症

1．控制性辅助通气或间歇指令通气加适度呼气末正压通气（positive end-expiratory pressure, PEEP） 在保持患者自主呼吸的前提下，不时接受呼吸机的正压辅助通气，是普遍认为较好的方法。PEEP 一般用 4~13 mmHg，既保证肺泡扩张，又避免过高的 PEEP 对心血管系统产生不利影响。但在呼吸肌极度疲劳、有心源性休克和发作性心肌缺血及严重酸碱失衡时，这种方式不适合。

2．小潮气量通气加适度 PEEP 以往在救治 ARDS 患者时，只注意把 PaO_2 和 $PaCO_2$ 维持在正常范围内，未能深刻认识到通气可能对肺造成气压伤，最终导致患者死亡。通过对 ARDS 患者临床病理的深入研究，发现 ARDS 患者肺损害呈弥漫性不均等分布，受累部分大量肺泡萎陷，严重时只有 30% 的肺泡可参与通气，呈现所谓"小肺"或"婴儿肺"的特征。此时即使采用常规潮气量（8~12 ml/Kg）也易导致气压伤，而且主要损伤病变相对较轻的肺组织。故推荐允许性高碳酸血症的低潮气量（4~10 ml/Kg），加适度的 PEEP（4~13 mmHg），提供合适通气。在氧合充分的条件下，一定程度的呼吸性酸中毒不会引起严重功能紊乱，恶性心律失常只在酸中毒合并严重低氧血症时才会发生[1]。

3．卧位通气 采用俯卧位通气治疗可以改善大多数（2/3~3/4）ARDS 患者的氧合[19]。其最可能的机制是肺内气体重新分布，改善 V/Q 比例，减少分流。另外还可能与促进分泌物清除、增加功能残气量、改善膈局部运动等有关。近期 meta 分析显示，俯卧位通气可改善重症 ARDS 患者的预后，俯卧位联合肺保护通气策略可以降低重度 ARDS 患者的病死率[20]。目前临床推荐伴有危及生命的低氧血症和（或）高气道平台压的重症 ARDS 患者，应考虑俯卧位通气与小潮气量通气联合应用。俯卧位通气需要在有俯卧位通气经验的医疗单位进行，并选择合适的病例，避免俯卧位通气可能的并发症。如果俯卧位通气患者氧合无反应时，应及时改用其他治疗方案。

4．体外膜肺氧合（extracorporeal membrane oxygenation, ECMO） ECMO 实际是一种"人工肺"装置，让肺暂时休息，由 ECMO 提供氧合和排出 CO_2[1]。部分重症 ARDS 患者即使已经采取最优化的机械通气策略，仍然难以改善氧合，继而出现继发性多器官功能障碍。常规机械通气与体外膜肺氧合治疗成人重型呼吸衰竭的研究结果显示，对病因可逆的早期重症 ARDS 患者，采用 ECMO 治疗可显著改善预后[21]。在甲型 H1N1 流感病毒感染导致的重症 ARDS 治疗中，ECMO 可使患者病死率明显降低[22-23]。通过 ECMO 可保证有效氧合和 CO_2 清除，故 ECMO 已成为临床上重症 ARDS 患者一种有效的治疗措施，建议重度 ARDS 患者在高水平机械通气小于 7 天内，尽早在有 ECMO 经验的医疗中心进行 ECMO 治疗。

三、控制感染

不论原发性感染还是继发性感染都是 ARDS 的首位高危因素，而且是其高死亡率的主要原因。ARDS 患者经常采用多种插管，如气管插管、导尿管、中心静脉压监测管、胃管及各种不同的外科引流管等，这些都极大地增加了院内感染的风险，呼吸道的感染几乎是难以避免的。有针对性的合理使用抗生素十分关键。

四、ARDS 药物治疗的新进展

1．神经肌肉阻滞剂（neuromuscular blocker，NMB） 使用 NMB 抑制骨骼肌可以提高患者的呼吸同步性，同时降低气道压力，改善胸壁顺应性，因此在严重 ARDS 患者，NMB 可以在低气道压力及小潮气量通气下减少呼吸机相关性肺损伤。有研究发现，在机械通气开始的 48 h 内应用苯磺酸顺阿曲库铵，能够提高中度 ARDS 患者 90 d 存活率，但干预组和安慰剂组之间患者 20 d 存活率没有差异[24]。关于 NMB 能提高 ARDS 患者远期存活率而不影响早期存活率的机制尚不清楚。

2．皮质类固醇 鉴于皮质类固醇有效的抗炎特性，糖皮质激素在预防和治疗 ARDS 中的潜在作用引起了广大学者的兴趣，为此进行了从高剂量类固醇短期治疗到低剂量长期治疗的各种不同研究。有研究发现，常规剂量及大剂量地塞米松可以明显改善脂多糖（lipopolysaccharide，LPS）诱导的 ALI 模型大鼠的肺损伤程度，但大剂量地塞米松对肺的保护作用无明显优势[25]。

3．肝素 在 ARDS 的炎性渗出后期，纤维蛋白沉积在肺泡中和肺血管内外，导致换气功能障碍。有研究发现，肝素能通过抑制一氧化氮合酶（nitric oxide synthase，NOS）的表达和转化生长因子-β（transforming growth factor-β，TGF-β）/Smad 信号转导途径来发挥对 LPS 致 ALI 大鼠的保护作用[26]。另外肝素还可以减少纤维蛋白的沉积。雾化肝素对 ARDS 患者的预后影响有待进一步研究。

4．其他疗法 有研究显示，在 ARDS 动物模型中干细胞直接递送到支气管树能提高动物的存活率[27]，但干细胞在 ARDS 治疗中的临床试验有待进一步深入。有研究证实维生素 D 对 ARDS 具有潜在的治疗作用，与其减少中性粒细胞在肺内聚集有关。

尽管对于 ARDS 治疗药物的开发研究颇多，但收效甚微。希望在不久的将来可以研制出对 ARDS 具有良好预防和治疗效果的药物。

（刘丽华　吴　静）

参考文献

[1] 程爱国，王翔洲，李世波，阚志生．煤矿创伤学．北京：中国科学技术出版社，2002：128-139．

[2] 沈岳，蒋耀光．实用创伤救治．北京：人民军医出版社，2005：336．

[3] The ARDS Definition Task Force，Ranieri VM，Rubenfeld GD，et al．Acute respiratory distress syndrome：theBerlin definition．JAMA，2012，307（23）：2526-2533．

[4] 刘军，邹桂娟，李维勤，等．急性呼吸窘迫综合征的诊断新进展．中华危重病急救医学，2014，26（2）：70-73．

[5] （美）穆尔（Moore，E.E.）．Trauma 创伤学．5 版．高建川等译．北京：人民军医出版社，2007：1058-1059．

[6] 唐朝枢，刘志跃．病理生理学．3 版．北京：北京大学医学出版社，2013：126-132．

[7] 王正国．灾难和事故的创伤救治．北京：人民卫生出版社，2005：347-348．

[8] 杨秀红，张连元，孙树勋，等．一氧化氮在大鼠肢体缺血再灌注后肺损伤中的作用．生理学报，2002，54（3）：234-238．

[9] 门秀丽，张连元，张一兵，等．牛磺酸对大鼠肢体缺血再灌注所致肺损伤过程中内源性 NO 的影响．中国药理学通报，2003，19（9）：1051-1054．

[10] 门秀丽，张连元，董淑云，等．牛磺酸对大鼠肢体缺血再灌注后肺损伤时细胞凋亡的影响．中国病

理生理杂志，2004，20（3）：421-424．

[11] 门秀丽，张连元，杨全会，等．大鼠肢体缺血再灌注后肺组织 BAX 基因表达上调．基础医学与临床，2005，25（3）：261-264．

[12] 门秀丽，徐亚平，李宏杰，等．牛磺酸对大鼠肢体缺血再灌注后肺损伤时黏附分子 ICAM-1 表达的影响．中国病理生理杂志，2008，24（2）：396-398．

[13] 成兰云，门秀丽，张连元，等．内质网应激诱导的细胞凋亡在大鼠肢体缺血再灌注后肺损伤中的作用及牛磺酸的影响．中国病理生理杂志，2010，26（9）：1776-1780．

[14] 孔小燕，门秀丽，董淑云，等．一氧化氮减轻大鼠肢体缺血再灌注后肺损伤．基础医学与临床，2010，30（12）：1336-1337．

[15] 孟庆春，王玲玲，孔小燕，等．奥扎格雷钠对大鼠肢体缺血再灌注所致肺损伤的保护作用．天津医药，2012，40（1）：60-63．

[16] 李开济，贺宝玲，卢秋玲，等．缺血后处理减轻大鼠肢体缺血再灌注后肺损伤的实验研究．天津医药，2016，44（4）：453-456．

[17] 唐朝枢，刘志跃．病理生理学．3 版．北京：北京大学医学出版社，2013：212．

[18] 管又飞，刘传勇．医学生理学．3 版．北京：北京大学医学出版社，2013：124．

[19] 王正国．创伤学基础与临床（上）．武汉：湖北长江出版集团湖北科学技术出版社，2007：510-521．

[20] Sud S，Friedrich JO，Adhikari NK，et al. Effect of prone positioning during mechanical ventilation on mortality among patients with acute respiratory distress syndrome：a systematic review and meta-analysis．CMAJ，2014，186（10）：E381-390．

[21] Peek GJ，Mugford M，Tiruvoipati R，et al. Efficacy and economic assessment of conventional ventilator support versus extracorporeal membrane oxygenation for severe adult respiratory failure（CESAR）：a multicentre randomised controlled trial. Lancet，2009，374（9698）：1351-1363．

[22] Zangrillo A，Biondi-Zoccai G，Landoni G，et al. Extracorporeal membrane oxygenation（ECMO）in patients with H1N1 influenza infection：a systematic review and meta-analysis including 8 studies and 266 patients receiving ECMO. Crit Care，2013，17（1）：R30．

[23] Pham T，Combes A，Roze H，et al. Extracorporeal membrane oxygenation for pandemic influenza A（H1N1）-induced acute respiratory distress syndrome：a cohort study and propensity-matched analysis. Am J Respir Crit Care Med，2013，187（3）：276-285．

[24] Papazian L，Forel JM，Gacouin A，et al. Neuromuscular blockers in early acute respiratory distress syndrome. N Engl J Med，2010，363（12）：1107-1116．

[25] 甄洁，阎锡新，陈炜，等．超大剂量与常规剂量地塞米松对急性肺损伤大鼠肺保护作用的对比研究．中华危重病急救医学，2014，26（12）：917-919．

[26] 穆恩，丁仁彧，安欣，等．肝素通过抑制一氧化氮合酶和转化生长因子-β（TGF-β）/Smad 信号转导途径减轻脂多糖致大鼠急性肺损伤．中华危重病急救医学，2014，26（11）：810-814．

[27] Gupta N，Su X，Popov B，et al. Intrapulmonary delivery of bone marrow-derived mesenchymal stem cells improves survival and attenuates endotoxin-induced acute lung injury in mice. J Immunol，2007，179（3）：1855-1863．

第十章

创伤感染

感染（infection）是指病原微生物（包括致病性的细菌、真菌及病毒等）入侵机体内定居繁殖，并引起局部组织或者全身性炎症反应的过程。创伤感染（trauma related infection，trauma infection）是指创伤后伤口/创面因微生物污染所致的后续感染或伤后机体抵抗力下降所致的内源性/外源性感染。尽管医学上已有成熟的消毒灭菌技术和种类繁多的抗生素，但是感染仍是危害人类健康乃至生命的常见疾病。创伤是当今世界范围内的重大疾患之一，在所有疾患死因中，创伤高居第四位，在年轻人群中已经跃居首位。随着急救体系的不断完善和救治技术的不断提高，因伤所致的早期死亡（48 h 内）已经明显减少，伤后并发症的危害性却日益突出，严重影响创伤患者的康复。其中创伤感染是创伤患者最为常见的并发症，也是导致创伤患者后期死亡的主要原因，据报道，后期死亡的创伤患者中，70% 以上的死亡都与感染相关。随着社会的进步和医学的发展，许多疾病已得到较好的控制。而矿山创伤因无法预测、地理位置偏远等，其发生率远没有降低到理想效果。随着安全意识逐渐提高，同样，人们对提高矿山创伤的预防、诊断及救治水平的要求越来越高，尤其在矿上作业区，了解创伤感染并有效控制感染，对于整体提升创伤救治水平，降低伤残和伤死率至关重要。

第一节　创伤感染的特点

引起感染的微生物可来自宿主体外，也可以来自宿主体内。前者称外源性感染（exogenous infection），后者称内源性感染（endogenous infection）。来自其他宿主的微生物感染称为传染。感染是病原微生物同宿主相互作用的一种生命现象，是其同宿主免疫防御机制相互斗争的生命过程。感染和抗感染免疫是同时发生的，感染的发生、发展与结局可以有多种表现，这主要取决于宿主的免疫防御能力和病原微生物的致病性，同时与环境等因素也有关系。不同的病原微生物感染的宿主种类不同，不同的伤口易感染的概率和易感染的病原微生物的种类也不同。在各类创伤中，生活伤和体育伤多为单一部位的组织或器官受伤，伤情比较简单明确；而矿山工业伤中，由于致伤原因多是围岩坍塌、工具或支架砸伤、机械的绞轧或挤压、坠落或爆炸等，因此造成的创伤多是多发伤及复合伤，伤情较严重而复杂，伴有皮肤黏膜破裂及外出血，因此微生物可从体内外侵入，引起感染。

一、病原体的来源及入侵途径

创伤患者创伤感染按感染的病原体来源不同可分为外源性感染和内源性感染，二者区别见表10-1。

表 10-1　外源性感染与内源性感染的区别

特征	外源性感染	内源性感染
来源	外界	自身
病原体	多为病原微生物	多为条件致病菌，多耐药
免疫力	正常	低下
临床表现	多有特殊表现	常无特殊表现，与感染部位有关
诊断	病原学确诊	病原体定位、定量、定性分析
预防	疫苗等特异性免疫	"扶正固本"，非特异性免疫调理
治疗	合理使用抗菌药物	调整菌群，用药敏试验指导用药

（一）外源性感染

外源性感染是指病原体来自宿主体外，包括来自其他患者、带菌者或带菌动物及外环境（食物、土壤、水、空气等），通过各种途径进入机体引起的感染。

1. 患者　大多数人类感染是通过人与人之间传播。患者从疾病潜伏期到恢复期内，都有可能将病原菌传播给他人。对患者及时作出诊断并采取防治措施，是控制和消灭传染病的根本措施之一。

2. 带菌者　有些健康人携带某种病原菌但不产生临床症状，也有传染病患者恢复后在一段时间内仍继续排菌，这些人分别称为健康带菌者和恢复期带菌者。这些带菌者是很重要的传染源，因其不出现临床症状，不易被人们察觉，故危害性比患者要大。脑膜炎奈瑟菌、白喉棒状杆菌感染常有健康带菌者，伤寒沙门菌、痢疾志贺菌等感染可有恢复期带菌者。

3. 患病和带菌动物　有些细菌是人畜共患病的病原菌，因而患病或带菌动物体内的病原菌也可传播给人类，例如鼠疫耶尔森菌、炭疽芽胞杆菌、布鲁菌、牛分枝杆菌以及引起食物中毒的沙门菌等。

4. 外环境　创伤患者创口主要感染病原微生物来源于环境中的泥土和污水、伤员污染的衣服，可由石子等投射物、致伤器械等带入，或随着空气中的尘土或雨水落入，这种创伤为外源性感染，在创伤发生早期，此种感染是致病菌的主要入侵途径。例如，铜绿假单胞菌主要分布于土壤和水源中，创伤伤口被土壤和污水污染后会导致铜绿假单胞菌感染。

当创伤患者进入医院后，由于管理不善或者无菌操作不严格，还可能发生继发性的污染以至于造成医源性感染。医源性感染目前是创伤感染最常见的表现形式之一，病原微生物主要来源于医疗环境和医疗器械，其中与医源性感染关系最密切的是有创机械通气和留置导尿管等。由于医院环境所特有的、往往具有较强耐药性细菌的定植，创口感染病原体谱很快就失去其原有特色，而与医院内感染趋同一致，与一般外科感染的细菌谱没有差别，此时感染的病原微生物主要来源于医院内部环境。

严重创伤后也可能会引发病毒感染，此类感染多为医疗操作不当引起，最常见的就是输血污染，如HIV、HBV、HCV等均可通过污染的血液或者血制品传播。

(二) 内源性感染

内源性感染是指来自宿主自身体表和体内的微生物病原体引起的感染，当机体长期大量使用广谱抗生素或免疫抑制剂，使机体免疫功能降低时，这些条件致病菌及少数隐伏的病原微生物得以迅速繁殖而发生感染。目前内源性感染有增多的趋势。

创伤患者，受伤时皮肤、毛发和破损的空腔脏器的微生物通过皮肤、黏膜细小裂缝或创口引起感染，由于病原体来自于创伤患者自身，均为内源性感染。例如腹部创伤时空腔脏器（包括肠道或胆道系统）发生机械性损伤（穿孔、破裂），易引发腹腔严重感染、脓毒症，其感染的病原微生物来自于患者体内，均为内源性感染。结肠破裂的患者，病原体通常是寄居于结肠的正常菌群。

二、创伤感染的特点

感染病原体的种类与创伤的部位和伤情有一定内在关系。运转的机器、车辆将皮肤及皮下组织撕脱造成撕裂伤，有时还可将肌肉、肌腱、血管及神经撕脱。撕裂伤创口边缘不整齐，周围组织的破坏较广泛。常引起皮肤坏死及感染。手腕部撕裂伤在临床上最常见。刺伤和切割伤伤口虽不大，但深部的组织、器官可遭受破坏，不易被察觉，而被忽视。刺伤易引起深部感染进而引起全身性感染。皮肤同粗糙致伤物摩擦而造成的浅表擦伤，受伤部位仅有少量出血及渗出，因而伤情都较轻，处理不当会引起表面化脓性感染。

创伤患者在伤后大多数能够及时送到医院，得到彻底的清创、抗生素预防性治疗等处理，创面污染所致感染可基本得以控制，因而创伤感染最常见的为医院内感染（nosocomial infection），又称医院获得性感染。医院获得性感染可能是由医院内患者、工作人员或陪护者之间直接或间接传播引起的交叉感染；也可能是由患者自身体内的正常菌群引起的内源性感染，也称自身感染；也可能是在预防、诊断及治疗过程中，因所用器械消毒不严而引起的感染。常见的医院内感染主要有下呼吸道感染、泌尿生殖道感染、手术伤口感染及胃肠道感染等。胡南松等回顾性分析 2013 年 1 月至 2016 年 7 月创伤患者 5917 例，术后感染率为 1.39%[1]。庞则娟报道 2000—2001 年广西北海市人民医院 1030 例创伤患者医院内感染率为 11.2%[2]。任骏等回顾性分析了武汉同济医院 2000—2004 年收治的 4077 例创伤患者，其创伤患者院内感染率为 3.8%[3]。由此可见，各地区创伤患者医院内感染率虽有一定差异，但基本在 10% 左右。创伤患者虽绝大部分为青壮年，但创伤合并院内感染的发生率却高于院内其他患者人群。因此，创伤患者是目前院内感染的易感人群，可能与创伤患者一般都有创面、常常会有侵入性的导管、超常规使用抗生素预防性治疗以及大量失血和严重组织毁损导致机体免疫低下等原因有关。

创伤患者院内感染好发部位有一定特征，陈萍等[4]回顾分析了 1640 例创伤患者中院内感染 235 例，感染率为 14.33%；感染部位居前三位的分别是呼吸道（38.4%）、伤口（包括手术切口和创面，25.5%）和泌尿道（25.1%）感染。Lazarus 等[5]报道创伤患者院内感染最好发的感染部位前三位分别为呼吸道、泌尿道和血液，而伤口感染率极低，仅 5% 左右。可见，呼吸道和泌尿道都是创伤感染最常见的部位，其次为伤口和血液，伤口感染大多为手术切口感染。在严重创伤患者救治过程中，侵入性诊疗操作日渐频繁，由于操作时无菌观念缺乏或无菌操作条件不足及操作后监测管理不善，其发生医源性感染的风险明显高于其他患者，感染最好发部位为呼吸道和泌尿道，多与医疗救治过程中有创医疗器械使用相关，包括气管插管与机械通气、尿道插管（尤其是留置导尿管）等。创伤患者院内感染的发生率与伤情有一定内在联系，伤情越重，患者发生院内感染的可能性就越大，这是因为严重创伤时组织破损严重、失血多、组织明显低灌流、机体免疫功能低下以及各种侵袭性治疗措施的应用等，大大增加了严重创伤患者发生院内感染的危险性。不仅如此，随着病情越重，院内感染演变为脓毒血症风险性越明显增大。创伤后院内感染的部位也与伤情有一定内在关系，轻度创伤时主要表现为泌尿道感染，中度以上创伤时则以呼吸道为主，血液感染明显增加。此外，创伤后院内感染还与患者年龄、性别、创伤的种类、手术以及抗生素是否合理使用密切相关。

第二节　创伤感染的常见病原体

微生物包括细菌、病毒、真菌、螺旋体、立克次体、衣原体、支原体、放线菌等，在创伤感染中最为重要的是细菌。创伤感染常见的病原体，随着伤情不同，以及感染部位不同而不同[6-10]。发生在户外的创伤常常有革兰氏阴性菌如铜绿假单胞菌的污染，该菌主要分布于土壤和水源中，创伤伤口被土壤和污水污染后会导致铜绿假单胞菌感染。而工业事故意外所致的创伤可能会有不常见的微生物的污染，因为所处的不同环境和所使用的仪器设备中可能出现不常见的病原微生物。刺伤的化脓感染基本上是由化脓性的金黄色葡萄球菌引起的。创伤感染病原微生物的种类鉴定对于治疗是非常重要的[11-14]。

尽管清创术、组织修复术和抗生素的应用得到长足的发展，但感染仍是创伤患者的常见并发症，并且是多器官功能衰竭和死亡的主要原因。引起创伤感染的需氧菌主要有：葡萄球菌、链球菌、大肠埃希菌、铜绿假单胞菌等；厌氧菌包括产芽胞的破伤风梭菌、产气荚膜梭菌，不产芽胞的脆弱类杆菌感染最为多见。除此之外，还有一些真菌如白假丝酵母菌、曲霉菌也可引起创伤感染[15]。严重的创伤还可能出现病毒感染，如HIV、HBV等。

一、创伤化脓性感染细菌

化脓性感染可分为创面化脓性感染、内脏及体腔内化脓性感染和全身化脓性感染三种类型，常见于烧伤、灾害性创伤、颅脑创伤、眼部创伤等[16-17]。化脓性细菌是一类能够感染人体并引起化脓性炎症的细菌，对人体有致病性，常引起皮肤、皮下软组织、深部组织的化脓性感染乃至内脏器官的脓肿，也能引起脓毒血症。化脓性细菌种类较多，有球菌也有杆菌；有革兰氏阳性细菌也有革兰氏阴性细菌；有需氧菌、兼性厌氧菌和厌氧菌。常见的创伤后化脓性细菌有金黄色葡萄球菌、表皮葡萄球菌、乙型溶血性链球菌、铜绿假单胞菌、大肠埃希菌、肠球菌、变形杆菌等。

（一）葡萄球菌属（*Staphylococcus*）

葡萄球菌属的细菌是一群革兰氏阳性球菌，因常堆聚成葡萄串状而得名。广泛分布于自然界、人和动物体表及与外界相通的腔道中。目前有48个种及亚种，大多数是非致病菌，少数为致病菌，如金黄色葡萄球菌（*Staphylococcus aereus*）。有些人的皮肤、鼻咽部带致病菌株，带菌率为20%～50%，医务人员的带菌率可高达70%以上，是医院内交叉感染的重要传染源。金黄色葡萄球菌是最常见的化脓性球菌，80%以上化脓性疾病由它引起，由该菌引起的败血症或脓毒血症仍占居首位。有的菌株还可引起食物中毒、假膜性肠炎、烫伤样皮肤综合征、毒性休克综合征。

金黄色葡萄球菌是葡萄球菌中致病力最强的，它通过在宿主体内增殖、扩散和产生有害的胞外物质（酶和毒素）引起宿主疾病，也是矿山外伤后感染最常见的化脓性感染病原体。

1. 致病性与免疫性

（1）致病物质：金黄色葡萄球菌可产生多种侵袭性酶和外毒素，故毒力强。表皮葡萄球菌致病性较弱，一定条件下可成为条件致病菌。

1）血浆凝固酶（coagulase）：能凝固含肝素等抗凝剂的人或家兔血浆。绝大多数致病菌株产生此酶。此酶是鉴别葡萄球菌有无致病性的重要指标。凝固酶有两种：①游离凝固酶，是分泌到菌体外的凝固酶，作用类似凝血酶原物质，被人或家兔血浆中协同因子活化为凝血酶样物质后，使液态的纤维蛋白原变成固态的纤维蛋白，引起血浆凝固；②结合凝固酶，是结合于菌体表面不释放的凝固酶，它能使血浆中的纤维蛋白沉积于菌体表面，阻碍吞噬细胞对细菌的吞噬和杀灭，并能保护细菌不受血清中杀菌物质的作用。葡萄球菌引起的感染易于局限化和形成血栓，也与血浆凝固酶有关。

2）葡萄球菌溶血素：致病性菌株能产生 α、β、γ、δ、ε 等五型溶血素，对人致病的主要是 α 溶血素。该毒素是一种外毒素，除对多种哺乳动物红细胞有溶血作用外，还对白细胞、血小板、肝细胞、成纤维细胞、血管平滑肌细胞等均有损伤作用。α 溶血素抗原性强，经甲醛处理可制成类毒素。

3）杀白细胞素：大多数致病菌株能产生杀死多种动物白细胞的毒素，主要攻击中性粒细胞和巨噬细胞，在抵抗宿主吞噬细胞、增强病原菌侵袭力方面有重要意义。

4）肠毒素：临床分离的近 50% 金黄色葡萄球菌至少产生 A～H（其中 C 分为 C1、C2、C3）等 9 个血清型的可溶性肠毒素。除肠毒素 F 型外，均能引起急性胃肠炎即食物中毒，其中以 A、D 两型最多见。当产毒菌株污染食物如牛奶、肉类后，在 20～21℃ 经 8～10 h 可产生大量肠毒素。肠毒素耐热，100℃ 30 min 仍保存部分活性，能抵抗胃肠液中蛋白酶的水解作用。肠毒素对胃肠黏膜似无直接破坏作用，而是入血后作用于消化道神经受体或到达中枢神经系统刺激呕吐中枢而引起呕吐。人或猴摄入 25 μg 肠毒素 B 可引起呕吐和腹泻。

5）表皮剥脱毒素（exfoliative toxin）：也称表皮溶解毒素（epidermolytic toxin），它能分离皮肤表皮层细胞，使表皮与真皮脱离，引起烫伤样皮肤综合征，又称剥脱性皮炎，多见于新生儿、婴幼儿和免疫功能低下的成人。

6）毒性休克综合征毒素 1（toxic shock syndrome toxin 1，TSST-1）：曾称肠毒素 F 和致热性外毒素 C。它是金黄色葡萄球菌分泌的一种外毒素。此毒素可增加宿主对内毒素的敏感性，使毛细血管通透性增强，导致心血管功能紊乱而引起毒性休克综合征（TSS）。

7）其他：金黄色葡萄球菌还能产生耐热核酸酶、溶纤维蛋白酶等。

（2）所致疾病：常引起的化脓性感染有侵袭性疾病和毒素性疾病两种。

1）侵袭性疾病：主要引起化脓性炎症。葡萄球菌可通过多种途径侵入机体，导致皮肤或器官的感染，甚至败血症。①局部感染：主要由金黄色葡萄球菌引起皮肤及软组织感染，如毛囊炎、疖、痈、蜂窝组织炎、矿山外伤后伤口化脓等；还可引起气管炎、肺炎、脓胸、中耳炎、脑膜炎、心包炎、心内膜炎等内脏器官感染。其脓汁黄而黏稠，化脓病灶多局限，与周围组织界限明显。②全身性感染：由于外力挤压疖、痈，或过早切开未成熟的脓肿，细菌可经淋巴和血流向全身扩散。在机体外伤后，抵抗力低时可引起败血症，或细菌随血流转移到肝、肾、肺、脾等器官引起脓毒血症。

2）毒素性疾病：主要由葡萄球菌产生的有关外毒素引起。①食物中毒：进食含污染葡萄球菌肠毒素的食物 1～8 h 后，患者出现恶心、呕吐、腹泻等急性胃肠炎症状，严重者虚脱或休克，病后 1～2 d 内恢复，预后良好。②假膜性肠炎：正常人群中 10%～15% 的肠道内有少量金黄色葡萄球菌寄居，当脆弱类杆菌、大肠埃希菌等优势菌受抗菌药物作用被抑制或杀灭后，耐药的金黄色葡萄球菌乘机繁殖并产生肠毒素 B，引起以腹泻为主的临床症状。其本质是菌群失调性肠炎，其病理特点是肠黏膜被一层炎性假膜所覆盖，此假膜由炎性渗出物、肠黏膜坏死块和细菌组成。③烫伤样皮肤综合征：由表皮剥脱毒素引起。开始皮肤出现红斑，1～2 d 表皮起皱，继而出现松弛性大疱，最后表皮脱落。④毒性休克综合征（TSS）：由 TSST-1 引起，其特点是起病急，高热、低血压、呕吐、腹泻、肌痛、猩红热样皮疹，心、肾衰竭，累及多个器官，病死率高。过去多见于月经期使用阴道塞的女性。有学者认为革兰氏阴性杆菌内毒素、葡萄球菌肠毒素和溶血素也与 TSS 发病有密切关系。

2．防治原则 注意个人卫生，对矿山后外伤及时消毒处理。加强医院管理，严格无菌操作，防止医源性感染。目前由于抗生素广泛使用，葡萄球菌耐药菌株日益增多，因此，治疗时必须根据药物敏感试验的结果来选用敏感抗菌药物。

（二）链球菌属（*Streptococcus*）

链球菌是另一类常见的化脓性球菌。链球菌属种类繁多，包括甲、乙、丙型链球菌和肺炎链球菌等 40 多种。广泛分布于自然界的水、尘埃、人和动物粪便及健康人鼻咽部等处，大多为人体正常菌群，少数为致病性链球菌，可引起人类各种化脓性炎症、猩红热、新生儿败血症、细菌性心内膜炎，以及风湿热、急性肾小球炎等超敏反应性疾病。

1．致病性与免疫性

（1）致病物质：A 群链球菌也称化脓性链球菌或溶血性链球菌，是人类细菌感染常见的病原菌之一，有较强侵袭力，可产生多种外毒素和胞外酶。

1）致热外毒素：曾称红疹毒素或猩红热毒素，是引起人类猩红热的主要毒性物质，为蛋白质。对机体具有致热和细胞毒作用，引起发热和皮疹。抗原性强，刺激机体产生抗毒素，可中和外毒素的毒性作用。

2）链球菌溶血素：是由乙型溶血性链球菌产生。按对氧的稳定性分为两类：① 链球菌溶血素 O（streptolysin O，SLO），绝大多数 A 群和许多 C、G 群菌株都能产生 SLO。SLO 是一种含有 -SH 的蛋白质毒素，溶解红细胞能力强。对氧敏感，遇氧时 -SH 被氧化成 -SS-，失去溶血活性，当加入还原剂后，溶血能力可逆转。SLO 对中性粒细胞、血小板、巨噬细胞、神经细胞等也有毒性作用。SLO 容易引起心肌损伤，并加重病毒性心肌炎的病变。SLO 抗原性强，85%～90% 链球菌感染的患者感染 2～3 周至病愈后数月到一年内可检出 SLO 抗体，风湿热患者的血清 SLO 抗体显著增多，活动期尤为显著。因此临床上测定 SLO 抗体含量可作为风湿热及其活动性的辅助诊断或链球菌新近感染的指标之一。②链球菌溶血素 S（SLS），为小分子糖肽，无抗原性，对氧稳定。链球菌在血琼脂平板上菌落周围的溶血环是由 SLS 所致。SLS 对白细胞、血小板和多种组织细胞有破坏作用。

3）菌体表面结构：主要包括荚膜和 M、F 蛋白。M 蛋白有抗吞噬和逃避血清中杀菌物质的作用。M 蛋白与人类心肌、肾小球基底膜有共同抗原，可发生交叉反应，刺激机体产生特异性抗体，故与某些超敏反应性疾病有关。F 蛋白位于 A 群链球菌细胞壁内，可与宿主上皮细胞纤连蛋白结合，介导细菌黏附于上皮细胞表面。

4）胞外酶：即侵袭性酶，有三种，以不同的作用方式促进细菌在组织间扩散。①透明质酸酶（hyaluronidase）：又名扩散因子，能分解细胞间质的透明质酸，使细菌易在组织中扩散。②链激酶（streptokinase，SK）：亦称链球菌溶纤维蛋白酶。能使血液中纤维蛋白酶原转化为纤维蛋白酶，能溶解血块或阻止血浆凝固，有利于细菌扩散。③链道酶（streptodrnase，SD）：亦称链球菌 DNA 酶，能分解脓汁中高度黏稠的 DNA，使脓液稀薄，促进细菌扩散。由于 SK 和 SD 能致敏 T 淋巴细胞，将其制成试剂作皮肤试验，可测定机体的细胞免疫功能；也可制成 SK、SD 酶制剂，用以液化脓汁，提高抗菌药物的杀菌作用。

（2）所致疾病：链球菌所致疾病中 90% 由 A 群链球菌引起，以乙型溶血性链球菌为主，可引起化脓性炎症、毒素性疾病、超敏反应等。感染源为患者和带菌者，主要通过空气飞沫及皮肤伤口传播，所致疾病大致可分为化脓性、中毒性和超敏反应性三类。①化脓性炎症：常见有淋巴管炎、淋巴结炎、蜂窝组织炎、痈、丹毒、脓疱疮等皮肤及皮下组织炎症，炎症病灶与正常组织界限不清，脓汁稀薄带血性，有明显扩散倾向。也可引起扁桃体炎、咽喉炎、鼻窦炎、脑膜炎、产褥热等。②猩红热：是由产生致热外毒素的A群链球菌引起的小儿急性传染病，属毒素性疾病。经飞沫传染，主要特征为发热、咽炎、全身弥漫性鲜红皮疹，皮疹消退后出现明显脱屑。少数患者可因超敏反应出现心、肾损害。③链球菌性超敏反应性疾病：主要有风湿热和急性肾小球肾炎。急性肾小球肾炎常见于儿童和青少年，多数由A群12型链球菌引起。临床表现为蛋白尿、水肿、高血压，发生机制是M蛋白与相应抗体结合形成中等大小的免疫复合物，沉积于肾小球基底膜，活化补体，造成炎症，属Ⅲ型超敏反应。由于链球菌某些菌株的某些抗原与肾小球基底膜有共同抗原，链球菌诱导产生的抗体与肾小球基底膜发生超敏反应，造成免疫病理损伤，即Ⅱ型超敏反应。风湿热可由多种型别的A群链球菌引起，发病机制尚未十分清楚，可能是由于M蛋白与心肌有共同抗原而引起的Ⅱ型、Ⅲ型超敏反应所致，临床表现以心肌炎和关节炎为主。

2．防治原则 链球菌感染主要经飞沫传播，应及时治疗带菌者和患者，以减少感染源。对患急性咽峡炎和扁桃体炎的矿工，应早期彻底治疗，以防止风湿热、急性肾小球肾炎和亚急性细菌性心内膜炎等疾病的发生。A群链球菌感染者的治疗，首选青霉素G。长效青霉素可预防链球菌感染，减少超敏反应性疾病的发生。

(三) 假单胞菌属 (*Pseudomonas*)

假单胞菌属是一群革兰氏阴性细菌，形态直杆状或稍有弯曲。绝大多数有单端单鞭毛或单端丛鞭毛，运动活泼，不形成芽胞。专性需氧。本属细菌种类繁多，至今发现200余种，分布十分广泛。某些菌种对人和动物致病，其中与人类关系密切的有铜绿假单胞菌 (*P. aeruginosa*)、鼻疽假单胞菌 (*P. malleri*) 和类鼻疽假单胞菌 (*P. pseudomallei*) 等，以铜绿假单胞菌为代表。

铜绿假单胞菌俗称绿脓杆菌，广泛分布于自然界以及医院内的潮湿环境，如厕所、水槽、透析装置、各种导管和内镜等处。免疫力低下者及住院患者检出率高。本菌为条件致病菌，当机体抵抗力降低时，可引起多种感染，是医院内感染的重要细菌之一。由于产生水溶性色素，感染时脓汁呈绿色，故名。

铜绿假单胞菌的感染部位可波及任何组织。多见于皮肤黏膜受损部位，常见于烧伤感染、创伤感染、气管切开和插管、人工机械辅助通气、留置导尿，内镜检查等引发的下呼吸道感染、尿路感染等。在医院内感染中，由本菌引起者约占10%，在烧伤病房可高达32%，临床表现为局部化脓性炎症或全身感染，脓汁呈绿色，带臭味。

对矿山创伤患者受伤部位及时彻底的清创处理很关键。对特殊病房如大面积的创伤和烧伤病房、手术器械及治疗仪器等应进行严格消毒，防止医院内感染。该菌天然对多种抗生素耐药，治疗过程中易发生耐药突变，需选用敏感抗菌药物联合使用，如第四代头孢菌素、碳青霉素、多黏菌素B等效果较好。

二、创伤厌氧性感染细菌

厌氧菌是一类在有氧条件下不能生长，仅在无氧条件下利用发酵而获取能量的细菌。其分布广泛，土壤、沼泽、湖泊、海洋、河流的沉渣、污水、食物以及人和动物体都有它们的存在。正常人的腔道包括肠道、口腔、阴道等处均有大量的厌氧菌寄居，它们与需氧菌一起共同组成人体的正常菌群。此外，人体皮肤、呼吸道、泌尿道也有厌氧菌分布。在正常情况下，寄居于人体的正常菌群对人无损害，与人体保持平衡状态，而且正常菌群之间也相互制约，维持相对的平衡。矿山创伤中皮肤黏膜大面积受损，这些寄居的厌氧菌也可引起疾病。创伤后机体免疫力低下，也会引起内源性的感染。

（一）破伤风梭菌（Clostridium tetani）

破伤风梭菌是引起破伤风的病原菌，大量存在于人和动物肠道中，由粪便污染土壤，经伤口感染引起疾病。

1. 致病性与免疫性

（1）致病条件：破伤风梭菌芽胞广泛分布于自然界中，可由伤口侵入人体，萌芽、繁殖而致病。但破伤风梭菌是厌氧菌，在一般伤口中不能生长，伤口的厌氧环境是破伤风梭菌感染的重要条件：①伤口深而窄，混有泥土异物；②坏死组织多、局部组织缺血；③伴有需氧或兼性厌氧菌混合感染。

（2）致病物质：破伤风梭菌能产生强烈的外毒素，即破伤风痉挛毒素（tetanospasmin）。破伤风痉挛毒素是一种神经毒素，为蛋白质，由十余种氨基酸组成，不耐热，可被肠道蛋白酶破坏，故口服毒素不起作用。破伤风痉挛毒素的毒性非常强烈，仅次于肉毒毒素。破伤风梭菌没有侵袭力，只在污染的局部组织中生长繁殖，一般不入血流。当局部产生破伤风痉挛毒素后，引起全身横纹肌痉挛。

（3）所致疾病：破伤风多见于战伤及矿工的大面积污染性外伤，分娩时断脐不洁和手术器械灭菌不严也可引起发病。患者早期有发热、头痛、不适、肌肉酸痛等前驱症状，局部肌肉抽搐，出现张口困难，咀嚼肌痉挛，患者牙关紧闭，呈苦笑面容。继而颈部、躯干和四肢肌肉发生强直收缩，身体呈角弓反张，面部发绀、呼吸困难，最后可因窒息而死。病死率约50%，新生儿和老年人尤高。

2. 防治原则 破伤风一旦发病，治疗困难，应以预防为主。

（1）人工自动免疫：平时对战士、建筑工人、矿工等接种吸附精制破伤风类毒素，进行全程基础免疫，以刺激机体自动产生抗毒素。当受伤后有可能感染时，应加强免疫一次破伤风类毒素。

（2）人工被动免疫：为紧急预防措施，如遇严重污染创伤或受伤前未经全程基础免疫者，除用类毒素加强免疫外，可同时注射破伤风抗毒素（tetanus antitoxin，TAT），即在一臂注射抗毒素，另一臂注射类毒素，6~12周后再注射一针类毒素。实践证明，同时注射抗毒素和类毒素，预防效果好，且互不干扰。

（3）特异治疗：一旦发现患者，应立即注射破伤风抗毒素，要早期足量，每次可肌内或静脉注射6万~10万单位，注射前必须做皮肤试验，防止过敏性休克的发生。国外已开始用人的破伤风丙种球蛋白（tetanus immunoglobulin，TIG）进行治疗，既可避免过敏反应，还可提高疗效。大剂量的青霉素（或四环素）能有效抑制破伤风梭菌在局部病灶中繁殖，并且对混合感染的其他细菌也有作用，故亦可用于治疗。若已确诊为破伤风时，应及时给予适当的镇静剂和肌肉解痉剂等，以减轻患者的痛苦，预防患者呼吸肌痉挛而窒息死亡。

（二）产气荚膜梭菌（Cl. perfringens）

产气荚膜梭菌是气性坏疽的主要病原菌。气性坏疽是战时多见的一种严重的创伤感染，以局部水肿、产气、肌肉坏死及全身中毒为特征。气性坏疽的病原菌有6~9种之多，常为混合感染，以产气荚膜梭菌为最多见（占60%~90%），其次是水肿梭菌和败毒梭菌，其他还有产芽胞梭菌、溶组织梭菌和双酶梭菌等。

1. 致病性与免疫性 致病条件与破伤风梭菌相似。

（1）致病物质：产气荚膜梭菌既能产生强烈的外毒素，又有多种侵袭性酶，并有荚膜，构成其强大的侵袭力。毒素的毒性虽不如肉毒毒素和破伤风毒素强，但种类多，外毒素有α、β、γ、δ、ε、η、θ、ι、κ、λ、μ、ν 12种。具有毒性作用的酶包括卵磷脂酶、纤维蛋白酶、透明质酸酶、胶原酶和DNA酶等。根据细菌产生外毒素的种类差别，可将产气荚膜梭菌分成A、B、C、D、E共5个型。对人致病的主要是A型，引起气性坏疽和食物中毒。C型则引起坏死性肠炎。在各种毒素和酶中，以α毒素最为重要。α毒素是一种卵磷脂酶，能分解卵磷脂，损伤多种细胞的细胞膜，引起溶血、组织坏死及血管内皮细胞损伤，使血管通透性增高，造成水肿。此外，θ毒素有溶血和破坏白细胞的作用，胶原酶能分解肌肉和皮下的胶原组织，使组织崩解；透明质酸酶能分解细胞间质透明质酸，有利于病变扩散。

（2）所致疾病：本菌能引起人类多种疾病，其中最重要的是气性坏疽。

1）气性坏疽：局部剧痛、水肿、胀气、组织迅速坏死、分泌物恶臭，以伴有全身毒血症为特征的急性感染。潜伏期较短，一般只有 8～48 h。芽胞萌芽大量繁殖，形成荚膜能抵抗吞噬，产生多种毒素及侵袭酶，损害肌肉组织引起厌氧性肌炎。由于本菌分解组织中的糖类，产生大量气体充塞组织间隙，造成气肿，挤压软组织，阻碍血液循环，进一步促使肌肉坏死。同时毒素还可引起血管壁通透性增高，浆液渗出，形成扩散性水肿，以手触压肿胀组织可发生"捻发音"。疼痛剧烈，蔓延迅速，最后形成大块组织坏死。细菌一般不侵入血流，局部细菌繁殖产生的各种毒素以及组织坏死产生的毒性物质被吸收入血，引起毒血症而死亡。

2）食物中毒：某些 A 型菌株能产生肠毒素，食其污染的食物后，可引起食物中毒。

3）急性坏死性肠炎：由 C 型产气荚膜梭菌引起，致病物质可能为 β 毒素。潜伏期不到 24h，发病急，有剧烈腹痛、腹泻、肠黏膜出血性坏死，粪便带血；可并发周围循环衰竭、肠梗阻、腹膜炎等，病死率达 40%。

2．防治原则　气性坏疽病原菌种类多，大多是数种细菌混合感染，所产生毒素型别多，抗原复杂，目前尚缺乏有效的预防制剂。预防的办法主要是早期扩创，清洁伤口，局部用双氧水冲洗，以破坏厌氧环境。除早期应用多价抗毒素外，应配合手术、抗生素及支持疗法等。近年来，临床用高压氧治疗气性坏疽，可使血液和组织中氧含量大于正常 15 倍左右，不利于厌氧细菌生长，有一定的疗效。

三、创伤肠源性感染细菌

肠道是人体最大的"储菌所"和"内毒素库"。正常情况下，肠黏膜上皮是主要的局部防御屏障，防止肠腔内所含的细菌和内毒素进入全身循环，但在某些情况下肠内细菌和内毒素可从肠内逸出，进入肠淋巴管和肠系膜淋巴结，继而进入门静脉系统和体循环，引起全身性感染和内毒素血症。这种肠内细菌侵入肠外组织的过程称为细菌移位（bacterial translocation）。有大量临床资料显示，严重矿山创伤、烧伤、休克和大手术等危重外科患者，肠黏膜屏蔽功能受损或衰竭时，肠内致病菌和内毒素可经肠道移位而导致的全身性感染，称为肠源性感染。

埃希菌属（*Escherichia*）

埃希菌属为肠道中的正常菌群，一般不致病，以大肠埃希菌（*E.coli*）为主要代表。大肠埃希菌俗称大肠杆菌，在婴儿出生后数小时即进入肠道，可终身伴随，对人体有特殊生理意义。当宿主免疫力下降或侵入其他器官、组织时，该菌可引起肠外化脓感染。某些血清型菌株可造成肠道内感染，导致腹泻，称为致病性大肠埃希菌。此外，大肠埃希菌在环境与食品卫生检验中，常作为被粪便污染的检验指标。

1．致病性大肠埃希菌的致病主要表现在肠外感染及某些菌株的肠道内致腹泻作用。

（1）肠外感染：多为内源性感染，以妇女泌尿系统感染最为常见，例如尿道炎、膀胱炎、肾盂肾炎；亦可引起盆腔炎、腹膜炎、阑尾炎、胆囊炎、手术创口感染等。老年人、新生儿及免疫功能低下者可引起败血症。新生儿中，也可见大肠埃希菌脑膜炎。

（2）肠道内感染：某些血清型的大肠埃希菌可引起人类腹泻，根据致病机制及临床症状的不同，可分为五种类型。

1）肠产毒性大肠埃希菌（enterotoxigenic E. coli，ETEC）：ETEC 的致病物质主要是肠毒素和定居因子，是婴幼儿和旅游者腹泻的常见病原体。临床症状可由轻度腹泻至严重的霍乱样腹泻。肠毒素分为不耐热肠毒素（heat labile enterotoxin，LT）和耐热性肠毒素（heat stable enterotoxin，ST）。LT 通过激活细胞内腺苷环化酶，使胞质内 cAMP 升高，导致肠黏膜细胞内水、钠、氯、碳酸氢钾等过度分泌，引起腹泻。ST 则激活黏膜细胞上的鸟苷环化酶，使胞内 cGMP 升高，最终也导致黏膜细胞失水。定居因子也称黏附素（adhesin），是一种具有高度专一性黏附作用的菌毛。

2）肠侵袭性大肠埃希菌（enteroinvasiv E.coli，EIEC）：较少见，主要通过直接侵袭肠黏膜上皮细胞并在其中生长繁殖，菌死亡崩解后释放出内毒素，破坏细胞，导致腹泻。症状似菌痢，有脓血便和里急后重现象，易误诊为志贺菌痢。

3）肠致病性大肠埃希菌（enteropathogenic E.coli，EPEC）：该菌可在十二指肠、空肠和回肠上段部位黏附并大量繁殖，破坏刷状缘，使微绒毛萎缩，导致上皮细胞功能紊乱，造成严重腹泻。是婴幼儿腹泻主要病原菌，严重者可致死，成人少见。

4）肠出血性大肠埃希菌（eterohemorrhagic E.coli，EHEC）：致病物质为类志贺毒素（Shiga kiketoxin SLT），引起出血性结肠炎。主要症状为轻度水样泻后伴有强烈腹痛的血便，约 10% 10 岁以下的儿童可并发有急性肾衰竭、血小板减少、溶血性贫血的溶血性尿毒综合征（hemolytic uremic syndrome，HUS）。致病的主要血清型是 O157：H7。

5）肠集聚性大肠埃希菌（enteroaggregative E.coli，EAEC）：粘附素及毒素是其主要致病物质。粘附肠黏膜上皮细胞，引起持续性腹泻，脱水，不侵袭细胞。

2. 防治原则 在 ETEC 的免疫预防研究中发现，菌毛抗原在抗感染免疫方面起重要作用。目前正进行菌毛抗原疫苗的研制。治疗用抗生素可选用庆大霉素、氟哌酸、吡哌酸、磺胺类药物等，但易产生抗药性。

四、创伤感染常见真菌

条件致病性真菌（conditional fungi）亦称机会致病性真菌（opportunistic fungi），多数是宿主的正常菌群成员，宿主免疫力降低是其致病的主要条件。近年条件致病性真菌引起的深部感染日益增多，已成为导致危重病人死亡的重要原因，常见于烧伤、眼部创伤等感染。条件致病性真菌主要有假丝酵母菌（Candida）、新生隐球菌（Cryptococcus neoformans）、曲霉（Aspergillus）和毛霉（Mucor）等。真菌作为重要的院内感染病原菌，尤其在重症病房内急剧的发展，已对危重病医学产生了重大影响。常见的创伤感染真菌有白假丝酵母菌、曲霉菌等[18-19]。

白假丝酵母菌（*Candida albicans*）

假丝酵母菌亦称念珠菌，可侵犯皮肤、黏膜和内脏，表现为急性、亚急性或慢性炎症，大多为继发性感染[20-22]。假丝酵母菌种类很多，但能对人致病的仅有几种，以白假丝酵母菌（*C. albicans*）即白色念珠菌最常见，致病力也最强。

1. 致病性 白假丝酵母菌通常存在于人的口腔、上呼吸道、肠道及阴道黏膜。机体抵抗力下降或菌群失调是其侵入机体的主要原因。目前，白假丝酵母菌感染已成为临床一个严重的问题，血培养阳性率仅次于大肠埃希菌和金黄色葡萄球菌。白假丝酵母菌的致病作用与多种因素有关：①黏附：其细胞壁的甘露糖蛋白是黏附于上皮细胞的主要介导物。在菌体内基因控制的转换系统（switching system）作用下，使孢子转为芽管或菌丝，可促进其黏附。黏附力是其在宿主内形成集落及入侵细胞的前提。②入侵：黏附于上皮细胞后，其芽管（菌丝）可直接插入细胞膜。③产生毒素和酶：产生的念珠菌毒素可抑制机体的细胞免疫功能，促进感染；产生的一些水解酶和酸性蛋白酶，如磷酸脂酶和卵磷酸脂酶等，可引起组织损伤，有利于其侵入。白假丝酵母菌主要引起以下感染。

（1）皮肤黏膜感染：皮肤感染好发于皮肤皱褶处，如腋窝、腹股沟、乳房下、会阴部及指（趾）间等皮肤潮湿部位。黏膜感染可发生鹅口疮、口角糜烂、外阴与阴道炎等，以鹅口疮最为常见。鹅口疮多发生于老年人、儿童、长期患慢性消耗性疾病的患者及免疫功能低下者。发病较急，发展较快，如治疗不及时，可迅速扩散蔓延，引起深部病变。

（2）内脏感染：常可引起支气管炎、肺炎、食管炎、肠炎、膀胱炎、肾盂肾炎、心内膜炎及心包炎等，偶尔也可引起败血症。

（3）中枢神经系统感染：可引起脑膜炎和脑脓肿等。常由呼吸系统及消化系统病灶播散所致。

2．防治原则　目前对假丝酵母菌病尚无特别有效的预防措施。皮肤感染的治疗可局部涂敷制霉菌素、甲紫、酮康唑或咪康唑等，深部假丝酵母菌感染的治疗可口服两性霉素B、氟康唑或伊曲康唑等。

五、创伤感染常见病毒

严重的创伤还可能出现病毒感染。病毒感染的诊断较困难，且多无特异性的治疗手段，因此病毒感染需要引起特别的重视。病毒的种类繁多，包括动物病毒、植物病毒和细菌病毒（噬菌体），动物病毒是引起人类疾病的重要病原体。病毒所致的传染病不仅数量多，而且传染性强。严重创伤引发的病毒感染多由医疗操作不当引起，最常见的是输血污染。以下主要介绍几种可经由血液传播的常见病毒[23-28]。

（一）HIV

人免疫缺陷病毒（human immunodeficiency virus，HIV），也称艾滋病毒，在病毒分类学上属反转录病毒科（retroviridae），因带有以RNA为模板合成DNA的反转录酶（reverse transcriptase，RT）而得名。HIV属慢病毒属中的灵长类免疫缺陷病毒亚属，已经发现人免疫缺陷病毒有两种：HIV-1和HIV-2，二者的核苷酸序列差异超过40%。HIV-1是引起全球艾滋病流行的主要病原，HIV-2主要在西部非洲呈地区性流行，且毒力较弱，引起的艾滋病病程较长，症状较轻。关于HIV的研究主要是以HIV-1为主进行的。矿山工作者、外伤或者性生活不洁，均成为易感因素。

1．致病性及免疫性

（1）传染源与传播途径：HIV的传染源是无症状HIV携带者和艾滋病患者，从其血液、精液、阴道分泌物、唾液、眼泪、脑脊液、骨髓、乳汁、皮肤和中枢神经组织等标本中均可分离出HIV病毒。艾滋病的常见传播途径为性接触传播、血液传播和垂直传播三种。

（2）致病机制

1）HIV的识别、吸附与增殖：HIV感染主要导致$CD4^+T$细胞在数量和功能上受损，从而引起宿主免疫系统功能的全面障碍。当HIV与靶细胞接触时，病毒包膜刺突糖蛋白gp120上的配体与靶细胞受体CD4分子的V1区结合，引起跨膜蛋白gp41构象改变，其疏水性N末端插入靶细胞膜内，导致病毒包膜与细胞膜融合而使病毒侵入细胞。

2）HIV对$CD4^+T$细胞的损害：主要是通过病毒对细胞的直接杀伤作用和病毒感染所致免疫病理引起细胞损伤。

3）HIV 感染导致对其他免疫细胞的损害：HIV 感染后，机体的 B 细胞功能可能出现异常，表现为多克隆活化，出现高丙球蛋白血症，血液循环中免疫复合物及自身抗体含量增高。单核细胞与巨噬细胞在 HIV 感染后病毒在机体内的播散与致病方面起着重要的作用。

4）HIV 感染对神经细胞的损害：40%~90% 的 AIDS 患者会出现不同程度的神经异常，包括 HIV 脑病、脊髓病变、周围神经炎和严重的 AIDS 痴呆综合征。病毒通过感染的单核细胞进入大脑，并释放对神经元有毒性的单核细胞因子，同时产生使炎性细胞浸润脑组织的趋化因子。一种常见的神经系统糖脂（半乳糖神经鞘氨酸），作为 gp120 的受体介导 HIV 进入神经胶质细胞，gp120 可活化巨噬细胞、小神经胶质细胞和星形细胞，并释放可损害邻近细胞的细胞因子和神经毒素。

(3) HIV 感染的临床表现：HIV 的感染包括原发感染、潜伏感染、AIDS 相关综合征及典型 AIDS 4 个阶段，整个过程约 10 年。

1）原发感染：HIV 进入机体后病毒开始复制，在 8~12 周出现病毒血症，此时病毒在体内广泛播散，并开始在淋巴样器官种植，3~6 周在许多患者（50%~70%）体内发展成急性单核细胞增多症样表现，患者表现出发热、咽炎、淋巴结肿大、皮疹和黏膜溃疡等。其后大多数病毒以前病毒（provirus）形式整合于宿主细胞染色体内，进入长期的、无症状的潜伏感染。

2）潜伏感染：此阶段可长达 6 个月至 10 年。临床无症状，有些患者可出现无痛性淋巴结肿大。当机体受到各种因素的刺激而使潜伏感染的病毒再次大量繁殖并引起免疫损害时，才会再次出现临床症状，进入 AIDS 相关综合征期。

3）AIDS 相关综合征（AIDS-related complex，ARC）：早期有发热、盗汗、全身倦怠、体重下降、皮疹及慢性腹泻等胃肠道症状，并有进行性淋巴结病及舌上白斑等口腔损害。

4）典型 AIDS：出现中枢神经系统疾病，合并各种条件致病菌（如分枝杆菌、念珠菌、卡氏肺孢菌等）或其他病毒（如 EBV、CMV、HHV-8 等）的感染，或并发卡波西肉瘤（Kaposi sarcoma），发展为典型 AIDS。估计在原发感染后的 10 年内，约有 50% 的人会发展为 AIDS。AIDS 的 5 年死亡率约为 90%，死亡多发生于临床症状出现后的 2 年之内。

2. 微生物学检查 HIV 感染早期呈病毒血症时，从患者血液、脑脊液和骨髓细胞中能分离到病毒，从血清中能检测到 HIV 抗原；在无症状的潜伏期内一般不能或很少从外周血中检测到 HV 抗原。当患者进入 AIDS 相关综合征或典型 AIDS 期，在外周血中均可检测到病毒抗原、核酸及抗体。

3. 防治原则 AIDS 蔓延速度快，死亡率高，至今仍无特异有效的治疗措施，已引起全世界的关注。WHO 和包括我国在内的许多国家都制定了控制 HIV 感染流行的措施，进行广泛的宣传教育，加强监测，控制疾病的流行蔓延，确保血液制品及输血的安全等。

目前对 AIDS 的治疗包括：①阻止 HIV 吸附穿入的重组可溶性 CD4 分子；②阻抑病毒反转录酶活性的核苷类似物如叠氮胸苷（azidothymidine，AZT）、双脱氧肌苷（2',3'-dideoxyinosine，DD）与 2',3'- 双脱氧胞苷（2',3'-dideoxyeytidine，DDC）等；③非核苷类反转录酶抑制剂，如德拉维拉丁（delavirdine）和耐维拉平（nevirapine）等；④近年来研制的蛋白酶抑制剂，如赛科纳瓦（saquinavir）、瑞托纳瓦（ritonavir）以及英迪纳瓦（indinavir）等；⑤免疫调节剂，如 IFN-γ、II-2 和胸腺素等。目前，联合交替使用两种 HIV 反转录酶抑制剂和 HIV 蛋白酶抑制剂（即所谓的"鸡尾酒疗法"），可有效地将血液中的 HIV 病毒含量减少到最低（外周血中测不出 HIV 或其 RNA），因而能减轻症状及延长生命，但无法清除整合在 $CD4^+T$ 细胞染色体上的前病毒，因此仍不能从体内彻底清除 HIV。

(二) HBV

乙型肝炎病毒（hepatitis B virus，HBV）是引起乙型肝炎的病原体。乙型肝炎为世界性疾病，全世界约有乙型肝炎患者及无症状 HBV 携带者 3.5 亿人以上，其中 1 亿人在中国。HBV 感染机体后，易发展为慢性肝炎，部分甚至演变为肝硬化。此外，HBV 也与原发性肝癌有关，其危害性远大于其他肝炎病毒。乙型肝炎是我国重点防治的严重传染病之一。

1．致病性及免疫性

（1）传染源：HBV 主要的传染源为患者及无症状的 HBV 携带者。在潜伏期、急性期及慢性活动期，患者的血清都有传染性。

（2）传播途径：HBV 的传播途径主要有三条。

1）血液、血制品传播：HBV 在患者及病毒携带者的血液中大量存在，少量污染的血液（10^{-6}～10^{-8}/ml）进入机体即可引起感染。输血、注射、外科或牙科手术、针刺、共用剃刀或牙刷、皮肤黏膜的微小损伤等均可传播感染。医院内污染的器械可致医院内传播。唾液中曾被检出过 HBV 的 DNA，其含量仅为血清的百分之一至万分之一，可能是血液中的病毒通过牙龈浆液进入口腔所致。

2）母婴传播：若母亲为乙型肝炎患者或 HBV 携带者，在孕期可通过胎盘传给胎儿；分娩时新生儿经过产道时，母亲的血液可通过新生儿微小的伤口使其感染；哺乳也是 HBV 的传播途径。人群中的 HBV 携带者 50% 来自母婴传播。乙型肝炎有家庭聚集倾向，尤以母亲携带 HBV 的家庭为甚。

3）性传播：同 HIV，通过同性或异性之间的性行为传播。

（3）致病机制：HBV 在肝细胞增殖，除对肝细胞有直接损伤作用外，其免疫病理损伤起到重要作用。HBV 导致肝细胞免疫损伤的机制可概括为以下三个方面。

1）自身免疫应答引起的病理损伤：HBV 感染肝细胞后，肝细胞膜除出现病毒特异性抗原外，还会引起肝细胞表面自身抗原改变，暴露出肝特异性脂蛋白（liver special protein，LSP）抗原。LSP 可作为自身抗原诱导机体对肝细胞的自身免疫应答，产生抗体，通过抗体依赖的细胞介导的细胞毒性作用（ADCC）或与抗原结合成免疫复合物，激活补体破坏受染肝细胞。LSP 也可诱导细胞免疫，通过效应 Tc 细胞的直接杀伤作用及 Th1 释放细胞因子的间接作用损伤肝细胞。

2）免疫复合物引起的病理损伤：血流中游离的 HBV 可与相应抗体形成免疫复合物，这些免疫复合物可沉积于肝内小血管，通过Ⅲ型超敏反应，引起小血管栓塞，肝细胞坏死，并可诱导产生肿瘤坏死因子，导致急性肝坏死，临床表现为重型肝炎。此外，免疫复合物还可沉积于肝外组织如肾小球基底膜、关节滑膜等处，引起肾小球肾炎、多发性关节炎等肝外病变。

3）细胞免疫介导的病理损伤：HBV 感染后，肝细胞膜可表达 HBV 抗原，这些抗原除诱导机体产生抗体外，还使机体产生效应 T 细胞，特异性 Tc 细胞可杀伤这些表面带有 HBV 抗原的肝细胞，其杀伤作用具有双重性：既清除了病毒，又杀伤了肝细胞。肝细胞的损伤程度与病毒感染的数量及机体免疫应答的强弱密切相关。当受染肝细胞较少、机体免疫应答处于正常范围时，特异性 Tc 细胞可杀伤受染细胞及清除病毒。此外，释放至细胞外的病毒可被相应中和抗体清除，临床表现为隐性感染或急性肝炎；当受染的肝细胞数量多、机体免疫应答超过正常范围时，可引起大量肝细胞迅速坏死，临床表现为重型肝炎；当机体免疫功能低下，不能清除受染肝细胞及病毒，病毒不断从肝细胞释放，再感染新的肝细胞，临床表现为慢性肝炎。

（4）HBV 与原发性肝癌：研究发现 HBV 与原发性肝癌具明显的相关性，其根据是：① HBV 携带率高的地区，原发性肝癌的发生率也高；② HBV 携带者发生肝癌的风险比正常人群高 217 倍；③ 原发性肝癌患者的肝细胞内整合有 HBV-DNA；④ 肝炎病毒感染初生的土拨鼠，饲养三年后 100% 发生肝癌。

2．防治原则

（1）一般预防：严格筛选献血员，输血及手术器械要进行严格的消毒，提倡应用一次性注射器；

患者及病毒携带者的排泄物、用具及食具应彻底消毒。

（2）人工自动免疫：接种乙型肝炎疫苗是最有效的方法。

（3）人工被动免疫：含高效价抗 -HBs 的人血清免疫球蛋白可用于乙肝的紧急预防。接触 HBV 后 8 d 之内注射抗 -HBs 的人血清免疫球蛋 0.08 mg/kg，两个月后须再重复注射一次。

（4）治疗：目前治疗乙型肝炎仍无特效药物。广谱抗病毒药物和具有调节免疫功能的药物同时使用，可达到较好的治疗效果。贺普丁、病毒唑、干扰素及清热解毒、活血化淤的中草药具有一定的疗效。

第三节　创伤感染的影响因素

机体受到创伤后是否发生感染是侵入机体的病原菌数量、毒力，受伤部位以及受伤程度，机体的免疫状况以及所接受的医疗救治措施等因素相互影响和斗争的结局。此外，也与患者受到创伤时的自然因素和社会因素相关。自然因素包括气候、季节、温度、湿度和地理条件等。有些传染病流行有明显的季节性。另外，有些传染病流行有明显地区性，例如原始森林或未开垦地带存在着野生动物或吸血昆虫间流行的人畜（兽）共患传染病，一旦人在这些自然疫源地受到创伤，有可能受染。社会因素对感染的发生和传染病的流行影响也很大，战争、灾荒、贫困、落后等因素致医疗救治措施不完善，促使创伤后得不到及时的救治，患者伤后感染率增加。

创伤感染最常见为细菌感染。细菌的感染是指在固定条件下，细菌侵入宿主机体后，与宿主机体相互作用引起不同程度的病理过程。能引起宿主机体感染的细菌称为病原菌（pathogenic bacterium）或致病菌。不能造成宿主感染的细菌为非病原菌或非致病菌。但这并非绝对，有些细菌在正常情况下不致病，但在某些条件下可致病，此类致病菌称为条件致病菌或机会致病菌。

细菌的致病性（pathogenicity）是指细菌能引起感染的能力。细菌的致病性是对特定宿主而言，有的仅对人类有致病性，有的只对某些动物有致病性，有的则对人类和动物都有致病性。不同病原菌对宿主可引起不同程度的病理过程和导致不同的疾病，例如伤寒沙门菌感染引起人类伤寒，而结核分枝杆菌则引起结核病，这是由细菌种属特性决定的。

通常把病原菌的致病性强弱程度称为细菌的毒力（virulence）。各种病原菌的毒力不尽一致，即使同种细菌也因菌型或菌株的不同而有差异，毒力常用半数致死量（median lethal dose，LD50）或半数感染量（median infective dose，ID50）表示，即在一定时间内，通过指定的感染途径，能使一定体重或年龄的某种实验动物半数死亡或感染所需要的最小细菌数或毒素量。因此，致病性是质的概念；毒力是量的概念。

一、细菌的毒力

构成细菌毒力的物质基础是侵袭力和毒素。但有的病原菌的毒力物质迄今尚不清楚[29]。

（一）侵袭力

病原菌突破宿主机体某些防御功能，进入机体并在体内定植、繁殖和扩散的能力，称为侵袭力（invasiveness）。侵袭力包括菌体表面结构和侵袭性酶。

1．菌体表面结构

（1）黏附素：细菌黏附于宿主体表或呼吸道、消化道、泌尿生殖道等黏膜上皮细胞是引起感染的首要条件。黏附作用可使细菌抵抗黏液的冲刷、呼吸道纤毛运动、肠蠕动、尿液冲洗等，进而在局部定植、繁殖，产生毒素或继续侵入细胞、组织引起感染。细菌的黏附作用是由黏附素决定的，黏附素是位于细菌表面的特殊蛋白质。一类由细菌菌毛分泌，如由大肠埃希菌 I 型菌毛、淋病奈瑟菌菌毛分泌；另一类为非菌毛黏附素，如 A 群链球菌的脂磷壁酸。

黏附作用具有组织特异性，如淋病奈瑟菌黏附于泌尿生殖道；志贺菌黏附于结肠黏膜，此与宿主靶细胞表面的受体有关。动物实验证明抗菌毛抗体有预防疾病的作用。菌毛疫苗已用于兽医上的预防接种。

（2）荚膜：细菌荚膜本身没有毒性，但它具有抗吞噬作用和抗体液中杀菌物质的作用，使病原菌在宿主体内迅速繁殖，产生病变。有荚膜细菌失去荚膜后其致病力随之减弱，如有荚膜的肺炎球菌只需数个即可杀死 1 只小鼠，而失去荚膜后的则需数亿个才能产生同样效果。有的细菌有微荚膜，如金黄色葡萄球菌的 A 蛋白、A 群链球菌的 M 蛋白、伤寒沙门菌的 Vi 抗原、某些大肠埃希菌的 K 抗原等，都具有荚膜的功能。

2．侵袭性酶类 属胞外酶，一般不具有毒性，但能在感染过程中协助病原菌抗吞噬或扩散。如金黄色葡萄球菌产生的血浆凝固酶，能使血浆中液态纤维蛋白原变成固态的纤维蛋白，围绕在细菌表面，因而可抗宿主吞噬细胞的吞噬作用；A 群链球菌产生的透明质酸酶、链激酶、链道酶，分别能降解细胞间质的透明质酸、溶解纤维蛋白、消化脓液中高黏性的 DNA 等，都有利于病原菌在组织中扩散。

此外，致病性球菌产生的杀白细胞素、溶血素能杀死或溶解吞噬细胞等；结核分枝杆菌的胞壁成分，如硫酸脑苷脂能抑制巨噬细胞溶酶体与吞噬体融合。

（二）毒素

细菌毒素按来源、性质和作用的不同，可分为外毒素和内毒素两种。

1．外毒素

（1）来源：外毒素（exotoxin）是某些细菌在代谢过程中产生并分泌到菌体外的毒性物质。主要由革兰氏阳性菌的破伤风梭菌、肉毒梭菌、产气荚膜梭菌、白喉棒状杆菌、金黄色葡萄球菌、A 群链球菌等产生；某些革兰氏阴性菌如痢疾志贺菌、鼠疫耶尔森菌、霍乱弧菌、产毒性大肠埃希菌、铜绿假单胞菌等也能产生。大多数外毒素是在细菌细胞内合成并分泌至细胞外；但也有少数存在于菌体内，待菌体溶解后才释放，如痢疾志贺菌和产毒性大肠埃希菌产生的外毒素。

（2）化学成分和抗原性：外毒素的化学成分是蛋白质，性质不稳定，不耐热，易被热、酸、蛋白酶分解破坏，如破伤风外毒素加热 60 ℃ 20 min 即破坏；但葡萄球菌肠毒素例外，能耐 100 ℃ 30 min，经 0.3% 甲醛处理后可失去毒性而保留抗原性，成为类毒素（toxoid）。类毒素和外毒素抗原性强，可刺激机体产生能中和外毒素毒性的抗体即抗毒素。类毒素和抗毒素可防治某些传染病，前者用于预防接种，后者用于治疗和紧急预防。

（3）毒性与致病作用：外毒素毒性极强，极少量即可使易感动物死亡。各种外毒素对机体组织器官的作用有高度选择性，每种外毒素只能与特定的组织细胞受体结合，引起特殊病变。如肉毒毒素能阻断胆碱能神经末梢释放乙酰胆碱，引起肌肉松弛性麻痹；破伤风痉挛毒素主要与中枢神经系统抑制性突触结合，阻断抑制性介质释放，引起骨骼肌强直性痉挛。

多数外毒素由 A、B 两个亚单位组成。A 亚单位是毒素的活性部分，即毒性中心，决定毒素的毒性效应；B 亚单位无毒，能与宿主靶细胞特殊受体结合，介导 A 亚单位进入靶细胞。单独的亚单位对宿主无致病作用。因此，外毒素分子结构的完整性是致病的必要条件。

2. 内毒素

（1）来源：内毒素（endotoxin）是革兰氏阴性菌细胞壁的脂多糖组分。只有当细菌死亡裂解或人工破坏菌体后才能释放出来。螺旋体、衣原体、支原体、立克次体等细胞壁中也有内毒素样物质，具有内毒素活性。

（2）化学成分与抗原性：内毒素的化学成分为脂多糖（lipopolysaccharide，LPS），由 O- 特异性多糖、非特异性核心多糖、脂质 A 三部分组成。耐热，需加热 160℃ 2～4 h 或用强碱、强酸或强氧化剂煮沸 30 min 才能破坏。用甲醛处理后不能成为类毒素，内毒素注射机体产生相应抗体，但中和作用较弱。

（3）致病作用：内毒素主要毒性成分是脂质 A。不同革兰氏阴性菌脂质 A 的化学组成虽有差异，但基本相似。因此不同革兰氏阴性菌感染时，其内毒素对机体组织器官的选择性不强，引起的病理变化和临床表现大致相似。

1）发热反应：极微量（1～5 ng/kg）内毒素入血即可引起发热反应。其机制是细菌内毒素作为外源性致热原作用于吞噬细胞，使之产生 IL-1、IL-6 等内源性致热原，作用于机体下丘脑体温调节中枢引起发热（详见第五章）。

2）白细胞反应：内毒素能使大量白细胞黏附于微血管壁，引起循环血液中白细胞减少，继之白细胞增多，12～24 h 达高峰。这是脂多糖诱生中性粒细胞释放因子刺激骨髓，释出大量中性粒细胞入血所致。但是伤寒沙门菌内毒素例外，血液循环中白细胞总数减少，机制尚不清楚。

3）内毒素血症与内毒素休克：当血液或病灶内细菌释放大量内毒素入血，即导致内毒素血症（endotoxemia）。内毒素作用于巨噬细胞、中性粒细胞、血小板、补体系统、激肽系统等，诱生 IL-1、IL-6、TNF-α、组胺、5-羟色胺、前列腺素、激肽等生物活性介质，使小血管功能紊乱而造成微循环障碍，表现为有效循环血量剧减，低血压，重要组织器官的血液灌注不足、缺氧、酸中毒等，严重时导致以微循环衰竭和低血压为特征的内毒素休克（详见第六章）。

4）弥散性血管内凝血（disseminated intravascular coagulation，DIC）：是以微血栓广泛沉着于微循环引发的凝血功能紊乱，它可发生于多种疾病，是一种复杂的病理过程或综合征（详见第七章）。

内毒素的检测在临床上常用于确定：①患者是否发生革兰氏阴性菌感染引起内毒素血症；②注射用品是否有内毒素污染。检测的方法常用鲎试验。鲎试验敏感性高（较家兔发热法敏感 10～100 倍），但无特异性，不能鉴定内毒素是由何种革兰氏阴性菌产生，且易出现假阳性。

二、细菌的侵入数量

创伤后，感染是否发生，除侵入的病原菌必须具有一定毒力外，还需有足够的侵入数量。所需菌量多少与病原菌毒力强弱和机体免疫力高低有关。一般细菌毒力越强，引起感染所需菌量越小；反之需菌量大。因此，对于创伤患者，伤口的污染程度以及是否有及时救治措施直接影响了伤口是否感染。鼠疫耶尔森菌毒力强，在无特异性免疫机体中，有数个细菌侵入即能引起鼠疫；而毒力弱的沙门菌，则需摄入数亿个细菌才能引起急性胃肠炎。

三、受伤部位

创伤患者受伤部位对创伤感染的发生也有着很重要的影响。这一方面是由于具有一定毒力和数量的病原菌通过特定的侵入门户，才能引起机体感染。病原菌大多具有一种特定的侵入门户，如破伤风梭菌的芽胞，必须侵入缺氧的深部创口才能致病；志贺菌须经消化道侵入引起细菌性痢疾。也有一些病原菌可有多种侵入门户，如结核分枝杆菌可经呼吸道、消化道、皮肤创伤等多个门户引起感染。病原菌有特定的侵入门户，与病原菌生长繁殖需要特定的微环境有关。创伤患者不同的受伤部位对于伤后感染的发生至关重要[30-34]。例如，创伤性血胸患者，胸腔积血是细菌良好的培养基，从伤口或者破裂的肺组织进入的细菌，容易在积血中很快滋生繁殖，形成胸膜腔感染或脓胸；创伤性腹部空腔脏器穿孔、破裂，其感染发生率可达50%，是引起腹腔严重感染、脓毒症和脓毒性休克的主要细菌来源，尽管采取了积极治疗措施，目前其病死率仍大于20%；开放性颅脑损伤患者，如果未能早期关闭硬脑膜或头皮结构，颅内感染的概率将会大大增加；开放性骨折，特别是长骨干骨折导致的骨髓腔的开放，较单纯的肌肉或软组织损伤更易发生严重感染；脊柱损伤患者较少发生伤处感染，但颈椎损伤常影响机体的呼吸及自主排尿等功能，导致并发其他部位感染（呼吸道、泌尿道感染）。

此外，创伤患者受伤程度是决定伤口是否感染的另一个重要因素。不同创伤，及不同程度的创伤造成的组织损伤不同，例如，刺伤切割伤导致的伤口周围组织缺血失活较锉裂伤、压榨伤为轻，因此感染的风险较低；伤道内无异物存留较有异物存留感染风险低；及时得到止血包扎的伤口较未得到处理或不正确方式处理、造成二次污染的伤口感染风险低；受伤时污染轻的伤口较污染重的伤口感染风险低；血运丰富的伤口，临床感染的发生率较低，因为伤口充足的氧供应是预防继发感染的关键因素之一。伤口部位的血肿或游离血红蛋白，可为细菌提供较丰富的营养和铁离子，而且细菌降解血红蛋白所产生的代谢终产物可能对白细胞具有毒性作用，从而促进细菌的生长。此外，坏死组织或者外来异物往往是细菌的避难所，它们可以保护细菌，使之免受机体防御系统的监视和清除，最终使一个小小的污染变成感染。伤口的无效腔常常有血清和血液积存，这也是感染率增加的常见原因。

四、机体的防御能力

人类生活在一个充满微生物的世界之中，人类的繁衍生息与微生物密切相关。人类在长期的种系发育和进化过程中不断地与入侵的病菌作斗争，逐渐建立和形成了一套抵御细菌入侵的完整的防御机制。创伤后病原菌侵入人体，首先要突破机体非特异性免疫的防线，病原菌侵入后一般经7～10 d，机体才能产生特异性免疫。机体非特异性免疫与特异性免疫相互配合，共同发挥抗菌免疫作用。

（一）非特异性免疫

非特异性免疫又称先天免疫，是人类在长期的种系发育和进化过程中，逐渐建立起来的一系列天然防御功能。其特点是：①生来就有，受遗传基因控制，代代遗传，具有相对稳定性，个体差异小；②作用无特异性，不是针对某一特定微生物，而是对各种微生物均有防御能力；③再次接触相同微生物防御功能不增减。

非特异性免疫的物质基础包括机体的屏障结构、吞噬细胞和体液中的抗菌物质。

屏障结构包括完整的皮肤黏膜、血脑屏障和胎盘屏障，是机体抵御细菌入侵的第一道屏障。创伤伤口破坏了机体皮肤黏膜的完整性，损害机体的第一道屏障结构，创面越大，屏障功能损害程度也就越重，病原菌就易于在受伤局部入侵、定植而形成局部感染。

机体内具有吞噬功能的细胞统称为吞噬细胞。吞噬细胞分为小吞噬细胞和大吞噬细胞两类，前者主要是外周血液中的中性粒细胞，后者为血液中的单核细胞和多种组织的巨噬细胞，如肝中的枯否细胞、肺中的尘细胞、淋巴结和脾中的巨噬细胞等[35]。血液中单核细胞和组织中巨噬细胞构成单核 - 吞噬细胞系统（mononuclear phagocyte system，MPS）。

一般认为，机体发生创伤或者感染时，最先到达损伤或者感染局部的就是循环血中的中性粒细胞，产生一系列的病理生理变化，就地实施其免疫防御功能。当创伤程度轻，感染程度弱时，中性粒细胞的免疫反应通常也较弱；而随着损伤程度的加重，虽然在数量上外周血中性粒细胞逐渐增多，甚至达到正常的数倍、数十倍，但其感染防御功能则逐渐趋于受抑状态，表现为吞噬趋化功能减弱，且损伤越重这种抗感染的免疫防御功能受损也越为明显；相反，当面临严重创伤，特别是复合严重感染情况下，中性粒细胞的数量明显剧增，其分泌活性则表现为过度激活，造成对机体的非特异性炎症性损害。

虽然中性粒细胞是最先到达损伤或感染部位的天然免疫细胞，但是真正最先抵御外来入侵的天然免疫细胞是损伤局部的常驻巨噬细胞，并由其产生和释放炎症诱导因子，对循环血中的中性粒细胞实施招引募集作用。此后，随着进入感染炎症局部的中性粒细胞活化，同时分泌各种单核 - 巨噬细胞趋化因子，再招募单核细胞迅速趋化到达感染炎症受损部位，并迅速分化成熟，转变为组织巨噬细胞，接替先前抵达的中性粒细胞的工作。经招募而来的单核 - 巨噬细胞一旦到达局部，则迅速成为抗感染免疫的主力细胞，其吞噬作用更为强大。吞噬细胞的分泌功能也十分强大，机体遭受创伤后，随着血管的破裂，血液成分的流出，机体势必启动相应措施，以防止血液成分的丢失。在凝血因子的合成与释放中，巨噬细胞作用同样不可忽视。值得注意的是，创伤或感染可促使巨噬细胞释放一些酯类，这些酯类不仅是诱发保护性疼痛反应的主要因子，同时还是炎症反应的重要介质。

（二）特异性免疫

特异性免疫又称后天免疫或获得性免疫，是指人出生后，在生活过程中与病原微生物及其毒性代谢产物等抗原物质接触后产生的免疫防御功能。特点是：①后天获得，不是生来就有，不能遗传，是在接触抗原刺激（感染或接种疫苗）后产生；②有明显的特异性，即机体接受某一病原微生物刺激后产生的免疫力，只能对该病原微生物起作用，而对其他微生物不起作用；③再次接触相同微生物，免疫力可增加。特异性免疫是在非特异性免疫的基础上建立起来的，分别通过抗体和致敏效应淋巴细胞发挥体液免疫和细胞免疫作用。

胞外菌感染时，病原菌在宿主细胞外的血液、淋巴液、组织液等体液中繁殖致病。胞外菌主要有葡萄球菌、链球菌、脑膜炎奈瑟菌、淋病奈瑟菌、厌氧芽胞梭菌和多种革兰氏阴性菌。体液免疫是胞外菌感染中的主要特异性保护免疫，主要通过特异性抗体起作用，表现为：① IgG 抗体调理促进吞噬。通过 IgG 的 Fc 段与中性粒细胞或巨噬细胞的 Fc 受体结合，促进吞噬细胞对病原菌的摄取和杀灭。②抗毒素中和外毒素。抗毒素与外毒素结合后可使外毒素失去毒性，然后以抗毒素 - 外毒素免疫复合物的形式被吞噬细胞吞噬清除。③分泌型 IgA（sIgA）阻止病原菌定植。黏膜表面的 sIgA 与黏膜表面的细菌、毒素等抗原物质结合，能阻止细菌进入黏膜而阻断感染。④抗体与抗原复合物活化补体。IgG 或 IgM 通过与细菌结合形成免疫复合物，可通过经典途径活化补体导致溶菌反应。补体产物 C3b 可与吞噬细胞膜上 C3b 受体结合，增强吞噬作用。

病原菌侵入机体后，在宿主细胞内繁殖，称为胞内菌感染。医学上重要的胞内菌主要有结核分枝杆菌、麻风分枝杆菌、布鲁菌、军团菌等，此类细菌被吞噬细胞吞入后往往引起不完全吞噬。因特异性抗体不能进入细胞与寄居的细菌起作用，体液免疫对此类细菌作用不大，故抗胞内菌感染免疫主要依赖于细胞免疫。当特异性致敏效应淋巴细胞再次与相应细菌接触后，$CD8^+$ T 细胞可通过释放穿孔素、颗粒酶直接杀伤胞内菌；而 $CD4^+$ Th1 细胞则通过释放细胞因子、激活吞噬细胞等发挥免疫作用。

当机体遭受严重创伤时，天然免疫细胞和 T 淋巴细胞抗感染防御能力下降，释放炎症介质功能明显增强，促炎和抗炎平衡失调。研究表明，免疫功能紊乱是创伤感染易患性增加的免疫学机制。创伤感染时免疫细胞模式识别受体、胞内信号转导通路、细胞释放的细胞因子之间存在明显的反馈调节作用，这种复杂的网络关系，对失控炎症级联反应的形成和发生发展起到重要作用。

越来越多的证据表明，不同个体由于其基因的多态性不同，遭受创伤后对感染的易感性也有差别。此外，伤者的年龄和基础健康状况与伤后感染的发生有密切关系，同样的伤情，年轻、健康状况好、无合并疾病者较年老体弱、健康状况差、合并营养不良和其他基础疾病者不容易发生感染。

五、医疗救治措施的影响

机体遭受创伤后救治措施的每一个环节是否正确有效均与随后感染是否发生有密切的关系。伤员受伤后，是否得到有效的镇痛、保温和氧气供给，伤口是否得到及时妥善的包扎止血，骨折断端是否已经进行正确的固定，转运时间的长短等都与感染的发生相关[36-40]。

创伤患者的院内救治阶段，休克复苏、预防性的抗生素使用，以及及时有效的伤口清创、是否及时进行有效的急救手术等均与创伤后的感染密切相关。

第四节　创伤感染的常见类型

创伤感染根据不同的标准可以有多种分类方法，目前国际上统一分为外科部位感染和健康护理相关感染。

一、外科部位感染

创伤患者在伤后大多数能够及时送到医院，得到彻底的清创、抗生素预防性治疗等处理，创面污染所致感染已基本得到控制。而外科部位感染是指任何经历过外科手术或操作的部位发生的感染，不论此部位在进行外科手术或操作前是否遭受创伤，包括切口浅表感染、切口深部感染和器官或间隙感染。

二、健康护理相关感染

在严重创伤患者救治过程中，侵入性诊疗操作日渐频繁，由于操作时无菌观念缺乏或无菌操作条件不足及操作后监测管理不善，其发生医源性感染的风险明显高于其他患者。健康护理相关感染指患者受伤后在住院期间治疗过程中发生的非外科手术部位的感染。主要与诊疗过程中的各种有创操作、留置导管、院内交叉感染及患者自身的抵抗力下降等有关。

健康护理相关感染包括肺炎、血流感染、导管相关性血流感染[41]、尿路感染、脑膜炎、鼻窦炎、心内膜炎、胆囊炎、脓胸、假膜性肠炎等。

第五节　创伤感染的预防

感染一直是矿山创伤患者死亡的主要原因。感染常发生在受伤部位或为尽快修复创伤所进行的外科手术部位。严重创伤患者即便是在医院的危症监护病房，感染也常有发生。尽管目前有大量预防感染的对策和强有力的抗生素应用，但创伤感染的发病率和严重程度依然是创伤患者的一个不可忽略的问题，其原因之一是目前支持治疗技术允许严重创伤患者能够较长时间的存活[42]。

一、伤员感染预防措施

1．尽早彻底清创。
2．伤口清创后，头、面、手、外阴部等特殊部位应做初期缝合；颅、胸、腹、关节腔的穿透伤，必须缝合胸腹膜、硬脑膜和关节囊；其他部位伤口清创后禁做初期缝合，仅包扎或覆盖无菌敷料。
3．避免不必要的更换敷料。
4．必要时实施负压伤口治疗。
5．首选青霉素和甲硝唑抗感染药物。
6．已获得破伤风自动免疫的伤员，在遭受开放伤后，应注射破伤风类毒素 0.5 ml；未接受过破伤风自动免疫者，伤后注射破伤风抗毒血清和破伤风类毒素。
7．必要时实施免疫调节治疗。
8．根据各救治阶段的实际情况，应采取相应的综合防治措施。

二、医源性感染的预防措施

创伤后住院患者，医源性感染是危及住院患者安全和预后的重要影响因素，一直备受重视。创伤患者虽多为中青年人群，但其医源性感染的危险性明显高于其他患者人群。正因如此，感染是存活创伤患者的主要威胁，后期死亡的创伤患者中，2/3 甚至 3/4 的死因与感染有关，因此，加强医源性感染的预防对于创伤救治至关重要。

1．高度树立医源性感染意识，严格控制各种潜在的感染源。
2．规范抗生素的使用，最大限度发挥其抗感染作用。
3．加强医源性感染的监测，防止感染的发生。
4．严格掌握医疗器具的使用指征，尽量避免发生医疗器具相关感染。
5．增强患者抗感染能力，防止内源性感染发生。
6．加强医源性感染的基础性研究，为最终控制医源性感染提供有效的诊治技术。

（章广玲　王梅梅　熊亚南）

参考文献

[1] 胡南松，胡志彦，吕伟胜，等．创伤部位对四肢骨折术后感染患者病原菌及耐药性的影响．中华医院感染学杂志，2017，(6)：1329-1332．

[2] 庞则娟. 1030例创伤患者医院感染的回顾性调查分析. 医学临床研究, 2003, 20（7）: 530-532.

[3] 任骏, 白祥军, 汤曼丽. 创伤患者医院感染病原菌群耐药性监测及预防措施. 创伤外科杂志, 2005, 7（3）: 200-202.

[4] 陈萍, 刘丁, 邓老贵. 创伤患者的医院感染危险因素研究. 中华医院感染学杂志, 1999（2）: 12-14.

[5] Lazarus HM, Fox J, Lloyd JF, ea al. A six-year descriptive study of hospital-associated infection in trauma patients: demographics, injury features, and infection patients. Surg Infect（Larchmt）, 2007, 8（4）: 463-73.

[6] 李凡, 徐志凯. 医学微生物学. 8版. 北京: 人民卫生出版社, 2013.

[7] 夏和先. 病原微生物与免疫学基础. 南京: 东南大学出版社, 2006.

[8] 魏来, 胡大一. 感染性疾病. 北京: 北京科学技术出版社, 2011.

[9] 将业贵. 感染病临床诊断与治疗方案. 北京: 科学技术文献出版社, 2010.

[10] 黎沾良. 创伤后感染. 临床外科杂志, 2007, 15（11）: 738-739.

[11] 史忠. 创伤感染控制的临床认识. 创伤外科杂志, 2011, 13（2）: 173-176.

[12] Fry Donald E., 安静, 丁一妹, 张俊磊, 等. 创伤后感染的预防、诊断及治疗. 中华损伤与修复杂志（电子版）, 2008, 3（4）: 512-524.

[13] 田晓丽, 张希成, 章广玲, 张洪. 截瘫稳定期留置导尿患者泌尿系感染相关因素调查分析. 中国医刊, 2012, 47（5）: 95-97.

[14] 田晓丽, 章广玲, 罗海英. 老年截瘫患者医院获得性肺炎病原菌及耐药性分析. 中国综合临床, 2012, 28（7）: 679-681.

[15] 颜宇琦, 田晓丽, 杨艳云, 杨慧敏, 章广玲. 唐山市周边农村妇女真菌感染影响因素调查. 检验医学与临床, 2013, 10（3）: 271-272.

[16] 高玲, 王霞, 王艳霞, 等. 医院烧伤感染患者的病原菌分布及耐药性分析. 中华医院感染学杂志, 2013, 23（4）: 940-942.

[17] 李红霞, 姚卫, 陈慧玉, 等. 地震伤员伤口病原菌感染特点及耐药性分析. 南方医科大学学报, 2009, 24（1）: 352-357.

[18] Deepa A, Nair B J, Sivakumar T, Joseph A P. Uncommon opportunistic fungal infections of oral cavity: A review. J Oral Maxillofac Pathol, 2014. 18（2）: 235-243.

[19] Pana Zd, Farmaki E., Roilides E. Host genetics and opportunistic fungal infections. Clinical microbiology and infection, 2014.

[20] Cassone A. Vulvovaginal Candida albicans infections: pathogenesis, immunity and vaccine prospects, BJOG, 2014.

[21] Ramirez-Garcia A, Rementeria A, Aguirre-Urizar JM, et al. Candida albicans and cancer: Can this yeast induce cancer development or progression?Crit Rev Microbiol, 2014: 1-13.

[22] Martins N, Ferreira IC, Barros L, et al. Candidiasis: predisposing factors, prevention, diagnosis and alternative treatment. Mycopathologia, 2014, 177（5-6）: 223-240.

[23] Barre-Sinoussi F, Ross AL, Delfraissy JF. Past, present and future: 30 years of HIV research. Nat Rev Microbiol, 2013, 11（12）: 877-883.

[24] Deny P, Zoulim F. Hepatitis B virus from diagnosis to treatment. Pathol Biol（Paris）, 2010, 58（4）: 245-253.

[25] Moradpour D, Penin F, Rice CM. Replication of hepatitis C virus. Nat Rev Microbiol, 2007, 5（6）：453-463.

[26] Knipe D M, Cliffe A. Chromatin control of herpes simplex virus lytic and latent infection. Nat Rev Microbiol, 2008. 6（3）：211-221.

[27] Zhang GL, Li YX, Zheng SQ, et al. Suppression of hepatitis B virus replication by microRNA-199a-3p and microRNA-210. Antiviral Res, 2010 Nov, 88（2）：169-175.

[28] Fan H, Lv P, Lv J, et al. miR-370 suppresses HBV gene expression and replication by targeting nuclear factor IA. J Med Viol, 2017, 89：834–844.

[29] 卢新璞, 杨冬红, 邢沫. 致病菌基因组岛的研究进展. 基因组学与应用生物学, 2012, 31（4）：401-405.

[30] Cooper RA. Surgical site infections：epidemiology and microbiologic aspects in trauma and orthopaedic surgery Int Wound J, 2013, 10（Suppl. 1）：3-8.

[31] Evans HL, Cuschieri J, Moore EE, et al. Inflammation and the host response to injury, a large-scale collaborative project：patient-oriented research core standard operating procedures for clinical care IX. Definitions for complications of clinical care of critically injured patients. J Trauma, 2009, 67（2）：384-388.

[32] Thompson CM, Park CH, Maier RV, et al. Traumatic injury early gene expression, and Gram-negative bacteremia. Crit Care Med, 2014,（6）：1397-1405.

[33] Morrison CA, Moran APatel S, et al. Increased apoptosis of peripheral blood neutrophils is associated with reduced incidence of infection in trauma patients with hemorrhagic shock. Journal of Infection, 2013, 66：87-94.

[34] Spruijt NE, Visser T, Leenen LPH. A systematic review of randomized controlled trials exploring the effect of immunomodulative interventions on infection, organ failure, and mortality in trauma patients. Critical Care, 2010, 14：R150.

[35] 王梅梅, 熊亚南, 张淑杰, 章广玲. 体外小吞噬实验方法的改进. 检验医学与临床, 2012, 9（13）：1666-1680.

[36] Britt LD, Peitzman AB, Barie PS, Jurkovich GJ. Acute care surgery. 1st ed. Philadelphia：LIPPINCOTT WILLIAMS & WILKINS, 2012.

[37] West MA, Moore EE, Shapiro MB, et al. Inflammation and the host response to injury, a large-scale collaborative project：patient-oriented research core-standard operating procedures for clinical care VII-guidelines for antibiotic administration in severely injured patients. J Trauma, 2008, 65（6）：1511-1519.

[38] Murray CK. Infectious disease complications of combat-related injuries. Crit care med, 2008, 36［Suppl.］：S358-S364.

[39] Hospenthal DR, Crouch HK. Infection control challenges in deployed US military treatment facilities. J Trauma, 2009, 66（4）：S120-S128.

[40] Hospenthal DR, Infection prevention and control in deployed military medical treatment facilities. J Trauma, 2011, 71（2）：S290-S298.

[41] 饶井芬. 护理干预对恶性肿瘤患者PICC置管并发相关血流感染的影响. 唐山：华北理工大学, 2016.

[42] Donald E. Fry，安静，丁一妹，等. 创伤后感染的预防、诊断及治疗. 中华损伤与修复杂志（电子版），2008（4）：59-64.
[43] 梁华平，岳茂兴. 批量伤员感染预防策略专家共识. 中华卫生应急电子杂志，2017，2：65-71.

第十一章

肠屏障功能的损伤与保护

肠道不仅执行营养物的消化和吸收功能，其屏障功能对机体也有着重要的防御意义。肠屏障功能障碍（intestine barrier functional disturbance，IBFD）是导致全身炎性反应综合征、多器官功能障碍综合征甚至多器官功能衰竭的一个重要因素。在饥饿、创伤、感染等应激状态下，肠屏障功能发生一系列的病理生理改变，导致肠黏膜细胞萎缩、通透性增加、肠道细菌及内毒素移位。细菌和内毒素逸出肠腔，进入肠淋巴管和肠系膜淋巴结，继而进入门静脉和体循环，引起全身感染和内毒素血症、脓毒症，并最终演变为多器官功能衰竭[1]。

近年来，肠屏障功能已成为判断危重患者预后的一个重要指标，肠道不仅是多器官功能障碍综合征的靶器官，更是多器官功能障碍综合征的启动者。本系列丛书主要讨论的矿难、地震等灾害中，饥饿、创伤和感染等致病因素广泛存在，因此对肠屏障功能衰竭的防治是矿难和灾害救援一线医务工作者需要关注的一个重要课题。

第一节　肠道组织结构的特点与屏障功能

典型的肠道组织结构分为黏膜、黏膜下层、肌层和外膜。正常肠屏障功能的维持依赖于肠黏膜机械屏障、化学屏障、生物屏障和免疫屏障的完整性。这一屏障系统有效地将种群达500种、浓度达1×10^{12}个/g内容物、占全身携带细菌的80%、总重量达1000 g的细菌限制于肠腔内而不使其入侵人体组织，构成了机体防御体系中极为重要的一环。

一、肠黏膜机械屏障

（一）一般结构

肠黏膜机械屏障由黏膜上皮、固有层和黏膜肌层构成[2]（图11-1）。

1. 黏膜上皮　为黏膜最表层，由连续的单层柱状上皮细胞构成。上皮连同固有层向肠腔呈指状突起，称为肠绒毛（intestinal villus），长0.5～1.5 mm，形状不一，以十二指肠和空肠头段最发达。绒毛于十二指肠呈叶状，于空肠如指状，于回肠则细而短。环行皱襞则为黏膜和黏膜下层向腔面的

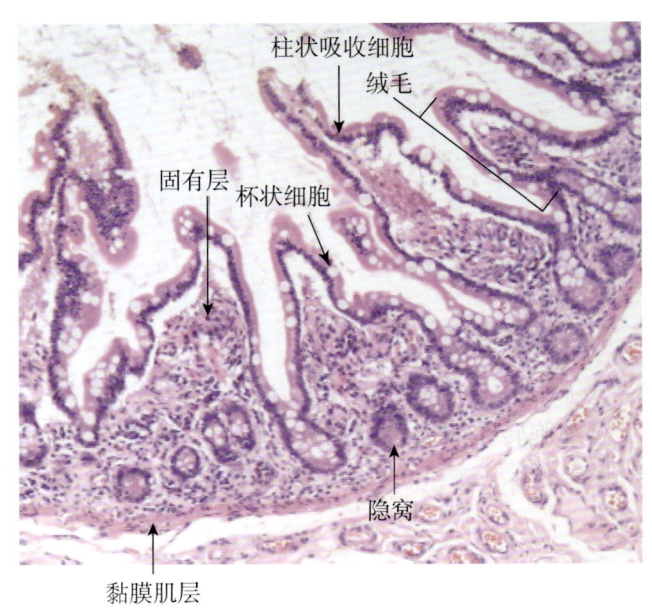

图 11-1 肠黏膜的结构组成

隆起。环行皱襞和绒毛使小肠表面扩大 20～30 倍，总面积达 20 m² 左右。绒毛根部的上皮下陷至固有层，形成管状的小肠腺（small intestinal gland），又称肠隐窝（intestinal crypt）。故小肠腺与绒毛的上皮是连续的，小肠腺直接开口于肠腔。

2．固有层 为细密的结缔组织，内含大量小肠腺，还有丰富的游走细胞，如淋巴细胞、浆细胞、巨噬细胞、嗜酸性粒细胞等。绒毛中轴的固有层内有 1～2 条纵行毛细淋巴管，称为中央乳糜管（central lacteal），其管腔较大，内皮细胞间隙宽，无基膜，故通透性大。它的起始部为盲端，向下穿过黏膜肌层进入黏膜下层形成淋巴管丛。中央乳糜管周围有丰富的有孔毛细血管网，肠上皮吸收的氨基酸、单糖等水溶性物质主要经此入血。吸收细胞释出的乳糜微粒进入中央乳糜管输出。绒毛内还有少量来自黏膜肌的纵行平滑肌纤维，可使绒毛收缩，促进物质吸收及淋巴、血液运行。固有层中除有大量分散的淋巴细胞外，在十二指肠和空肠中尚有孤立淋巴小结，它们在回肠多聚集形成集合淋巴小结，可穿过黏膜肌层抵达黏膜下层。

3．黏膜肌层 由内环行与外纵行两层平滑肌组成，收缩时可改变黏膜形态，借以帮助食物吸收、血液流动和腺体分泌。

（二）肠黏膜上皮细胞

肠黏膜上皮细胞有 5 种，即吸收细胞、杯状细胞、潘氏（Paneth）细胞、未分化上皮细胞和内分泌细胞。绒毛表面的上皮细胞主要由吸收细胞构成，也杂有一些杯状细胞。后 4 种细胞主要在肠腺的隐窝内（图 11-1）。

1．吸收细胞 数量最多，呈高柱状，核卵圆形，位于细胞基部。绒毛表面的吸收细胞游离面在光镜下可见明显的纹状缘，电镜观察表明它是由密集而规则排列的微绒毛构成。微绒毛是吸收细胞膜向肠腔内突出的细小指状微突，每个吸收细胞约有微绒毛 1000 根，每根长 1～1.4 μm，粗约 80 nm，使细胞游离面面积扩大约 20 倍。小肠腺的吸收细胞的微绒毛较少而短，故纹状缘薄。微绒毛表面尚有一层厚 0.1～0.5 μm 的细胞衣，它是吸收细胞产生的糖蛋白，内有参与消化碳水化合物和蛋白质的双糖酶和肽酶，并吸附有胰蛋白酶、胰淀粉酶等，故细胞衣是消化吸收的重要部位。微绒毛内有纵行微丝束，它们下延汇入细胞顶部的终末网。吸收细胞胞质内有丰富的线粒体和滑面内质网。滑面内质网膜含有的酶可将细胞吸收的单酰甘油与脂肪酸合成三酰甘油,后者与胆固醇、磷脂及β-脂蛋白结合后,于高尔基体形成乳糜微粒,然后在细胞侧面释出,这是脂肪吸收与转运的方式[3]。双糖或低聚肽则先经过微绒毛外层的双糖酶、肽酶水解为单糖或氨基酸,再与特异的载体结合进入细胞内。之后或穿过侧细胞膜进入细胞间隙,或进入内质网进行生化反应,到高尔基体再转化、分泌或储存。营养物质无论穿过侧细胞膜或底部细胞膜,最后均须通过基膜进入固有层的淋巴管或血管中被运送出去。

相邻细胞顶部之间有紧密连接、中间连接等构成的连接复合体,可阻止肠腔内物质由细胞间隙进入组织,保证选择性吸收的进行。

2. 杯状细胞 主要位于肠腺隐窝的侧壁,也散见于绒毛表面。为高柱状,形如酒杯,核位于基部。可能由原始型的柱状吸收细胞转变而成,但无吸收作用。在游离端胞质内含有黏液原颗粒,能不断地分泌黏液,其分泌液内富含黏多糖和糖蛋白等,具有润滑和保护上皮的作用。

3. 潘氏(Paneth)细胞 呈锥体形,常三五集群位于隐窝基底,是小肠腺的特征性细胞。胞质嗜碱性,胞质顶部充满粗大嗜酸颗粒,内含溶菌酶等,具有一定的灭菌作用。

4. 未分化上皮细胞 位于隐窝,具有高度的有丝分裂能力。胞膜的微绒毛很少,终末网未发育,胞质内有很多核糖体,几乎没有内质网,不能产生和分泌消化酶类。未分化细胞在隐窝基底分裂增殖,以排挤方式向上移行,逐步成为成熟的吸收细胞和杯状细胞,替代肠绒毛顶部脱落的衰老上皮细胞。

5. 内分泌细胞 即胺前体摄取与脱羧(amine precursor uptake and decarboxylation,APUD)细胞或肠嗜银细胞,在胚胎期从神经嵴的外胚层移行而来,有嗜银、铬染色的特点。这种细胞分散在其他上皮细胞之间,核位于肠腔侧,而细小的分泌颗粒却在基底部胞质内。细胞顶端暴露于肠腔,有许多微纤毛接受理化刺激调节分泌,分泌时颗粒从细胞基底部释出,通过固有层进入贴邻的毛细血管。这些细胞又可分成多种,分泌各种特点的多肽激素(消化道激素)和活性胺(如5-羟色胺)。

6. 肠上皮细胞的更新 肠上皮细胞能迅速分化和增生,不断更新。绒毛顶端的衰老上皮不断脱落到肠腔,由隐窝处的细胞增生逐步向上移行来补充。隐窝基底部的未分化细胞在生理上是不成熟的,其刷状缘缺乏各种消化和水解酶类,当增殖以排挤方式向上移行时,生理功能迅速成熟,抵达绒毛的中部即具有完好的功能。上皮细胞迅速增生,主要是未分化细胞转化为吸收细胞和杯状细胞,而潘氏细胞和内分泌细胞不参与迅速更新。小肠上皮的周转率很快,经3~6d整个黏膜更新一次,估计每分钟小肠上皮丧失(20~50)×10^6个细胞。正常人肠上皮细胞从隐窝新生移到顶端脱落的更新速度在十二指肠和空肠为5~6d,回肠为3~5d。年龄、饥饿、小肠疾病、放射线、化疗药物、肠内菌群状态和内分泌变化均可影响更新和脱落的速度。这种更新过程,可以保持黏膜的完整,并提供细胞内的酶参与肠腔内的消化过程。

(三)肠上皮细胞紧密连接蛋白

肠黏膜屏障是由完整的肠上皮细胞和相邻肠上皮细胞之间的连接构成的。相邻上皮细胞间的连接方式有多种,如紧密连接(tight junction,TJ)、缝隙连接(gap junction,GJ)、黏附连接(adherence junction,AJ)以及桥粒(desmosome)等。而紧密连接是细胞间最重要的连接方式,为一狭窄的带状结构,位于上皮细胞膜外侧的顶部,相邻细胞间形成融合点或吻合点,这些吻合点连接起来形成一连续的渔网状结构。多种蛋白质参与紧密连接的形成,主要包括结构蛋白(闭锁蛋白、封闭蛋白、闭锁小带蛋白1等)和调节蛋白(如E钙黏素、肌动蛋白、肌球蛋白、扣带蛋白等)。紧密连接不仅维持细胞极性,并作为物理通透性屏障,调节着离子和大分子物质的跨细胞旁路被动转运,从而在肠黏膜屏障中发挥重要作用。

（四）分子筛

固有层内的结缔组织细胞间质中充满凝胶状的基质成分。其中除含水分外，主要是蛋白多糖。蛋白多糖是蛋白质和糖胺多糖构成的大分子。糖胺多糖包括透明质酸、硫酸软骨素、硫酸角质素及肝素。透明质酸是长链大分子，以透明质酸链为主链，通过蛋白质连接硫酸软骨素、硫酸角质素及肝素，构成具有微小空隙的分子筛，此分子筛允许小分子物质通过，但对大分子物质起阻挡作用，以此构成分子生物学屏障。但此屏障对部分病毒、细菌和肿瘤的阻挡作用较差。

（五）内皮细胞

肠道毛细血管内皮细胞在维护肠道黏膜屏障功能方面也起着重要作用[4]。内皮细胞损伤可导致内皮细胞和上皮细胞通透性增加，同时内皮细胞功能不良可导致血 pH 的降低。

（六）正常的肠道蠕动

正常的肠道蠕动是维持正常细菌生态及防止细菌在肠壁附着的重要因素。在人及动物身上均发现肠阻塞引起细菌移位的现象。

二、肠道化学屏障

肠道化学屏障是指肠上皮细胞分泌的黏液及肠内存在的消化液和消化酶等物质及其发挥的相应化学作用。黏液可润滑肠黏膜，保护肠黏膜免受机械和化学损伤。胃酸主要在小肠的起始端起作用，可以消灭进入胃肠道的细菌，抑制细菌在胃肠道上皮的黏附和定植。胰蛋白酶能水解细菌。肠黏膜杯状细胞分泌的糖蛋白和糖脂可结合细菌，使之在肠道液体动力系统作用下随粪便排出。肠腺潘氏细胞等细胞产生的溶菌酶可作用于革兰氏阴性菌细胞壁上的肽聚糖，切断聚糖链，使细菌在低渗状态下发生裂解。胆盐可与内毒素结合，胆酸可降解内毒素分子。胆汁中的分泌型免疫球蛋白 A（sIgA）可包绕细菌，阻断其黏附。化学屏障的上述诸多作用使其成为肠屏障功能的重要组成部分。

（一）肠液

肠液呈弱碱性，pH 为 7.6。肠液由肠腺和杯状细胞分泌，但区别于唾液、胃液等其他消化液，肠液并不是均一性的液体，含有从上皮细胞脱落的"固体"小块，称为黏膜团。黏膜团含酶量很高，包括 90% 的肠致活酶。此外，碱性磷酸酶、蔗糖酶、肠肽酶和肠脂酶的浓度也较液体中高 4~9 倍。

肠液中的黏液是构成肠道化学屏障的基础组分，由肠上皮杯状细胞分泌，化学结构复杂，主要成分是大分子糖蛋白。黏液糖蛋白的末端糖链结构与红细胞表面的 ABO 抗原相同，具有黏滞性、黏附性及凝聚性，从而牢固附着于肠道上皮细胞的表面。同时，黏液还具有润滑作用，在消化运动中，保护肠黏膜免受机械损伤。黏液具有一定的缓冲作用，结合酸性或碱性消化液，从而保护肠黏膜免受酶、酸性或碱性消化液的侵蚀性损伤。此外，黏液凝胶层还含有专供厌氧菌结合的受体，使专性厌氧菌栖息，发挥其定植抵抗力。同时黏液通过非特异的黏性或黏蛋白上的寡糖与细菌非特异性结合以阻挡条件致病菌的定植。由此可见，肠道化学屏障在发挥自身屏障功能的同时，肠道的免疫屏障、生物屏障与机械屏障也依靠化学屏障有机结合在一起，形成一个功能更为强大的肠屏障体系。

（二）肠酶

肠液中含有种类众多的酶类，主要有肠肽酶类（氨基肽酶、二肽酶）、淀粉酶、蔗糖酶、脂肪酶、果糖酶、海藻糖酶、乳糖酶、麦芽糖酶、异麦芽糖酶、核苷酸酶、肠致活酶、碱性磷酸酶和酸性磷酸酶等。这些酶主要来自胰液，小肠腺仅分泌一种肠致活酶，激活胰蛋白酶原。还有些酶由脱落的上皮细胞释放，而非肠腺所分泌。

肠道的不同部位，酶的分布不同。十二指肠与空肠上部肠液的含酶量更丰富。肠致活酶也几乎只存在该部位。从肠黏膜深度来看，各种酶的分布也不一样。在黏膜层表面酶的浓度最高，离黏膜表面越深，酶的含量越少，尤以肠致活酶的浓度下降最为显著。

(三) 碳酸氢盐

十二指肠和小肠有主动分泌氯离子和碳酸氢盐的能力。胃酸是碳酸氢盐分泌的直接刺激物，而前列腺素、胰高血糖素和抑胃肽也可刺激碳酸氢盐分泌，以保护肠黏膜，尤其是十二指肠黏膜免受胃酸侵蚀。

(四) 小肠三叶肽

小肠三叶肽 (intestinal trefoil factor，ITF) 是一种分布于肠黏膜表面的小分子多肽，具有特定的三叶结构域，主要由肠上皮杯状细胞分泌。其结构稳定，能够抵御多种消化酶的分解、破坏，在肠道内仍能保持结构和功能的完整。三叶肽通过与黏液糖蛋白相互作用形成黏液凝胶层，保护黏膜上皮免受腔内各种因素的侵蚀；通过诱导肠上皮细胞迁移，促使损伤后黏膜的快速修复，有助于维护肠道黏膜屏障的完整性。此外，三叶肽还参与复杂的细胞内信息传递过程及对细胞增殖、凋亡进行调节。

三、肠道免疫屏障

肠道免疫屏障可防御外来病原体的入侵，并阻挡外来大分子抗原物质的通过。不仅能防止有害的微生物入侵，而且能防止异源性抗原引起的变态反应，保持肠道的完整性，保障机体对营养物质的吸收和转运。肠道免疫屏障也参与全身性免疫调节，肠道免疫功能失调可造成消化道甚至全身性疾病。

(一) 肠道淋巴样组织与免疫功能

1. 肠黏膜相关淋巴组织 (intestinal mucosal-associated lymphoid tissue，GMALT) 指肠道黏膜层的淋巴组织（不包括肠系膜淋巴组织和肝），尤其是小肠段，总面积占肠道黏膜面积的25%，可分为集合淋巴小结、黏膜固有层淋巴细胞和上皮细胞间淋巴细胞。

(1) 集合淋巴结：又名派伊尔淋巴结 (Peyer patches，PP)，主要位于远端小肠，分布在黏膜固有层并深入到黏膜下层。出生时小肠约有100个淋巴集结，每个集结含5个或5个以上的淋巴滤泡，青春期淋巴集结增至225～300个，以后随年龄增长而渐减少，到90岁时数量与出生时相等。每个派伊尔淋巴结包括滤泡、顶部、滤泡间胸腺依赖区及T细胞和B细胞分区。淋巴滤泡表面覆盖着一层含有M细胞的上皮，称为滤泡相关上皮细胞 (follicle associated epithelium，FAE)，系从隐窝的柱状上皮细胞分化而来，呈立方状，很少有杯状细胞。其中M细胞呈扁平状，表面无微绒毛，可将颗粒性抗原、细菌和病毒等通过入胞作用转运入细胞内。淋巴滤泡中心区主要是B细胞，包括前B细胞、早期和成熟B细胞。出生后经抗原刺激后，淋巴滤泡演变为生发中心。在滤泡周围及两个滤泡之间有丰富的T细胞，为淋巴集结的T细胞区，在其周围有很多高度内皮化的小静脉。

在成熟的派伊尔淋巴结内，11%～40%的淋巴细胞为T细胞，B细胞占40%～70%。约44%的B细胞有补体的受体，80%的B细胞表面有IgD的受体。B细胞可增殖较多的产生IgA的细胞克隆。B细胞可自派伊尔淋巴结移至黏膜固有层的疏松结缔组织内定居，这些B细胞可以产生IgA。在滤泡的顶部含有丰富的表达Ⅱ类主要组织相容性复合物 (major histocompatibility complex，MHC) 抗原的细胞，为树突细胞 (dendrite cell，DC)。

树突细胞是机体内功能最强的专职性抗原递呈细胞，与肠道免疫屏障功能密切相关。其特点是能够显著刺激初始型T细胞增殖，而巨噬细胞、B细胞仅能刺激已活化的或记忆型T细胞。因此树突细胞是机体免疫反应的始动者，在免疫应答的诱导中具有独特的地位。在肠腔内，由于食物的摄取，混杂在其内的细菌、病毒、寄生虫等致病微生物可诱导肠道产生免疫应答以消除病原体，维持肠道的稳态；同时食物中的大量蛋白本身也是外来抗原，肠道必须产生免疫耐受。另外，正常情况下肠腔内大量定植菌群，对维持肠道健康至关重要，也需要产生免疫耐受。树突细胞作为主要的抗原递呈细胞，既鉴别致病微生物，又对来自食物蛋白的外来抗原产生免疫耐受，故对肠道免疫屏障的构成起到关键作用。

（2）黏膜固有层淋巴细胞：肠道黏膜固有层内含有 B 细胞、浆细胞、T 细胞、巨噬细胞、嗜伊红细胞和肥大细胞，分布于含有丰富血管和淋巴管的结缔组织内。其中 70% ~ 90% 的 B 细胞、浆细胞分泌 IgA，15% ~ 20% 的 B 细胞分泌 IgM，2% 的 B 细胞分泌 IgE，分泌 IgG 的 B 细胞极少。T 细胞中 $CD4^+$ 细胞多于 $CD8^+$ 细胞。巨噬细胞可吞噬外来异物（如细菌），是一种非特异性的免疫防御反应。

（3）上皮细胞间淋巴细胞（intraepithelial lymphocyte，IEL）：位于小肠黏膜上皮细胞之间。正常人的小肠每 5 ~ 8 个上皮细胞间有 1 个这样的淋巴细胞，大肠内约每 20 个上皮细胞间有 1 个淋巴细胞，它位于上皮细胞底部近基膜的部位，不与肠腔内物质直接接触，大多为 $CD8^+$ T 细胞，B 细胞极少。在肠腔抗原的不断刺激下，这种上皮细胞间淋巴细胞可以增多。

2. 肠道淋巴细胞的移动和循环 肠道淋巴细胞不断地移动和循环，不仅是为了保持肠道的免疫功能，也是实施其他组织黏膜免疫的重要组分。GMALT 中的 T 细胞、B 细胞被抗原激活后自派伊尔淋巴结出发，经肠系膜淋巴结、肠系膜上淋巴管和胸导管入上腔静脉，进入全身循环，然后通过毛细血管后小静脉的高内皮小静脉（high endothelial venule，HEV），重新分布到黏膜固有层和上皮细胞内，执行体液免疫和细胞免疫的功能。这种从派伊尔淋巴结出发的淋巴细胞，经过血液循环后，又返回小肠的现象，称为淋巴细胞归巢（lymphocyte homing）。其机制是由于淋巴细胞表面的某些黏附分子与 HEV 内皮细胞配体的相互作用。其中最重要的是淋巴细胞表面的整合素 a4β37 与派伊尔淋巴结和 HEV 的黏附分子（MV-dCAM1）相互结合，从而将淋巴细胞吸引到肠黏膜及黏膜下层。

肠道的淋巴细胞进入血液循环后，不仅发生归巢现象，而且还可进入肺、乳腺和女性生殖系统黏膜的固有层和上皮细胞间。其中最重要的功能是这些器官的黏膜固有层 B 淋巴细胞能制造和分泌具有局部免疫作用的分泌型 IgA（sIgA）。例如，产妇的初乳中含有丰富的 sIgA，有助于新生儿防止肠道细菌的感染。同样，肺和支气管、女性生殖系统黏膜分泌 sIgA 的 B 细胞，也来自肠道的派伊尔淋巴结。因此，被抗原激活的肠道淋巴细胞可在多处黏膜发挥免疫效应，该现象被称为共同黏膜免疫系统（common mucosal immune system），这也是黏膜疫苗发挥作用的基本原理。

（二）肠道的免疫反应

肠淋巴组织接受肠道抗原刺激后可产生肠道局部的免疫反应，一般不伴有或仅伴有较弱的全身性免疫反应，并且应答主要局限在抗原刺激部位。

1. 抗体介导的免疫反应 胃肠道局部免疫系统产生的免疫反应主要由 sIgA 承担。人体内约 60% 的 IgA 由肠道分泌，sIgA 是两个单体 IgA 分子由 J 链连接而成的双体 IgA，在浆细胞合成后，通过基膜的裂孔进入上皮细胞。IgA 在上皮细胞内与上皮细胞合成的分泌成分（secretory component，SC）相连成为 sIgA，并被分泌入肠腔。J 链是由 B 细胞和浆细胞合成的多肽蛋白。分泌成分的主要功能是将 sIgA 经过上皮细胞运输入肠腔，还能保护 sIgA 不受蛋白水解酶的破坏。sIgA 对微生物抗原、食饵性抗原以及胃肠道自身组织抗原均有抗体活性，它能与肠道内抗原结合阻止这些抗原进入体内。因此，在抗感染免疫、调节消化道菌群、阻止变态反应中有重要作用。sIgA 还能阻止细菌在黏膜上皮细胞表面附着，从而防止细菌穿透肠黏膜。肠道 sIgA 对病毒也有作用。口服脊髓灰质炎疫苗后在肠道分泌物中可见抗脊髓灰质炎的 IgA 中和抗体。缺乏足够的肠道 sIgA 时，肠道抗原可被大量吸收，引起全身性免疫反应，导致自身免疫性疾病的发生。

胆汁内也有 sIgA。一部分由胆道腺体上皮细胞产生，一部分由肝细胞形成。胆汁内 sIgA 有对抗微生物的作用，也有助于清除循环内的免疫复合物。肠系膜淋巴结与肝在免疫反应中也有一定作用。肠黏膜如因感染受到损伤，抗原便可进入肠壁内毛细血管和淋巴，因此肠系膜淋巴结和肝成为肠道免疫系统的又一道防线。

2. 肠道细胞介导的免疫反应 肠道淋巴系统也参与细胞免疫反应，对于造成肠道损伤的炎性反应和恶性肿瘤的发病有重要作用。有 3 类细胞毒性免疫反应：①由细胞毒 T 细胞介导。派伊尔淋巴结内有此细胞之前体，在带抗原的靶细胞刺激下，此前体细胞变为细胞毒 T 细胞，可将靶细胞溶解杀死。其反应具有抗原抗体特异性，因此这种细胞毒 T 淋巴细胞在宿主受病毒、真菌、细胞内细菌感染时起主要防御作用。②抗体依赖性细胞介导的细胞毒性反应，由杀伤细胞（K 细胞）介导。K 细胞表面有 Fc 受体，表面附有抗体的靶细胞与有 Fc 受体的 K 细胞直接作用，造成细胞和组织的损伤，所以这种细胞毒性反应是抗体依赖性的。③自发性细胞介导的细胞毒性反应。肠黏膜上皮内有天然杀伤细胞（NK 细胞），可以无选择地杀伤多种肿瘤细胞和病毒感染的靶细胞。

四、肠道生物屏障

肠黏膜的生物屏障主要由正常的肠道菌群构成。正常菌群是宿主在一定生理时期、特定解剖部位所定植的有益于宿主或为宿主生存所必不可少的微生物群落。人肠道菌群种类繁多，数量庞大，比身体其他任何一个器官中的微生物都要丰富得多，其细菌数量（10^{14} 个）是人体组织细胞数量的 10～20 倍，不仅构成肠道生物屏障，还参与物质代谢、营养转化和生物合成，维持肠道免疫屏障，促进宿主的生长发育。所以肠道菌群结构的平衡、稳定和协调是人体健康状况的标志，功能完好的肠道菌群和正常的肠黏膜屏障不仅可以防止细菌感染，而且对于炎症、溃疡、变态反应以及肿瘤性疾病的防治均具有重要作用。

（一）肠道细菌的正常分布

肠道微生物是一个极其复杂的微生态系统，肠道菌群中至少包括 500 种不同的细菌，主要由厌氧菌、兼性厌氧菌和需氧菌组成，其中专性厌氧菌占 99% 以上。胃、十二指肠、空肠细菌的种类及数量极少，一般小于 10^3 CFU/ml（CFU，colony-forming units，菌落形成单位）；而回肠末端细菌数逐渐增加到 10^5～10^8 CFU/ml，主要为乳杆菌、大肠埃希菌、类杆菌和梭状芽胞杆菌等；至结肠，细菌数明显增加，达 10^9～10^{12} CFU/ml，主要为双歧杆菌、类杆菌、乳杆菌等厌氧菌，潜在的致病性的梭状芽胞杆菌和葡萄球菌仅有少量。

正常人的胃一般无菌，这是因为胃酸有灭菌作用。胃次全切除术、胃癌或慢性萎缩性胃炎而胃酸明显减少或缺乏时，胃内细菌可以繁殖增多。小肠内菌群也远较结肠为少，主要是由于小肠强力蠕动的清扫作用；此外，胆汁酸盐的灭菌作用、肠黏膜分泌的 IgA 以及黏液的杀菌作用均有影响。小肠段有运动功能障碍而发生内容物积滞时，菌群数量显著增多。肠道细菌主要集中在结肠的原因，是由于结肠运动力低下，其内容物较壅滞而利于细菌繁殖。肠内菌群保持共生或拮抗关系，维持微生态平衡，与宿主健康及疾病关系密切。

肠道菌群主要分为三大类：①生理性细菌，与宿主具有共生关系，多为专性厌氧菌，是肠道的优势菌群，如双歧杆菌、乳杆菌、类杆菌、优杆菌和消化球菌等，构筑肠道生物屏障、改善肠道免疫屏障功能；②条件致病菌，与宿主具有共栖关系，多为兼性厌氧菌，是肠道的非优势菌群，如肠球菌、肠杆菌等，在肠道微生态平衡时无害，在特定条件下具有侵袭性，对人体有害；③病原菌，多为过路菌，长期定植的机会少，生态平衡时，这些菌数量少，不会致病，若数量超出正常水平，则可引起人体发病，如变形杆菌、假单胞菌等。

肠道菌群的种类和数量只是相对的稳定，它们受饮食、生活习惯、地理环境、年龄及卫生条件等的影响而发生变化。人类在胎儿期胃肠道处于无菌状态，出生后由于和空气、饮食及外界环境接触，在数小时内即有细菌进入体内并定植，然后不断繁殖，不断排出。婴幼儿的双歧杆菌多，拟杆菌与梭杆菌少；而成人则双歧杆菌略减少，拟杆菌和梭杆菌增多；老年人的拟杆菌和梭杆菌更多。

（二）肠道细菌的生理功能

近年来的研究表明，肠道菌群具有构筑肠道生物屏障、促进消化吸收、合成营养物质和改善肠道免疫屏障等生理功能。

1. 构筑肠道生物屏障 肠道菌群与肠黏膜紧密黏附构筑肠道生物屏障。该生物屏障能够抵御病原菌的定植，抑制病原菌生长，防止肠道内细菌和内毒素移位。其作用机制主要体现在以下几个方面。

（1）竞争性黏附：肠道正常菌群通过黏附素与肠黏膜黏附，然后占位定植，以阻止病原菌与肠黏膜受体结合产生黏附。同时抑制需氧菌或兼性厌氧菌等条件致病菌的大量增殖，防止条件致病菌和内毒素移位。

（2）营养争夺：新生儿刚出生时，由于不受空间和营养物质的限制，黏附于肠黏膜的细菌定植并迅速增殖。随着黏附定植细菌的增加和营养物质的限制，在低氧条件下，厌氧菌的生长速度超过兼性厌氧菌，厌氧菌数量增多，在营养争夺上处于优势，而兼性厌氧菌在竞争中处于劣势。

（3）产生抑菌物质：肠道益生菌能够产生有机酸、细菌素、过氧化氢等物质，抑制致病菌生长[5]。其中尤以双歧杆菌的作用最重要，其抑菌机制包括[6]：①通过磷壁酸与肠黏膜上皮细胞特异性结合，与其他厌氧菌一起共同占据肠黏膜表面，形成竞争性黏附。②产生细胞外糖苷酶，降解肠黏膜上皮细胞上作为潜在致病菌及其内毒素结合受体的复杂多糖，从而阻止潜在致病菌及其毒素对肠黏膜上皮细胞的黏附。③发酵葡萄糖产生大量乳酸、醋酸等有机酸，降低pH和Eh，抑制痢疾杆菌、伤寒杆菌、变形杆菌、铜绿假单胞菌（绿脓杆菌）和真菌等致病菌的生长。④产生抗菌物质，如从双歧杆菌的代谢产物中分离出的称为"bifidin"的抗菌物质，可抑制金黄色葡萄球菌及黄色微球菌；从长双歧杆菌代谢产物中分离出的另一种称为"bifilong"的抗菌物质，对大肠埃希菌、沙门菌、粪链球菌、金黄色葡萄球菌均表现出抑菌活性。⑤分解结合型胆汁酸盐，增加游离型胆汁酸盐浓度，抑制致病菌生长。⑥产生H_2O_2，激活机体产生过氧化氢酶，抑制和杀灭革兰氏阴性菌，如志贺菌和沙门菌。⑦促进肠蠕动，减少致病菌滞留，从而减少机会性感染。

2. 促进消化吸收 肠道细菌参与多种物质的代谢。其中特别重要的是对固醇类物质，包括胆汁酸盐的代谢。肝合成的初级胆汁酸有胆酸和鹅脱氧胆酸两种，分别与牛磺酸和甘氨酸结合形成4种结合型胆汁酸盐，随胆汁排泌入肠腔，参与脂肪的消化和吸收。结合型胆汁酸盐激活胰脂肪酶，将脂肪水解为脂肪酸和甘油，后者与结合型胆汁酸盐形成水溶性微胶粒，脂肪酸溶于其中，促进吸收。结合型胆汁酸盐绝大部分在回肠末段重吸收。在结肠，结合型胆汁酸盐先被细菌裂解为游离型胆汁酸盐，再经脱羟化反应变成其代谢的终末产物（胆酸→脱氧胆酸；鹅胆酸→石胆酸），随粪便排出。脱氧胆酸溶解度大，部分还能被结肠重吸收，并在肝内再形成两种结合型胆汁酸盐后在胆汁中排出；石胆酸则溶解度很低，绝大部分被排出体外。参与这些反应的细菌主要是厌氧菌属，如类杆菌、芽孢产气杆菌和肠球菌，而条件厌氧杆菌（如大肠埃希菌）的作用很小。

肠道细菌对糖代谢的作用也有重要意义。食物中的糖类如未被消化吸收（如双糖酶缺乏症、葡萄糖半乳糖吸收不良症），则进入结肠后可被酵解成乳酸、乙酸、酪氨酸和其他有机酸，以及一些气体如二氧化碳及甲烷。这些有机酸能提高结肠内容物的渗透度和降低 pH 引起腹泻。粪便 pH 的降低可使氨形成减少并使血中氨弥散入结肠，这是利用果糖 - 半乳糖苷（乳果糖，一种不能被吸收的双糖）来治疗肝性脑病的药理基础。蔬菜和豌豆内含大量不易消化的多糖，摄食过多可致腹胀、肠胀气。这是由于肠道细菌酵解产生过多的二氧化碳及甲烷。

肠道细菌对蛋白质代谢作用也很突出。未经吸收的蛋白质进入结肠后可被细菌分解为氨和胺（如酪胺、色胺等），从血中弥散入结肠的尿素也可被肠道细菌的尿素酶分解为氨，这些物质可被重吸收。但在严重肝病患者，肝不能很好地通过尿素合成循环或单胺氧化酶使之代谢转化，这些物质充斥于全身血液循环，可影响脑功能。关于肠道细菌作用于蛋白质所产生的单胺，近年来开始引人注意，因其能进入交感神经末梢挤掉正常的传递神经信号的单胺（去甲肾上腺素）而影响交感神经功能，对肝性昏迷和肝病肾衰竭的发病起一定作用。

3．合成营养物质 肠道菌群可以合成多种维生素，如 B 族维生素、维生素 C、维生素 K、尼克酸、生物素和叶酸等。其中维生素 K 主要来源于肠道菌群中大肠埃希菌的合成，若使用抗生素杀死大肠埃希菌，则可能使该类维生素缺乏，影响人体健康。

结肠的厌氧菌可酵解饮食中不消化淀粉、纤维多糖生成短链脂肪酸，即碳链为 1～6 的有机脂肪酸，主要包括乙酸盐、丙酸盐、丁酸盐等。短链脂肪酸作为结肠黏膜细胞首选的能源底物，是结肠黏膜重要的营养素。同时短链脂肪酸还可促进结肠上皮细胞增生与黏膜生长，增加肠道局部血流，刺激胃肠道激素的分泌，维持体液和电解质的平衡[7]。

4．改善肠道免疫屏障 正常菌群可促进宿主免疫器官发育成熟，并作为广谱抗原刺激宿主产生免疫应答。在正常人的血清、唾液、尿中可检测出抗大肠埃希菌的 IgG、IgM 和 IgA，在健康人粪便中发现各种肠杆菌表面覆盖有 IgA 抗体，这些抗体对具有交叉抗原成分的病原菌有一定的抑制作用。

五、肠黏膜的血液循环及其对肠道黏膜屏障的影响

肠黏膜表面积大，需要充足的血液循环以保证肠黏膜的血液灌注，维持正常的屏障功能。而小肠绒毛的微动脉、微静脉和毛细血管在肠绒毛的顶端呈弓形的发夹状，在肠绒毛中央微动脉和微静脉及毛细血管之间存在氧的短路交换，因此绒毛顶部的 PO_2 大大低于动脉血中的水平。其顶部供血供氧较差，在缺血缺氧时更易引起损伤。

生理情况下，流经胃肠道的血量占全身循环血量的 30% 左右，而流经胃肠黏膜和肠绒毛的血流量又分别占胃肠道的 80% 和 60%。当出血或休克时，机体为了保证心、脑等重要器官的血液供应，会反射性收缩皮肤、内脏细小动脉，全身血量重新分布，胃肠道的血流量明显减少。若全身血量减少 10%，在心率、血压及心输出量尚未发生明显变化之前，胃肠道血流量可减少 40%。研究表明，在各种应激状态下，胃肠道最早发生缺血，又最后得到恢复，易较早受损或衰竭。

由于肠绒毛的氧交换特点，绒毛顶端的氧张力明显低于动脉血液，一旦感染、创伤、休克发生，空肠、远端回肠和结肠黏膜和黏膜下层血流减少，绒毛的血流灌注时间明显延长，使动静脉短路交换增加，绒毛顶部的氧供进一步减少。肠黏膜组织氧合功能减弱，发生上皮细胞损害，使肠道屏障功能减低。

肠壁的缺血、缺氧直接破坏肠道屏障，使得细菌移位的机会增加。同时因缺血 - 再灌注损伤，引起细胞因子的大量释放和微循环系统功能失调，不仅造成局部损伤，还引起全身免疫反应综合征和多器官功能障碍综合征的发生。

六、肠道屏障功能的调节因素

(一) 营养与肠道屏障

许多营养物质，包括纤维素、脂肪酸、三酰甘油、谷氨酰胺、精氨酸等具有重要的肠道上皮营养作用，缺乏将导致肠黏膜萎缩。其中尤其值得关注的是谷氨酰胺，其作为肠黏膜上皮细胞和免疫细胞主要的能源物质，对于维持肠道机械屏障和免疫屏障的功能具有重要作用。谷氨酰胺的代谢还产生氨基己糖。氨基己糖作为糖蛋白和糖胺多糖的重要成分，通过使双糖酶等膜消化水解酶糖基化，维持肠道吸收功能；通过形成表面黏液屏障及细胞紧密连接，维持肠屏障功能。同时谷氨酰胺还参与还原型谷胱甘肽的合成，后者是细胞内重要的抗氧化剂，对肠道的氧化损伤具有保护作用[8]。此外精氨酸也通过合成多胺和一氧化氮（NO），促进肠黏膜的增生、修复，降低肠黏膜的通透性，改善肠道屏障功能。

肠外营养可以替代胃肠道提供机体所需要的已知营养素，挽救了无数临床上不能利用胃肠道正常进食的患者。但其引发的肠黏膜与肠管肌层萎缩，肠蠕动减慢，门静脉血流减少，肠道机械屏障被破坏，通透性增加；胃肠激素及消化液分泌减少，分泌型 IgA 减少，化学屏障和免疫屏障功能降低；肠道菌群紊乱、内毒素积聚、细菌移位等诸多问题，已引起研究人员和临床医师对肠道屏障功能调节因素的关注和重视。

(二) 生长因子与肠道屏障

对离体肠袢的研究发现，即使没有肠腔内营养物的刺激，只要维持肠壁的血供，肠黏膜亦具有适应能力，提示血液循环中存在肠道生长因子。目前，已发现多种具有肠上皮营养作用的生长因子，包括胰岛素样生长因子 1 (insulin-like growth factor-1，IGF-1)、表皮生长因子 (epidermal growth factor，EGF)、转化生长因子 α (transforming growth factor-α，TGF-α)、碱性成纤维细胞生长因子 (basic fibroblast growth factor，bFGF)、胰高血糖素样肽 2 (glucagon-like peptide-2，GLP-2)、神经降压素 (neurotensin，NT)、肝细胞生长因子 (hepatocyte growth factor，HGF) 等。它们通过①抑制肠上皮细胞及血管内皮细胞凋亡，抑制肠黏膜萎缩；②促进肠道上皮细胞及间质细胞的增殖、分化；③促进肠黏膜对营养物质的吸收和利用；④刺激肠黏膜黏液分泌和肠道节律性收缩；⑤改善肠道局部微循环；⑥降低小肠的通透性；⑦抑制脂质过氧化损伤；⑧增强免疫细胞功能和 sIgA 的分泌；⑨减轻内毒素血症。这对于营养和保护黏膜屏障、阻止细菌移位、防止多器官功能障碍综合征的发生都具有深远的意义。

(三) 细胞凋亡与肠道屏障

肠黏膜上皮是人体更新最快的组织之一，平均每 3~6 d 更新一次。肠上皮细胞增生与凋亡的平衡是维持肠上皮细胞数量及稳态的重要条件。研究显示，脱落的肠上皮细胞大部分为凋亡细胞；随肠上皮细胞向上移行至绒毛顶端，其凋亡诱导基因的表达增高，提示细胞凋亡参与了肠绒毛顶端细胞的脱落。由此可以推测，凋亡的失调参与了病理状态下肠黏膜的病变过程，凋亡受抑导致肠上皮增生、肥厚，甚至恶变；而凋亡过度则不利于肠上皮的再生与修复，引起功能障碍。生长因子的缺乏、细菌毒素、氧自由基、缺血缺氧等均可诱导肠上皮细胞凋亡[9]。小肠缺血-再灌注早期肠上皮脱落细胞也多为凋亡细胞，且上皮细胞与细胞基质间连接的破坏可能是导致凋亡的主要原因[10]。

肠道屏障功能是肠道所具有的特定功能，可阻止肠道内细菌及毒素沿淋巴、血管转移至肠道外。如果某些原因如严重创伤、休克、感染、肠腔内菌群失调等致使肠道屏障功能破坏，可导致肠道内细菌、内毒素移位，促进肠源性感染的发生与发展，引起全身感染和内毒素血症、脓毒症，甚至最终演变为多器官功能衰竭。

第二节　肠屏障功能障碍

　　肠道不仅是消化吸收营养物质的场所，而且对肠腔内的细菌、毒素和有害物质有重要的屏障作用。肠道屏障中，机械屏障、化学屏障、免疫屏障和（或）生物屏障的任何一个环节被破坏，肠道的屏障功能都将受损。肠屏障功能障碍的常见病因可以是肠道本身的病变，也可以是全身性因素，或者两者同时存在。肠道本身的病变包括肠道炎症、损伤、肠道梗阻、血管性病变等；全身性因素包括各种休克、缺氧、其他器官严重病变和功能障碍等。矿难、地震等灾害中，饥饿、缺氧、创伤、烧伤，及其继发的休克、感染等致病因素广泛存在，均可导致肠道屏障损伤。在各种危重病患者表现为肠黏膜水肿、糜烂、蠕动功能减弱、肠道通透性增加、微生态环境失衡、条件致病菌大量繁殖，突破黏膜屏障导致细菌移位，继而引起全身炎症反应综合征。

　　矿山事故中，饥饿、缺氧、创伤、烧伤，及其继发的休克、感染引起的肠屏障功能障碍，大致可归纳为以下两类。

一、烧伤、创伤与肠屏障功能障碍

　　烧伤、创伤时，肠道屏障损害包括解剖结构的损害和生理功能的紊乱，尤其是矿山创伤多为严重的复合伤和多发伤，瓦斯煤尘爆炸和火灾可引起严重的烧伤，这些均易继发休克和感染，并从以下几个方面影响肠屏障功能。

（一）肠黏膜血流量减少

　　烧伤、创伤患者，特别是多发性损伤和严重烧伤患者往往存在低血容量性休克。休克处于代偿期时，为保证心、脑等主要生命器官的血液供应，微循环对强烈兴奋的交感-肾上腺髓质系统反应的不均一性导致血液的重新分布，胃肠道血管对儿茶酚胺敏感性较高，血管床收缩，血流量下降。休克失代偿期，胃肠道微循环出现淤血性改变，加重胃肠道的缺血、缺氧。而目前在临床上被认为复苏成功的患者中，有很大一部分其实并没有得到彻底的复苏，仅仅是体循环稳定，即休克从失代偿期恢复到代偿期，此时胃肠道仍处于缺血、缺氧状态，称为隐性代偿性休克。

　　低血容量性休克发生时，随着心输出量的下降，肠道血流量显著下降，并且与心输出量的下降不成比例。肠道血流量具有下降早、恢复慢的特点，即使在心输出量正常的情况下肠道仍处于缺血状态。这说明造成肠道持续缺血的原因除了血容量减少外，还存在血管痉挛因素。这种痉挛不能被α肾上腺素受体拮抗剂阻断或肠系膜动脉去神经术所缓解，说明与神经或体液肾上腺素活力增强无关。近来发现烧伤大鼠伤后血浆及肠道组织内皮素-1（endothelin-1，ET-1）均明显升高，肠道ET-1含量于伤后8h达到峰值，而与此相反血浆NO浓度及肠组织NO含量在伤后下降。ET和NO分别是目前已知最强的调节血管收缩和舒张的细胞因子，ET/NO比值在烧伤后的变化提示它们可能是肠道血管痉挛的原因之一。另外，肾素-血管紧张素对胃肠道血流量减少起重要作用，采用药物或外科方法阻断肾素-血管紧张素轴，会使肠系膜血管阻力降低。

　　若大面积烧伤或严重创伤继发严重感染，引起感染性休克，则虽然肠道血流量增加，但仍存在组织缺氧。一方面是胃肠道组织代谢率增高，对氧的需求量增大；另一方面细菌毒素损伤线粒体，使组织细胞对氧的摄取率明显下降。

此外，肠道微循环的结构具有特殊性。在肠绒毛中央微动脉和微静脉及毛细血管之间存在氧的短路交换，导致绒毛顶部的 PO_2 大大低于动脉血中的水平。休克发生时绒毛的血流灌注时间明显延长，使动静脉短路交换增加，绒毛顶部的氧供进一步减少。而胃肠黏膜的代谢较高，对氧的需求也较肌层多，因此肠道黏膜对休克时的缺血、缺氧损伤比较敏感，缺血性损伤总是从表浅黏膜开始。

（二）缺血-再灌注损伤

胃肠黏膜的损伤不仅发生在缺血阶段，亦发生在恢复灌注之后。胃肠道上皮细胞及内皮细胞含有大量的黄嘌呤氧化酶，正常情况下以黄嘌呤脱氢酶的形式存在。在缺血阶段，细胞储存的大量 ATP 被逐步水解成二磷酸腺苷、单磷酸腺苷、腺苷，而后者可被转化为次黄嘌呤，即细胞内黄嘌呤氧化酶的底物浓度增加。缺血也同时促进黄嘌呤脱氢酶通过蛋白水解或组织胺途径转化为黄嘌呤氧化酶。在再灌注过程中，随着缺氧条件的改善，上述反应过程产生大量的氧自由基。

氧自由基不仅可由黄嘌呤氧化酶系统产生，还可来自中性粒细胞的"呼吸爆发"。由于中性粒细胞在吞噬过程中，其摄取的氧在 NADPH 氧化酶和 NADH 氧化酶的催化作用下接受电子生成氧自由基，用以杀灭病原微生物及异物。白细胞吞噬时伴耗氧量显著增加的现象，称为呼吸爆发。炎性介质如组胺、5-羟色胺、血小板活化因子（platelet activating factor，PAF）、细胞因子等可诱导中性粒细胞在肠道积聚。同时在严重感染、创伤、缺血等应激状态下，内皮粘附分子（P-选择素、E-选择素和 ICAM-I）的表达增强并与肿瘤坏死因子-α（tumor necrosis factor，TNF-α）、白细胞介素-1（Interleukin-1，IL-1）升高相一致。这些因素促进中性粒细胞向肠道的渗出、游走及浸润，引起氧自由基生成增多，损伤肠黏膜。另外，中性粒细胞释放的细胞因子和某些重金属蛋白如弹性硬蛋白酶、髓过氧化物酶也可损伤肠黏膜。

氧自由基有高度细胞毒性，可引起细胞膜脂质过氧化、蛋白质变性、酶失活、核酸碱基改变和透明质酸降解，加剧组织细胞的损伤。缺血-再灌注对肠黏膜的损伤早期表现为小肠绒毛上皮的分离，而 80% 分离的上皮细胞具有凋亡细胞的形态学特征[10]，提示细胞凋亡是小肠缺血-再灌注损伤时肠黏膜上皮细胞死亡的主要形式，上皮细胞与基质间联系中断可能是细胞凋亡的主要原因。

（三）炎症介质的大量释放

用烧伤大鼠的血清培养肠上皮细胞，可见肠上皮细胞活性明显下降，通透性增加，细胞骨架表达减少，导致肠道屏障功能损伤[11]。烧伤、创伤时产生的可致肠屏障功能损伤的炎症介质有下面几种：TNF 能激活单核-巨噬细胞和内皮细胞，促使粒细胞释放氧自由基；激活磷脂酶 A_2（phospholipase A_2，PLA_2），增加急性期蛋白合成。PAF 是目前发现的促肠溃疡形成作用最强的一种介质。它可引起除远端结肠以外的所有肠黏膜损伤，表现为黏膜层和黏膜下层的广泛出血和坏死、小肠表层上皮脱落、细胞碎片充满肠腔。PAF 还可诱导释放血管收缩介质如白三烯（leukotriene，LT）和去甲肾上腺素，加重胃肠黏膜的缺血缺氧损害。胃黏膜组织内 ET-1 可促使黏膜局部释放血管紧张素 II 和增加胞质内 Ca^{2+} 浓度，引起强烈的血管收缩。而 TNF-α、IL-1、IL-4、IL-6、IL-13 和干扰素-γ（interferon-γ，IFN-γ）均可通过破坏细胞间紧密连接引起肠黏膜损伤[12-13]。严重的多发创伤在不发生休克的情况下，可引起更严重的肠道缺血和肠黏膜损伤，可能与应激导致的大量炎症介质释放有关。而 PAF 和 PLA_2 在休克所致肠黏膜损伤中也起着重要的作用。

（四）黏膜酸中毒

肠上皮细胞缺氧时，为保持足够的能量水平，细胞无氧代谢增加，导致大量酸性代谢产物堆积。酸中毒可促进脂质过氧化及氧化剂介导的细胞损伤[14]，还能促进细胞内贮存的自由铁移位，而氧化应激至少部分依赖于铁的移位。近来的发现提示，酸中毒增强氧化应激损伤的另一个机制是对两个关键酶的抑制：谷胱甘肽还原酶（用来再生还原型谷胱甘肽）和谷胱甘肽过氧化物酶（用谷胱甘肽

把 H_2O_2 转变成水）。酸中毒改变肠上皮通透性的另一个途径是增加细胞内 Ca^{2+} 浓度。细胞内 H^+ 浓度增加引起 Ca^{2+}-H^+ 交换及激活 pH 依赖的胞膜 Ca^{2+} 通道。细胞内 Ca^{2+} 浓度增加，可松解紧密连接，提高肠上皮通透性。

（五）消化液的损伤作用

胃肠道的基本功能是消化和吸收，因而有许多强烈腐蚀性物质分泌入胃肠腔内，包括胆盐、胃酸、蛋白酶及其他消化酶等。一旦黏膜屏障受损，这些物质将进一步加重胃肠黏膜损伤。其中胃酸的作用尤为突出。烧伤后激肽类增多可刺激胃酸分泌，空肠分泌的肠促胃泌素也促进胃酸分泌。烧伤患者在肾上腺皮质激素和乙酰胆碱的作用下，胃酸和胃蛋白酶的分泌亦增多，而黏液分泌减少，促使氢离子逆向弥散。动物实验和临床治疗结果亦表明，若将严重烧伤患者胃内 pH 维持在 3.5～4.0 以上，对急性胃黏膜损伤的防治有一定效果。

（六）肠道免疫功能障碍

肠道的免疫功能主要有 sIgA 和肠道黏膜相关淋巴组织所起的抗微生物作用。研究发现，烧伤和创伤早期，肠道 sIgA 分泌明显减少，肠道黏膜相关淋巴组织内 $CD4^+$/$CD8^+$ 比例下降，清除细菌的能力下降，故认为严重的烧伤和创伤可导致肠道免疫功能的损害。

（七）肠道微生态紊乱

烧伤常导致肠道菌群的失调。严重烧伤早期，肠道菌群总数减少，其中以双歧杆菌为主的厌氧菌群显著减少，需氧菌群略有增加，酵母样菌迅速过度生长，需氧菌/厌氧菌比例严重失调，肠道生物屏障被破坏，定植抵抗力减小[15]。并且大面积烧伤后往往预防性使用广谱抗生素，可导致肠道微生物种类发生变化，失去平衡，有拮抗作用的正常细菌数量降低，条件致病菌大量繁殖，甚至可导致白色念珠菌的大量生长，破坏肠道生物屏障，发生严重感染。

二、长期饥饿状态下肠道屏障功能变化

矿山灾难或地震的受困者常由于食物供应不足或断绝，在全饥饿或半饥饿状态下维持生存。饥饿和营养不良可引起肠上皮细胞 DNA 含量减少、蛋白质合成及细胞增生减弱、肠腔内黏液层厚度变薄，导致黏膜萎缩、黏膜酶活性继发性下降。其中谷氨酰胺、精氨酸是重要的营养物质。饥饿时蛋白质热量营养不良降低了机体蛋白质水平，引起淋巴细胞减少、免疫球蛋白水平下降，巨噬细胞功能不良，影响肠道和全身的免疫功能。另外，禁食或行肠外营养时，肠道蠕动也缺乏有效的刺激，引起肠黏膜厚度明显减少，而恢复进食后肠道黏膜厚度明显增加[16]。

第三节 肠源性内毒素血症

肠道屏障功能受损后机体可出现一系列病理生理改变，肠道通透性增加，引起细菌及内毒素移位，即原本寄生于肠道内的微生物及其毒素大量侵入正常情况下呈无菌状态的肠道以外的组织，如黏膜组织、肠壁、肠系膜淋巴结、门静脉及其他远隔脏器或系统。其结果可形成内毒素血症、菌血症、败血症、脓毒血症，进而触发全身炎性反应和多系统器官功能衰竭。反过来多系统器官功能衰竭又可加重肠黏膜损伤和细菌移位，造成恶性循环，故可将肠道视为外科应激反应的中心器官。

一、肠道通透性增加

肠道通透性是指肠黏膜上皮容易被某些物质分子以简单扩散方式通过的特性。生理状态下，肠黏膜上皮细胞间的紧密连接是水溶性大分子物质通过的动态"闸门"，开放时允许小分子水溶性溶质通过，而大分子物质如细菌、毒素等则不能通过。临床上肠道通透性主要是指上皮对分子量＞150 Da 的分子物质的通透。肠道通透性增高是肠屏障功能障碍的重要病理生理学基础，肠黏膜形态学出现明显变化之前，即可发生肠道通透性增加，故肠道通透性增加是肠屏障功能障碍首要的致病环节。肠道通透性增加到一定程度，大分子物质如细菌或毒素等即可穿过肠黏膜进入组织，发生移位[17]。

二、细菌移位与肠源性感染

肠道细菌移位并不都是病理状态。研究表明，在健康个体，肠系膜淋巴结中偶可发现细菌，但概率只有 5%～10%。有限的细菌移位很可能是 GMALT 对来自肠腔的抗原进行加工的正常过程的一部分，以此来调节机体对肠道抗原的免疫应答。在病理条件下，大量细菌移位，则有可能引起一系列病理生理变化和脓毒症。

（一）细菌移位发生的位置

过去认为细菌移位最容易发生在细菌数量较多的回肠和结肠，最近的研究表明各段肠管的细菌移位程度无明显差别，而且从空肠移位出来的细菌存活概率更高。

（二）细菌移位的菌群种类

最常发生移位的是需氧肠道杆菌，如大肠埃希菌、克雷伯菌属、变形杆菌等；其次是革兰氏阳性球菌（如肠球菌），间或也有真菌，如白色念珠菌；而专性厌氧菌，如双歧杆菌、类杆菌则很少发生移位。

（三）细菌移位的过程

细菌从肠道侵入体内有 3 种途径：淋巴循环、门静脉循环和腹腔途径。其中经淋巴系统 - 肠系膜淋巴结 - 胸导管 - 体循环是主要途径。移位的细菌必须先通过上皮表面的黏液屏障，黏附、定植于黏膜，再穿越黏膜移出肠腔。在黏膜完整性未受破坏的情况下，细菌很可能是通过胞饮作用进入肠上皮细胞，再通过胞吐作用传递给上皮下的巨噬细胞，进一步被转运到肠系膜淋巴结，未被杀灭的活菌从巨噬细胞内释放出来。整个过程与本身不具备内在动力的肠腔颗粒（如淀粉、铁蛋白、碳尘等）所经历的过程相同。巨噬细胞作为细菌的载体，其功能状况影响着细菌移位。

在创伤、休克、应激时，黏膜上皮因缺血 - 再灌注损伤等而遭到不同程度的破坏，包括超微结构改变和细胞间紧密连接受损，肠道通透性增高，使细菌得以通过这些薄弱环节进入组织，成为潜在的感染源。内毒素比细菌更容易穿过黏膜屏障。因此应激后大量细菌移位时往往伴有内毒素血症，后者又反过来造成黏膜屏障的进一步损害，增加黏膜通透性，使细菌移位更易发生。

（四）免疫屏障的作用

细菌移位并不意味着内源性感染，移位的细菌首先被肠系膜淋巴结截获，后续的发展取决于机体防御机制和细菌毒力之间的力量对比。当免疫功能完好时，细菌被灭活、清除，并不产生严重的后果。即使有部分细菌逃逸到脏器和血流中，仍可被其他吞噬细胞吞噬、灭活。只有当机体免疫功能低下时，移位的细菌才失去控制而持续繁殖，引起肠源性感染。

三、肠源性内毒素血症

（一）内毒素的结构

细菌产生的有毒物质叫毒素，分为内毒素和外毒素。外毒素主要是革兰氏阳性菌在生命活动中释放或分泌到周围环境中的毒素，其化学成分为蛋白质；内毒素则主要是革兰氏阴性菌的细胞壁成分，菌体崩解后释放。内毒素的化学成分为脂多糖（lipopolysaccharide，LPS），由三层结构组成，外层为 O- 特异多糖，代表细菌特异抗原；中层为 R- 核心多糖，为细菌类属的共同抗原；内层为脂质 A，有较恒定的分子结构。脂质 A 是内毒素分子中最稳定的部分，对人体健康的危害最大；O- 特异链和核心多糖注入动物体内均不引起内毒素血症的病理反应，而脂质 A 可以启动与内毒素血症有关的宿主反应。

（二）肝的免疫保护

内毒素分子比细菌小，更容易通过受损黏膜，因此内毒素移位早于细菌移位，并通过门静脉系统进入肝。肝巨噬细胞——库普弗细胞可吞噬并灭活内毒素。如果因某种因素造成肝巨噬细胞系统功能降低，或吸收入门静脉的内毒素量超过了肝的吞噬灭活能力，则门静脉血中的内毒素通过肝进入体循环而产生内毒素血症。

（三）炎症介质的释放

大量内毒素进入血液循环，可激活巨噬细胞、中性粒细胞、血管内皮细胞、补体和纤溶系统，先后诱导 TNF-α、IL-1、IL-2、IL-6、IL-8、IL-12 等细胞因子、黏附分子、溶菌酶的释放，NO 等炎症介质和活性氧的生成。

肠源性内毒素血症的临床表现有发热、白细胞变化、出血倾向、心力衰竭、肾功能减退、肝损伤、神经系统症状以及休克等。内毒素可引起组胺、5- 羟色胺、前列腺素、激肽等的释放，导致微循环扩张，静脉回心血量减少，血压下降、组织灌流不足、缺氧及酸中毒等。内毒素血症可以出现在许多系统的多种疾病中，通常导致感染性休克、多器官功能衰竭、弥散性血管内凝血等，病死率极高。

四、全身炎症反应综合征和多器官功能衰竭

细菌移位和内毒素血症引起广泛的炎性细胞激活，多种细胞因子、炎症介质的失控性释放，会导致全身炎症反应综合征（systemic inflammatory response syndrome，SIRS），表现为全身性持续高代谢状态、高动力循环状态等。SIRS 可由感染因素引起，也可由非感染因素如创伤、烧伤、大手术、休克等引起。炎性细胞、细胞因子和炎症介质间的相互作用可形成恶性循环，导致炎症反应失控性放大，并对机体的循环、呼吸、凝血、代谢、免疫及体温调节等各系统功能造成严重影响，最终导致组织器官严重损伤。

内毒素的生物学活性除了可刺激单核 - 吞噬细胞、内皮细胞、粒细胞等合成和释放一系列炎症介质、蛋白酶类物质等，介导体内多种组织细胞的损伤外，还可以激活补体，生成多种补体裂解产物。而激活的补体再启动"瀑布效应"，导致氧自由基、前列腺素、内啡肽、PAF、溶酶体酶、细胞因子等炎症介质的释放，从而造成微循环障碍、细胞代谢紊乱和结构损害；同时内毒素可损伤血管内皮细胞并促进血小板聚集，激活凝血、纤溶系统，从而触发弥散性血管内凝血。内毒素的上述作用引起机体一系列的病理生理改变，各器官功能障碍，最终导致多器官功能衰竭的发生。

第四节　肠黏膜的保护

应激状态下，胃肠道黏膜缺血的特点是发生早、恢复慢，即使是短暂的氧供不足，也会引起表浅黏膜的损伤，通常需要数天或数周的时间才能恢复。因此，对胃肠缺血的防治一定要尽早进行。目前对胃肠缺血的防治措施很多，可大致分为以下两类。

一、修复、保护肠上皮细胞功能

1. 改善胃肠道血流量，增加肠黏膜血流灌注　首先应迅速纠正低血容量，维持体循环稳定，以保证对内脏器官特别是胃肠道充足的氧供。同时还可应用改善肠道血液循环的药物，如山莨菪碱（654-2）、前列腺素等以解除肠系膜微小血管的痉挛，改善内脏组织灌流，维护肠黏膜的灌流和代谢，减轻肠黏膜的损害。

2. 减轻再灌注损伤　缺血后再灌注损伤的因素非常复杂，如氧自由基、PLA_2、内毒素、蛋白酶、溶酶体酶等都在再灌注时对胃肠道组织起损伤作用。针对性地应用拮抗剂对胃肠道有一定的保护作用，如自由基清除剂 SOD、黄嘌呤氧化酶抑制剂、PLA_2 抑制剂等。但针对每一种损伤因素都采用抑制剂来治疗是不现实的，因此从临床治疗的角度还是应该以预防为主，从改善缺血状况入手。

3. 注重细胞保护　休克缺血引起的缺氧对细胞及细胞膜功能会产生一系列渐进性的损害——跨膜电势差减小，Na^+ 内流，K^+ 外流；Na^+-K^+ ATP 酶被激活，ATP 利用增加，乳酸堆积致细胞内酸中毒。能量产生减少，cAMP 水平下降，Ca^{2+} 调节障碍，胞核功能及蛋白合成受抑。细胞水肿，最终溶酶体破裂，线粒体破坏，细胞死亡。为了保护细胞功能，除了液体扩容和应用血管活性药物等常用的方法外，还可采取一些其他的细胞保护措施，如给予能量代谢底物（1,6-二磷酸果糖）、调节渗透压（高渗糖）、稳膜药物及能量合剂等。

三叶肽是近年来发现的一组很稳定的小分子蛋白，能抗酸、抗蛋白酶和抗热分解，对于保护黏膜上皮细胞屏障和促进损伤黏膜的修复具有重要意义。

4. 补充能源物质、生长因子　如前所述，许多营养物质，包括纤维素、脂肪酸、三酰甘油、谷氨酰胺、精氨酸等具有重要的肠道上皮营养作用，如若缺乏将导致肠黏膜萎缩。尤其是谷氨酰胺，作为肠黏膜上皮细胞和免疫细胞主要的能源物质，对于维持肠道机械屏障和免疫屏障的功能具有重要作用。生长因子也可营养、保护黏膜屏障，阻止细菌移位，防止多器官功能障碍综合征的发生。

肠腔内的营养物质可以通过直接和（或）间接的效应，多方面维持肠道结构和功能的完整性，减少细菌移位。所以应尽量依靠或部分依靠肠道供给患者营养。如果患者病情不允许，也应在肠外营养辅助下，尽早恢复低剂量的肠内营养。

5. 调节代谢反应　包括使用抗内毒素制剂、抑制炎性细胞因子及炎症反应、清除氧自由基、保持内源性 NO 的水平、抑制交感神经过度兴奋等，有利于改善肠道的结构和功能。

二、恢复、维持肠道微生态平衡

1. 合理应用抗生素　肠道正常菌群中的专性厌氧菌如被杀灭，则肠道定植抵抗力消失，可导致肠道内兼性厌氧的革兰氏阴性杆菌耐药性的形成，以及外源性的耐药菌定植与优势生长。因此，应早期经验性用药并及时根据细菌培养、药敏试验结果调整用药，尽可能保护肠道生物屏障。

2. 选择性肠道去污　口服不吸收的抗生素减少肠道革兰氏阴性菌及真菌，尽可能保护肠道专性厌氧菌，缩小肠道内毒素池，减少细菌移位，降低感染及内毒素血症的发生率。

3. 微生态调节剂的应用　如前所述（第一节第四部分），肠道菌群中的专性厌氧菌为生理性细菌，构筑肠道生物屏障，改善肠道免疫屏障功能，其正常生长可有效抑制其他致病菌在肠黏膜表面黏附、定植、生长、繁殖。临床上可补充其中最重要的双歧杆菌和乳杆菌，恢复肠道微生态平衡，抑制潜在致病菌过度生长。

4. 中草药　有研究表明，单味大黄、四君子汤、大承气汤煎液、芪连液、参附注射液、川芎嗪等能减少内毒素引起的肠壁血管通透性增加，阻止肠腔中的细菌、毒素进入血液循环，维持跨膜电势差，保护黏膜屏障。

（吴　静　门秀丽）

（本章图片由华北理工大学附属医院病理科宋旭东教授提供）

参考文献

[1] 黄宏双，陈思曾．肠屏障功能的损伤与防护．医学综述．2007，13（18）：1386-1388．

[2] 秦环龙．肠屏障功能的基础与临床．上海：上海交通大学出版社，2007：6-16．

[3] 成令忠．组织学与胚胎学．北京：人名卫生出版社，1996：157-173．

[4] Sun Z W，Wang X D，Deng X M，et al．The influence of circulatory and gut luminal challenges on bidirectional intestinal barrier permeability in rats．Scand J Gastroenterol，1997，32（10）：995-1004．

[5] 张丁丁，葛克山，任发政，等．益生菌抑菌功能研究进展．中国乳业，2008，（12）：40-42．

[6] 吕锡斌，何腊平，张汝娇，等．双歧杆菌生理功能研究进展．食品工业科技，2013，34（16）：353-358．

[7] 许勤，吴文溪．短链脂肪酸的代谢及其在肠道外科中的应用．肠外与肠内营养，1999，6（4）：218-223．

[8] Coeffier M，Dechelotte P．Combined infusion of glutamine and arginine：does it make sense? Curr Opin Clin Nutr Metab Care，2010，13（1）：70-74．

[9] Jones B A，Gores G J．Physiology and pathophysiology of apoptosis in epithelial cells of the liver，pancreas，and intestine．Am J Physiol，1997，273（6 Pt 1）：G1174-1188．

[10] Ikeda H，Suzuki Y，Suzuki M，et al．Apoptosis is a major mode of cell death caused by ischaemia and ischaemia/reperfusion injury to the rat intestinal epithelium．Gut，1998，42（4）：530-537．

[11] 陈军，夏培元，常山，等．烧伤血清对肠上皮细胞屏障功能损伤的实验研究．中华创伤杂志，2002，18（5）：301-304．

[12] Colgan S P，Resnick M B，Parkos C A，et al．IL-4 directly modulates function of a model human intestinal epithelium．J Immunol，1994，153（5）：2122-2129．

[13] Wang W，Smail N，Wang P，et al．Increased gut permeability after hemorrhage is associated with upregulation of local and systemic IL-6．J Surg Res，1998，79（1）：39-46．

[14] Unno N，Hodin R A，Fink M P．Acidic conditions exacerbate interferon-gamma-induced intestinal epithelial hyperpermeability：role of peroxynitrous acid．Crit Care Med，1999，27（8）：1429-1436．

[15] 陈军，张亚平，肖光夏．严重烧伤后大鼠肠道生物屏障损害的初步研究．中华烧伤杂志，2002，18

（4）：216-219.

[16] Buchman A L, Moukarzel A A, Bhuta S, et al. Parenteral nutrition is associated with intestinal morphologic and functional changes in humans. JPEN J Parenter Enteral Nutr, 1995, 19（6）：453-460.

[17] 吴承堂，黄祥成，黎沾良．肠道通透性增高与肠道细菌移位．世界华人消化杂志，1999，7：605-606.

第十二章

饥饿对机体的影响

饥饿（starvation）是指食物供应受到限制以至于断绝或食物摄入受到影响，进食困难至不能进食，从而使机体处于能量和营养摄入不足或缺乏状态[1]。机体完全得不到或完全无法摄入食物时称为全饥饿状态；能够得到或摄入部分食物，但又不能完全满足机体需要时称为半饥饿状态。机体处于全饥饿或半饥饿状态时，短期内通过动用体内能源物质的储备，可在一定时间内维持生存，功能的变化包括消瘦、低血糖、脱水、抵抗力下降、精神不振等，最终会因并发症或耗竭导致死亡。

造成饥饿的原因是多种多样的，如天灾、贫困、囚禁、绝食、特定宗教活动、进食或消化吸收功能受限等。在本系列丛书主要讨论的矿难、地震等灾害中，饥饿也是威胁人员生命的重要因素之一。因此，研究和认识饥饿对机体所产生的影响，采取相应的干预措施，具有十分重要的理论和现实意义。

第一节 概 述

饥饿伴随着人类整个的发展史，有记载的饥荒最早发生于5000多年以前的上埃及。人类在全饥饿或半饥饿状态下的生存时限可见于多篇文献报道[2]。总的来说，在有适宜水源和温度（保暖）的情况下，一般健康成人可在全饥饿状态下生存60天左右[3]。而肥胖者可存活100天以上[4-6]，少数人可存活200天以上[4-5]，最长的1例是一名体重207 kg的27岁肥胖男子，在饥饿状态下生存了382天，体重降低75%[7]。

最全面的半饥饿状态研究是经典的"明尼苏达实验"[8]。36名年龄在20～33岁的健康男性志愿者，在168天时间内每天摄入正常进食量的40%，实验期间未出现意外死亡。实验结束时参试人员体重平均下降24%，体内脂肪70%被动员消耗，肌肉消耗20%左右，出现了典型的蛋白质能量营养不良。

在寒冷、高温、应激等特殊情况下，机体能量消耗增加，蛋白质分解代谢加强，饥饿后的生理生化变化更明显。总之，饥饿状态下的生存时间不仅受环境因素的影响，包括饮水情况、环境温度或保暖情况、活动量和饥饿程度等，也取决于体内能源物质的储备情况。

第二节　体内能源物质的储备与消耗

一、体内能源物质的储备与代谢

在矿难发生后，受困于井下的人员，其机体不能从外界得到足够的能量和营养供应，必须通过分解自身组织来满足生存需要。体内储备的能源物质主要包括糖原、脂肪和蛋白质，还有部分葡萄糖、脂肪酸和氨基酸等。

1．糖原储备　糖原储备十分有限，以70 kg体重的正常成年男性为例，其体内约有300g糖原，其中100 g储存于肝，200 g储存于肌肉，另有20 g储存于外周血中。其中肝糖原在机体需要时分解成葡萄糖以维持血糖浓度，供全身利用。而肌糖原仅供肌肉本身产生ATP以作收缩之用。在剧烈运动时肌糖原转变为6-磷酸葡萄糖，进入酵解途径，此时肌肉以糖的无氧酵解产生乳酸为主。肌糖原不能生成葡萄糖以供血糖。这些糖原氧化分解产生5.02 MJ的能量，可维持机体8～12小时的能量需要。

2．脂肪储备　体内的脂肪储备是饥饿时主要的能源物质，约15 kg，氧化分解后产生的能量可以满足机体60天的能量需要。脂肪储备的多少是决定饥饿时生存时间的主要因素之一。

脂肪又称三酰甘油（甘油三酯），分解生成甘油和游离脂肪酸。甘油可在肝中经糖异生合成糖，脂肪酸则在肝中降解生成酮体，包括乙酰乙酸、β-羟丁酸及丙酮三种有机物质。其中β-羟丁酸含量较多，也更稳定，为肝外组织提供能源主要依靠乙酰乙酸和β-羟丁酸。而丙酮含量极微，且无代谢功能[9]。

3．蛋白质储备　体内的每种蛋白质都有其独特的生理功能，一般不作为能源物质。但饥饿后体内蛋白质也被氧化分解产生能量，主要分解的是非结构性蛋白质，约7 kg，氧化分解后产生的能量可以满足机体14天的能量需求，但同时会使某些生理功能丧失。蛋白质分解超过40%将严重影响机体的生理功能，危及生命。

蛋白质水解主要由细胞的自噬（autophagy）完成[10]。在饥饿状态下，除脑以外的器官，如肝、胰腺、肾、骨骼肌和心脏的自噬水平均升高[11]，尤以肝和肌肉显著。药物阻断自噬会引起饥饿早期心功能衰竭[12]。β-羟丁酸可通过多个信号通路诱导自噬[9]。蛋白质降解所生成的氨基酸，首先要经过脱氨基作用生成α-酮酸。脱氨基生成的氨运到肝中合成尿素以解氨毒。α-酮酸可转变成糖及脂类。生糖氨基酸如甘氨酸、谷氨酸等脱氨基后可转变成葡萄糖；生酮氨基酸包括亮氨酸和赖氨酸，脱氨基后可转变成酮体；苯丙氨酸、酪氨酸等经代谢得到两种中间产物，分别参与糖和脂肪酸代谢，此类氨基酸称为生糖兼生酮氨基酸。α-酮酸也可被彻底氧化释放能量，供生理活动需要。

4．电解质与维生素　体内一些电解质和维生素的储备十分有限，如体内钾离子随着蛋白质的分解不断丢失，饥饿早期即可出现负钾平衡。饥饿状态下，维生素尤其是B族维生素和维生素C这些水溶性维生素很快被消耗。一周以后轻度的维生素缺乏即开始显现。随着饥饿的持续，严重的维生素缺乏导致机体衰弱直至死亡。如维生素B_1，又称硫胺素，在体内储存最少，饥饿后几天内就可能耗竭，2周内就可能出现缺乏症状。硫胺素是糖代谢过程中关键的辅酶因子，体内缺乏时可影响正常的糖代谢。

二、各器官的代谢方式

由于代谢相关的酶体系在不同的组织器官表达分布不同，各器官的代谢有各自的主导和独特方式[13]。

1．肌肉组织 肌肉组织通常以氧化脂肪（β氧化及三羧酸循环）为主；在剧烈运动时肌糖原转变为6-磷酸葡萄糖，进入酵解途径，此时肌肉以糖的无氧酵解产生乳酸为主。肌糖原不能生成葡萄糖以供血糖。

2．心脏 心脏耗用的能源物质依次为酮体、乳酸、游离脂肪酸及葡萄糖，因而即使在能源供给十分匮乏的状况下，心脏尚能继续维持搏动功能。

3．脑 脑是耗能大的主要器官，其耗氧量占全身耗氧量的20%～25%，几乎以葡萄糖为唯一的供能物质，只有当饥饿等能量匮乏时才可利用酮体。脑中无糖原的储存，所以其耗用的葡萄糖主要由血糖供给，每天消耗100余克。长期饥饿会诱导外周组织胰岛素抵抗，减少外周组织摄取葡萄糖，保证葡萄糖供应脑组织[14]。

4．肝 肝为体内代谢的枢纽器官，其耗氧量占全身耗氧量的20%，可以耗用葡萄糖、脂肪酸、甘油及氨基酸等以供能，但不能利用酮体。除此外，它还具有糖异生、酮体生成等独特的代谢方式。

5．红细胞 红细胞的能量供应主要来自葡萄糖的酵解，而不能进行有氧氧化，每天消耗葡萄糖30余克。它不能利用脂肪酸或其他非糖物质供能。

6．肾 肾也可以进行糖异生和生酮作用，这是除肝以外唯一可以进行此两种代谢的器官。肾髓质因无线粒体，主要由糖酵解供能；而肾皮质则主要由脂肪酸及酮体的有氧氧化供能。

7．肺 肺主要靠葡萄糖供能，但在饥饿状态下可改为消耗脂质[15]。

8．小肠 小肠代谢所需能量的70%由谷氨酰胺提供，葡萄糖只提供不到20%的能量。小肠几乎摄取食物中所有的谷氨酰胺，并从循环血液中摄取20%～30%谷氨酰胺。血液中的谷氨酰胺则主要靠骨骼肌和肺合成释放。

三、体内能源物质的消耗

一般生理条件下，机体主要通过糖的有氧氧化获得能量。随着禁食时间的延长，肝糖原储存急剧下降，血中葡萄糖水平也渐降，而酮体和游离脂肪酸水平则渐增加（图12-1）[13]。

饥饿24 h后肝糖原耗竭，胰岛素分泌减少，胰高血糖素分泌增多。此时糖异生增强以补充血糖，供脑与红细胞利用。饥饿36 h后，肝所提供的葡萄糖约75%来自糖异生。此时肌肉蛋白质分解，释出氨基酸增多。大部分氨基酸转变为丙氨酸与谷氨酰胺进入血液循环。在胰高血糖素作用下，肝细胞摄取丙氨酸异生为糖。同时，脂肪分解及酮体生成增多。饥饿48 h后，血中游离脂肪酸和酮体含量大为增高。酮体可作为心脏、肌肉、脑、肾的主要供能物质。这时能量来源主要是蛋白质和脂肪，脂肪占能量来源的85%以上[13]。脂肪分解不仅氧化供能，脂肪酸还被运输到肝外组织重新酯化储存[16]。

饥饿1周以上为长期饥饿。此时蛋白质降解减少，以保证机体基本生理功能。脂肪分解与酮体生成进一步增多，脑组织甚至以酮体为主要能源。肌肉则以脂肪酸为主要能源。此时肾的糖异生作用亦明显增强。脂肪作为主要的能源物质，其消耗率一直维持在较高水平，直到机体绝大部分的脂肪储备被消耗，如图12-1。

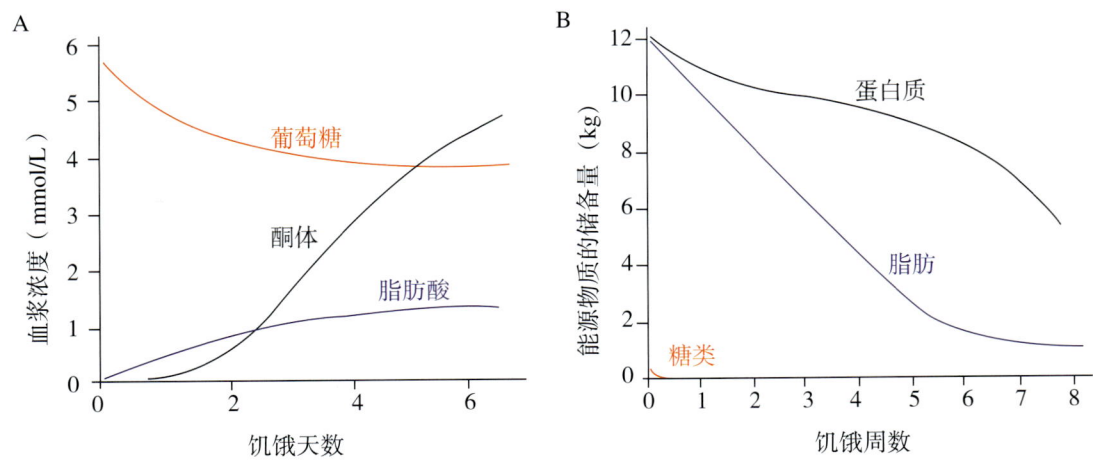

图 12-1 饥饿时体内代谢物水平的变化
A. 饥饿时血浆葡萄糖、脂肪酸和酮体浓度的变化；B. 长期饥饿时机体能源物质的消耗

蛋白质的消耗分三个时相，首先为快速消耗期，之后为缓慢消耗期，最后在死亡前的短时间内再次进入快速消耗期[17]。

1．最初的快速消耗期 消耗了易动员的蛋白质，直接代谢供能，或异生为葡萄糖主要供给脑。

2．缓慢消耗期 将易动员的蛋白质消耗之后，剩余蛋白质不易被动员，则糖异生率降低 2/3 或 3/4，蛋白质的消耗率显著降低。葡萄糖的减少使机体经过一系列的变化而加大对脂肪的利用，导致酮体大量生成。酮体与葡萄糖均能透过血脑屏障，为脑供能。此时脑能量的 2/3 由酮体供给，主要是 β- 羟丁酸。该过程可在一定程度上保护蛋白质不被分解。

3．再次快速消耗期 当脂肪的能量也被耗尽，机体只能消耗蛋白质供能。蛋白质的消耗再次进入快速消耗期。由于蛋白质执行重要的生理功能，当机体蛋白质的消耗接近 50%，生命体死亡。

第三节　饥饿对机体的影响

矿难、地震等造成受困人员长期饥饿，机体由于大量动用脂肪及有特殊生理功能的蛋白质作为能量来源，许多器官及功能都发生了明显变化，表现为器官活性降低，如心跳减慢、呼吸浅慢、肌张力下降、性功能减退、免疫力降低、物质代谢水平降低等，机体基本上在生命必需的低水平上维持功能活动。

一、神经 - 内分泌的变化

饥饿使血清黄体生成素、睾酮（雄性）和甲状腺素浓度降低，而促肾上腺皮质激素和皮质酮水平升高。机体通过抑制下丘脑 - 垂体 - 性腺轴和下丘脑 - 垂体 - 甲状腺轴抑制生殖和生热作用，而通过兴奋下丘脑 - 垂体 - 肾上腺素轴引发应激反应，提高饥饿状态下的生存能力。该过程中调节能量平衡的脂肪细胞因子——瘦素起着核心作用[18]。甲状腺素的减少和活性降低，可使基础代谢率降低 30% 左右。在极度饥饿时体温也会下降。

二、消化系统的变化

半饥饿或饥饿过程的早期，人体产生强烈的饥饿感，胃部表现一种隐隐不适感与进食欲望，主要由胃肠排空后周期性蠕动收缩的刺激和体液成分改变的刺激等引起，但长期饥饿使饥饿感受到抑制而显著减轻。

饥饿时胃肠道的萎缩，是由两方面原因引起的。首先是胃肠道长时间旷置，黏膜逐渐萎缩，肠壁渗透性升高，绒毛缩短[19]、横径增宽、变稀，部分黏膜上皮细胞变性、坏死、脱落。同时消化液分泌减少，肠壁神经纤维萎缩，神经递质减少[20]，影响营养物质的消化、吸收及通过，损害肠道免疫屏障的完整性。该过程在机体经受肠外营养，但营养状况正常时也可发生。因为肠内营养通过物理接触、促进胃肠道营养激素释放、增强肠内血流、刺激自主神经系统等机制，对于肠黏膜的生长和功能维持至关重要[21]。其次，胃肠萎缩是全身营养不良引起器官功能障碍的局部表现。肠道肌肉和黏膜萎缩为其主要表现[22]，对胃肠道功能的影响包括如下几个方面。

1．营养的消化和吸收降低　低蛋白血症引起的水肿、萎缩导致吸收面积减少、刷状缘酶活性降低、胃酸分泌减少引起的肠道菌群改变，均会影响消化和吸收过程。

2．免疫功能减弱　肠内免疫球蛋白A（immunoglobulin A，IgA）减少、肠相关淋巴组织（gut-associated lymphoid tissue，GALT）改变、维生素A缺乏、谷氨酸盐减少，使胃肠道的免疫功能受损。

3．药物代谢受损　代谢药物的细胞色素P450减少，因此在给饥饿患者口服药物治疗时要格外注意。

4．胃肠道的屏障功能减弱，不能抵抗菌群和毒素移位　胃肠道的屏障功能包括肠黏膜机械屏障、化学屏障、免疫屏障和生物屏障。饥饿使大部分的屏障结构受损，导致菌群和毒素移位，侵入肠系膜淋巴结、胃肠道，甚至循环系统。

5．伤口愈合缓慢　持续饥饿将导致营养不良，影响免疫功能和伤口愈合。

三、免疫系统的变化

饥饿抑制免疫功能，容易继发感染。此时固有免疫（如皮肤、黏膜、溶菌酶、吞噬细胞、干扰素、补体等）和抗原特异性免疫（B细胞介导的体液免疫和T细胞介导的细胞免疫）均受到损伤，不能抵御微生物的入侵。这是由于氨基酸、脂质、维生素及微量元素的缺乏，均可引起胸腺和脾等淋巴组织萎缩，外周血淋巴细胞减少[23-24]。此外，饥饿引起的脂肪细胞因子——瘦素的减少，可引起实验动物骨髓中B细胞发育异常[25]。尤其值得注意的是，饥饿可引起胃肠道的免疫屏障功能减弱，导致菌群和毒素移位[26]。

四、呼吸系统的变化

在1940年，半饥饿状态的波兰华沙犹太人[27]、神经性厌食患者[28]及动物模型[29-30]均观察到饥饿引起肺泡减少。该过程表现为胸部鼓胀，X光片呈现透明肺，但它与肺气肿有本质的区别[31]。饥饿引起肺泡减少，使气体交换单位增大，但无肺泡破坏，肺的弹性回缩力不受影响[32-33]，并且复食会使肺泡再生[34]。在动物肺气肿模型和人的慢性阻塞性肺病中，肺泡减少和弹性回缩力降低是不可逆的[35]。饥饿引起肺泡减少的过程伴有颗粒酶（仅由细胞毒性白细胞和自然杀伤细胞合成）和半胱氨酸蛋白酶（caspase）表达升高。

五、心血管系统的变化

在营养不良的儿童和成人，通常有心脏体积减小、容积降低[8,36]，心肌纤维变细、脂褐素堆积[37]、空泡变性，甚至断裂。心脏萎缩与骨骼肌萎缩的比例相当。同时，每搏输出量和心输出量均成比例降低。但由于体重的降低，每搏输出量指数和心指数维持正常或有轻度升高。反映心泵功能的射血分数和平均周径缩短速率也维持正常或有轻度升高，可以满足循环需要。

饥饿除了直接引起心脏萎缩外，还导致血压、心率和血容量降低。由于碳水化合物和脂肪的摄入会影响血浆儿茶酚胺的水平，饥饿人群的血浆肾上腺素浓度低，普遍存在心动过缓。"明尼苏达实验"中饥饿使心率从 53 次/分降到 35 次/分。由于儿茶酚胺刺激肾素-血管紧张素-醛固酮的合成，饥饿人群因血管扩张出现血压降低。虽然轻度饥饿时单位体重的血浆容量升高，但盐摄入的减少，使严重饥饿时血浆容量降低。饥饿也会使红细胞的体积减小，导致总血容量下降。"明尼苏达实验"中总血容量平均降低 8.6%，而静脉压下降 50% 以上。这使患者容易出现体位性低血压。

心电图的改变包括 QRS 波振幅降低，QT 间期延长，室性心律不齐[38]。饥饿过程中可能发生的低钾血症和低镁血症均可引起上述改变；并且饥饿可降低交感神经系统的活性，也可能与心律失常的发生有关[39]。

六、泌尿系统的变化

饥饿时尿素排出减少，氨的排泄增加。NH_4^+ 的排泄可减少 Na^+、K^+ 的排泄，并通过促进 H^+ 排出，改善酮症和酸中毒。

完全饥饿状态下尿量减少，而半饥饿可使肾出现可逆性的浓缩功能异常，引起多尿（每 24 h 多 2~3 L）和夜尿[40]。这种差异可能是由于胰岛素促进肾水钠排泄引起的[41]。

七、体液平衡的变化

如果饥饿过程伴有水源减少或断绝，使水的摄入减少，而皮肤和呼吸不感蒸发仍继续丢失水分，会引起高渗性脱水，导致细胞脱水、尿量减少。"明尼苏达实验"显示，如果饥饿过程中有充足的水源供给，在脂肪和蛋白质减少、体重降低 23% 的过程中，细胞外液量与饥饿前相比不变或轻微下降，细胞外液占体重的比例增加[8]。

水肿的程度与水钠摄入有关，可在复食过程加重。如果饥饿患者伴有腹泻，会影响水钠平衡。当饥饿影响心肌，导致心血管系统失代偿，也会影响水钠平衡。饥饿引起血容量减少时，通过神经-内分泌的复杂调节，往往引起水钠潴留[42]。饥饿过程具体的营养状态也会影响水肿的程度，并可由此将营养不良分为水肿型——恶性营养不良（kwashiorkor）；干瘦型——消瘦（marasmus）以及两种类型症状兼而有之的混合型[43]。

恶性营养不良患者主要表现为水肿，严重时出现胸水、腹水，患者多并发呼吸道、消化道等炎症。此型患者主要缺乏蛋白质的摄入，而碳水化合物的摄入相对正常，导致白蛋白合成减少，低蛋白血症引起细胞外液增多，引起水肿发生。

消瘦型营养不良患者主要表现为明显消瘦，肌肉和皮下组织耗竭，严重者出现"皮包骨"外观，但无其他特异性改变。这是由于蛋白质和碳水化合物的摄入均减少，白蛋白的合成维持在相对正常的水平，而不发生水肿[43]。

生理情况下，钠泵（Na⁺-K⁺-ATPase）及其他转运体消耗基础能量需求的 1/3。在饥饿状态下，大幅度抑制钠泵活性是机体应对饥饿的重要适应性反应[44]。钠泵的抑制导致细胞内 Na⁺ 增多而 K⁺ 减少。

八、饥饿性酮症

一般生理条件下，机体主要通过糖的有氧氧化获得能量。随着禁食时间的延长，肝糖原储存急剧下降，血中葡萄糖水平也渐降，机体开始分解脂肪为组织供能。脂肪分解生成甘油和游离脂肪酸。甘油运至肝通过糖异生以合成糖；脂肪酸则在肝中降解以生成酮体，包括乙酰乙酸、β-羟丁酸及丙酮。血中酮体的浓度逐渐升高，取代葡萄糖，为肝外组织提供能源物质，其中主要依靠的是乙酰乙酸和 β-羟丁酸，且 β-羟丁酸更稳定，而丙酮无代谢功能[9]。其中乙酰乙酸、β-羟丁酸为有机酸，而丙酮为中性化合物，不影响血液 pH；并且丙酮可溶于水和脂质，在全身均有分布，可随呼吸排出体外，也可自由通过肾和泌尿道，随尿液排出。

（一）定义

当血中乙酰乙酸的浓度超过 1.0 mmol/L，称为酮血症（ketonaemia），其临床表现称为酮症（ketosis）。酮症除了由饥饿引起的饥饿性酮症（starvation ketosis）外，还包括糖尿病引起的糖尿病酮症和急性酒精中毒引起的酒精性酮症。饥饿性酮症一般在完全饥饿 2～3 天后出现，随着血中乙酰乙酸的浓度超过 1.0 mmol/L，β-羟丁酸及丙酮的浓度分别达到 2.0 mmol/L 和 0.5 mmol/L。完全饥饿数周后，血中三者浓度的最大值分别可达乙酰乙酸 2～4 mmol/L，β-羟丁酸 5～12 mol/L，丙酮 3～5 mmol/L[45]。当尿中有酮体出现，称为酮尿（ketonuria）。

（二）分期

饥饿性酮症的整个过程可分为以下三个时相。

1．饥饿过夜（12～14 小时后） 此时有轻度的糖异生、脂解、酮体生成和蛋白水解。葡萄糖和游离脂肪酸各供应总能量的 40%～45%，剩余的 10%～20% 由氨基酸氧化供能。血中酮体浓度逐渐升高，供应的能量占脂肪供能的 4%～6%，或总能量的 2%～3%。

2．短期饥饿（2～3 天后） 此时糖原被耗尽，而机体的能量需求未降低，糖异生、脂解、酮体生成和蛋白水解达高峰，糖原分解降至最低。脂肪供能占能量消耗的 85%～90%。血中酮体浓度显著升高，供能占脂肪供能的 35%～45%，占总能量的 30%～40%。其余由氨基酸供能。

3．长期饥饿（3 周或更长） 随着能源物质储备的耗尽，生热作用降低。血中酮体浓度达到最大，并进入平台期。

（三）酮尿的变化

饥饿过夜后，尿中无酮体，之后出现并逐渐升高，4～8 天达高峰，这是由肾对酮体滤过和重吸收的特性决定的。肾小管对葡萄糖的重吸收有"肾糖阈"存在，血糖浓度在阈值下可完全重吸收，高出阈值则尿糖排出量随血糖浓度升高而平行增加。肾小管对酮体的吸收正好相反，无吸收上限存在，但吸收不完全。肾小球超滤液中 10%～15% 的乙酰乙酸、β-羟丁酸不被重吸收，形成酮尿。

（四）酮症酸中毒

由于乙酰乙酸、β-羟丁酸为有机酸，其在血中浓度过高会消耗 HCO_3^-，引起 pH 的降低，使机体出现酮症酸中毒。但饥饿性酮症酸中毒远较糖尿病酮症酸中毒的程度要轻，动脉血 pH 最低在 7.30～7.35[46]。理论上计算，长期饥饿时，每天伴随酮体产生的 H⁺ 就足以消耗人体全部的 HCO_3^- 储备，但机体仍能维持酸碱的相对平衡，这是由于酮体生成和利用的相对平衡，部分乙酰乙酸转化为中性的丙酮，肾排 NH_4^+ 和 β- 羟丁酸。饥饿伴过度运动或长期呕吐等情况时，可出现危及生命的酮症酸中毒[47]。

（五）酮症对机体的影响

对于饥饿性酮症的作用，一直存在争议。最初认为酮体是由脂肪不完全氧化产生的反常的、不良产物。但现在人们逐渐认识到酮体在饥饿过程中取代葡萄糖为肝外组织供能的重要作用。饥饿性酮症一般比较轻微，没有生命危险[47]。但过高的酮血症也会引起器官损伤和脑水肿，导致昏迷，甚至威胁生命[48-49]。

β- 羟丁酸不仅是重要的代谢底物，还具有信号传导功能。β- 羟丁酸可与 G 蛋白耦联受体结合，抑制脂解，促进脂联素分泌，参与血液中游离脂肪酸升高及酮血症的负反馈调节，防止酮症酸中毒及脂肪库的枯竭。β- 羟丁酸还可通过与 G 蛋白耦联受体的作用降低交感神经活性，包括抑制交感神经元释放去甲肾上腺素，并降低脂肪细胞中 β- 肾上腺素能受体的亲和力，从而减少儿茶酚胺诱导的产热，降低代谢率。β- 羟丁酸还参与饥饿诱导的胰岛素抵抗，减少外周组织摄取葡萄糖，使葡萄糖供应脑组织。β- 羟丁酸通过多个信号通路诱导自噬，回收细胞成分，以在饥饿时保证细胞存活[9]。

此外，机体还有肌肉疼痛和抽搐、脱发等现象出现，并且自觉虚弱、易怒、嗜睡和沮丧，失去性欲、雄心和兴趣。由于外耳道周围组织的萎缩，外耳道增宽，听觉更加灵敏。口唇干燥，舌水肿有齿痕。皮肤变薄、干燥、冰凉、粗糙、无弹性。骨钙丢失，骨质疏松，易骨折[50]。深部腱反射减弱或消失[40]。

第四节　饥饿的结局与自救

一、死亡

饥饿的最终结果是死亡，关于死亡原因目前主要有三种假说[43]。

1．能量储备的耗竭　当脂肪储备消耗殆尽时，机体很快死亡。而肥胖人群的生存时间会有显著的延长。

2．瘦体重的消耗　瘦体重包括体细胞的质量和支持组织（结缔组织、骨组织、肌腱、韧带），其消耗不能超过 40%，否则机体死亡[51]。可交换的 Na^+/K^+ 比值可反映瘦体重的消耗情况，预测营养不良患者的死亡率[52]。该比值也代表钠泵的功能状态，可用于确定生命终结的临界点。

3．并发症　由于体内电解质紊乱导致心律失常、心功能衰竭，或者是由于机体抵抗力下降而导致呼吸道、消化道感染，引发败血症。

二、饥饿的自救

在矿难、地震等灾害发生时，受困人员应积极进行自救，以尽可能减轻饥饿对机体的损害。自救应采取的策略如下。

1．尽可能减少体力活动，以减少能量消耗，节约体内的能源物质。

2．保证饮水量，以促进体内代谢产物的排泄。

3．树立坚强的信心，等待营救人员的到来。

4. 寻找一切可食之物，如可食野菜、野生动物等。

为了应付突发事件和应急救生的需要，许多国家或军队研制了应急救生食品，其特点为体积小，能量密度大，储存时间长，一般含有丰富的脂肪和适量的蛋白质，可食用 7~15 天，短期内保持一定的工作能力。动物限食实验证明，在维持营养状态和体能方面，高脂食品优于高糖和高蛋白食品。此类食品尽管不能完全满足机体的营养需要，但是，短期内对机体不会产生不可逆的损害，恢复正常膳食后，机体所产生的生理生化变化将迅速得到恢复。为了改善半饥饿状态下的脂肪代谢，尤其是食用高脂食品时，补充肉碱将有利于机体充分利用体内外脂肪。目前根据国家有关安监法规的要求，井下避难所的建设正在快速推进。井下避难所应具备安全防护、氧气供给、有害气体处理、温湿度控制、通信、照明及指示、基本生存保障等功能，保证在无任何外部支持的情况下维持避难所内额定避险人员生存 96 小时以上。

第五节　获救后的恢复

饥饿人员得到营救后，应根据情况采取不同的恢复措施。

一、能量补充

遭受短期饥饿的人员得到营救后，由于消化吸收功能尚可，可立即给予正常膳食，机体将得到迅速恢复。

遭受较长期饥饿的人员得到营救后，如果过快恢复正常饮食，因肠黏膜细胞吸收、消化不足，易产生严重腹泻，加重内环境紊乱，引起肠道梗阻，造成肠道菌群失调，还可能引起重度感染、穿孔。因此应首先考虑肠外营养即静脉营养的方法，提供机体所需的能量和营养，循序渐进给予饮食，并逐步刺激胃肠道恢复蠕动功能，预防应激性溃疡的发生，避免发生腹泻等不良反应。在胃肠道功能未恢复前，可先给予 10% 氯化钠口服，10 ml/h，同时口服少量温开水，于 12 小时后逐渐过渡到米汤，第 3 天给予半流质饮食。给予质子泵抑制剂如奥美拉唑等静脉推注；并同时输注谷氨酰胺，这对减轻肠黏膜的损伤，降低内毒素移位，增强肠黏膜的免疫功能，发挥肠黏膜的屏障功能具有重要的保护作用。无论是肠内营养还是肠外营养，机体急剧的营养水平改变均可能导致"复食综合征"的发生（详见本章第六节）。总之，在具体的临床实践中，需根据患者的饥饿时间、机体各项功能指标的变化，在严密的监控下进行饥饿的救治[53-55]。

二、纠正水、电解质平衡紊乱

饥饿患者根据食物和水源缺乏的程度不同，可能存在脱水或水肿。可能有低钾血症和低镁血症，但多数情况下血钾、血镁水平尚维持正常，但在复食后会迅速下降，甚至威胁生命，需要在复食的同时注意监测和补充。具体详见本章第六节。

三、控制感染

1. 清创术　矿难或地震发生时，往往伴随严重创伤、肌肉坏死和伤口泥土污染，应及时进行彻底的清创，去除一切失活坏死组织和异物。这是预防创伤后发生气性坏疽及其他非特异性感染的最可靠方法[56]。抗生素可根据创伤情况在清创前后应用，但不能代替清创术。

2. 院内护理 注意病房环境的卫生，对伤员病房进行隔离。注意伤员个人卫生，重点消毒静脉穿刺点及皮肤擦伤处，每日给予全身擦洗。尽可能缩短置管时间，伤员脱水纠正、周围静脉充盈改善后应及时更换为周围静脉穿刺。

3. 预防性使用广谱抗生素 长期饥饿时，胃肠道黏膜细胞萎缩，易造成肠道内细菌及其毒素移位，使胃肠道成为感染的始发部位。预防性使用广谱抗生素，对可能的内源性感染有预防作用；但胃肠道功能恢复后，应及时停用，防止肠道菌群失调。

第六节　复食综合征

复食综合征（refeeding syndrome，RFS）是指机体经过长期饥饿或营养不良，重新摄入营养物质导致以低磷血症为特征的电解质代谢紊乱及由此产生的一系列症状。第二次世界大战时期战俘和集中营幸存者，部分人在摄入高糖饮食之后迅速出现水肿、呼吸困难和致死性心力衰竭[57]。

饥饿期间，胰岛素分泌减少伴随胰岛素抵抗，胰高血糖素分泌增加，细胞内糖原分解、脂肪和蛋白质分解以提供能量并参与糖异生。这一分解代谢过程导致机体磷、钾、镁和维生素等微量营养素的消耗，但此时血清磷、钾、镁浓度可能正常。重新开始营养治疗，特别是补充大量糖类物质后，血糖升高，使得胰岛素分泌恢复，糖酵解-氧化磷酸化重新成为主要供能途径。胰岛素作用于机体各组织，导致钾、磷、镁转移入细胞内，形成低磷血症、低钾血症、低镁血症；糖代谢和蛋白质合成的增强还消耗维生素B_1。RFS的这种代谢特征，通常在营养治疗后3～4天内发生。

预防复食综合征的关键一步是营养治疗前确定有RFS风险的人群，包括神经性厌食患者、慢性营养不良（消瘦）者、急剧减肥的病态肥胖者等[58]。英国国立临床规范研究所（National Institute for Clinical Excellence，NICE）的2006年成人摄食指南所给出的RFS危险因素见表12-1[59]。有1项主要危险因素或2项次要危险因素者患RFS风险高。

表 12-1　RFS 的危险因素

主要危险因素	次要危险因素
BMI ＜ 16 kg/m²	BMI ＜ 18.5 kg/m²
近3～6个月非故意减肥＞15%	近3～6个月非故意减肥＞10%
超过10天未摄入营养	超过5天未摄入营养
进食前有低钾、低磷、低镁	酗酒或使用胰岛素、化疗药、抗酸药、利尿剂史

注：BMI，体重指数（body mass index）

一、低磷血症

低磷血症是复食综合征的主要病理生理特征，补磷则为主要治疗手段。但有报道显示有近一半的低磷血症患者未被发现并得到相应的治疗[60]。

(一)磷的生理功能

磷在生命过程中十分重要,体内重要的生命化学过程皆有磷的参与[61]。

1. 生命重要物质的组分　核酸、磷脂、磷蛋白分别是机体遗传物质、膜结构、重要功能蛋白的基本组分,而磷是这些基本组分的必需元素。

2. 参与机体能量代谢的核心反应　ATP → ADP+Pi → AMP+Pi 是机体能量代谢的核心反应,其实质即磷酰基的给出与再获得,同时伴随着能量的转换。它是机体一切生命活动的能量源泉。

3. 生物大分子活性的调控　蛋白质的可逆磷酸化过程是机体调控机制的分子生物学基础之一。如组蛋白的磷酸化可使基因去抑制而加速转录作用;核糖体的蛋白质磷酸化可加速翻译作用;细胞膜蛋白质的磷酸化可改变膜的通透性;酶蛋白的磷酸化可改变酶的活性。

4. 成骨　磷是骨和牙的基本矿物质成分。

5. 凝血　凝血过程的几个重要步骤均需在磷脂的表面进行,血小板因子3和凝血因子Ⅲ的主要成分即磷脂,它们为凝血过程提供充分的磷脂表面。

6. 其他　磷酸盐参与酸碱平衡的调节;2,3-二磷酸甘油酸(2,3-DPG)调节血红蛋白与氧的亲和力等皆是磷的重要生理功能。

(二)低磷血症对机体的影响

饥饿期间,机体(主要是细胞内)磷的储备减少,而复食刺激胰岛素分泌,促进磷向细胞内转移,导致严重的低磷血症。低磷血症常无明确特异的症状,易被忽略。复食综合征对机体磷代谢的影响包括以下方面[62]。

1. 磷是细胞内核苷酸、磷脂、磷蛋白的组成部分,营养治疗过程中镁进入细胞,促进细胞增殖和核苷酸、磷脂、磷蛋白的合成,造成细胞内磷的消耗。

2. 由于糖酵解和氧化磷酸化恢复,细胞ATP、肌酐磷酸激酶等物质和酵解中间产物6-磷酸葡萄糖大量产生,亦造成磷的消耗。细胞对磷需求的增加导致细胞内磷酸盐浓度在营养治疗期间进一步下降,合成磷脂减少,影响细胞膜的稳定性,临床上表现为肌膜崩解、横纹肌溶解,以及红细胞脆性增加、溶血性贫血。

3. 胰岛素促进细胞摄磷主要发生在肝,其次是骨骼肌,这使得各组织间磷分配不平衡。

4. 磷在红细胞的跨膜转运依赖血磷浓度形成的梯度,低磷血症使得红细胞内磷及2,3-DPG消耗殆尽,血红蛋白氧离曲线左偏,影响心肌、神经等组织供氧。

5. 严重低磷血症如果不通过饮食或骨质吸收补充磷,会导致代谢性酸中毒,后者可以消耗细胞内的ATP、2,3-DPG,并促使磷向细胞外移动。

二、低钾血症

低钾血症是复食综合征致死的主要原因。钾在体内具有重要的生理功能。

(一)钾的生理功能

1. 维持细胞新陈代谢　钾参与多种新陈代谢过程,与糖原和蛋白质合成有密切关系。细胞内一些与糖代谢有关的酶类,如磷酸化酶和含巯基酶等必须有高浓度钾存在才具有活性。

2. 维持细胞静息膜电位　钾是维持细胞膜静息电位的物质基础。静息膜电位主要取决于细胞膜对钾的通透性和膜内外钾浓度差。由于安静时细胞膜只对钾有通透性,随着细胞内钾向外的被动扩散,造成内负外正的极化状态,形成静息电位。此电位对神经肌肉组织的兴奋性是不可缺少的。

3. 调节细胞内外的渗透压和酸碱平衡　由于大量钾离子储存于细胞内,不仅维持了细胞内液的渗透压和酸碱平衡，还因此影响了细胞外液的渗透压和酸碱平衡。

饥饿期间，能量供应减少使钠泵（Na^+-K^+-ATPase）活性被抑制，细胞通过钠泵摄钾能力降低，细胞内钾离子浓度下降，并进一步经尿液排出体外；营养治疗期间，胰岛素和ATP增强钠泵的活性，使细胞内钾浓度升高，细胞外钾浓度降低，导致细胞超极化，对神经和肌肉（横纹肌、平滑肌、心肌等）的功能造成影响。

（二）低钾血症对机体的影响

1．由于钾对中枢神经系统的影响，轻度低钾血症患者表现为精神萎靡、神情淡漠、倦怠；重者有定向迟钝、定向力减弱、嗜睡甚至昏迷。

2．肌肉出现瘫痪、麻痹、呼吸抑制、肌无力症状。由于钾对骨骼肌的供血也有调节作用，严重缺钾时，运动过程中细胞释放钾受抑制，供血不足，引起肌肉痉挛、缺血性坏死和横纹肌溶解。

3．胃肠道运动减弱，患者出现腹胀、厌食、恶心、呕吐等症状，严重时可发生麻痹性肠梗阻。

4．低钾血症对心脏的主要影响为心律失常。轻度低钾血症多表现为窦性心动过速、房性及室性早搏。重度低钾血症可致室上性或室性心动过速及室颤。

5．低钾血症常合并代谢性碱中毒，进一步加重呼吸抑制。

三、低镁血症

（一）镁的生理功能

1．镁参与体内多种酶促反应，多种酶的活化需镁参加，其与ATP结合可激活多种重要的酶，如腺苷酸环化酶、Na^+-K^+-ATP酶、Ca^{2+}-ATP酶等均依赖于镁的存在。

2．抑制神经-肌肉接头处释放乙酰胆碱。

3．维持膜的稳定性，从而影响细胞膜上离子的转运。

4．镁是核糖体的重要组成部分，核糖体各组分的聚合及与mRNA、tRNA间的相互作用、氨基酸的活化、蛋白质的合成均需要镁的参与。

5．通过与磷酸基的络合参与维持DNA的稳定性。

6．镁对心血管系统和中枢神经系统的功能亦有一定影响。

（二）低镁血症对机体的影响

1．对神经和肌肉组织产生影响。低镁血症时，Mg^{2+}对中枢神经系统、神经纤维以及骨骼肌的抑制作用减弱；Ca^{2+}进入神经轴突增多，神经-肌肉接头乙酰胆碱释放增多；终板膜上乙酰胆碱受体对乙酰胆碱的敏感性增强，使神经肌肉的兴奋性增强。临床上表现为肌震颤、手足抽搐、共济失调等。

2．胰岛素和血糖可使细胞内镁离子积聚，拮抗钙离子的作用，导致心肌和血管收缩能力降低，使营养治疗患者发生低血压及充血性心力衰竭。细胞外镁离子的突然下降可致血管一过性舒张，然后进入持续性收缩状态，这一过程加剧低钾血症导致的血管收缩和组织缺血缺氧。

3．低镁血症常加剧低钾血症，并影响补钾效果。因营养治疗期间细胞内镁离子下降程度较磷酸根离子下降程度轻[63]，所以复食综合征的低镁血症尚不会引起糖酵解-氧化磷酸化和线粒体呼吸链的抑制。

四、维生素B_1缺乏

维生素B_1（$VitB_1$）在体内储存很少，饥饿后几天内就可能耗竭。$VitB_1$在体内的活性形式——

焦磷酸硫胺素（TPP）是 α-酮酸氧化脱羧酶系的辅酶。正常情况下，机体所需能量主要靠糖代谢所产生的丙酮酸氧化供给。VitB₁缺乏可影响丙酮酸的氧化功能，导致乳酸酸中毒。由于脑对糖氧化供能的依赖性极高，所以 VitB₁缺乏更易影响神经组织的功能，出现 Wernicke 脑病和 Korsakoff 脑病。前者表现为共济失调、迷惑、低体温、视觉异常、昏迷等；后者表现为健忘症、虚谈症等[64]。

五、循环充血

饥饿状态下，长期低血容量、细胞内 ATP 耗竭导致心脏萎缩、心动过缓、搏出量降低。营养治疗期间，高血糖、高胰岛素血症、低磷血症、补液过度导致水钠潴留、循环充血、前负荷加重，然而由于磷总量消耗，心肌细胞 ATP 合成相对不足，心功能失代偿，出现体循环和肺循环衰竭的症状。

六、高糖血症

持续、大量和快速补充碳水化合物易造成高糖血症；并且饥饿患者的复食过程可作为一个应激因素导致血中糖皮质激素水平迅速升高，引起恶性高糖血症[65]。过高的血糖水平会导致渗透性利尿、脱水、低血压、代谢性酸中毒、酮症酸中毒等。高糖引起的脂质合成可诱发脂肪肝的发生；CO_2合成增多引起高碳酸血症和呼吸衰竭[66]。高糖血症损伤免疫功能，使机体的感染风险增加。长期的高血糖还会导致高渗性非酮症昏迷[65]。

七、复食综合征的防治关键

复食综合征的防治，需要注意以下几个方面[67]。
1．提高对复食综合征的认识和重视，不断更新临床营养专业知识。
2．早期评估并识别容易发生复食综合征的高危患者。
3．由营养支持小组成员联合床位主管医师，根据病情制订个体化营养治疗方案更利于达到营养治疗的预期效果，并使相关并发症降至最低。
4．复食前，应注意检测和先期纠正原已存在的水、电解质代谢紊乱。
5．复食开始后即注意补充磷、镁和钾，并密切监测其水平，根据检测结果及时调整供给量。
6．复食的初始阶段热氮供给量宜低：能量为 83.7 kJ/（kg·d）或 4180 kJ/d，蛋白质 0.8～1.2 g/（kg·d），在 10～14 天内逐步、缓慢地递增供给量，直至达到预期营养需求目标或患者可耐受的量。宜以糖脂双能源供能，其中脂肪的供给量不能超过机体最大清除能力 [3.8 g/（kg·d）]，特别是脂肪清除能力下降的危重患者。
7．注意补充维生素，特别是维生素 B_1，并注意补充其他维生素，包括叶酸。
8．加强临床观察，根据病情变化及时予以相应处理。

第七节　禁食对机体的益处

相对于营养丰富的情况，饥饿是生命体在自然环境中更常面临的一种状态。随着人类生活条件的不断改善，饮食过剩和运动不足使肥胖与糖尿病的发病率不断升高，因此近来人们将目光投向了

"禁食"这一来自宗教习俗的生活方式。

一、概述

热量限制（calorie restriction，CR）指不伴有营养不良的热量摄入减少。研究发现热量限制可减轻体重，延长寿命，保护心血管系统，显著改善胰岛素敏感性，有利于糖尿病控制，改善认知功能，并有助于预防和治疗癌症。但热量限制难以坚持，并易导致营养不良[68-69]。因此间断禁食（intermittent fasting，IF）作为连续性热量限制的替代方式受到欢迎，并有多种方式[68,70]，见表12-2。间断禁食不仅可减轻体重，改善代谢，也可促进骨关节炎、血栓性静脉炎和顽固性皮肤溃疡等的恢复。禁食不仅促进少突胶质细胞前体细胞再生和轴突中的髓鞘再生，减轻自身免疫病和多发性硬化症[71]，也促进造血细胞再生，逆转化疗及衰老引起的免疫抑制[72]。有研究人员将禁食过程比喻为按动"代谢开关"，将代谢从燃烧来自糖原分解的葡萄糖转为燃烧脂肪酸和酮体。该过程在停止食物消耗的 12～36 h 发生，时间快慢取决于肝糖原含量与运动量[68]。

"治疗性禁食"也会引起不良反应，包括恶心、呕吐、水肿、脱发、运动神经病变、高尿酸血症、尿酸盐肾病、月经不调、肝功能异常、骨密度降低、硫胺素缺乏症、Wernicke脑病和轻度代谢性酸中毒。严重者，甚至可引起由乳酸酸中毒、小肠梗阻、肾衰竭和心律失常等造成的死亡[68]。

表 12-2　不同禁食模式的定义

禁食模式	定义
间断禁食（intermittent fasting，IF）	不同时间段的禁食，通常为12小时或更长
热量限制（calorie restriction，CR）	无营养不良的持续热量摄入减少
限时进食（time-restricted feeding，TRF）	将进食限制在一天中的特定时间段，通常为每天8～12小时
严格隔日禁食（complete alternate-day fasting，ADF）	禁食日与进食日交替，禁食日完全无热量摄入，进食日进食不受限制
改良隔日禁食（alternate-day modified fasting，ADMF）	禁食日与进食日交替，禁食日热量摄入低于能量需求的20%，进食日进食不受限制
定期禁食（periodic fasting，PF）	一周内禁食1～2天，其他时间随意进食

二、禁食引起有益作用的机制

禁食可能从以下几个方面起到对机体的保护作用[69]。

（一）激活应激信号通路

间断禁食可激活应激诱导的信号通路，并增加热休克蛋白70（heat shock protein70，HSP70）等应激诱导蛋白的转录。HSP 表达增加是对氧化应激、缺氧、蛋白质降解和能量消耗等恶劣条件的一般反应。热休克蛋白可使未折叠或错误折叠的蛋白质进行正确折叠，并具有抗炎和抗凋亡作用。糖尿病患者骨骼肌中 HSP 水平降低，可能与胰岛素抵抗有关。而动物实验显示 HSP 的表达升高可减轻胰岛素抵抗、葡萄糖耐受不良以及饮食或肥胖引起的高糖血症。

（二）促进自噬

间断禁食促进细胞自噬，以降解变性分子和受损的细胞器，或降解不重要的细胞成分，从而为细胞提供回收材料、供应能量。自噬不仅是细胞应对饥饿的保护机制，也是应对多种疾病的保障系统，包括神经退行性疾病、癌症、动脉粥样硬化、2型糖尿病、心力衰竭、克罗恩氏病和细菌感染等[73-74]。自噬相关基因（autophagy-relatedgene，ATG）的遗传变异与神经退行性疾病、癌症、克罗恩氏病等密切相关[74]。其中尤其值得关注的是自噬的抗肿瘤作用。饥饿诱导的自噬在促进宿主防御和对细胞内病原体的免疫应答中也起着关键作用，因此，新的研究提倡在急性重症患者的前 48～72 h 限制营养摄入；之后不能恢复经口饮食的，采用间断性肠内营养也优于连续胃管喂食[75]。而细胞衰老也与自噬降低以及故障成分的累积有关，热量限制可减弱衰老对自噬的影响，从而保持细胞活性[69]。

禁食诱导自噬的机制可能与下列因素有关：溶酶体内的氨基酸水平通过影响哺乳动物雷帕霉素靶蛋白（mammalian target of rapamycin，mTOR）的活化状态调节自噬，氨基酸耗竭激活自噬。葡萄糖水平也可调节自噬，胰高血糖素诱导自噬，而胰岛素抑制自噬[73]。也有其他信号途径参与了禁食对自噬的诱导[69, 73]。

抗肿瘤治疗的主要障碍是细胞毒性化疗药物治疗窗口狭窄，降低化疗毒性作用的策略也可能同时保护癌细胞。已发现化疗前短期禁食可减轻化疗药的毒副作用，并增强癌细胞对化疗药的敏感性，即禁食保护正常细胞而不保护癌细胞，并加强免疫监视。其作用机制如下。

1. 自噬增强正常细胞的存活 禁食诱导的自噬具有保护作用，促进细胞存活，但癌细胞往往是由自噬缺陷发展而来，故禁食对正常细胞具有保护作用，但对癌细胞则不具有这种保护作用。生长因子可促进细胞对外源营养物质的利用，抑制自噬，禁食可使血液循环中生长因子减少，上调正常细胞的自噬；而癌细胞则因对外源生长信号不敏感[76]，自噬作用并不增强。

2. 自噬促进肿瘤细胞免疫原性死亡 免疫原性（immunogenicity）是指能够刺激机体形成特异抗体或致敏淋巴细胞的能力。肿瘤细胞免疫原性死亡（immunogenic cell death，ICD）指肿瘤细胞发生凋亡的同时，由非免疫原性的细胞转变为具有免疫原性的细胞，并在机体内激发抗肿瘤免疫效应。ICD 的机制涉及：①树突状细胞（dendritic cells，DC）进行抗原呈递；②钙网蛋白从内质网转移到细胞膜表面，促进肿瘤细胞被 DC 识别和吞噬；③ HSP 与抗原肽结合，呈递给主要组织相容性复合体（major histocompatibility complex，MHC）Ⅰ类分子，以活化肿瘤特异性 T 淋巴细胞；④高迁移率族蛋白 B1（high-mobility group B1，HMGB1）从细胞核及胞质中释放到细胞外，与细胞膜上多种受体结合，诱导 DC 成熟；⑤ ATP 募集吞噬细胞，促进凋亡细胞的吞噬和清除。而自噬可释放 HMGB1 和 ATP，增加胞质表位的呈递，增强 DC 细胞的抗原呈递，来加强免疫监视。但自噬的作用也存在争议，包括抑制炎症、促进癌细胞的免疫逃避等[76]。

（三）减少糖基化终末产物

糖基化终末产物（advancedglycationend-product，AGE）指在非酶促条件下，蛋白质、氨基酸、脂类或核酸等大分子物质的游离氨基与还原糖的醛基经过缩合、重排、裂解、氧化修饰后产生的一组稳定的终末产物。AGE 可在正常代谢过程中产生，也可在高温烹饪食物的过程中产生。富含 AGE 的食物包括红肉、奶酪和加工谷物。糖尿病患者 AGE 的产量增加或排泄减少，引发多种病理生理过程；而低 AGE 饮食的小鼠寿命延长。AGE 通过与 AGE 受体（AGE receptor，RAGE）反应发挥功能。RAGE 是多配体受体，可被三维结构类似的配体激活。RAGE 与炎症介质互相促进，而热量限制可使 AGE 减少[69]。

（四）激素改变

热量限制与间断禁食可增加人类和实验动物的脂联素（adiponectin）水平。脂联素为脂肪细胞分泌的一种内源性生物活性多肽或蛋白质，与体重、肥胖和胰岛素抵抗成反比。脂联素可调节胰岛素活性，降低胰岛素水平与 β 细胞功能障碍。糖尿病患者脂联素水平低，而长寿的人与动物脂联素水平高。据推测,脂联素将代谢从燃烧葡萄糖转变为燃烧脂肪,降低氧化应激,促进长寿。但在人类疾病中,脂联素的预后价值受到质疑,高水平脂联素与充血性心力衰竭的不良结果相关[69]。

(吴 静)

参考文献

[1] 郭长江,杨继军. 饥饿与生存. 解放军预防医学杂志,2003,2(2):55-56.

[2] Meyers A W. Some Morphological Effects of prolonged Inanition. J Med Res,1917,36(1):51-78 55.

[3] Cahill G F, Jr., Owen O E. Starvation and survival. Trans Am Clin Climatol Assoc,1968,79:13-20.

[4] Runcie J, Thomson T J. Prolonged starvation--a dangerous procedure? Br Med J,1970,3(5720):432-435.

[5] Thomson T J, Runcie J, Miller V. Treatment of obesity by total fasting for up to 249 days. Lancet,1966,2(7471):992-996.

[6] Drenick E J, Swendseid M E, Blahd W H, et al. Prolonged Starvation as Treatment for Severe Obesity. Jama,1964,187:100-105.

[7] Stewart W K, Fleming L W. Features of a successful therapeutic fast of 382 days' duration. Postgrad Med J,1973,49(569):203-209.

[8] Keys A, Brozek J, Henschel A, Mickelsen O, Taylor HL. The Biology of Human Starvation. Minneapolis. Minneapolis, MN: The University of Minnesota Press, North Central Publishing, 1950.

[9] Rojas-Morales P, Tapia E, Pedraza-Chaverri J. beta-Hydroxybutyrate:A signaling metabolite in starvation response? Cell Signal,2016,28(8):917-923.

[10] Finn P F, Dice J F. Proteolytic and lipolytic responses to starvation. Nutrition,2006,22(7-8):830-844.

[11] Mizushima N, Yamamoto A, Matsui M, et al. In vivo analysis of autophagy in response to nutrient starvation using transgenic mice expressing a fluorescent autophagosome marker. Mol Biol Cell,2004,15(3):1101-1111.

[12] Kanamori H, Takemura G, Maruyama R, et al. Functional significance and morphological characterization of starvation-induced autophagy in the adult heart. Am J Pathol,2009,174(5):1705-1714.

[13] 张迺蘅. 生物化学. 北京:北京大学医学出版社,1999.

[14] Van Der Crabben S N, Allick G, Ackermans M T, et al. Prolonged fasting induces peripheral insulin resistance, which is not ameliorated by high-dose salicylate. J Clin Endocrinol Metab,2008,93(2):638-641.

[15] Gregorio C A, Gail D B, Massaro D. Influence of fasting on lung oxygen consumption and respiratory quotient. Am J Physiol,1976,230(2):291-294.

[16] Soeters M R, Soeters P B, Schooneman M G, et al. Adaptive reciprocity of lipid and glucose metabolism in human short-term starvation. Am J Physiol Endocrinol Metab,2012,303(12):

E1397-1407.

[17] Guyton Ac H J. Textbook of medical physiology. Health Sciences Asia, Elsevier Science, 2002.

[18] Ahima R S, Prabakaran D, Mantzoros C, et al. Role of leptin in the neuroendocrine response to fasting. Nature, 1996, 382 (6588): 250-252.

[19] Van Der Hulst R R, Von Meyenfeldt M F, Van Kreel B K, et al. Gut permeability, intestinal morphology, and nutritional depletion. Nutrition, 1998, 14 (1): 1-6.

[20] 陈代陆, 夏正武, 王振华, 卢国良. 长期饥饿应激对大鼠肠神经系统神经递质的影响. 临床消化病杂志, 2001, 13 (5): 195-196.

[21] Rombeau Jl L J. Nutritional-metabolic support of the intestine: implications for the critically ill patient. In: Organ Metabolism and Nutrition Ideas for Future Critical Care, Kinney JM, Tucker HN, editors New York, Raven Press, 1994: pp. 197-229.

[22] Grant J. Functional and dynamic techniques for nutritional assessment. In: Total Parenteral Nutrition (2nd ed), J Grant, editor Philadelphia, Saunders, 1992: pp. 49-61.

[23] Chandra R K. 1990 McCollum Award lecture. Nutrition and immunity: lessons from the past and new insights into the future. Am J Clin Nutr, 1991, 53 (5): 1087-1101.

[24] Hulsewe K W, Van Acker B A, Von Meyenfeldt M F, et al. Nutritional depletion and dietary manipulation: effects on the immune response. World J Surg, 1999, 23 (6): 536-544.

[25] Tanaka M, Suganami T, Kim-Saijo M, et al. Role of central leptin signaling in the starvation-induced alteration of B-cell development. J Neurosci, 2011, 31 (23): 8373-8380.

[26] Fukatsu K, Kudsk K A. Nutrition and gut immunity. Surg Clin North Am, 2011, 91 (4): 755-770, vii.

[27] Hunger disease. Studies by the Jewish physicians in the Warsaw Ghetto. Curr Concepts Nutr, 1979, 7: 1-261.

[28] Coxson H O, Chan I H, Mayo J R, et al. Early emphysema in patients with anorexia nervosa. Am J Respir Crit Care Med, 2004, 170 (7): 748-752.

[29] Massaro G D, Radaeva S, Clerch L B, et al. Lung alveoli: endogenous programmed destruction and regeneration. Am J Physiol Lung Cell Mol Physiol, 2002, 283 (2): L305-309.

[30] Massaro D, Massaro G D, Baras A, et al. Calorie-related rapid onset of alveolar loss, regeneration, and changes in mouse lung gene expression. Am J Physiol Lung Cell Mol Physiol, 2004, 286 (5): L896-906.

[31] Massaro D, Massaro G D. Hunger disease and pulmonary alveoli. Am J Respir Crit Care Med, 2004, 170 (7): 723-724.

[32] Karlinsky J B, Goldstein R H, Ojserkis B, et al. Lung mechanics and connective tissue levels in starvation-induced emphysema in hamsters. Am J Physiol, 1986, 251 (2 Pt 2): R282-288.

[33] Gail D B, Massaro G D, Massaro D. Influence of fasting on the lung. J Appl Physiol, 1977, 42 (1): 88-92.

[34] Sahebjami H, Wirman J A. Emphysema-like changes in the lungs of starved rats. Am Rev Respir Dis, 1981, 124 (5): 619-624.

[35] Sahebjami H, Domino M. Effects of starvation and refeeding on elastase-induced emphysema. J Appl Physiol, 1989, 66 (6): 2611-2616.

[36] Keys A, Henschel A, Taylor H L. The size and function of the human heart at rest in semi-starvation and in subsequent rehabilitation. Am J Physiol, 1947, 150（1）：153-169.

[37] Ramalingaswami V. Nutrition and the heart. Cardiologia, 1968, 52（1）：57-68.

[38] Webb J G, Kiess M C, Chan-Yan C C. Malnutrition and the heart. Cmaj, 1986, 135（7）：753-758.

[39] Fisler J S. Cardiac effects of starvation and semistarvation diets：safety and mechanisms of action. Am J Clin Nutr, 1992, 56（1 Suppl）：230S-234S.

[40] Barbosa-Saldivar J L, Van Itallie T B. Semistarvation：an overview of an old problem. Bull N Y Acad Med, 1979, 55（8）：774-797.

[41] Szczepanska-Sadowska E, Brzezinski M. Interaction between effects of insulin and vasopressin on renal excretion of water and sodium in rats. Horm Metab Res, 1982, 14（4）：175-179.

[42] Lobo D N. Fluid, electrolytes and nutrition：physiological and clinical aspects. Proc Nutr Soc, 2004, 63（3）：453-466.

[43] Mora R J. Malnutrition：organic and functional consequences. World J Surg, 1999, 23（6）：530-535.

[44] Patrick J, Golden M. Leukocyte electrolytes and sodium transport in protein energy malnutrition. Am J Clin Nutr, 1977, 30（9）：1478-1481.

[45] Owen O E, Caprio S, Reichard G A, Jr., et al. Ketosis of starvation：a revisit and new perspectives. Clin Endocrinol Metab, 1983, 12（2）：359-379.

[46] Oster J R, Epstein M. Acid-base aspects of ketoacidosis. Am J Nephrol, 1984, 4（3）：137-151.

[47] Cartwright M M, Hajja W, Al-Khatib S, et al. Toxigenic and metabolic causes of ketosis and ketoacidotic syndromes. Crit Care Clin, 2012, 28（4）：601-631.

[48] Causso C, Arrieta F, Hernandez J, et al. Severe ketoacidosis secondary to starvation in a frutarian patient. Nutr Hosp, 2010, 25（6）：1049-1052.

[49] Mittal M, Khan S. Starvation causes acute psychosis due to anterior thalamic infarction. South Med J, 2010, 103（7）：701-703.

[50] Kueper J, Beyth S, Liebergall M, et al. Evidence for the adverse effect of starvation on bone quality：a review of the literature. Int J Endocrinol, 2015, 2015：628740.

[51] Roubenoff R, Kehayias J J. The meaning and measurement of lean body mass. Nutr Rev, 1991, 49（6）：163-175.

[52] Tellado J M, Garcia-Sabrido J L, Hanley J A, et al. Predicting mortality based on body composition analysis. Ann Surg, 1989, 209（1）：81-87.

[53] 吴雅芳，徐建萍，郑文霞，等. 20例被困井下8 d获救矿工营养治疗分析. 临床医药实践, 2011, 20（3）：204-206.

[54] 李娟，江华容，李雪，等. 矿难井下25 d未进食矿工获救后的营养支持护理. 护士进修杂, 2001, 26（19）：1811-1812.

[55] 夏月玲，高钦平，杨焕枝. 缺氧、饥饿、脱水综合征12例患者的救护体会. 14, 2005, 14（12）：中国中医急症.

[56] 赵平武，向春华. 地震灾害中掩埋140小时伤员的救治体会. 华西医学, 2009, 24（2）：431-434.

[57] Schnitker M A, Mattman P E, Bliss T L. A clinical study of malnutrition in Japanese prisoners of war. Ann Intern Med, 1951, 35（1）：69-96.

[58] Solomon S M, Kirby D F. The refeeding syndrome: a review. JPEN J Parenter Enteral Nutr, 1990, 14 (1): 90-97.

[59] Walmsley R S. Refeeding syndrome: screening, incidence, and treatment during parenteral nutrition. J Gastroenterol Hepatol, 2013, 28 Suppl 4: 113-117.

[60] Subramanian R, Khardori R. Severe hypophosphatemia. Pathophysiologic implications, clinical presentations, and treatment. Medicine (Baltimore), 2000, 79 (1): 1-8.

[61] 唐朝枢. 病理生理学. 北京: 北京大学医学出版社, 2009.

[62] 孙冠青, 石汉平. 再喂养综合症的病理生理. 中华普通外科文献, 2008, (1): 8-9.

[63] Pichard C, Hoshino E, Allard J P, et al. Intracellular potassium and membrane potential in rat muscles during malnutrition and subsequent refeeding. Am J Clin Nutr, 1991, 54 (3): 489-498.

[64] Fuentebella J, Kerner J A. Refeeding syndrome. Pediatr Clin North Am, 2009, 56 (5): 1201-1210.

[65] Lauts N M. Management of the patient with refeeding syndrome. J Infus Nurs, 2005, 28 (5): 337-342.

[66] Mehanna H M, Moledina J, Travis J. Refeeding syndrome: what it is, and how to prevent and treat it. BMJ, 2008, 336 (7659): 1495-1498.

[67] 费旭峰, 曹伟新. 再喂养综合征. 外科理论与实践, 2006, 11 (2): 179-180.

[68] Swyden K, Sisson S B, Lora K, et al. Association of childcare arrangement with overweight and obesity in preschool-aged children: a narrative review of literature. Int J Obes (Lond), 2017, 41 (1): 1-12.

[69] Golbidi S, Daiber A, Korac B, et al. Health Benefits of Fasting and Caloric Restriction. Curr Diab Rep, 2017, 17 (12): 123.

[70] Patterson R E, Sears D D. Metabolic Effects of Intermittent Fasting. Annu Rev Nutr, 2017, 37: 371-393.

[71] Choi I Y, Piccio L, Childress P, et al. A Diet Mimicking Fasting Promotes Regeneration and Reduces Autoimmunity and Multiple Sclerosis Symptoms. Cell Rep, 2016, 15 (10): 2136-2146.

[72] Cheng C W, Adams G B, Perin L, et al. Prolonged fasting reduces IGF-1/PKA to promote hematopoietic-stem-cell-based regeneration and reverse immunosuppression. Cell Stem Cell, 2014, 14 (6): 810-823.

[73] Kawabata T, Yoshimori T. Beyond starvation: An update on the autophagic machinery and its functions. J Mol Cell Cardiol, 2016, 95: 2-10.

[74] Jiang P, Mizushima N. Autophagy and human diseases. Cell Res, 2014, 24 (1): 69-79.

[75] Marik P E. Is early starvation beneficial for the critically ill patient?. Curr Opin Clin Nutr Metab Care, 2016, 19 (2): 155-160.

[76] Van Niekerk G, Hattingh S M, Engelbrecht A M. Enhanced Therapeutic Efficacy in Cancer Patients by Short-term Fasting: The Autophagy Connection. Front Oncol, 2016, 6: 242.

第十三章

多器官功能障碍综合征

矿山创伤多为严重的复合伤和多发伤，而瓦斯煤尘爆炸和火灾可引起严重的烧伤，这些均易继发感染和休克。随着医疗设备、技术手段的不断完善与进步，临床诊疗水平的不断提高，一些重度创伤、感染等危重病例获得有效的救治，单个器官功能衰竭患者抢救的成功率明显提高。但是，一些危重症患者虽然能幸运地从重度打击中解脱出来，在随后不长的时间内又会相继出现肺、肾、心、肝、脑及消化道等两个或两个以上器官系统程度不等的功能障碍，导致患者全身状态恶化。这种机体遭受严重感染、创伤、休克、大手术等损害 24 h 后，同时或序贯发生两个或两个以上器官或系统功能不全或衰竭，不能维持内环境稳定的临床综合征称为多器官功能障碍综合征（multiple organ dysfunction syndrome，MODS）。

MODS 包括轻度障碍到不可逆衰竭的全过程[1]，其发展的终末阶段称为多系统器官衰竭（multiple system organ failure，MSOF），目前病死率高达 60%～94%，是一种危重的临床综合征。但并非所有 MODS 患者最终都会发展为 MSOF。同时要注意将肝肾综合征、肝性脑病、肺性脑病等与 MODS 相区别。MODS 的特点包括：① MODS 的原发致病因素是急性的，慢性疾病引起的器官退化性功能失代偿不属于 MODS，如慢性呼吸功能不全继发肺心病、慢性肝功能不全继发神经功能失调等，但冠心病、肝硬化、慢性肾病或免疫功能低下等基础病变更容易引起 MODS 发生；②由原发损伤到引起器官功能障碍之间有一定时间间隔，发病 24 小时之内因多个器官功能衰竭而死亡的患者一般归因于复苏失败，而不属于 MODS；③无论病因如何，受累脏器顺序均相似，一般先累及肺，继之为肝、胃肠道和肾功能不全，而血液学改变和心力衰竭常为后期表现，中枢神经系统表现则可早可晚；④病情发展到终末衰竭期之前，MODS 一般是可以逆转的，及时阻断发病环节，有望完全治愈，器官功能甚至可完全恢复而不留后遗症，也不会转为慢性阶段。

第一节 病因和发病经过

很多原因可导致 MODS 的发生，一般分为感染性因素与非感染性因素两大类。

一、病因

（一）感染性病因

如败血症和严重感染。70% 左右的 MODS 可由感染引起。老年人以肺部感染作为原发病因者最多，青壮年患者在腹腔脓肿或肺部侵袭性感染后 MODS 的发生率高。引起败血症的细菌主要为大肠埃希菌和铜绿假单胞菌。但在某些 MODS 患者未发现感染病灶，血细菌培养亦为阴性，但有全身性感染的临床表现，称为非菌血症性临床败血症（nonbacteremic clinical sepsis）。可能与肠源性内毒素血症或全身炎症反应有关。

（二）非感染性病因

大手术、严重创伤、休克之后的病例会发生 MODS，尽管这些患者并未伴发或继发严重的感染，但 MODS 仍会不可避免地发生。

除此之外，治疗措施不当，如输液过多、吸高浓度氧、机体抵抗力低下、单核-吞噬细胞系统功能严重抑制等均可诱发或促进 MODS 的发生。

二、病程

MODS 的发生是一个有规律的发病过程，一般分为以下两种类型。

（一）单相速发型

在休克和严重创伤后迅速发生的 MODS 属于这种类型，有些患者休克复苏后 12~36 h 发生呼吸衰竭，随后相继发生其他器官功能的障碍及至衰竭。此种类型的发生是一个连续发展的过程，仅表现为一个时相，故称为单相速发型。此型常发生在原发损伤较重的病例。

（二）双相迟发型

在创伤、失血、休克后 1~2 天内，患者经过救治病情得到缓解，但到 3~5 天后又迅速出现败血症（sepsis，也称为脓毒症），患者遭受二次打击（double hit），随后发生 MODS。此种类型的发生过程出现两个时相，病程有两个高峰，第二个高峰的出现由继发因素引起，继发因素在 MODS 的发生中起着重要作用，故又称其为继发型。继发型 MODS 的出现不是由原发因素直接引起，继发的败血症可能是造成此型 MODS 的主要因素。

三、临床特征

（一）两次打击或应激过程

大多数创伤后 MODS 患者的病程为"双相迟发型"，经救治从第一次打击中存活，数天或数周后又受到了再次打击（常见于创面、腹腔或肺部感染、肠源性败血症、导管菌血症或治疗失误等）而出现以高代谢、高动力循环为表现的全身炎症反应综合征（systemic inflammatory response syndrome，SIRS），最终发生器官功能障碍，以致衰竭。

（二）全身炎症反应综合征

全身炎症反应综合征（SIRS）是指由感染或非感染因素引起的机体失控及损伤自身细胞的炎症反应临床综合征。其典型的病理生理学变化为：广泛的炎性细胞激活，多种细胞因子、炎症介质的失控性释放；全身性持续高代谢状态；高动力循环。SIRS 的主要临床表现包括：①体温 > 38℃

或 < 36℃；②心率 > 90 次 / 分；③呼吸 > 20 次 / 分或 $PaCO_2$ < 32 mmHg（4.3 kPa）；④白细胞计数 > $12×10^9$/L，或 < $4.0×10^9$/L，或幼稚粒细胞 > 10%。但有学者指出，上述诊断标准的特异性差，难以确认 SIRS 的存在，故提出除上述 4 项临床指标外，还应具备以下 6 项表现中的 2 项：①低氧血症，氧合指数 $PaO_2/FiO_2 \leq 300$（其中 FiO_2 为 fraction of inspiration O_2，指吸入气中的氧浓度分数）；②少尿，尿量 < 0.5 ml（kg·h），持续 24 h；③乳酸酸中毒，血浆乳酸 > 2 mmol/L；④血小板减少，血小板计数 < $100×10^9$/L 及凝血酶原时间延长（> 正常 2 s 以上）；⑤空腹血糖 > 6.4 mmol/L；⑥意识改变，如兴奋、烦躁或嗜睡。除此之外还强调，炎症介质溢出到血浆并在远隔组织引起炎症反应才能导致 SIRS 的出现。

1. 过度的炎症反应 机体受到各种致病因子作用后，都可表现出炎症反应和免疫应答过程。正常情况下，这种反应应该是适度的，对机体具有保护作用。但在 SIRS 和 MODS，这种反应异常剧烈和持久。临床表现除体温、呼吸频率、心率以及白细胞计数和分类比值的变化外，还表现有多种细胞因子及炎性介质的失控性释放，这种异常剧烈的炎症反应将造成正常组织器官的损伤。

2. 循环不稳定 由于多种炎性介质对心血管系统有调节作用，循环系统是最易受影响的系统。几乎所有病例在病程的早、中期会表现出"高排低阻"的高动力型循环状态，并可因此造成休克而需要用升压药维持血压。高动力循环状态实质上是心血管系统对全身感染和过度炎症的一种反应。"低阻"可能是原发的，其原因包括：①感染过程中，炎性扩血管物质如缓激肽、腺苷、前列环素（prostacyclin，PGI_2）、一氧化氮（nitric oxide，NO）等释放；②肝功能受损导致对内源性扩血管物质灭活能力减弱；③芳香族氨基酸潴留，形成大量假性神经递质干扰血管的神经调节；④由于血管栓塞或内皮细胞水肿，以及细胞线粒体功能受损而导致细胞摄氧能力障碍，血管代偿性扩张。"高排"则为心脏的代偿反应，通过增加心率实现，而每搏指数却常低于正常，以致心功能受损，病程后期因心衰而转化为"低排高阻"甚至循环衰竭。

3. 持续高代谢 由感染引起的 SIRS，即败血症，通常伴有营养障碍，但与饥饿状态有本质的不同，其代谢模式有 3 个突出的特点。

（1）持续性高代谢：表现为高耗氧量，氧耗与氧输送依赖，通气量增加，基础代谢率可达到正常 2 倍以上，且不能由减少活动而使代谢率下降。虽然创伤合并感染可因创面修复、体温升高等因素需要较高的能量供应，但患者的消耗大于实际需要。

（2）耗能途径异常：在饥饿状态下，机体主要通过分解脂肪获得能量。但在败血症，机体则通过大量分解蛋白质获取能量；糖的利用受到限制；脂肪动员大于脂肪氧化，血脂代谢紊乱。机体的蛋白库是骨骼肌，因此蛋白质的消耗主要是动用肌蛋白[2]。蛋白质营养不良将严重损害器官的结构和功能。又由于外周难以利用芳香族氨基酸，因此消耗的主要是支链氨基酸，而芳香族氨基酸则被蓄积，形成假性神经递质，进一步导致神经调节功能紊乱。

临床上表现为高糖血症、高乳酸血症、负氮平衡、低蛋白血症。某些炎性介质，如肿瘤坏死因子 α（tumor necrosis factor alpha，TNFα）、白细胞介素 -1（interleukin 1，IL-1）具有强烈的促蛋白分解活性。急性期胰岛素抵抗导致胰岛素失去对肝糖异生的抑制，并且肝和外周组织（骨骼肌、脂肪组织）在胰岛素刺激下葡萄糖摄取及糖原合成能力均下降[3]。葡萄糖的摄取和利用障碍，与糖异生均导致高糖血症。脂肪代谢同样发生紊乱，败血症患者的脂肪动员大于脂肪氧化，导致血脂代谢紊乱，可引起高三酰甘油（triglyceride，TG）血症、极低密度脂蛋白（very low density lipoprotein，VLDL）清除障碍和酮体生成受抑，而总胆固醇（total cholesterol，TC）、低密度脂蛋白胆固醇（low-density lipoprotein cholesterol，LDL-C）、高密度脂蛋白胆固醇（high-density lipoprotein cholesterol，HDL-C）减少。

（3）对外源性营养底物反应差：补充外源营养并不能有效阻止自身消耗，提示高代谢对自身具有"强制性"，有学者称其为"自噬代谢"。

（三）多器官功能障碍

在 MODS 发展过程中，系统或器官功能障碍的顺序常表现出相对的规律性。在临床上，肺往往是衰竭发生率最高、发生最早的器官。这可能与肺本身在解剖学上比较脆弱，易受各种致病因素打击，且便于观察和监测有关。肺不仅是气体交换的器官，而且是一些激素和介质产生或灭活的场所。因此，肺功能障碍不仅能够导致全身器官氧输送减少、组织细胞氧代谢障碍，还可造成血液循环中某些介质如激肽、5-羟色胺和血管紧张素等含量的改变。

近年来，胃肠道在 MODS 形成中的作用正受到越来越密切的关注。肠屏障功能在 MODS 发病过程中较早受损或衰竭，其在严重创伤合并休克和再灌注损伤时表现得尤为突出。由于胃肠道是人体内最大的细菌和内毒素库，肠屏障受损会引起肠道细菌移位和门静脉内毒素血症，从而激活肝单核-吞噬细胞，启动全身炎症反应。

鉴于上述原因，肺和肠屏障功能的监测与保护对于 MODS 的早期诊断和防治具有特殊的意义。随着 MODS 的进展，常可出现肝肾衰竭和胃肠道出血，而心血管或血液系统衰竭通常是 MODS 的终末表现。

此外，MODS 还有一些特点包括：①在病理学上缺乏特异性，主要表现是广泛的急性炎症反应；②来势凶猛，病情发展急剧，难以被迄今的器官支持治疗所遏制，故死亡率很高；③本质为炎性损伤，在有效遏制炎症的前提下可以逆转，且一般不会遗留器官损伤的痕迹或转入慢性病程。

第二节 多器官功能障碍的发病机制

MODS 的发生是一个复杂的过程，其确切的发生机制尚未完全阐明，根据目前的研究提出了几种可能的机制[4]。

一、全身炎症反应失控

机体在受到各种感染性或非感染性病因作用后动员防御机制，出现全身炎症反应，有多种细胞与因子（炎症介质）参与。同时体内又可出现抗炎反应，表现为一系列抗炎介质的出现。促炎介质与抗炎介质相互影响、相互制约构成复杂的调控网络，有助于控制炎症、维持机体稳态。在严重感染和创伤的患者体内有大量炎症介质和抗炎介质出现，两者异常增多均是机体炎症反应失控的表现。有证据表明，MODS 患者在出现明显的器官功能障碍之前，多表现较为强烈的全身性炎症反应失控，它是导致 MODS 发生的基础之一。

（一）全身炎症反应综合征

如前所述，全身炎症反应综合征（SIRS）是指由感染或非感染因素引起的机体失控及损伤自身细胞的炎症反应临床综合征。SIRS 不仅是 MODS 的临床特征，还是其可能的发病机制。机体在有关病因作用下，单核-吞噬细胞系统被激活，释放促炎介质（proinflammatory mediators）如 TNFα、IL-1、IL-6、IL-8、补体（C_{5a}）、血小板激活因子（platelet activating factor，PAF）等。这些介质进入血液循环，直接损伤血管内皮细胞，导致血管壁的通透性增高和血栓形成，并引起远隔器官的损伤。促炎因子特别是 TNFα 和 IL-1 又可相继激活多种炎症反应相关的细胞，如内皮细胞、淋巴细胞、嗜酸性粒细胞、嗜碱性粒细胞、中性粒细胞、肥大细胞、单核细胞、血小板等，引起级联放大效应，导致炎症介质和细胞因子（溶酶体酶、氧自由基、白细胞介素、血栓素、PAF、IFN-γ 等）的进一步大量分泌和释放。这些细胞因子与炎症介质又激活凝血、纤溶、激肽和补体系统，造成各系统功能的平衡失调，并释放更多的炎症介质。上述各系统以及细胞因子、炎症介质间的相互作用形成恶性循环，导致炎症反应失控性放大，并对机体的循环、呼吸、凝血、代谢、免疫及体温调节等各系统功能造成严重影响，最终导致组织器官严重损伤。

（二）代偿性抗炎反应综合征

代偿性抗炎反应综合征（compensatory anti-inflammatory response syndrome，CARS）是指感染或创伤时机体产生可引起免疫功能降低和对感染易感性增加的内源性抗炎反应。在 SIRS 发展过程中，体内产生内源性抗炎介质或抗炎性内分泌激素，如前列腺素 E_2（prostaglandin E_2，PGE_2）、IL-4、IL-10、IL-11、TNFα 受体、转化生长因子、NO、儿茶酚胺和糖皮质激素等，以抑制炎症介质的释放及对抗促炎介质的作用，减缓 SIRS 造成的自身组织损伤。因此，适量的抗炎介质有助于控制炎症，恢复内环境稳定，但抗炎介质释放过量，则可造成免疫功能低下，增加宿主对感染的易感性，即出现 CARS，从而诱发或加重器官的损害（表 13-1）。

表 13-1 促炎与抗炎性物质

促炎性	抗炎性
TNFα、IL-1、IL-6、IL-8、C_{5a}、PAF、IFNγ、溶酶体酶、胶原酶、弹性蛋白酶、髓过氧化物、血栓素、氧自由基	PGE_2、IL-4、IL-10、IL-11、TNFα 受体、TGFβ、NO、儿茶酚胺、糖皮质激素

正常机体的促炎反应和抗炎反应保持平衡，共同维持内环境稳定。当促炎反应大于抗炎反应时表现为 SIRS；反之表现为 CARS。有研究认为，在 MODS 的早、中期 SIRS 占主导地位，而后期则出现 CARS。CARS 与 SIRS 彼此间的相互加强，最终形成对机体损伤作用更强的免疫失衡，这种变化称为混合性拮抗反应综合征（mixed antagonists response syndrome，MARS）。SIRS、CARS 和 MARS 均是引起 MODS 发病的基础（图 13-1）。

对于 SIRS 与 CARS 失衡的原因，目前有"两次打击"假说，或称为"双相预激"假说。该假说认为机体在接受第一次打击或原发性损伤（创伤、大手术、感染等）时，中性粒细胞、单核 - 巨噬细胞、淋巴细胞等免疫细胞以及内皮细胞被激活而处于一种"激发状态"。当出现第二次打击（继发感染、手术、医源性错误或刺激等）时，即使程度不严重，也易使处于激发状态下的免疫细胞及内皮细胞出现超强反应，超量释放体液介质，即所谓放大效应。此外，直接由炎症细胞释放的介质只是全部体液介质的一部分，它们作用于靶细胞后还可以导致"二级""三级"，甚至更多级别新的介质产生，从而形成瀑布样反应。体液介质的种类可达数百种之多，所参与的系统也不只限于免疫系统，如内皮细胞系统、凝血系统等均可被累及，这种失控的炎症反应不断发展，直至导致组织细胞损伤和器官功能障碍。

二、肠源性内毒素血症

临床危重症者会出现内毒素血症。内毒素是革兰氏阴性菌细胞壁的成分，具有多种生物学活性，参与机体多种病理生理反应过程。内毒素的来源有两条途径：①外源性：即原发或继发的感染病灶的释放；②内源性：即肠道中内毒素的转移。各种非感染因素导致机体危重状态时往往会出现内毒

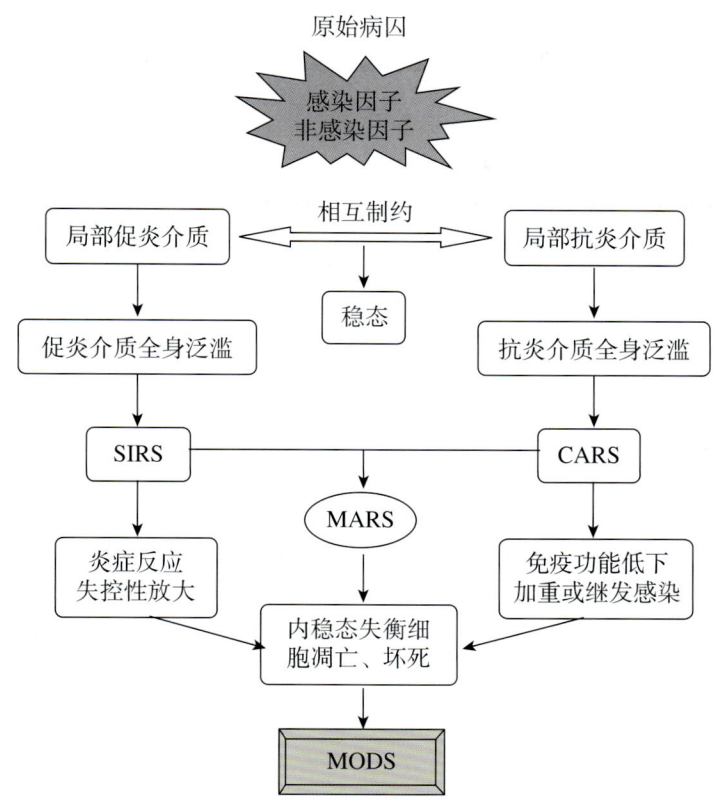

图 13-1　全身炎症反应失控与 MODS 发生的关系

素血症，此种内毒素血症是内源性的，主要来自肠道细菌或毒素的移位（详见第十一章）。正常肠黏膜具有屏障功能，包括机械屏障、化学屏障、免疫屏障和生物屏障；此外，肝也是灭活和清除内毒素的主要部位。一般情况下，肠腔细菌不会进入血液循环。但是在多种因素所致的机体应激状态下，肠黏膜缺血缺氧，造成肠黏膜的屏障受损，大量肠道内毒素转移入血液和淋巴系统。同时还可能伴有肝功能障碍和单核-吞噬细胞系统功能障碍，不能有效灭活和清除内毒素。除此之外，大量应用抗生素使肠腔菌群失调，革兰氏阴性杆菌过度生长，再加上机体免疫、防御功能受损，肠道细菌可通过肠黏膜的屏障进入体循环血液中，引起全身感染和内毒素血症。因此肠道被认为是 MODS 的"发动机"[5]。内毒素血症与革兰氏阴性菌感染关系密切，在临床脓毒血症中，内毒素与细菌常常协同致病。但是，也有资料表明，内毒素血症与菌血症不一定并存，内毒素血症出现的时间往往早于菌血症的发生，甚至发生在肠黏膜的结构出现明显的损伤之前。创伤早期内皮素释放增多，对肠道内毒素的转移具有明显促进作用，而此时肠黏膜结构尚保持相对完整。

内毒素的生物学活性主要包括以下几个方面：①刺激单核-吞噬细胞、内皮细胞、粒细胞等合成释放一系列炎症介质、蛋白酶类物质等，介导体内多种组织细胞的损伤。②激活补体，生成多种补体裂解产物；而激活的补体再启动"瀑布效应"，导致氧自由基、前列腺素、内啡肽、PAF、溶酶体酶、细胞因子等炎症介质的释放，从而造成微循环障碍、细胞代谢紊乱和结构损害。③损伤血管内皮细胞和促进血小板聚集，激活凝血、纤溶系统，从而触发弥散性血管内凝血（disseminated intravascular coagulation，DIC）。内毒素的上述作用引起机体一系列的病理生理改变，各器官功能障碍，最终导致 MODS 的发生。

三、缺血 - 再灌注损伤

各种严重损伤因素作用于机体后，通过不同途径激发的神经 - 内分泌反应使机体组织血管处于极度紧张状态，伴随进一步发生的微循环功能障碍，导致器官、组织处于持续的缺血缺氧状态（详见第六章）。此种状态若得不到及时的纠正，由缺氧引发的代谢障碍和细胞结构的损害是多器官功能相继障碍或衰竭的基础。

由于医疗技术的进步，临床危重症抢救的成功率有了极大提高，随着患者极度应激状态的缓解和逆转，由交感 - 肾上腺髓质系统、肾素 - 血管紧张素系统、血管加压素系统活跃导致的器官持续缺血状态也被有效遏制，组织器官的供血得到了改善。然而多数情况下器官功能障碍仍不可避免地出现，并呈进行性加剧趋势，最终导致器官功能衰竭，此即再灌注损伤。之所以多数 MODS 发生在复苏后，主要与体内发生的缺血 - 再灌注损伤有关。再灌注后出现器官功能障碍的机制虽然尚未明了，但近年来从自由基损伤、钙超载以及内皮细胞与白细胞的相互作用等方面，揭示了再灌注损伤发生的部分可能机制（详见第八章）。

不仅严重损伤通过激发极度应激状态可引起缺血 - 再灌注损伤，导致 MODS 发生，地震、矿难及意外灾害和事故中的肢体挤压伤、骨筋膜室综合征、止血带和石膏、小夹板固定的错误使用和断肢再植等也可引起局部肢体缺血 - 再灌注损伤，并损伤肝、肺、心、肾、脑等远隔器官，甚至引起 MODS。本实验室应用啮齿动物的止血带休克（tourniquet shock）模型对此进行了系统研究[6-15]，已经观察到在 MODS 发生过程中，血液中以及各器官组织中氧自由基导致的脂质过氧化物丙二醛（malondiadehyde，MDA）显著增多，同时清除氧自由基的超氧化物歧化酶（superoxide dismutase，SOD）却显著减少。氧自由基几乎能与任何细胞成分发生反应，导致细胞的结构损伤、代谢和功能紊乱，甚至死亡。氧自由基一旦产生，其造成的组织过氧化过程呈链式发展，一系列的连锁反应导致组织损伤不断扩大和加重，最终出现器官的功能障碍直至衰竭。

四、血管内皮损伤与微循环灌注障碍

研究发现，器官微循环灌注不足是 MODS 发生发展的重要机制之一，血细胞、血管内皮和微血管舒缩活性的变化是微循环灌注障碍发生的重要基础。越来越多的证据表明，血管内皮细胞（endothelium cell，EC）的功能是极其广泛和复杂的，其不仅作为屏障结构保持血管内壁的平滑与完整，还能分泌和释放多种生物活性因子，在维持和调节血流动力学及血液流变学方面也起着极其重要的作用。正常情况下 EC 有抗多形核白细胞（polymorphonuclear neutrophil，PMN）黏附功能，PMN 在血管内自由流动，不会出现附壁和聚集现象。近年证实，EC 在遭受各种致病因素刺激后能主动参与疾病的发生。已经观察到在缺血 - 再灌注组织血管出现 PMN 的附壁与聚集，这种黏附与聚集是在多种细胞黏附分子（cell adhesion molecules，CAMs）及炎症介质的介导下产生的。当 EC 与 PMN 遭受各种因素刺激时，多种黏附分子被激活，这些黏附分子单独或交叉与 EC 及 PMN 相互作用，导致 PMN 在 EC 表面黏附、聚集。同时在黏附分子的作用下 EC 之间的间隙扩大，PMN 可游出血管壁进入间质，随之出现间质水肿和细胞损伤。PMN 在血管壁的黏附与聚集阻塞微血管导致"无复流"现象，"无复流"造成组织的持续缺血、缺氧。因此，EC 与 PMN 的相互作用导致微循环障碍和实质细胞受损参与了 MODS 的发生与发展。

五、细胞凋亡

正常机体存在细胞凋亡，参与内环境稳态的维持，凋亡不足或凋亡过度都是异常生命现象。越来越多的证据表明，细胞凋亡过程参与 MODS 的发生。有研究发现，严重创伤后，机体的各个脏器普遍发生细胞凋亡，且主要发生在创伤早期，而细胞坏死主要发生在创伤后期。其中淋巴细胞和免疫器官，如胸腺、脾、骨髓、淋巴结及全身的淋巴组织等最易发生细胞凋亡，这可能是创伤后机体免疫功能低下的直接原因。此外，创伤后全身微血管内皮细胞的凋亡可能是微循环功能障碍的基础，也是 DIC 发生的原因之一。

细胞凋亡的发生，可能与创伤后糖皮质激素急剧增多、内毒素血症、氧化应激、各种细胞因子的大量释放以及由此引起的细胞内离子的变化（如细胞内钙超载）、各类酶活性的改变、核内相关基因的诱导或抑制、线粒体功能的改变及细胞膜表面受体变化等有关。

六、能量代谢障碍

某些因素，如创伤、失血、感染、休克等出现交感 - 肾上腺髓质系统、肾素 - 血管紧张素系统、血管加压素系统活跃，使得外周血管广泛收缩，以及某些病例在组织恢复血供后表现的"无复流"现象，均导致机体各组织器官处于持续缺血缺氧状态。此外，上述原因造成的应激反应，儿茶酚胺、糖皮质激素、生长素、胰高血糖素、甲状腺素等的分泌显著增多导致组织的高代谢状态，以及某些细胞因子如 TNF、IL-1、IL-6 等作为内生致热原引起发热，导致组织分解代谢明显增强，由此而使组织耗氧量加大，更加重了组织缺氧。缺氧致 ATP 生成不足，乳酸产生增多。

持续缺氧以及自由基、钙超载、细菌毒素等可导致线粒体的结构和功能受损，影响氧的利用。能量代谢障碍，ATP 缺乏，以及因此而引发的水、电解质和酸碱平衡紊乱是器官功能障碍甚至衰竭发生的机制之一。

此外，许多生物活性物质如细胞因子等不适当的产生和释放、信号转导异常均可参与 MODS 的发生与发展。总之，机体本身是一个繁杂的网络系统，各系统、器官在结构和功能上密切联系。上述各种可能机制之间相互影响，导致了 MODS 发生机制的复杂性。

第三节　多器官衰竭时机体的变化

MODS 的发生几乎涉及体内各个重要器官系统。不同器官发生功能障碍的频率和时间不同，以肺和肾功能障碍发生频率最高、最早，其后为肝、胃肠道、心脏、中枢神经系统和血液系统等。由于始动因素不同及患者存在个体差异，各器官功能障碍出现的顺序和严重程度有所不同。

一、呼吸功能障碍

临床表现为进行性呼吸困难与发绀，肺顺应性显著降低，动脉血氧分压（PaO_2）< 50 mmHg 或需要吸入 50% 以上氧气才能维持 PaO_2 在 45 mmHg 以上，患者必须借助人工呼吸器维持通气 5 天以上。

呼吸功能障碍在 MODS 中的发生率较高，出现也较早。在 MODS 发生过程中，肺往往是最先受累的器官，也是对患者生命的主要威胁。一般在发病早期（24～72 h内）即可出现急性肺损伤（acute lung injury，ALI）变化，患者表现为发绀、进行性低氧血症和呼吸困难，称为急性呼吸窘迫综合征（acute respiratory distress syndrome，ARDS），最后导致呼吸衰竭。MODS模型肉眼可见肺体积增大，表面有淤血斑，肺系数增加。镜下发现肺间质和肺泡水肿，局限性肺不张。肺毛细血管内有明显的中性粒细胞聚集、黏附，有微血栓形成，血管内皮细胞肿胀、变性甚至脱落，造成微血管基底膜暴露。肺泡上皮细胞肿胀，呈空泡状，肺泡内透明膜形成[16]。Ⅱ型肺泡上皮细胞排列紊乱，细胞内的板层体数目减少，表明肺表面活性物质生成和释放不足。

肺的解剖结构和血液循环特点决定其在血液循环中起到滤器的作用，进入血液的各种微细物质往往在这里被扣压。肺还是一个重要的代谢器官，来自各组织的代谢产物、生物活性物质在这里被其灭活、转化。实验证明，活化的白细胞流经肺血管时往往黏附在肺血管，释放白三烯引起肺微血管通透性升高，同时白三烯又是化学趋化物质，进一步引起中性粒细胞黏附、聚集。肺内的巨噬细胞、血管内皮细胞、肺泡上皮细胞等被促炎物质激活产生TNF、ILs、黏附分子等，引起炎症反应。有学者认为内毒素通过激活补体，使白细胞在肺血管内聚集活化，造成损伤和水肿，肺防御功能明显削弱，有利于细菌从气道入侵并进行繁殖。以上这些变化是产生MODS时肺水肿、肺出血、肺不张和肺泡内透明膜形成的病理生理基础。

二、肾功能障碍

临床表现为尿量可多可少，但血清肌酐持续＞177 μmol/L，血尿素氮＞18 mmol/L，严重时需用人工肾维持生命。

严重的肾功能障碍表现为急性肾衰竭（acute renal failure，ARF）。MODS时ARF出现也较早，常与肺功能障碍同时或相继发生。肾小球病变早期表现为扩张充血，体积增大，随后肾小球缺血，毛细血管腔闭塞；肾小管上皮细胞浊肿、变性，逐渐坏死、脱落；肾间质充血，有局灶性白细胞浸润。电镜下见肾小管上皮细胞线粒体肿胀、嵴断裂或消失，呈空泡状，肾小管周围毛细血管内皮细胞水肿。临床表现为少尿或无尿、氮质血症和血肌酐升高，伴有水、电解质和酸碱平衡紊乱。目前认为，与败血症、MODS相关的肾功能障碍最初表现为肾小球滤过率下降，随后出现蛋白尿和肾小管细胞管型，主要是因为严重的原发性损伤造成急性肾缺血或中毒。有人提出MODS中的肾衰竭是全身血流动力学紊乱的结果，循环中的一些肾毒性物质（如血红蛋白、肌红蛋白、某些胆汁成分、内毒素等）可损伤已经缺血的肾小管，造成亚临床型的肾损害，此时如有细菌毒素侵入，则临床症状变得明显。近年来还发现MODS患者中非少尿型肾衰竭的发病率较高。肾功能障碍在决定MODS病情的转归中起关键作用，MODS患者如有急性肾衰竭，预后较差。

三、肝功能障碍

临床表现为黄疸或肝功能不全，血清总胆红素＞34.2 μmol/L，血清丙氨酸转氨酶（alanine aminotransferase，ALT）、天冬氨酸转氨酶（aspartate aminotransferase，AST）、乳酸脱氢酶（lactate dehydrogenase，LDH）或碱性磷酸酶（alkaline phosphatase，AKP）在正常值上限的2倍以上，有或无肝性脑病。

MODS时的肝功能障碍常继发于肺、肾功能障碍之后，但有时也可最先发生。MODS早期表现为肝细胞水肿，轻度脂肪变性，枯否细胞增生。晚期肝细胞坏死、增生及枯否细胞变性、坏死，肝坏死灶中有大量中性粒细胞及其他炎性细胞浸润。但由于肝代偿能力较强，有形态学改变时生化指标仍可正常，所以肝功能障碍常不能被临床和常规检查所发现。创伤、休克、重症感染均可引起肝脏血流减少，肝细胞缺血、缺氧，同时 MODS 时肝细胞线粒体功能障碍，导致氧化磷酸化障碍和能量产生减少，因此有研究者认为应从肝细胞能量代谢障碍的角度来探索肝功能损伤的发生机制。也有人认为，各种损伤因素降低肠屏障功能，导致内源性细菌与毒素移位进入血液循环，一方面直接损害肝实质细胞或通过枯否细胞的介导造成肝细胞损伤；另一方面，直接或间接通过单核 - 巨噬细胞释放的介质，如 TNFα、IL-1 等造成组织损伤或灌流障碍，最后导致 MODS。创伤和感染均能使肝功能发生障碍，肝对毒素的清除能力下降，能量产生障碍，这些变化又反过来加剧了机体的损伤，肝在这个恶性循环中起重要作用。因此在感染引起的 MODS 中，患者如有严重的肝功能障碍，则死亡率较高。另外，如肝损害导致黄疸，使某些胆盐中和内毒素的作用降低，也可成为静脉血中内毒素水平升高的原因。

四、胃肠道功能障碍

临床表现为腹痛、消化不良、呕血和黑便，为黏膜损伤或应激性胃肠出血，24 h 内失血超过 600 ml，经内镜检查确定有胃肠黏膜损伤和出血。

严重创伤时胃肠道也是常见的功能障碍器官，主要表现为胃黏膜损伤、应激性溃疡和肠缺血。在很多重度创伤患者，内镜证实有急性糜烂性胃炎或应激性溃疡存在。光镜下观察，黏膜及黏膜下层充血、水肿，胃肠黏膜可脱落，形成糜烂并伴有灶性出血。超微结构显示黏膜上皮表面微绒毛变短、减少，线粒体稀疏、肿胀。当病变只侵犯上皮的表层时称为糜烂，当它穿透到黏膜下层则称为溃疡。应激性溃疡的发展很快，没有慢性溃疡那种瘢痕反应。应激性溃疡最多发生在胃近端，但也可发生在胃、十二指肠的任何部位，偶尔也发生在食管。

胃肠黏膜损伤的发生与严重创伤时全身微循环血液灌注量下降有关。黏膜下微循环血流量锐减，造成肠黏膜的变性、坏死或通透性升高。此外，播散性炎细胞激活、大量炎症介质释放、氧自由基和细胞内钙超载的作用，以及长期静脉营养导致的胃肠黏膜萎缩等均可致胃肠黏膜屏障功能减弱，导致细菌或毒素移位、入血。因此，MODS 时在肠黏膜损伤的同时菌血症、内毒素血症、败血症的发生率很高；如原先已有者，则进一步加重。近年来有人提出缺血的肠道可以作为 MODS 的发源地。

五、心功能障碍

临床表现为突然发生的低血压、心脏指数 < 1.5 L/(min·m^2)、对正性肌力药物反应性减低，平均动脉压（MAP） < 60 mmHg，心脏指数低于正常人的 1/2 以下，血浆心肌酶学指标可升高。

与其他器官相比，MODS 时心功能障碍的发生率相对较低，为 10%~23%。早期心肌纤维挛缩，光镜下心肌纤维呈波纹状，随后可见细胞浊肿，间质充血、水肿，有散在出血灶。晚期出现心肌纤维脂肪变性及小灶性坏死。MODS 早期的血流动力学变化主要表现为"高排低阻"，患者心脏指数超过正常，外周阻力降低，组织摄取氧和利用氧障碍。"高排低阻"的出现可能与炎症介质和某些细胞因子的舒血管作用有关。持续的高代谢、高心输出量增加心脏负荷；心肌缺血、缺氧；血浆中 TNFα、IL-1 等增多对心肌造成损害；以及水电、酸碱平衡紊乱等均可导致心律失常和心肌收缩力降低。一旦出现心力衰竭，则会有心输出量减少，血压下降，组织供血进一步减少，加剧 MODS 的发生与发展。

六、免疫功能障碍

临床表现为菌血症或败血症。

动物实验发现 MODS 时免疫器官（脾、胸腺、淋巴结）内出现巨噬细胞增生，中性粒细胞浸润，淋巴细胞变性、坏死和凋亡。免疫学检测发现，MODS 患者血浆中补体 C_{4a} 和 C_{3a} 升高，而 C_{5a} 降低。C_{5a} 的降低可能与白细胞将其从血浆中清除有关。但在 C_{5a} 降低前，其引起的作用可能已经开始。C_{3a} 和 C_{5a} 可增加微血管壁通透性、激活白细胞与组织细胞。此外，以内毒素作为抗原形成的免疫复合物（immune complex，IC）激活补体，产生过敏毒素等一系列血管活性物质。IC 可沉积于多个器官微循环内皮细胞上吸引多形核白细胞，释放多种炎症介质及细胞因子，损伤邻近的组织、细胞，从而产生各系统器官细胞的非特异性炎症，细胞变性坏死，器官功能障碍。

MODS 患者除有明显的补体改变外，大量抑制性免疫细胞因子、糖皮质激素释放使吞噬细胞的吞噬杀菌能力下降，外周血淋巴细胞数目减少，B 细胞分泌抗体的能力降低，整个免疫系统处于全面抑制状态，炎症反应失控，无法局限化，因此感染容易扩散或罹患新的感染。

总之，MODS 患者一方面有广泛激活的非特异免疫反应，如大量免疫细胞因子、炎症介质释放和补体活化；另一方面又表现为免疫抑制。两者之间相互制约、相互协调的失控是 MODS 发生的重要机制之一。

七、凝血功能障碍

临床表现为 DIC 或出血，血小板计数进行性下降（$< 50 \times 10^9/L$），凝血时间、凝血酶原时间和部分凝血活酶时间均延长达正常的 2 倍以上，常需补充凝血因子才能纠正。纤维蛋白原 < 2 g/L，并有纤维蛋白（原）降解产物存在。部分患者有 DIC 的证据。

凝血是一个将炎症局限在感染部位的生理过程，可防止微生物传播，阻止活动性出血，促进伤口愈合。DIC 是最严重的凝血功能障碍，由 IL-1β、IL-6 和 TNFα 等促炎细胞因子将生理性凝血过程放大而引起。炎症反应通过上调凝血途径，下调抗凝途径，抑制纤维蛋白溶解，导致纤维蛋白和微血栓形成。凝血酶的产生又会导致更多促炎细胞因子生成，形成正反馈回路而延续凝血级联反应，引起微循环内广泛的微血栓形成。随后凝血因子耗竭与继发性纤溶亢进，引起出血。DIC 多发生在败血症、创伤及癌症患者[17]。

八、中枢神经系统功能障碍

临床表现为反应迟钝，轻度定向力障碍，继而意识混乱，严重者最后出现进行性昏迷。

脑实质小血管周围水肿、出血。血管内有血栓形成。神经细胞表现为水肿变性和凋亡两种形态。凋亡的神经细胞周围常围绕浸润的小胶质细胞，称"噬节现象"。最初血脑屏障完整，保护脑免受全身性炎症的影响。IL-1β 和 TNFα 等炎性介质刺激迷走神经传入纤维，随后脑血管内皮细胞被激活，血脑屏障被破坏。脑血管内皮细胞的激活还会导致微循环功能障碍、凝血、血管张力改变，引起出血性和缺血性损伤。另外，可产生活性氧影响神经元和小胶质细胞的功能与存活，最终导致细胞水肿与凋亡。降低舒血管反应，损伤脑血流自动调节能力。

表 13-2　MODS 的临床表现和实验室检查

器官障碍类型	临床表现	客观指标
呼吸功能障碍	进行性呼吸困难伴发绀，严重时需吸氧、机械通气	$PaO_2 < 50$ mmHg 或吸入 50% 以上氧气才能维持 PaO_2 45 mmHg
肾功能障碍	尿量可多可少，利尿剂反应差，严重时进行透析血液净化	血清肌酐持续 > 177 μmol/L 血清尿素氮 > 18 mmol/L
肝功能障碍	黄疸或肝功能不全	血清总胆红素 > 34.2 μmol/L 肝血清酶谱在正常值上限的 2 倍
胃肠道功能障碍	腹痛、消化不良、呕血和黑便	内镜检查确定有胃肠道出血 24 小时内失血超过 600 ml
心功能障碍	突发的低血压，对正性肌力药物反应性降低	MAP < 60 mmHg 心脏指数低于正常人的 1/2 以下 血浆心肌酶学指标可升高
凝血功能障碍	DIC、出血	血小板计数进行性下降，$< 50 \times 10^9/L$ 凝血时间、凝血酶原时间延长达正常 2 倍 纤维蛋白原定量 < 2 g/L 可检测到纤维蛋白（原）降解产物

九、肾上腺功能障碍

危重病患者由于下丘脑 - 垂体 - 肾上腺皮质（hypothalamic pituitary adrenal，HPA）轴障碍和外周糖皮质激素（glucocorticoid，GC）抵抗，以致血浆皮质类固醇激素水平不能满足机体适应疾病严重程度的需要，可能导致患者出现循环衰竭、炎症反应失控及代谢障碍的情况称为危重症相关的皮质类固醇激素功能不全（critical illness-related corticosteroid insufficiency，CIRCI）[18-19]。皮质类固醇激素（corticosteroid）分为糖皮质激素（glucocorticoid）、盐皮质激素（mineralocorticoid）和性激素 3 类，其中糖皮质激素是一类甾体激素，主要为皮质醇（cortisol），具有调节糖、脂肪和蛋白质的生物合成与代谢的作用，还具有维持心血管功能、抑制免疫应答、抗炎、抗毒、抗休克作用，其受体为糖皮质激素受体（glucocorticoid receptor，GR）。严重的创伤、疾病和手术疼痛、发热、低血容量等应激会激活 HPA 轴，刺激促肾上腺皮质激素释放和血中皮质醇浓度升高，从而对抗过度的应激反应，维持正常血管张力和心肌收缩力，这是机体适应和抵御疾病、维持内环境稳态和各系统器官功能正常的重要保证。但只有低浓度的促炎细胞因子刺激皮质醇的释放并增加其与受体结合的亲和力，而过多的促炎细胞因子会引起外周糖皮质激素抵抗。外周糖皮质激素抵抗的发生可能与 IL-2、IL-4、IL-8 和 TNFα 诱导了正常受体 GRα 的抑制性剪接异构体 GRβ 表达有关。除了外周糖皮质激素抵抗，CIRCI 的另一个可能机制是尽管炎症时机体皮质醇浓度增加，可能已达到机体的最大代偿水平，但增加程度仍落后于疾病的发展程度，并且这种高水平的代偿不能有效而持续地保持，最终导致"代偿不足"或"代偿耗竭"[20]。此外，急性损伤或创伤、真菌和细菌感染、恶性肿瘤、自身免疫性肾上腺炎和某些药物可直接损伤肾上腺引起循环皮质醇不足[21]。

MODS 的病死率与功能障碍器官的数量和严重程度有明显的相关性，功能障碍器官的数量越多越严重，其病死率也越高。但功能障碍器官的数目相同而种类不同，病死率也有差别。需要指出的是如果抢救及时以及处理措施得当，MODS 是可以逆转的。

第四节　多器官功能障碍的防治原则

目前，国内外缺乏统一的 MODS 诊断标准、病情严重度评分及预后评估系统。1985 年 Knaus 提出急性生理与慢性健康状况评分（acute physiology and chronic health evaluation，APACHE）Ⅱ修正诊断标准；1994 年由欧洲危重病学会制订序贯器官衰竭估计（sequential organ failure assessment，SOFA）；加拿大学者 Marshall 于 1995 年制订 MODS 评分；1995 年庐山全国危重病急救医学会议制订 MODS 病情分期诊断及严重程度评分标准，基本内容与 Marshall 提出的 MODS 诊断标准相似[22]。

MODS 发生的始动因素各异，发生功能障碍器官的种类和严重程度各不相同，发生机制错综复杂，临床上多采用综合治疗，方能收到理想的效果。

一、防治原发病

MODS 的防治必须在去除病因的前提下进行综合治疗，如控制感染灶，及时清除坏死组织，正确使用抗生素，加强对休克、创伤、炎症的早期治疗。

二、维持水、电解质和酸碱平衡

从维护整体功能的角度入手，适时检测血电解质和酸碱指标，及时纠正体液水电、酸碱的异常，尽可能维持机体水、电解质和酸碱处于相对平衡状态。

三、预防缺血-再灌注损伤

有效、快速的复苏，及时补充血容量，保证充足的有效循环血量，酌情使用细胞保护剂、小分子抗氧化剂及自由基清除剂。

四、保护重要脏器的功能

采取措施支持各器官系统的功能，如应用呼吸机、血液透析、血管活性药物等支持疗法，维持循环和呼吸的稳定性，保护好肾功能等。

五、良好的代谢支持

及早并尽可能经口进食，必要时辅予静脉营养，提高蛋白质的摄入量，确保热量平衡和正氮平衡；补充谷氨酰胺、纤维素、乳酸杆菌、亚油酸等以保护胃肠黏膜；给予患者缬氨酸等支链氨基酸，以维持支链氨基酸与芳香族氨基酸的正常比值。

六、免疫治疗

炎症介质的释放和炎症反应失控是 MODS 发生的重要机制，应设法阻断或抑制炎症介质及其连锁反应，积极辅助机体恢复自身的免疫调控能力，如应用抗内毒素抗体、内毒素结合蛋白、TNF-α 单克隆抗体、TNF 及 IL-1 受体拮抗剂、糖皮质激素等。靶向黏附分子的抑制剂可减轻黏附分子的损伤。此外，在 MODS 早期，应用非类固醇抗炎药物和类固醇抗炎药物也可阻止多器官衰竭的进展，但其效果还有待于进一步验证。

七、连续性血液净化

连续性血液净化（continuous blood purification，CBP），又称连续性肾脏替代治疗（continuous renal replacement therapy，CRRT），是近年来血液净化领域发展起来的新技术，通过弥散、对流、吸附等原理清除和下调体内的细胞因子、炎性介质以及吸附内毒素等溶质，达到净化目的，不仅仅用于肾病领域，现已逐渐成为 MODS 等危重病的主要救治方法之一[23-24]。

（吴　静）

参考文献

[1] Ramirez M. Multiple organ dysfunction syndrome. Curr Probl Pediatr Adolesc Health Care, 2013, 43(10)：273-277.

[2] Michie H R. Metabolism of sepsis and multiple organ failure. World J Surg, 1996, 20(4)：460-464.

[3] Brealey D, Singer M. Hyperglycemia in critical illness：a review. J Diabetes Sci Technol, 2009, 3(6)：1250-1260.

[4] 张连元. 病理生理学. 2 版. 北京：北京大学医学出版社，2009.

[5] Klingensmith N J, Coopersmith C M. The Gut as the Motor of Multiple Organ Dysfunction in Critical Illness. Crit Care Clin, 2016, 32(2)：203-212.

[6] 门秀丽，张连元，宋立川，等. 缺血预处理对家兔肢体缺血再灌注后红细胞变形性的影响. 中华创伤杂志，2000，16(11)：677.

[7] 杨秀红，张连元，孙树勋，等. 一氧化氮在大鼠肢体缺血再灌注后肺损伤中的作用. 生理学报，2002，54(3)：234-238.

[8] 彭军，张连元，门秀丽，等. 大鼠肢体缺血再灌注过程中血及骨骼肌的相应指标变化. 中国病理生理杂志，2005，21(7)：1424-1425.

[9] 杨全会，张连元，董淑云，等. 肢体缺血预适应的小肠保护作用及与一氧化氮 / 内皮素 -1 的关系. 中国病理生理杂志，2005，21(12)：2378-2381.

[10] 周洪霞，张宇新，张连元，等. 大鼠肢体缺血再灌注可致脑组织细胞凋亡. 解剖学杂志，2005，28(6)：660-662.

[11] 王银环，张连元，张娜，等. 大鼠肢体缺血再灌注后肝细胞损伤及牛磺酸的保护效应. 中国现代应用药学杂志，2006，23(6)：441-443.

[12] 段国贤，赵利军，张连元，等. NO 对大鼠肢体缺血 / 再灌注后肾脏 P- 选择素表达的影响及意义. 中国应用生理学杂志，2007，23(4)：456-461.

[13] 赵利军，门秀丽，董淑云，等. L- 精氨酸对大鼠肢体缺血 / 再灌注后心肌损伤的影响. 中国药理学通报，2008，24(6)：827-830.

[14] 赵利军，门秀丽，孔小燕，等．大鼠肢体缺血／再灌注后多器官水肿及丹参的预防作用．中国应用生理学杂志，2012，28（3）：281-283．

[15] 李开济，贺宝玲，卢秋玲，等．缺血后处理减轻大鼠肢体缺血再灌注后肺损伤的实验研究．天津医药，2016，44（4）：453-456．

[16] 陆江阳．多器官功能障碍综合征的病理学变化．诊断病理学杂志，2014，21（6）：355-360．

[17] Osterbur K，Mann F A，Kuroki K，et al．Multiple organ dysfunction syndrome in humans and animals．J Vet Intern Med，2014，28（4）：1141-1151．

[18] Marik P E．Critical illness-related corticosteroid insufficiency．Chest，2009，135（1）：181-193．

[19] Marik P E，Pastores S M，Annane D，et al．Recommendations for the diagnosis and management of corticosteroid insufficiency in critically ill adult patients：consensus statements from an international task force by the American College of Critical Care Medicine．Crit Care Med，2008，36（6）：1937-1949．

[20] 黄伟，万献尧．全身性感染与糖皮质激素．中国医师进修杂志，2006，29（12）：4-7．

[21] Gross A K，Winstead P S．Current controversies in critical illness-related corticosteroid insufficiency and glucocorticoid supplementation．Orthopedics，2009，32（9）．

[22] 赵鹏飞，付小萌，王超，等．多器官功能障碍综合征诊断标准及评分系统现状综述．临床和实验医学杂志，2013，12（8）：630-636．

[23] 姚利群，金兆辰．连续性肾脏替代治疗在多器官功能障碍综合征中的应用进展．中国血液净化，2011，10（3）：160-165．

[24] 陈丽娟，叶久茂．连续性血液净化在多器官功能障碍综合征中的应用进展．世界最新医学信息文摘，2016，16（11）：31-32．

中英文专业词汇对照索引

A

凹陷性水肿（pitting edema） 18

C

肠黏膜相关淋巴组织（intestinal mucosal-associated lymphoid tissue，GMALT） 169
肠绒毛（intestinal villus） 165
肠隐窝（intestinal crypt） 166
肠源性发绀（enterogenous cyanosis） 67
创伤感染（trauma related infection，trauma infection） 142
创伤性休克（traumatic shock） 93

D

代谢性碱中毒（metabolic alkalosis） 44
代谢性酸中毒（metabolic acidosis） 39
等渗性脱水（isotonic dehydration） 14
等张性缺氧（isotonic hypoxia） 66
低动力性缺氧（hypokinetic hypoxia） 67
低钾血症（hypokalemia） 23
低磷血症（hypophosphatemia） 25
低镁血症（hypomagnesemia） 26
低渗性脱水（hypotonic dehydration） 12
低氧性肺血管收缩（hypoxic pulmonary vasoconstriction，HPV） 61
低张性缺氧（hypotonic hypoxia） 58
多器官功能障碍综合征（multiple organ dysfunction syndrome，MODS） 202
多系统器官衰竭（multiple system organ failure，MSOF） 202

E

恶性营养不良（kwashiorkor） 188

F

发绀（cyanosis） 59
乏氧性缺氧（hypoxic hypoxia） 58
肺泡水肿（alveolar edema） 20
复食综合征（refeeding syndrome，RFS） 25, 192

G

钙超载（calcium overload） 126
高钾血症（hyperkalemia） 23
高渗性脱水（hypertonic dehydration） 10
高铁血红蛋白血症（methemoglobinemia） 66
共同黏膜免疫系统（common mucosal immune system） 170

H

呼吸性缺氧（respiratory hypoxia） 59
呼吸性酸中毒（respiratory acidosis） 42
混合型酸碱平衡紊乱（mixed acid-base disorders） 49

J

饥饿（starvation） 183
急性肺损伤（acute lung injury，ALI） 133
急性呼吸窘迫综合征（acute respiratory distress syndrome，ARDS） 133
急性肾衰竭（acute renal failure，ARF） 23
挤压综合征（crush syndrome） 23
间质性肺水肿（interstitial edema） 20
碱中毒（alkalosis） 36

精氨酸血管升压素（arginine vasopressin，AVP） 9

K

抗利尿激素（antidiuretic hormone，ADH） 9

L

滤过分数（filtration fraction，FF） 16

N

内环境（internal environment） 8

Q

球 - 管失平衡（glomerulo-tubular imbalance） 15
全肠外营养（total parenteral nutrition，TPN） 25
全身炎症反应综合征（systemic inflammatory response syndrome，SIRS） 203
醛固酮（aldosterone，ALD） 9
缺氧（hypoxia） 54
缺氧诱导因子 -1（hypoxia inducible factor-1，HIF-1） 61

R

人心房利钠多肽（human atrial natriuretic polypeptide，hANP） 9
乳酸酸中毒（lactic acidosis） 39

S

水肿（edema） 15
酸碱平衡（acid-base balance） 32
酸碱平衡紊乱（acid-base disturbance） 32
酸中毒（acidosis） 36

T

体重指数（body mass index） 192

酮症酸中毒（ketoacidosis） 39

W

危重症相关的皮质类固醇激素功能不全（critical illness-related corticosteroid insufficiency，CIRCI） 213
稳态（homeostasis） 8

X

细胞内液（intracellular fluid，ICF） 7
细胞外液（extracellular fluid，ECF） 7
细胞中毒性脑水肿（cytotoxic brain edema） 21
显性水肿（frank edema） 18
消瘦（marasmus） 188
小肠腺（small intestinal gland） 166
心房利钠多肽（atrial natriuretic polypeptide，ANP） 9, 17
心房利钠因子（atrial natriuretic factor，ANF） 9
血管紧张素 II（angiotensin II，Ang II） 9
血管源性脑水肿（vasogenic brain edema） 21
血氧饱和度（oxygen saturation，SO_2） 55
血氧分压（partial pressure of oxygen，PO_2） 54
血氧含量（oxygen content，CO_2） 55
血氧容量（oxygen binding capacity in blood，CO_{2max}） 55
血液性缺氧（hemic hypoxia） 66
循环性缺氧（circulatory hypoxia） 67

Y

氧利用障碍性缺氧（dysoxidative hypoxia） 68
隐性水肿（recessive edema） 18

Z

组织性缺氧（histogenous hypoxia） 68
组织中毒性缺氧（histotoxic hypoxia） 68